高职高专计算机系列

CorelDRAW X5 实用教程（第2版）

CorelDRAW X5 Practical Tutorial

李辉 ◎ 主编
王珊 薛元霞 ◎ 副主编

人民邮电出版社
北京

图书在版编目（CIP）数据

CorelDRAW X5实用教程 / 李辉主编. -- 2版. -- 北京 : 人民邮电出版社, 2014.4
工业和信息化人才培养规划教材. 高职高专计算机系列
ISBN 978-7-115-34569-1

Ⅰ. ①C… Ⅱ. ①李… Ⅲ. ①图形软件—高等职业教育—教材 Ⅳ. ①TP391.41

中国版本图书馆CIP数据核字(2014)第029597号

内 容 提 要

本书以平面设计为主线，系统地介绍了 CorelDRAW X5 的基本使用方法和技巧。全书共分 9 章，内容包括 CorelDRAW X5 的基本概念与基本操作、页面设置与文件操作、绘制图形与填充颜色、各种绘制图形和编辑图形工具、效果工具、文本的输入与编辑、表格工具应用、常用菜单命令的讲解以及位图效果的应用等。每章在讲解工具和命令的同时还穿插了很多与各种功能有关的小案例以及综合案例，使读者在理解所学知识的基础上，边学边练，强化所学内容。此外，在每章后都精心安排了操作题，方便读者巩固并检验本章所学知识。

本书适合作高职高专院校艺术设计类课程的教材，也可作为 CorelDRAW 初学者的自学参考书。

◆ 主　　编　李　辉
副 主 编　王　珊　薛元霞
责任编辑　桑　珊
责任印制　焦志炜

◆ 人民邮电出版社出版发行　北京市丰台区成寿寺路 11 号
邮编　100164　电子邮件　315@ptpress.com.cn
网址　http://www.ptpress.com.cn
北京科印技术咨询服务有限公司数码印刷分部印刷

◆ 开本：787×1092　1/16
印张：17.75　2014 年 4 月第 2 版
字数：488 千字　2024 年 9 月北京第 11 次印刷

定价：39.80 元

读者服务热线：(010)81055256　印装质量热线：(010)81055316
反盗版热线：(010)81055315
广告经营许可证：京东市监广登字20170147号

前 言 PREFACE

随着计算机艺术设计相关产业的迅速发展，高等职业院校的计算机艺术设计类教学任务也应该紧随社会的需要开拓新的教学思路。目前高职院校的计算机平面设计教学存在的主要问题是传统的教学内容与迅速发展的现代化艺术设计产业的实际需要有较大差距。本书的编写，在保留传统教学模式的前提下，增加了与现代艺术设计企业业务有关的知识内容，即边学、边练、边用的教学体系，真正达到学有所用的教学目的。

根据高职学生的实际情况，本书从软件的基本操作入手，深入讲述了 CorelDRAW X5 的基本功能和使用技巧。每章都安排了综合案例，并给出了该章小结和操作题，以加深学生对所学内容的理解。在讲解工具和命令时，除对基本使用方法和选项参数进行了全面、详细的介绍外，对于常用、重要和较难理解的工具和命令，配以穿插实例的形式进行讲解，使学生达到融会贯通、学以致用的目的。

本书在前一版本的基础上，力求体现新知识、新创意和新理念，去掉了原有的软件环境要求和软件设置操作部分，这些内容读者在网上搜索就可以了解，省出的篇幅用来讲解实例，让读者掌握更多的操作技巧。另外，本书更加注重理论和实践相结合，尽量以常见的设计作品作为案例，加强学生对相关设计公司业务实战技能的培养，使读者通过学习本书，能尽快熟悉实际工作中应该掌握的内容。

为方便教师教学，本书配备了内容丰富的教学资源包，包括素材、所有案例的最终效果、PPT 电子教案、习题答案、教学大纲和两套模拟试题及答案。任课老师可登录人民邮电出版社教学服务与资源网（www.ptpedu.com.cn）免费下载使用。

本课程的参考教学时数为 72 学时，各章的参考教学课时见下表。

章节	课程内容	课时分配	
		讲授	实践训练
第 1 章	CorelDRAW X5 基本概念与基本操作	2	2
第 2 章	页面设置与文件操作	2	2
第 3 章	绘制图形与填充颜色	4	4
第 4 章	线形、形状和艺术笔工具	4	4
第 5 章	填充、轮廓和编辑工具	4	6
第 6 章	效果工具	4	4
第 7 章	文本和表格工具	4	6
第 8 章	常用菜单命令	4	6
第 9 章	位图效果应用	4	6
课时总计		32	40

本书由李辉任主编，王珊、薛元霞任副主编，参加编写工作的还有沈精虎、黄业清、宋一兵、谭雪松、冯辉、计晓明、滕玲、董彩霞、管振起等。

由于作者水平有限，书中难免存在错误和不妥之处，恳切希望广大读者批评指正。

编 者

2013 年 12 月

《CorelDRAW X5 实用教程》教学辅助资源及配套教辅

素材类型	名称或数量	素材类型	名称或数量
教学大纲	1套	课堂实例	39
PPT 课件	9个	课后实例	27
模拟试题及答案	2套	课后答案	27
第 1 章 CorelDRAW X5 基本概念与基本操作	名片设计	第 5 章 填充、轮廓和编辑工具	绘制香蕉图形
	餐馆名片设计		绘制室内平面图
	西餐厅名片设计		绘制平面布置图
第 2 章 页面设置与文件操作	打开文件		绘制纸杯图形
	切换文件窗口		绘制少女装饰画
	保存文件		绘制室内平面图
	导入全图像文件		绘制室内平面布置图
	导入裁剪文件	第 6 章 效果工具	制作卡通花形
	导入重新取样文件		制作透明泡泡效果
	导出文件		绘制贺卡
	设置页面		绘制装饰画
	设计宣传折页		制作立体效果字
	设置裁切线		绘制儿童画
	插入页并导入图像	第 7 章 文本和表格工具	设计门头广告
	打开系统自带文件		设计艺术字
	将打开的文件导出		编排月历
	新建指定大小的文件		制作标贴
	制作宣传单页发排稿		设计电影海报
第 3 章 绘制图形与填充颜色	设计卷纸包装		设计杂志封面
	设计标志		编排食品杂志内页
	企业信封设计		设计月历
	企业信纸设计		绘制太阳花
第 4 章 线形、形状和艺术笔工具	将矩形调整为圆角矩形	第 8 章 常用菜单命令	制作放大镜效果
	将正方形调整为圆形		设计候车亭广告
	将多边形调整为星形或其他形状		制作公司年会背景
	艺术笔工具应用		设计香皂包装
	绘制仙鹤图案		设计房地产广告一
	绘制手提袋		设计房地产广告二
	绘制花形图案		设计节能灯包装
	为画面添加雪花和小草	第 9 章 位图效果应用	【位图颜色遮罩】命令运用
	绘制标志并制作手提袋		设计开盘海报
	绘制卡通		设计报纸广告
	填充图案制作沙发垫		设计户外广告

目 录 CONTENTS

第 1 章 CorelDRAW X5 基本概念与基本操作 1

第 2 章 页面设置与文件操作 24

第 3 章 绘制图形与填充颜色 50

第4章 线形、形状和艺术笔工具 76

第5章 填充、轮廓和编辑工具 104

第6章 效果工具 151

第7章 文本和表格工具 181

第8章 常用菜单命令 213

第9章 位图效果应用 249

PART 1

第 1 章 CorelDRAW X5 基本概念与基本操作

CorelDRAW 是由 Corel 公司推出的集图形设计、文字编辑和图形高品质输出于一体的矢量图形绘制软件，是一款深受广大平面设计人员青睐的软件。无论是绘制简单的图形还是进行复杂的设计，该软件都可以使用户得心应手。

本书主要讲解 CorelDRAW X5 版本的功能及使用方法。本章首先来介绍学习本书时的叙述约定、运行该软件的环境要求、软件的应用领域、基本概念、软件的窗口布局及简单操作等内容。

1.1 叙述约定

屏幕上的鼠标光标表示鼠标所处的位置，当移动鼠标时，屏幕上的鼠标光标就会随之移动。通常情况下，鼠标光标的形状是一个左指向的箭头 。在某些特殊操作状态下，鼠标光标的形状会发生变化。CorelDRAW X5 中鼠标有 6 种基本操作，为了叙述上的方便，约定如下。

- 移动：在不按鼠标键的情况下移动鼠标，将鼠标光标指到某一位置。
- 单击：快速按下并释放鼠标左键。单击可用来选择屏幕上的对象。除非特别说明，以后所出现的单击都是指用鼠标左键操作。
- 双击：快速连续单击鼠标左键两次。双击通常用来打开对象。除非特别说明，以后所出现的双击都是指用鼠标左键操作。
- 拖曳：按住鼠标左键不放，并移动鼠标光标到一个新位置，然后松开鼠标左键。拖曳操作可用来选择、移动、复制和绘制图形。除非特别说明，以后所出现的拖曳都是指按住鼠标左键进行操作。
- 右击：快速按下并释放鼠标右键。这个操作通常弹出一个快捷菜单。
- 拖曳并右击：按住鼠标左键不放，移动鼠标到一个新位置，然后在不松开鼠标左键的情况下单击鼠标右键。

为了方便读者对后面章节的学习，本节对一些常用术语的约定如下。

- “+”：指在键盘上同时按下文中提到的“+”左、右两边的两个键，如 Ctrl+Z 表示同时按下 Ctrl 和 Z 两个键；或先按住 Ctrl 键不松手，然后再按 Z 键，执行完毕后同时松手。在实际工作过程中后一种方法比较常用。

要点提示

在利用快捷键执行命令时，还有同时按更多键的情况，为操作正确建议一定要先按住键盘上的辅助键（如 Shift 键、Ctrl 键或 Alt 键）不放，然后再按键盘上的其他键，否则不能执行相应的操作。

- 【 】：符号中的内容表示菜单命令或对话框中的选项等。
- “/”：表示执行菜单命令的层次。例如，选择菜单栏中的【文件】/【新建】命令，表示先选择菜单栏中的【文件】命令，然后在弹出的下拉菜单中选择【新建】命令。
- “\”：表示文件打开的路径。例如，选择 C 盘下“新建文件夹\操作题 1”，表示先选择 C 盘下的“新建文件夹”这个文件夹，然后在打开的文件夹中选择“操作题 1”这个文件。

1.2 CorelDRAW 的应用领域

CorelDRAW 是基于矢量图进行操作的设计软件，具有专业的设计工具，可以导入由 Office、Photoshop、Illustrator 及 AutoCAD 等软件输入的文字和绘制的图形，并能对其进行处理，最大程度地方便了用户的编辑和使用。此软件不但可以帮助设计师更快速地制作出设计方案，而且还可以创造出很多只有通过电脑才能精彩表现的设计内容，是平面设计师的得力助手。

1.2.1 CorelDRAW 的用途

CorelDRAW 的应用范围非常广泛，从简单的几何图形绘制到标志、卡通、漫画、图案、各类效果图及专业平面作品的设计，都可以利用该软件快速高效地绘制出来。

CorelDRAW 的应用领域主要有平面广告设计、工业设计、企业形象 CIS 设计、产品包装设计、产品造型设计、网页设计、商业插画、建筑施工图与各类效果图绘制、纺织品设计及印刷制版等。

1.2.2 案例赏析

下面是利用 CorelDRAW X5 绘制的一些案例作品欣赏，以便提高读者对此软件的理解和学习兴趣。

（1）标志设计，如图 1-1 所示。

（2）卡通绘制，如图 1-2 所示。

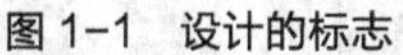

图 1-1 设计的标志

图 1-2 绘制的卡通

（3）企业形象 CIS（CIS 是企业识别系统的英文缩写）设计，如图 1-3 所示。

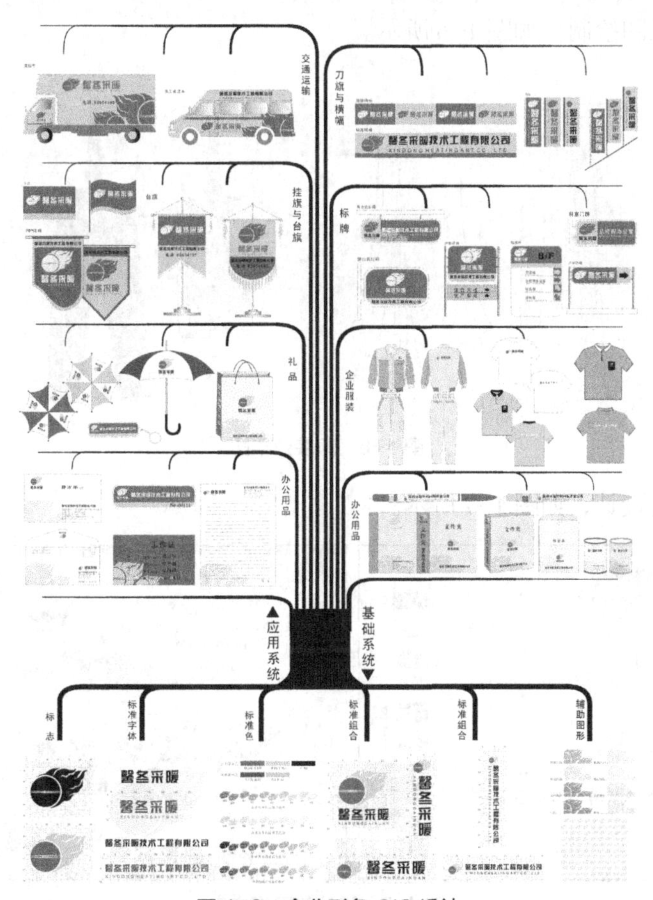

图 1-3 企业形象 CIS 设计

（4）漫画及插图绘制，如图 1-4 所示。

图 1-4　绘制的漫画和插图

（5）纺织品图案绘制，如图 1-5 所示。

图 1-5　绘制的纺织品图案

（6）服装效果图绘制，如图 1-6 所示。

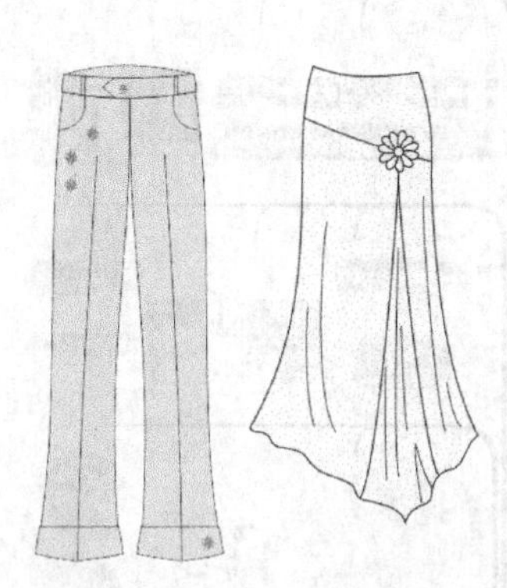

图 1-6　服装效果图

（7）网络广告设计，如图 1-7 所示。

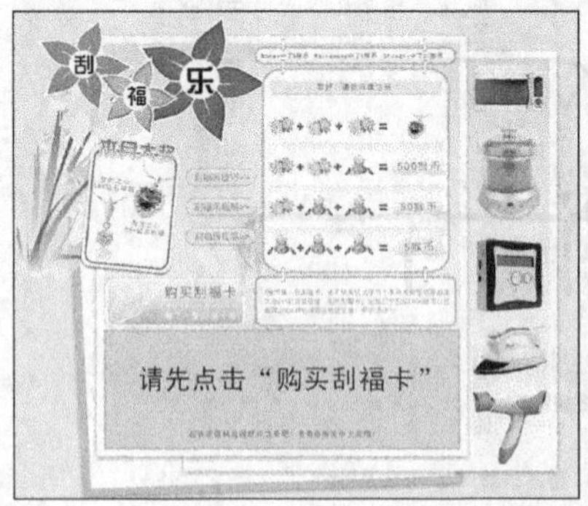

图 1-7　设计的网络广告

（8）建筑平面图及空间布置图绘制，如图 1-8 所示。

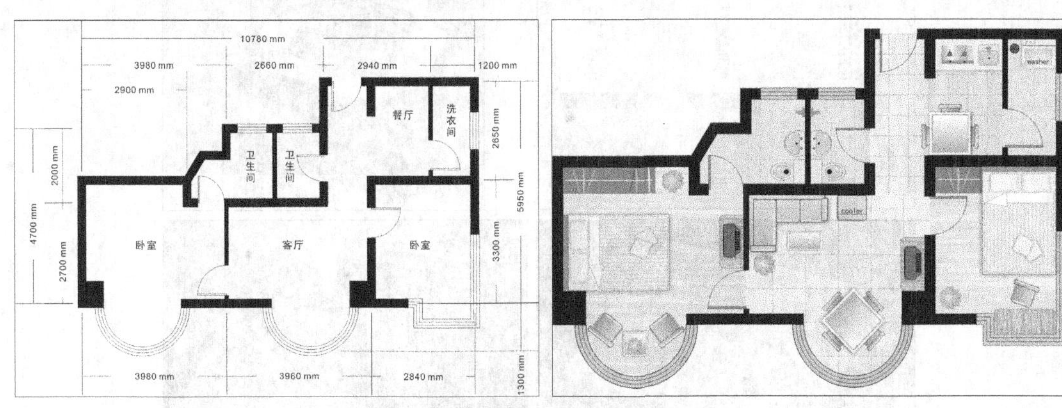

图 1-8　绘制的建筑平面图及空间布置图

（9）效果图绘制，如图 1-9 所示。

图 1-9　绘制的效果图

（10）展示效果图绘制，如图 1-10 所示。

图 1-10　绘制的展示效果图

（11）包装设计，如图 1-11 所示。

（12）平面广告设计，如图 1-12 所示。

图 1-11　设计的包装

图 1-12　设计的平面广告

（13）产品造型设计，如图 1-13 所示。

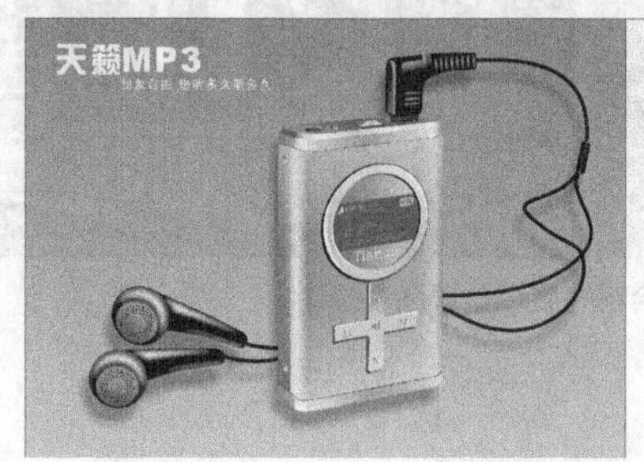

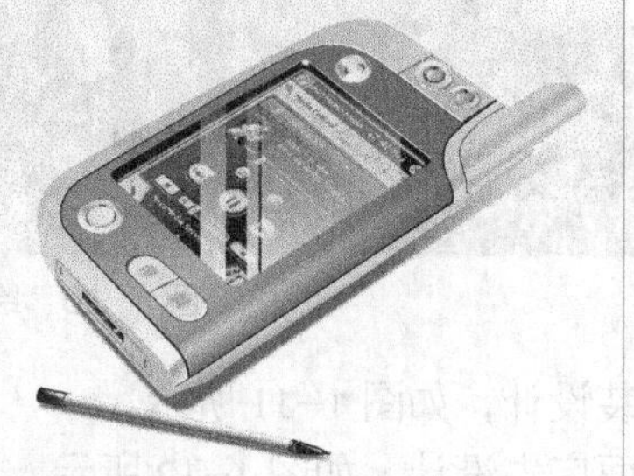

图 1-13　设计的产品造型

1.3 基本概念

本节讲解的基本概念包括矢量图和位图、颜色模式及常用的几种文件格式。

1.3.1 矢量图和位图

矢量图和位图，是根据最终存储方式的不同而生成的两种不同的文件类型。在平面设计过程中，分清矢量图和位图的不同性质是非常必要的。

一、矢量图

矢量图，又称向量图，是由图形的几何特性来描述组成的图像，其特点如下。

- 文件小。由于图像中保存的是线条和图块的信息，所以矢量图形与分辨率及图像大小无关，只与图像的复杂程度有关，简单图像所占的存储空间小。
- 图像大小可以无级缩放。在对图形进行缩放、旋转或变形操作时，图形仍具有很高的显示和印刷质量，且不会产生锯齿模糊效果。如图 1-14 所示为矢量图小图和放大后的显示效果的对比。
- 可采取高分辨率印刷。矢量图形文件可以在任何输出设备及打印机上以打印机或印刷机的最高分辨率打印输出。

在平面设计方面，制作矢量图的软件主要有 CorelDRAW、Illustrator、InDesign、Freehand 及 PageMaker 等，用户可以使用它们对图形和文字等进行处理。

图 1-14　矢量图小图和放大后的显示效果对比

二、位图

位图，也叫做光栅图，是由很多个像小方块一样的颜色网格（即像素）组成的图像。位图中的像素由其位置值与颜色值表示，也就是将不同位置上的像素设置成不同的颜色，从而组成了一幅图像。如图 1-15 所示为一幅图像的小图及放大后的显示效果对比，从图中可以看出像素的小方块形状与不同的颜色。所以，对于位图的编辑操作，实际上是对位图中的像素进行的编辑操作，而不是编辑图形本身。由于位图能够表现出颜色、阴影等一些细腻色彩的变化，因此，位图是一种具有色调的图像数字表示方式。

位图具有以下特点。

- 文件所占的空间大。用位图存储高分辨率的彩色图像需要较大的储存空间，因为像素之间相互独立，所以占用的硬盘空间、内存和显存比矢量图都大。
- 会产生锯齿。位图是由最小的色彩单位“像素点”组成的，所以位图的清晰度与像素点的多少有关。位图放大到一定的倍数后，看到的便是一个一个的像素，即一个一个方形的色块，整体图像便会变得模糊且会产生锯齿。

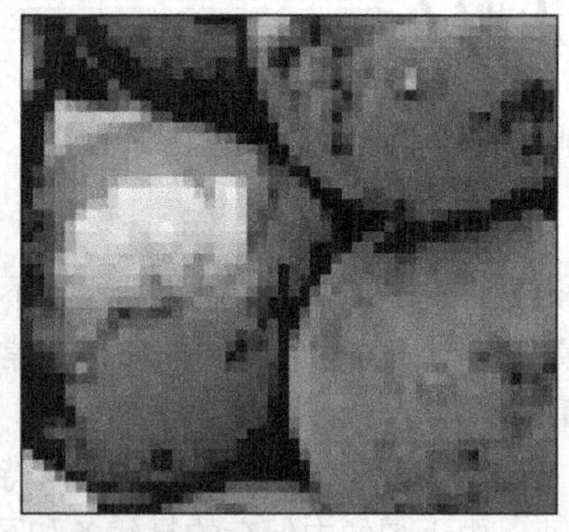

图 1-15　位图小图与放大后的显示效果对比

- 位图图像在表现色彩、色调方面的效果比矢量图更加优越，尤其是在表现图像的阴影和色彩的细微变化方面效果更佳。

在平面设计方面，制作位图的软件首推 Adobe 公司推出的 Photoshop。

1.3.2　颜色模式

图像的颜色模式是指图像在显示及打印时定义颜色的不同方式。计算机软件系统为用户提供的颜色模式主要有 RGB 颜色模式、CMYK 颜色模式、Lab 颜色模式、位图颜色模式、灰度颜色模式和索引颜色模式等。每一种颜色都有自己的使用范围和优缺点，并且各模式之间可以根据处理图像的需要进行转换。

一、RGB 颜色模式

这种模式是屏幕显示的最佳模式，该模式下的图像由红（R）、绿（G）、蓝（B）3 种基本颜色组成，这种模式下图像中的每个像素颜色用 3 个字节（24 位）来表示，每一种颜色又可以在 0～255 的范围内产生亮度变化，所以能够反映出大约 1.67×10^7 种颜色。

RGB 颜色模式又叫做光色加色模式，因为每叠加一次具有红、绿、蓝亮度的颜色，其亮度都有所增加，红、绿、蓝 3 色相加为白色。显示器、扫描仪、投影仪、电视等的屏幕采用的都是这种加色模式。

二、CMYK 颜色模式

该模式下的图像是由青色（C）、洋红（M）、黄色（Y）、黑色（K）4 种颜色构成，该模式下图像的每个像素颜色由 4 个字节（32 位）来表示，每种颜色的数值范围为“0%～100%”，其中青色、洋红和黄色分别是 RGB 颜色模式中的红、绿、蓝的补色。例如，用白色减去青色，剩余的就是红色。CMYK 颜色模式又叫做减色模式，由于一般打印机或印刷机的油墨都是 CMYK 颜色模式的，所以这种模式主要用于彩色图像的打印或印刷输出。

三、Lab 颜色模式

该模式是 Photoshop 的标准颜色模式，也是由 RGB 模式转换为 CMYK 模式之间的中间模式。它的特点是在使用不同的显示器或打印设备时，其显示的颜色都是相同的。

四、灰度颜色模式

该模式下图像中的像素颜色用一个字节来表示，即每一个像素可以用 0～255 个不同的灰度值表示，其中 0 表示黑色，255 表示白色。一幅灰度图像在转变成 CMYK 模式后可以增加色彩。如果将 CMYK 模式的彩色图像转变为灰度模式，则颜色不能恢复。

五、位图颜色模式

该模式下的图像中的像素用一个二进制位表示，即由黑和白两色组成。

六、索引颜色模式

该模式下图像中的像素颜色用一个字节来表示，像素只有 8 位，最多可以包含有 256 种颜色。当 RGB 或 CMYK 颜色模式的图像转换为索引颜色模式后，软件将为其建立一个 256 色的色表存储并索引其所用颜色。这种模式的图像质量不高，一般适用于多媒体动画制作中的图片或 Web 页中的图像用图。

1.3.3 常用文件格式

由于 CorelDRAW 是功能非常强大的矢量图软件，它所支持的文件格式也非常多。了解各种文件格式对进行图像编辑、保存及文件转换有很大的帮助。

下面来介绍平面设计软件中常用的几种图形、图像文件格式。

- CDR 格式：此格式是 CorelDRAW 专用的矢量图格式，它将图片按照数学方式来计算，以矩形、线、文本、弧形和椭圆等形式表现出来，并以逐点的形式映射到页面上，因此在缩小或放大矢量图形时，原始数据不会发生变化。
- PSD 格式：此格式是 Photoshop 的专用格式。它能保存图像数据的每一个细节，包括图像的层、通道等信息，确保各层之间相互独立，便于以后进行修改。PSD 格式还可以保存为 RGB 或 CMYK 等颜色模式的文件，但唯一的缺点是保存的文件比较大。
- BMP 格式：此格式是微软公司软件的专用格式，也是 Photoshop 最常用的位图格式之一，支持 RGB、索引颜色、灰度和位图颜色模式的图像，但不支持 Alpha 通道。
- EPS 格式：此格式是一种跨平台的通用格式，可以说几乎所有的图形图像和页面排版软件都支持该文件格式。它可以保存路径信息，并在各软件之间进行相互转换。另外，这种格式在保存时可选用 JPEG 编码方式压缩，不过这种压缩会破坏图像的外观质量。
- JPEG 格式：此格式是较常用的图像格式，支持真彩色、CMYK、RGB 和灰度颜色模式，但不支持 Alpha 通道。JPEG 格式可用于 Windows 和 MAC 平台，是所有压缩格式中最卓越的。虽然它是一种有损失的压缩格式，但在文件压缩前，可以在弹出的对话框中设置压缩的大小，这样就可以有效地控制压缩时损失的数据量。JPEG 格式也是目前网络可以支持的图像文件格式之一。
- TIFF 格式：此格式是一种灵活的位图图像格式。TIFF 在 Photoshop 中可支持 24 个通道，是除了 Photoshop 自身格式外唯一能存储多个通道的文件格式。
- AI 格式：此格式是一种矢量图格式，在 Illustrator 中经常用到。在 Photoshop 中可以将保存了路径的图像文件输出为“*.AI”格式，然后在 Illustrator 和 CorelDRAW 中直接打开它并进行修改处理。
- GIF 格式：此格式是由 CompuServe 公司制定的，能存储背景透明化的图像格式，但只能处理 256 种色彩。常用于网络传输，其传输速度要比其他格式的文件快得多。并且可以将多张图像存成一个文件而形成动画效果。
- PNG 格式：此格式是 Adobe 公司针对网络图像开发的文件格式。这种格式可以使用无损压缩方式压缩图像文件，并利用 Alpha 通道制作透明背景，是一个功能非常强大的网络文件格式，但较早版本的 Web 浏览器可能不支持。

1.4 CorelDRAW X5 的界面介绍

本节来介绍启动 CorelDRAW X5 的方法、界面以及退出方法。

1.4.1 启动 CorelDRAW X5

若计算机中已安装了 CorelDRAW X5，单击 Windows 桌面左下角任务栏中的 开始 按钮，在弹出的菜单中选择【程序】/【CorelDRAW Graphics Suite X5】/【CorelDRAW X5】命令，即可启动该软件。如桌面上有 CorelDRAW X5 软件的快捷方式图标，也可以双击该图标。

1.4.2 CorelDRAW X5 的界面

启动 CorelDRAW X5 中文版软件，第一次启动时会弹出如图 1-16 所示的欢迎窗口。单击右侧的【快速入门】选项卡，将弹出如图 1-17 所示的快速入门窗口。该窗口可以使用户快速完成日常工作中的常见任务。

- 在【快速入门】选项卡中可以新建文件、打开文件或从模板新建文件。
- 单击右侧的【新增功能】选项卡，可在弹出的窗口中了解 CorelDRAW Graphics Suite X5 中的新功能。
- 单击【学习工具】选项卡，可在弹出的窗口中访问 CorelDRAW 的视频教程，学习一些专家见解及【提示】面板的使用与操作技巧等。
- 单击【图库】选项卡，可在弹出的窗口中欣赏到一些比较不错的作品，从而获得设计灵感。

图 1-16 欢迎窗口

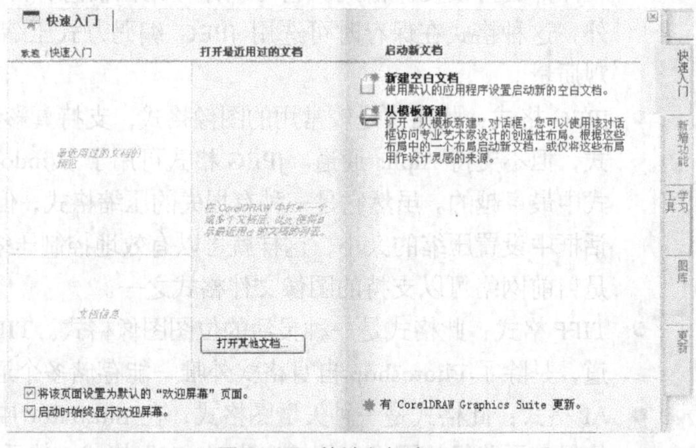

图 1-17 快速入门窗口

- 单击【更新】选项卡，可在弹出的窗口中获得最新的产品更新。
- 单击【启动时始终显示欢迎屏幕】选项前面的勾选号将其取消，在下一次启动该软件时，将不会弹出【欢迎屏幕】窗口。如果想让其再次出现，可在已启动软件的前提下，选择菜单栏中的【工具】/【选项】命令（或按 Ctrl+J 快捷键），弹出【选项】对话框，选择左侧窗口内的【工作区】/【常规】选项，然后单击右侧窗口中【CorelDRAW X5 启动】选项右侧的 按钮，在弹出的下拉列表中选择"欢迎屏幕"选项，再单击 确定 按钮即可。

在快速入门窗口中，读者可以根据需要选择不同的标签选项。单击右上角的【新建空白文档】选项，将弹出【新建空白文档】对话框，单击 确定 按钮，即可新建一个默认尺寸的图形文件，且进入 CorelDRAW X5 的工作界面，如图 1-18 所示。

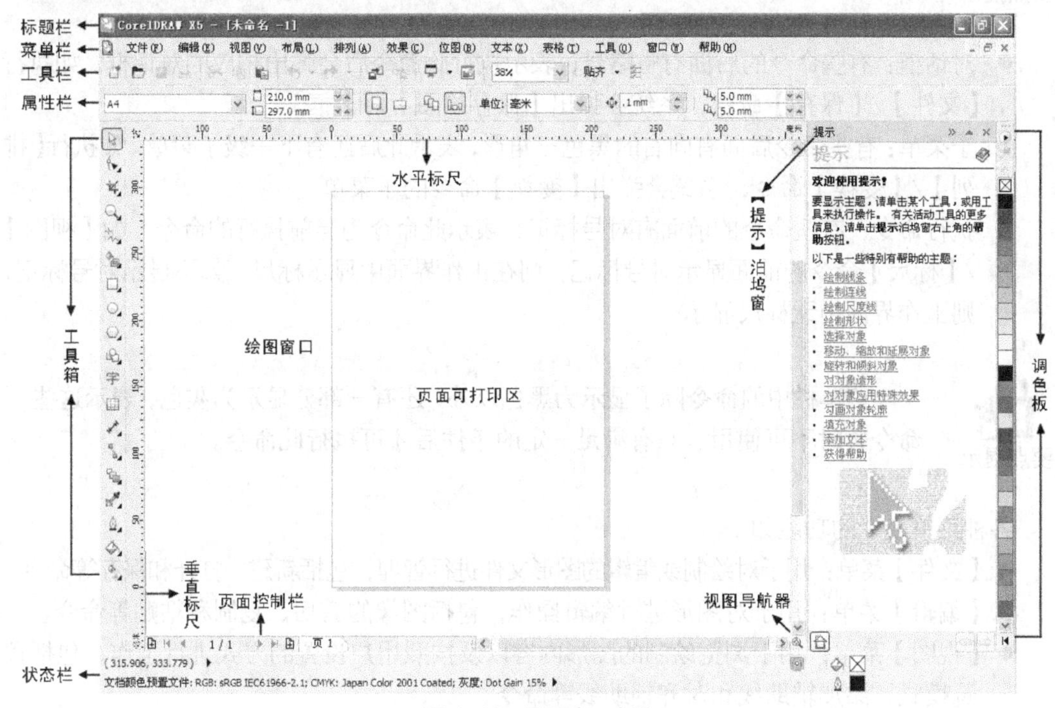

图 1-18 界面窗口布局

一、标题栏

标题栏的默认位置位于界面的最顶端，主要显示当前软件的名称、版本号以及编辑或处理图形文件的名称，其右侧有 3 个按钮，主要用来进行工作界面的大小切换及关闭操作。

- 单击【最小化窗口】按钮，可使界面窗口变为最小化图标状态，并显示在 Windows 系统的任务栏中。
- 单击【还原窗口】按钮，可使窗口变为还原状态。还原后，按钮即变为【最大化窗口】按钮，单击此按钮，可以将还原后的窗口最大化显示。
- 单击【关闭】按钮，即可退出 CorelDRAW X5。

无论 CorelDRAW 窗口以最大化显示还是还原显示，只要将光标放置在标题栏的蓝色区域上双击，即可将窗口在最大化和还原状态之间切换。当窗口为还原状态时，将鼠标光标放置在窗口的任意边缘处，当鼠标光标变为双向箭头形状时，按下鼠标左键拖曳光标，可以将窗口调整至任意大小。将鼠标光标放在标题栏的蓝色区域内，按住鼠标左键拖曳光标，可以将窗口放置在 Windows 窗口中的任意位置。

二、菜单栏

菜单栏位于标题栏的下方，包括文件、编辑、视图以及窗口的设置和帮助等命令，每个菜单下又有若干个子菜单，打开任意子菜单可以执行相应的操作命令。

- 快捷键：有些命令后面有英文字母组合，如【文件】/【新建】命令的后面有“Ctrl+N”，表示可以直接按 Ctrl+N 快捷键来执行【新建】命令。

CorelDRAW X5 为大部分常用的菜单命令都设置了快捷键，熟悉并掌握这些快捷键，可以大大提高工作效率，在后面的章节中，会逐一向大家讲解。

- 对话框：有些命令的后面有省略号，表示执行此命令后会弹出相应的对话框。如执行【文件】/【保存】命令，系统会弹出【保存绘图】对话框。
- 子菜单：有些命令后面有向右的黑色三角形，表示此后还有下一级子菜单。如执行【排列】/【变换】命令，系统会弹出【变换】命令的子菜单。
- 执行命令：有些命令的前面有对号标记，表示此命令为当前执行的命令。如【视图】/【标尺】命令的前面显示对号标记，则在工作界面中显示标尺，如不显示对号标记，则工作界面中无标尺显示。

菜单栏中的命令除了显示为黑色以外，还有一部分显示为灰色，表示这些命令暂时不可使用，只有满足一定的条件后才可执行此命令。

各种菜单命令的功能如下。

- 【文件】菜单：用于对绘制或编辑的图形文件进行管理，包括新建、打开和保存等命令。
- 【编辑】菜单：用于对图形进行编辑操作，包括图像的剪切、复制和粘贴等命令。
- 【视图】菜单：用于浏览绘制的图形内容以及按照用户设置的方式进行工作，包括预览模式、添加辅助线和对齐辅助线等命令。
- 【布局】菜单：用于添加绘图的页面以及设置页面的大小和背景等，包括插入页、页面大小和背景设置等命令。
- 【排列】菜单：用于对当前文件中选择的图形进行变换、排列及合并等操作，包括变换、顺序、群组、合并、锁定及造形等命令。
- 【效果】菜单：用于对绘制的图形进行特殊效果处理，包括调整、精确剪裁、复制效果及克隆效果等命令。
- 【位图】菜单：用于将当前图像转换为位图，然后对其进行位图效果的处理，包括转换为位图、编辑位图和特殊效果的添加等命令。
- 【文本】菜单：用于对输入的文字进行处理，包括字符改变、字体设置、段落的属性设置以及文字适配路径的特殊效果等命令。
- 【表格】菜单：用于新建表格或对表格进行编辑，包括新建、插入、选择、删除、分布和合并表格及拆分表格等命令。
- 【工具】菜单：用于设定软件中的大部分命令，包括菜单、工具栏和其他工具的属性设置，颜色和对象的管理设置，图形、文本样式、符号和特殊字符的添加以及脚本的创建和运行等命令的设置。
- 【窗口】菜单：用于对打开的窗口进行管理，包括新建窗口、窗口的排列及各控制对话框的调用等命令。
- 【帮助】菜单：用于提供软件的联机帮助，包括如何使用该软件及新增功能讲解等命令。

三、工具栏

工具栏位于菜单栏的下方，是菜单栏中常用菜单命令的快捷工具按钮。单击这些按钮，就可执行相应的菜单命令。

- 【新建】按钮：单击此按钮，将弹出【创建新文档】对话框，在该对话框中可设置新建文件的尺寸、分辨率及颜色模式等，设置后单击 确定 按钮，即可新建一个图形文件。
- 【打开】按钮：单击此按钮，将弹出【打开绘图】对话框，选择要打开的图形文件，单击 确定 按钮，即可将文件打开。
- 【保存】按钮：单击此按钮，可将当前新建或编辑的图形文件保存。
- 【打印】按钮：单击此按钮，可对当前的图形文件进行打印设置并打印。
- 【剪切】按钮：选择绘图窗口中的对象，单击此按钮，可将选择的对象以剪切的形式复制到剪贴板中。
- 【复制】按钮：选择绘图窗口中的对象，单击此按钮，可将选择的对象复制到剪贴板中。
- 【粘贴】按钮：单击此按钮，可将剪贴板中复制的对象粘贴到绘图窗口中。
- 【撤销】按钮：单击此按钮，可撤销刚才的操作。
- 【重做】按钮：当执行撤销操作后，单击此按钮，可将撤销的操作重做。
- 【导入】按钮：单击此按钮，将弹出【导入】对话框，在此对话框中可以将【打开】命令所不能打开的图像文件导入到当前的绘图窗口中，如“PSD”、“TIF”、“JPG”和“BMP”等格式的图像文件。
- 【导出】按钮：单击此按钮，将弹出【导出】对话框，在此对话框中可以将在CorelDRAW软件中绘制的图形导出为其他软件所支持的格式，如“PSD”、“TIF”、“JPG”和“BMP”等，以便在其他软件中进行编辑。
- 【应用程序启动器】按钮：单击此按钮，可弹出程序列表，选择其中的任一程序，可启动该程序。
- 【欢迎屏幕】按钮：单击此按钮，将再次弹出【欢迎屏幕】窗口。
- 【缩放级别】选项 38%：显示当前可打印区在绘图窗口中的显示级别。
- 贴齐 按钮：单击此按钮，将弹出下拉列表，选择其中的命令，可设置在绘制图形或移动对象时贴齐网格、辅助线、对象或动态辅助线。
- 【选项】按钮：单击此按钮，将弹出【选项】对话框，用于对工作区或文档等选项进行设置。

四、属性栏

属性栏位于工具栏的下方，是一个上下相关的命令栏，选择不同的工具按钮或对象，将显示不同的图标按钮和属性设置选项。默认情况下的属性栏是显示工具箱中按钮处于激活时的状态，用于设置文件的尺寸、绘图单位及微调距离和再制距离等。

- 【纸张类型/大小】选项 A4：单击此选项，将弹出【纸张类型/大小】选项列表，在此列表中可以选择要使用的纸张类型或纸张大小。当选择“自定义”选项时，可以在属性栏后面的【纸张宽度和高度】选项 210.0 mm 297.0 mm 中设置自己需要的纸张尺寸。

CorelDRAW 软件默认的打印区大小为 A4 纸张大小，即 210.0mm × 297.0mm。在广告设计中常用的文件尺寸还有 A3（297.0mm × 420.0mm）、A5（148.0mm × 210.0mm）、B5（182.0mm × 257.0mm）和 16 开（184.0mm × 260.0mm）等。

- 【纵向】按钮和【横向】按钮：用于设置当前页面的方向。当按钮处于激活状态时，绘图窗口中的页面是纵向平铺的；当单击按钮，将其设置为激活状态时，绘图窗口中的页面是横向平铺的。
- 【对所有页面应用页面布局】按钮：激活此按钮，表示多页面文档中的所有页面都应用相同的页面大小和方向。
- 【对当前页面应用页面布局】按钮：激活此按钮，可以设置多页面文档中个别页面的大小和方向。具体操作为将要设置不同大小或方向的页面设置为当前页，然后单击按钮，再设置该页面的大小或方向即可。
- 【单位】选项 单位: 毫米：单击选项窗口或右侧的倒三角形，将弹出选项列表，在此列表中可以重新选择尺寸的单位。
- 【微调距离】选项 .1 mm：在右侧的文本框中输入数值，可以设置每次按键盘中的光标移动键时，所选对象在绘图窗口中移动的距离。
- 【再制距离】选项 5.0 mm 5.0 mm：在此选项右侧的文本框中输入数值，可以设置对选择对象应用菜单栏中的【编辑】/【再制】命令后，复制出的新图形与原图形之间的距离。

五、工具箱

工具箱的默认位置位于界面窗口的左侧，包含 CorelDRAW X5 的各种绘图工具、编辑工具、文字工具和效果工具等。单击任一按钮，即可选择或显示隐藏的工具组。

将鼠标光标移动到工具箱中的任一按钮上时，该按钮将突起显示，如果鼠标光标在工具按钮上停留一段时间，鼠标光标的右下角会显示该工具的名称，如图 1-19 所示。单击工具箱中的任一工具按钮可将其选择。另外，绝大多数工具按钮的右下角带有黑色的小三角形，表示该工具是个工具组，还包含其他同类隐藏的工具，将鼠标光标放置在这样的按钮上按下鼠标左键不放，即可将隐藏的工具显示出来，如图 1-20 所示。移动鼠标光标至展开工具组中的任意一个工具上单击，即可将其选择。

图 1-19　显示的按钮名称

图 1-20　显示出的隐藏工具

工具箱及工具箱中隐藏的工具按钮如图 1-21 所示。

工具按钮名称后面的字母或数字为选择该工具的快捷键，如选择【缩放】工具，可按键盘中的 Z 键。需要注意的是，利用快捷键的方法选取工具时，输入法必须为英文输入法，否则系统会默认为输入文字。

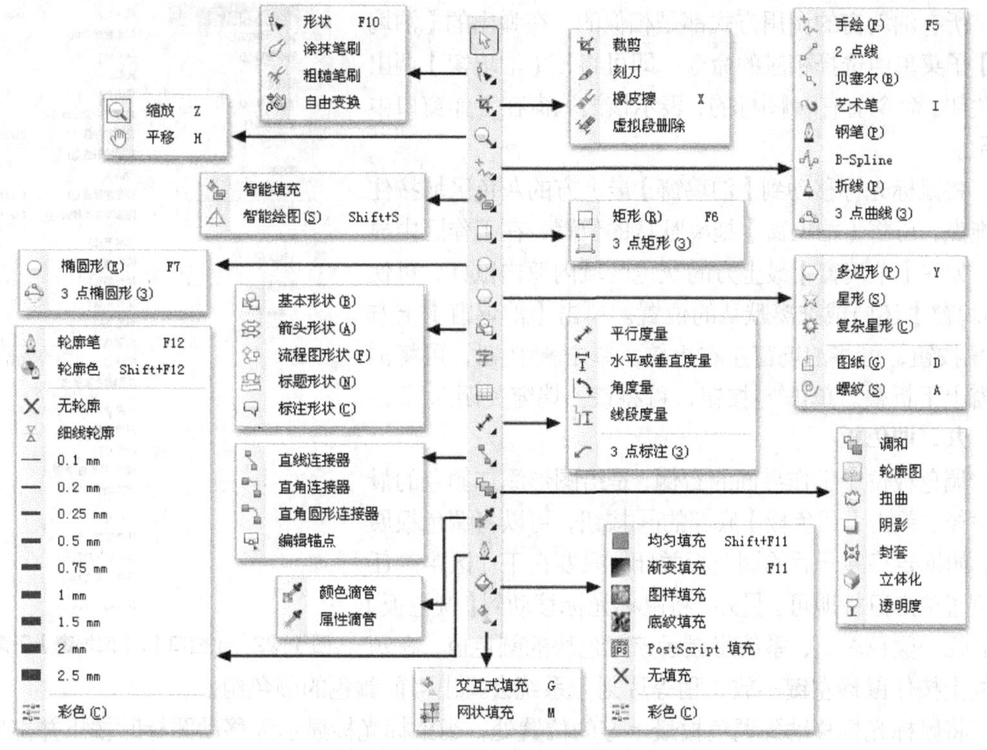

图 1-21 工具箱以及隐藏的按钮

六、绘图窗口

绘图窗口是指工作界面中的白色区域，在此区域中也可以绘制图形或编辑文本，只是在打印输出时，只有位于页面可打印区中的内容才可以被打印输出。

- 页面可打印区：页面可打印区是位于绘图窗口中的一个矩形区域，可以在上面绘制图形或编辑文本等。
- 标尺：默认状态下，在绘图窗口的上边和左边各有一条水平和垂直的标尺，其作用是在绘制图形时帮助用户准确地绘制或对齐对象。
- 页面控制栏：页面控制栏位于状态栏的上方左侧位置，用来控制当前文件的页面添加、删除、切换方向和跳页等操作。

七、状态栏

状态栏位于工作界面的最底部，提示当前鼠标所在的位置、图形操作的简单帮助及对象的有关信息等。在状态栏中单击鼠标右键，然后在弹出的右键菜单中选择【自定义】/【状态栏】/【位置】命令可以设置状态栏的位置是位于工作窗口的顶部还是底部；选择【自定义】/【状态栏】/【大小】命令，可以设置状态栏的信息是以一行显示还是以两行显示。

八、泊坞窗

泊坞窗因其能够停靠在绘图窗口的边缘而得名，像调色板和工具箱一样。默认情况下，泊坞窗会显示在绘图窗口的右边，但也可以把它们移动到绘图窗口的顶端、下边或左边，并能够分离泊坞窗或调整泊坞窗的大小。每个泊坞窗都有独特的属性，以便让用户控制文件的某个特定方面。

CorelDRAW X5 中有 29 个泊坞窗，分别存放在【窗口】/【泊坞窗】子菜单中，如图 1-22 所示。

所有泊坞窗的调用方式都是相似的，在弹出的【泊坞窗】子菜单中选择相应的命令，即可将该【泊坞窗】调出或关闭。命令前有✓图标的，表示该泊坞窗在工作窗口中显示。

将鼠标光标移动到【泊坞窗】最上方的灰色区域按住并拖曳，可将【泊坞窗】拖离默认的位置，在工作区中显示；如在【泊坞窗】最上方的灰色区域内双击鼠标，可使【泊坞窗】还原或拖离默认的位置。单击【泊坞窗】上方的»按钮，可将泊坞窗左右折叠。单击▾按钮，可将泊坞窗上下折叠。单击×按钮，可将该泊坞窗关闭。

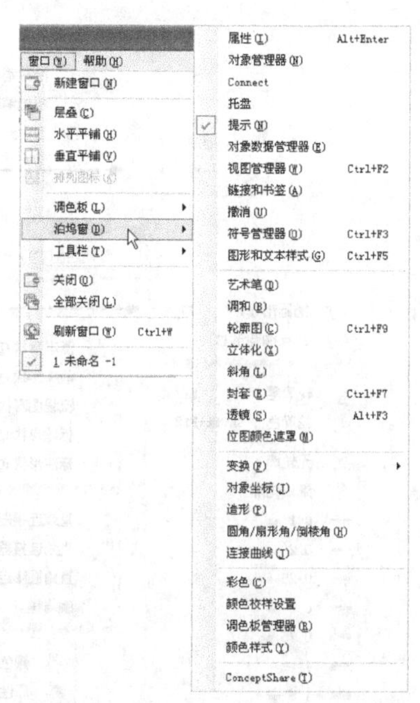

图 1-22 【窗口】/【泊坞窗】子菜单

九、调色板

调色板位于工作界面的右侧，是给图形添加颜色的最快途径。单击【调色板】底部的◂按钮，可以将调色板展开。如果要将展开后的调色板关闭，只要在工作区中的任意位置单击鼠标即可。另外，将鼠标光标移动到【调色板】中的任一颜色块上，系统将显示该颜色块的颜色值。在颜色块上按住鼠标左键不放，稍等片刻，系统会弹出当前颜色的颜色组。

将鼠标光标移动到调色板最上方的位置处，当鼠标光标显示为移动图标时按下并拖曳，可将调色板拖离默认位置，此时显示的状态如图 1-23 所示。在【调色板】中的▸按钮上单击，在弹出的下拉菜单中选择【显示颜色名】命令，【调色板】中的颜色将显示名称，如图 1-24 所示。

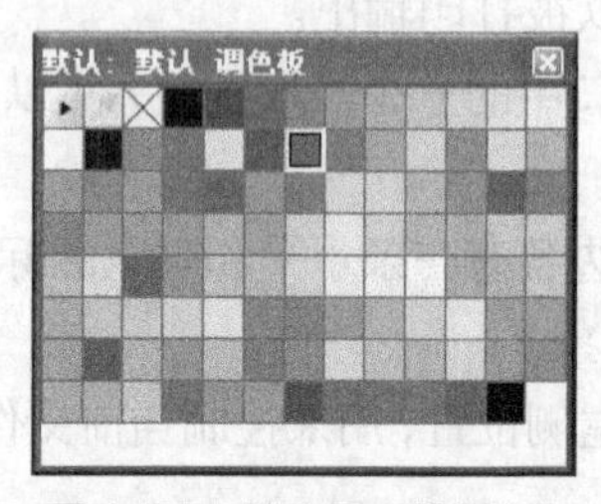

图 1-23 独立显示的调色板

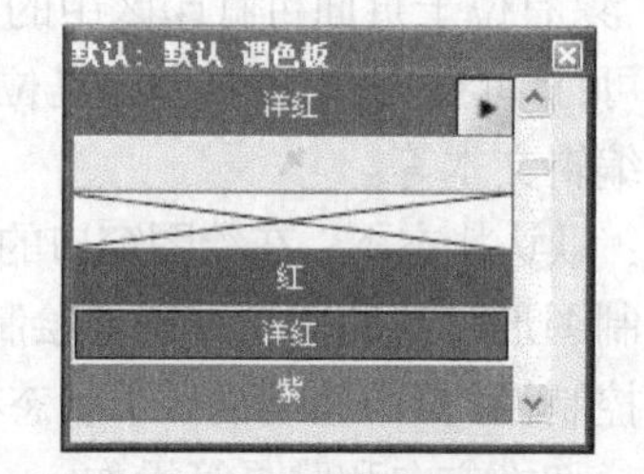

图 1-24 显示颜色名称的调色板

将鼠标光标移动到【调色板】的右下方，当鼠标光标显示为双向箭头时，按下鼠标并拖曳，可调整调色板的显示大小，如图 1-25 所示。

默认：默认 调色板

洋红			黑
90% 黑	80% 黑	70% 黑	60% 黑
50% 黑	40% 黑	30% 黑	20% 黑
10% 黑	白	蓝	青
绿	黄	红	洋红
紫	橘红	粉	深褐
粉蓝	柔和蓝	幼蓝	靛蓝
昏暗蓝	海军蓝	深蓝	荒原蓝
天蓝	冰蓝	浅蓝绿	海洋绿

图 1-25 调整【调色板】大小后的形态

再次执行【显示颜色名】命令，即可隐藏颜色名称，恢复以小色块的形式显示。

- 单击【调色板】中的任意一种颜色，可以将其添加到选择的图形上，作为图形的填充色。在任意一种颜色上单击鼠标右键，可以将此颜色添加到选择图形的边缘轮廓上，作为图形的轮廓色。
- 在【调色板】中顶部的⊠按钮上单击鼠标左键，可删除选择图形的填充色。单击鼠标右键，可删除选择图形的轮廓色。

十、锁定工具栏

锁定工具栏是 X5 版本的新增功能，可以将属性栏、工具栏和工具箱等锁定在工作区中，以免错位现象发生。默认情况下该功能处于启用状态。在状态栏或工具栏中的灰色区域单击鼠标右键，将弹出图 1-26 所示的右键菜单。

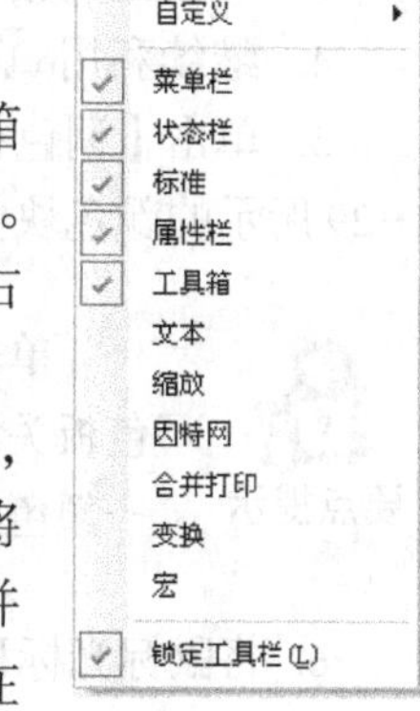

图 1-26 右键菜单

选择【锁定工具栏】命令，将其前面的勾选取消，即可将该功能关闭，此时属性栏和工具栏的左侧将显示虚线（且在工具箱的上方也显示），将鼠标光标移动到该图标处，当鼠标光标显示为移动符号时按下鼠标左键并拖曳，即可将工具条拖离原来的位置，且以图 1-27 中所示的形态显示在工作区中。

图 1-27 属性栏

将工具条拖离原位置后，在该工具条上方的蓝色位置双击，可将此工具条还原。如单击右侧的⊠按钮，可将该工具条关闭。如要使关闭的工具条显示，可在其余的工具条上单击鼠标右键，然后在弹出的右键菜单中选择相应的工具条即可。

1.4.3 退出 CorelDRAW X5

单击 CorelDRAW X5 界面窗口右侧的【关闭】按钮⊠，即可退出 CorelDRAW X5。执行【文件】/【退出】命令或按 Alt+F4 快捷键也可以退出 CorelDRAW X5。

退出软件时，系统会关闭所有的文件，如果新建的文件或打开的文件编辑后没保存，系统会给出提示，让用户决定是否保存。

1.5 综合案例——名片设计

名片是工作中使用最广的信息交流物。一张小小的名片，记录的不仅仅是联系方式和地址电话，同时也代表了公司或个人的形象。本节就来为天美餐馆设计一个名片。

设计名片

1. 执行【文件】/【新建】命令（或按 Ctrl+N 组合键），创建一个新的图形文件。
2. 单击属性栏中的□按钮，将页面设置为横向，然后设置页面的尺寸为 90.0 mm 55.0 mm。

要点提示

由于名片的尺寸一般为宽 9 厘米，高 5.5 厘米，因此，此处将页面的大小设置成了名片的尺寸。

3. 双击工具箱中的□按钮，绘制一个与页面相同大小的矩形，作为名片的边框。

4. 继续利用□工具，根据绘制的矩形边框拖曳鼠标，绘制出图 1-28 所示的矩形。

5. 单击【调色板】下方的◀按钮，将【调色板】中的颜色块全部显示，然后在下方如图 1-29 所示的颜色块上单击，为绘制的矩形填充颜色。

要点提示

单击【调色板】底部的◀按钮，可以将调色板展开。如果要将展开后的调色板关闭，只要在工作区中的任意位置单击即可。另外，在【调色板】中的任一颜色色块上按住鼠标左键不放，稍等片刻，系统会弹出当前颜色的颜色组。

6. 将鼠标光标移动到【调色板】上方的⊠按钮上单击鼠标右键，将矩形的外轮廓线去除，如图 1-30 所示。

要点提示

单击【调色板】中的任意一种颜色，可以将其设置为选择图形的填充色；在任意一种颜色上右击，可以将其设置为选择图形的轮廓色；在顶部的⊠按钮上单击鼠标左键可删除选择图形的填充色；右击可删除选择图形的轮廓色。

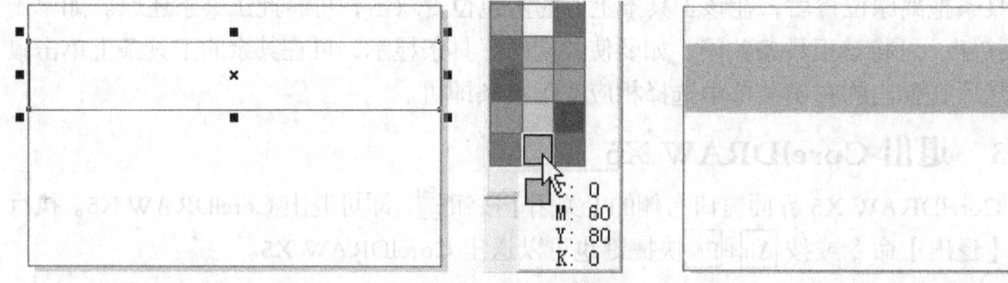

图 1-28　绘制的矩形　　图 1-29　单击的颜色　　图 1-30　填充颜色并去除外轮廓后的效果

7. 利用□工具在绘制的矩形上再绘制一个小矩形，然后为其填充沙黄色，并去除外轮廓，如图 1-31 所示。

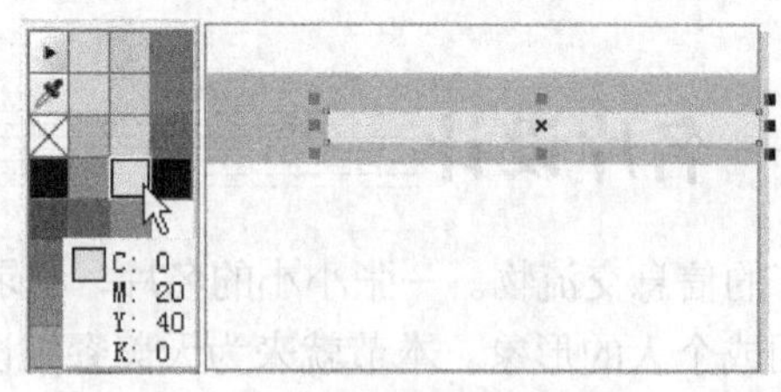

图 1-31　绘制的矩形

8. 继续利用□工具，依次绘制矩形色块，并去除外轮廓，绘制的矩形及填充的颜色如图 1-32 所示。

9. 在工具箱中的□按钮上按住鼠标左键不放，然后在弹出的隐藏工具组中选择□工具。

10. 将鼠标光标移动到竖向矩形的上方，按下鼠标左键并向下拖曳，即可为图形添加如

图 1-33 所示的透明效果。

11. 利用工具再绘制出图 1-34 所示的矩形，然后单击属性栏中的按钮，将绘制的矩形转换为曲线。

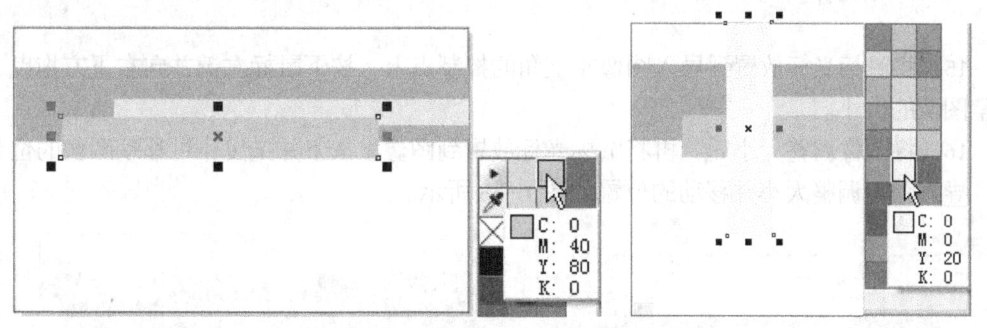

图 1-32 绘制的矩形及填充的颜色

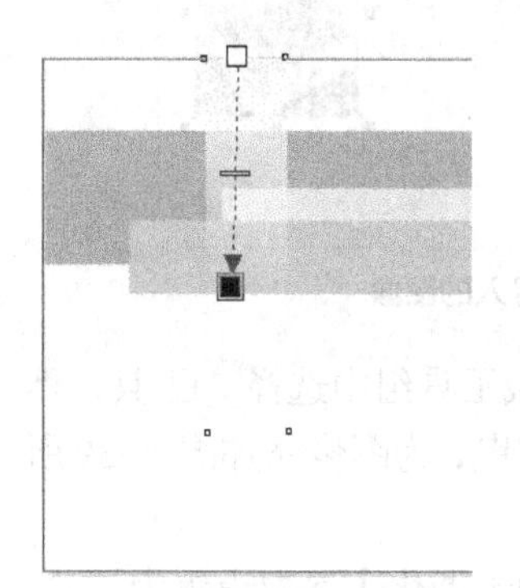

图 1-33 添加的透明效果

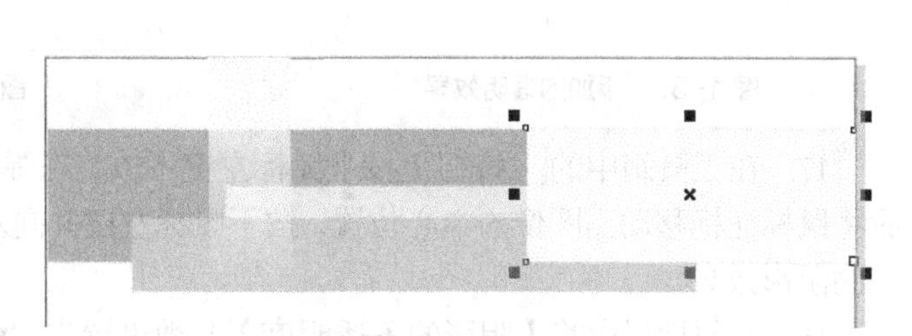

图 1-34 绘制的矩形

用工具箱中的矩形、椭圆或多边形工具绘制出的图形都具有直线性质，要想将其调整为不规则的曲线图形，必须将其转换为曲线。绘制图形后除单击按钮外，也可执行【排列】/【转换为曲线】命令，或按 Ctrl+Q 组合键。

12. 选择工具，将鼠标光标移动到图 1-35 所示的位置并拖曳鼠标，将该节点选择，然后在选择的节点上按下鼠标左键并向右拖曳，调整图形的形状，如图 1-36 所示。

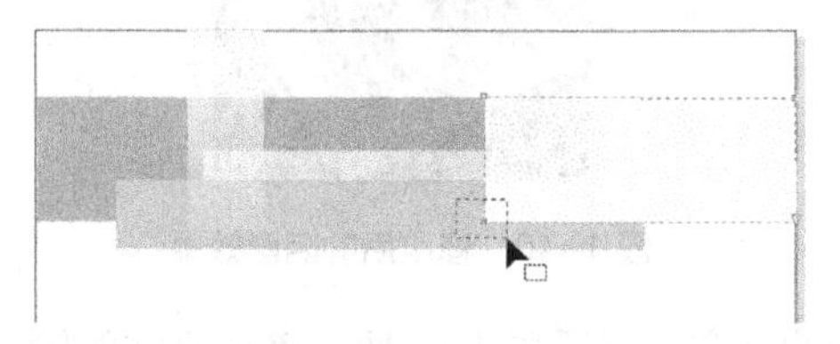

图 1-35 框选节点状态

图 1-36 移动节点状态

13. 拖曳鼠标至合适的位置后释放鼠标左键，然后单击工具箱中的按钮，并为调整后的图形添加图 1-37 所示的透明效果。

14. 单击属性栏中的按钮，在弹出的【导入】对话框中选择素材文件中“图库\第 01 章”目录下名为“烧烤.jpg”的文件，然后单击 导入 按钮，当鼠标光标显示为带文件名称和说明文字的图标时，单击即可将选择的文件导入。

要点提示

有关导入文件的具体操作详见第 2.1.6 节的内容。将图像导入后，修改属性栏中的【缩放因子】参数可修改图像的大小。手动调整图像大小参见第 3.2.3 节的内容。

15. 将鼠标光标放置到导入图像左上角的控制点上，按下鼠标左键并向右下方拖曳，可调整图像的大小。

16. 将图像调整大小后，再将鼠标光标放置到图像上按下并拖曳，可移动图像的位置。导入图像调整大小并移动的位置如图 1–38 所示。

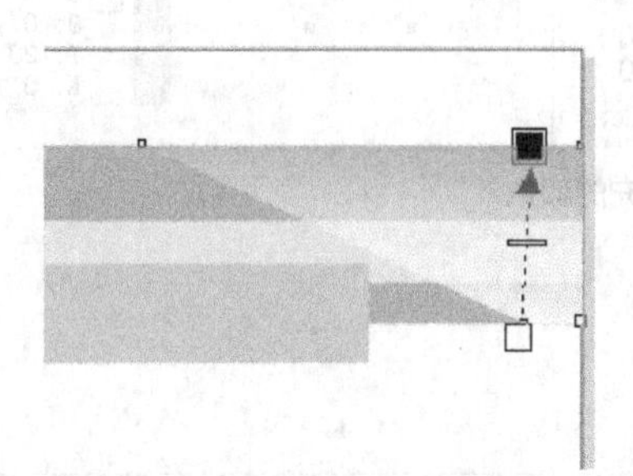
图 1–37　添加的透明效果

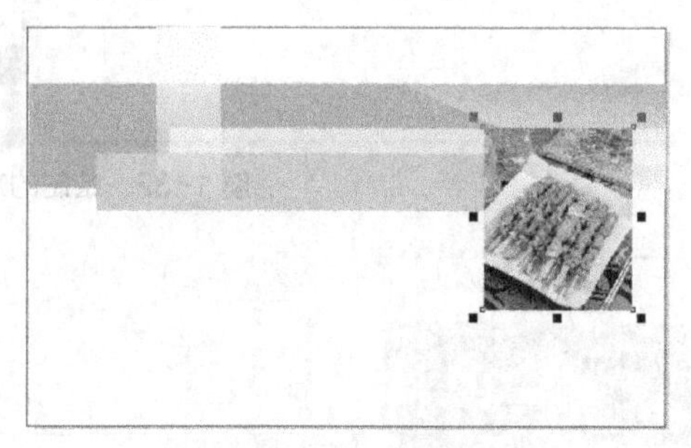
图 1–38　导入的图像

17. 在工具箱中的按钮上按下鼠标左键不放，在弹出的隐藏工具组中选择工具，然后将鼠标光标移动到图像的中心位置，按下鼠标左键并向左上方拖曳，为图像添加图 1–39 所示的阴影效果。

18. 在属性栏中将【阴影的不透明度】参数设置为 "64"，【阴影羽化】参数设置为 "3"，修改参数后的阴影效果如图 1–40 所示。

图 1–39　添加阴影效果状态

图 1–40　修改后的阴影效果

19. 选择字工具，在名片上输入图 1–41 所示的文字，然后单击按钮确认文字的输入。

要点提示

有关文字的输入与编辑请参见第 7 章的内容。

20. 按键盘数字区中的+键，将文字在原位置再复制出一组，然后在【调色板】中的 "白" 色块上单击，将文字的颜色修改为白色。

21. 继续在【调色板】的"白"色块上单击鼠标右键，为文字添加白色的外轮廓，然后单击工具箱中的按钮，在弹出的隐藏工具组中选择图 1-42 所示的外轮廓宽度。

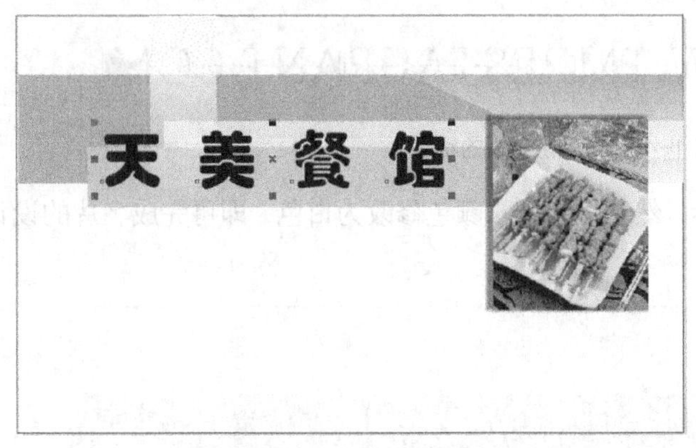

图 1-41　输入的文字

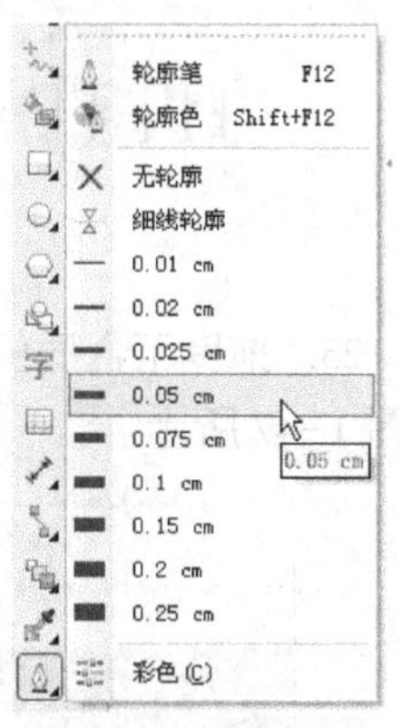

图 1-42　选择的轮廓宽度

复制文字添加外轮廓后的效果如图 1-43 所示。

22. 执行【排列】/【顺序】/【向后一层】命令，将复制出的文字调整至黑色文字的下方，效果如图 1-44 所示。

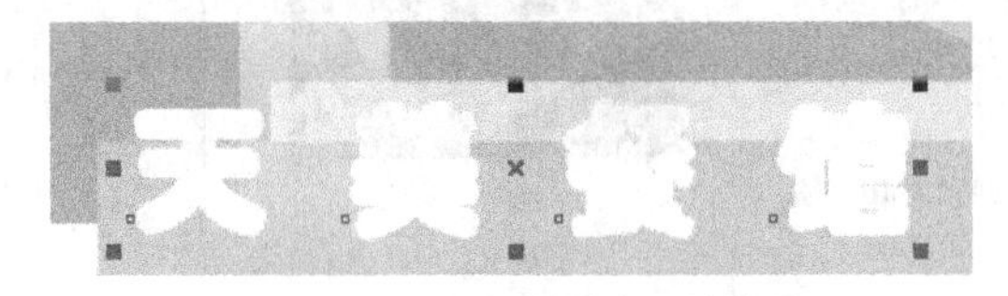

图 1-43　添加外轮廓后的效果

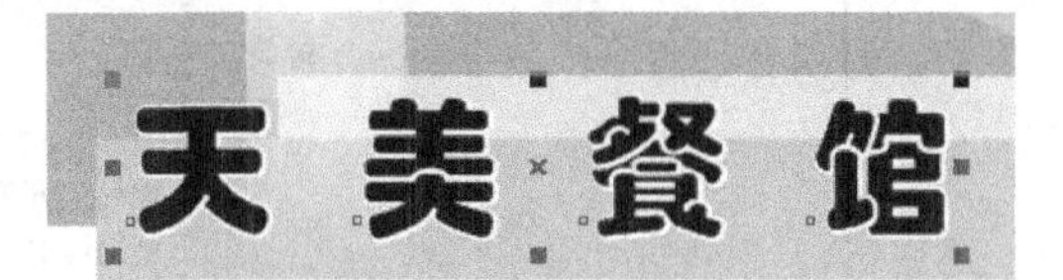

图 1-44　调整堆叠顺序后的效果

23. 继续利用字工具，依次输入图 1-45 所示的文字及字母。

图 1-45　输入的文字及字母

默认情况下，按 Ctrl+Shift 组合键，可以在系统安装的输入法之间切换；按 Ctrl+空格键，可以在当前使用的输入法与英文输入法之间切换；当选择英文输入法时，按 Caps Lock 键或按住 Shift 键输入，可以切换字母的大小写。

24. 利用工具选择最下方的字母，然后单击工具箱中的按钮，再将鼠标光标放置到字母的中心位置按下并向右拖紧曳，状态如图 1-46 所示。

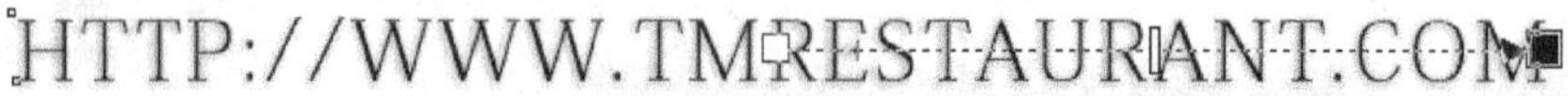

HTTP://WWW.TMRESTAURANT.COM

图 1-46　添加阴影时的状态

25. 拖曳至合适位置后释放鼠标，然后将字母的颜色修改为白色，即可完成名片的设计，如图 1-47 所示。

天美餐馆
江天美
经理
地址：开发区迎宾大道88号
电话：0000-00000000
HTTP://WWW.TMRESTAURANT.COM

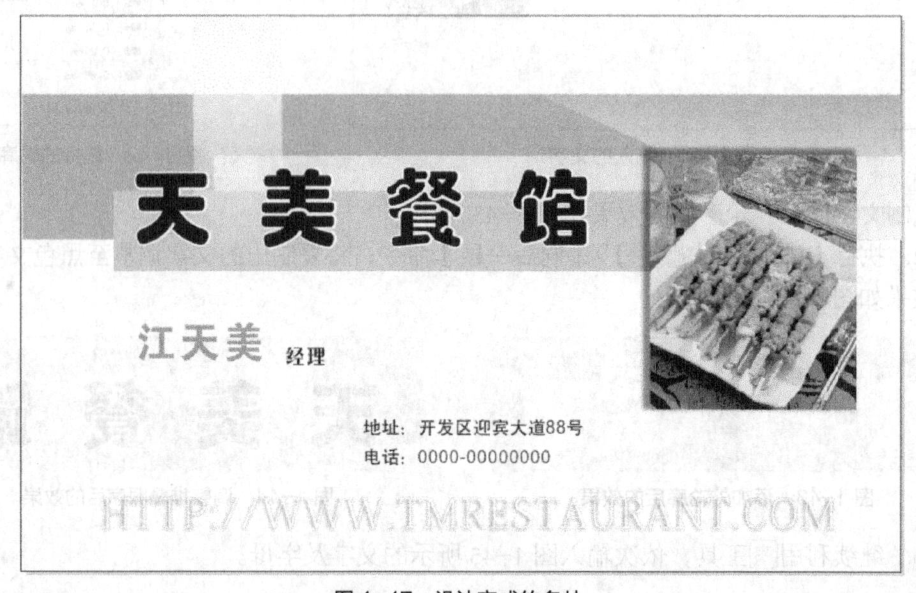

图 1-47　设计完成的名片

26. 执行【文件】/【保存】命令（或按 Ctrl+S 组合键），将设计的名片命名为“名片设计.cdr”保存。

小结

本章主要介绍了 CorelDRAW 的应用领域、有关平面设计的一些基础知识、CorelDRAW X5 的界面及各组成部分的功能等内容。最后通过设计名片来了解利用该软件进行工作的方法。通过本章的学习，希望读者对 CorelDRAW X5 有一个总体的认识，并能够掌握界面中各部分的功能，为后面章节的学习打下良好的基础。

操作题

1. 通过本章综合案例的学习，请读者自己动手设计出图 1-48 所示的名片。本作品参见素材文件中“作品\第 01 章”目录下名为“操作题 01-1.cdr”的文件。

图 1-48 设计的标志

2. 通过本章综合案例的学习，请读者自己动手设计出图 1-49 所示的名片。本作品参见素材文件中“作品\第 01 章”目录下名为“操作题 01-2.cdr”的文件。

图 1-49 设计的标志

PART 2

第 2 章 页面设置与文件操作

本章主要讲解页面的基本设置、文件的基本操作及一些准备工作。本章内容是学习该软件的基础，希望读者能够认真学习，并熟练掌握，为今后使用 CorelDRAW 绘制图形或设计作品打下坚实的基础。

2.1 文件操作

如果要在一个空白的文件上绘制一个图形，应使用 CorelDRAW 的新建文件操作；如果要修改或继续编辑一幅原有的图形，应使用打开对图形文件进行操作。图形绘制完成后需要将其保存以备后用，这就需要保存或关闭文件。本节将详细讲解文件的新建、打开、切换、排列及导入、导出、保存和关闭等基本操作。

2.1.1 新建文件

新建文件的方法有以下两种。

（1）启动软件后，在弹出的【欢迎屏幕】窗口中选择【新建空白文档】选项（此方法只能用于刚打开软件且弹出【欢迎屏幕】窗口时）。

（2）进入软件的工作界面后，执行【文件】/【新建】命令（快捷键为Ctrl+N组合键），或在工具栏中单击【新建】按钮。

执行以上任意操作后，系统将弹出如图 2-1 所示的【创建新文档】对话框。

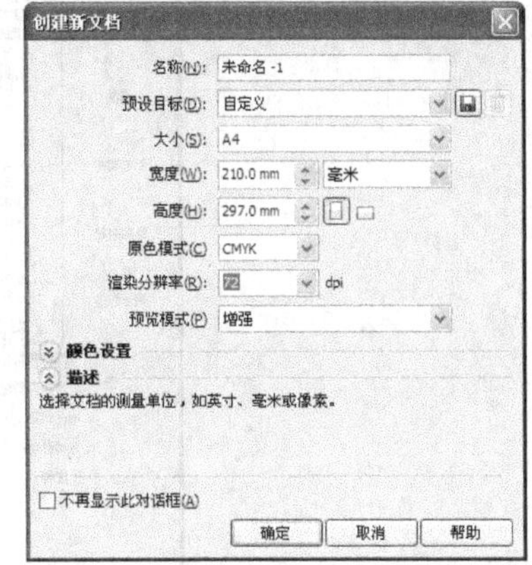

图 2-1 【创建新文档】对话框

- 【名称】选项：在右侧窗口中可以输入新建文件的名称。
- 【预设目标】选项：在右侧窗口中可以选择系统默认的新建文件设置。当自行设置文件的尺寸时，该选项窗口中显示【自定义】选项。
- 【大小】选项：在右侧的窗口中可以选择默认的新建文件大小，包括 A4、A3、B5、信封和明信片等。
- 【宽度】和【高度】选项：用于自行设置新建文件的宽度和高度。
- 【原色模式】选项：此处用于设置新建文件的颜色模式。
- 【渲染分辨率】选项：用于设置新建文件的分辨率。
- 【预览模式】选项：在右侧的选项窗口中可选择与最后输出的文档最相似的预览模式。
- 【颜色设置】选项：其下的选项用于选择新建文件的色彩配置。
- 【不再显示此对话框】选项：勾选此选项，在下次新建文件时，将不弹出【创建新文档】对话框，而是以默认的设置来新建文件。

2.1.2 打开文件

打开文件的方法主要有以下几种。

（1）在【欢迎屏幕】窗口中单击 打开其他文档... 按钮（此方法只能用于刚打开软件且弹出【欢迎屏幕】窗口时）。

（2）进入工作界面后，执行【文件】/【打开】命令（快捷键为Ctrl+O组合键），或在工具栏中单击【打开】按钮，也可进行打开文件操作。

在弹出的【打开绘图】对话框中选择需要打开的图形文件，然后单击 打开 按钮，即可将文件打开。

下面以打开“CorelDRAW X5 安装盘符中“Program Files\Corel\CorelDRAW Graphics Suite

X5\Draw\Samples”目录下名为“Sample2.cdr”的文件为例，来讲解打开图形文件的基本操作。

打开图形文件

1. 执行【文件】/【打开】命令或单击工具栏中的按钮，弹出【打开绘图】对话框。

2. 在【打开绘图】对话框中的【查找范围】右侧单击按钮，在弹出的下拉列表中选择“C”盘。

3. 进入“C”盘后，依次双击下方窗口中的“Program Files\Corel\CorelDRAW Graphics Suite X5\Draw\Samples”文件夹，文件路径的层次关系如图 2-2 所示。

图 2-2　要打开文件的路径层次

4. 在【打开绘图】对话框中的文件列表窗口中选择名为“Sample2.cdr”的文件，然后单击 打开 按钮，稍等片刻，绘图窗口中即显示打开的图形文件，且标题栏中显示打开文件的路径，如图 2-3 所示。

图 2-3　打开的文件

要点提示

如果想打开计算机中保存的图形文件，首先要知道文件的名称及文件保存的路径，即在计算机硬盘的哪一个分区、哪一个文件夹内，这样才能够顺利地打开保存的图形文件。在本书后面的练习和实例制作过程中，调用素材图片时，将直接叙述为打开（导入）素材文件中“图库\第*章”目录下名为“*.*”的文件。因此，读者可以先将素材文件中的内容复制至计算机中的相应磁盘分区下，以方便练习时调用。

2.1.3 切换文件窗口

在实际工作过程中，经常需要在多个文件之间调用图形，这时就会遇到文件窗口的切换问题。下面以案例的形式来详细讲解文件窗口的切换操作。

切换文件

1. 再次执行【文件】/【打开】命令，在弹出的【打开绘图】对话框中选择“Sample1.cdr”文件，然后按住Ctrl键单击“Sample4.cdr”文件，将两个文件选择。

要点提示

执行【打开】命令之后，弹出的【打开绘图】对话框为上一次打开图形或保存图形时所选的目录。

2. 单击 打开 按钮，系统会将选择的两个文件都打开，且“Sample1.cdr”文件处于当前状态。
3. 执行【视图】/【辅助线】命令，将“Sample1.cdr”文件中的辅助线隐藏。
4. 选择工具，将鼠标光标移动到下方的字母位置单击，选中字母，如图2-4所示。
5. 按住Shift键再单击上方的字母，将两组字母同时选择，再将鼠标光标移动到选择框右上角的控制点上按下鼠标左键并向左下方拖曳，调整字母的大小，状态如图2-5所示。
6. 至合适的大小后，释放鼠标左键，字母调整后的大小如图2-6所示。

图2-4 选择的字母

图2-5 调整字母大小状态

图2-6 字母调整后的大小

7. 执行【窗口】/【Sample4.cdr】命令，即可将“Sample4.cdr”文件设置为当前状态，然后利用工具在花图形上单击，将花图形选择。

8. 单击工具栏中的按钮，将选择的花图形复制。

9. 执行【窗口】/【Sample1.cdr】命令，将“Sample1”文件设置为工作状态，然后单击工具栏中的按钮，将复制的花图形粘贴到当前页面中，如图 2-7 所示。

10. 单击属性栏中的按钮，将粘贴到当前页面中的花图形在水平方向上翻转，然后将 150.0 的参数设置为“150”，再利用工具将调整角度后的花图形移动到图 2-8 所示的位置。

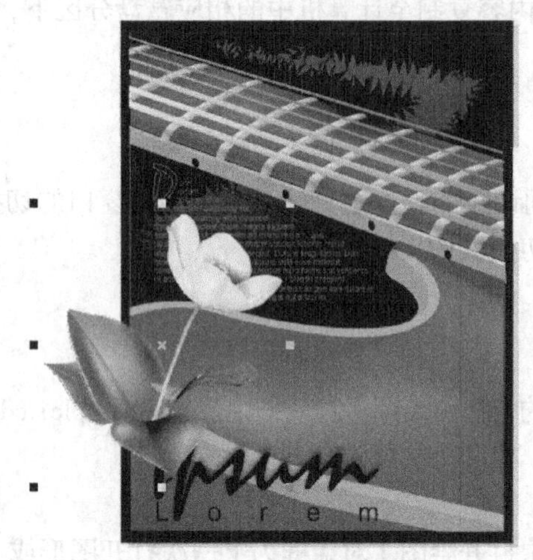

图 2-7 粘贴的花图形

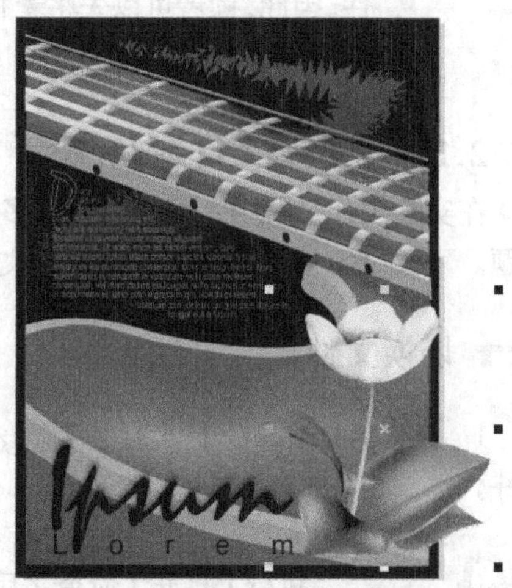

图 2-8 花图形调整后的形态及位置

如果创建了多个文件，每一个文件名称都会罗列在【窗口】菜单下，选择相应的文件名称即可切换文件。另外，单击文件菜单栏右侧的按钮，将文件设置为还原状态，再直接单击相应文件的标题栏或页面控制栏同样可以进行文件切换，但此种方法在打开很多个文件时不太适用。

2.1.4 保存文件

保存文件时主要分两种情况，在保存文件之前，一定要分清用哪个命令进行操作，以免造成不必要的麻烦。

（1）对于在新建文件中绘制的图形，如果要对其保存，可执行【文件】/【保存】命令（快捷键为 Ctrl+S 组合键）或单击工具栏中的按钮，也可执行【文件】/【另存为】命令（快捷键为 Ctrl+Shift+S 组合键）。

（2）对于打开的文件进行编辑修改后，执行【文件】/【保存】命令，可将文件直接保存，且新的文件将覆盖原有的文件；如果保存时不想覆盖原文件，可执行【文件】/【另存为】命令，将修改后的文件另存，同时还保留原文件。

下面利用【文件】/【另存为】命令，对上一节打开的“Sample1.cdr”文件进行保存，以此来详细讲解文件的保存操作。

保存文件

1. 接上一节练习。

2. 执行【文件】/【另存为】命令，系统将弹出如图 2-9 所示的【保存绘图】对话框，注意保存路径为当前要保存文件打开时的路径。

3. 在【保存绘图】对话框中单击【保存在】下拉列表，在弹出的下拉列表中选择图形文件要保存的盘符，然后在弹出的新对话框中单击 按钮，创建一个新文件夹。

4. 将新建的文件夹命名为“高职 Cor”，然后根据需要双击新建的文件夹，再单击 按钮，创建一个新文件夹。

5. 双击新建的文件夹，切换到该级目录，然后在【文件名】选项窗口中输入另存文件的名称，此处输入“另存练习”，如图 2-10 所示。

图 2-9 【保存图形】对话框

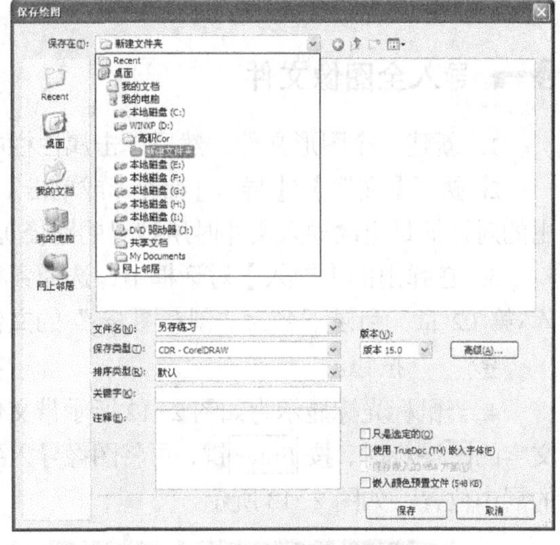

图 2-10 设置的保存路径及名称

6. 单击 保存 按钮，就可以将当前文件以另设的路径及名称进行保存。

2.1.5 排列文件窗口

当对一个设计任务做了多种方案，想整体浏览一下这些方案时，可利用【窗口】菜单下的命令对相应文件进行排列显示。

- 执行【窗口】/【层叠】命令，可将窗口中所有的文件以层叠的形式排列。
- 执行【窗口】/【水平平铺】命令，可将窗口中所有的文件横向平铺显示。
- 执行【窗口】/【垂直平铺】命令，可将窗口中所有的文件纵向平铺显示。

图 2-11 所示依次为执行【层叠】、【水平平铺】和【垂直平铺】命令时的显示方式。

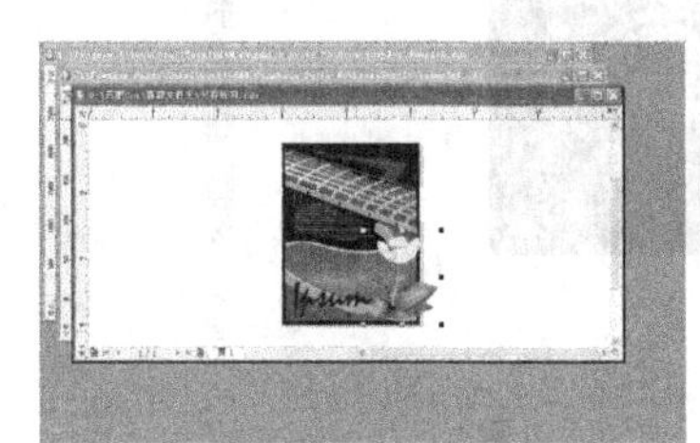
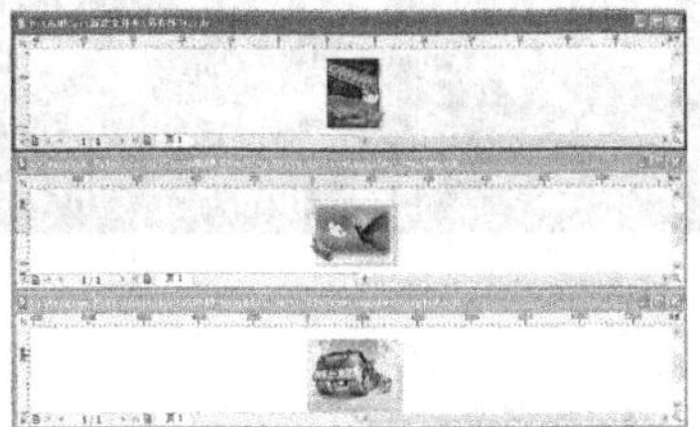

图 2-11 文件的显示方式

- 当绘图窗口中有最小化的文件窗口时，执行【窗口】/【排列图标】命令，可将最小化文件的图标按规律（自左向右或自下而上）排列在绘图窗口的下方。

2.1.6 导入文件

利用【文件】/【导入】命令可以导入【打开】命令所不能打开的图像文件，如“PSD”、

“TIF”、“JPG”和“BMP”等格式的图像文件。

导入文件的方法有两种。

（1）执行【文件】/【导入】命令（快捷键为Ctrl+I组合键）。

（2）单击工具栏中的【导入】按钮。

在导入文件的同时可以调整文件大小或使文件居中。导入位图时，还可以对位图重新取样以缩小文件的大小，或者裁剪位图以选择要导入图像的准确区域和大小。下面来具体讲解导入图像的每一种方法。

导入全图像文件

1. 新建一个图形文件，然后单击属性栏中的按钮，将文件设置为横向。

2. 执行【文件】/【导入】命令（或单击工具栏中的按钮），即弹出【导入】对话框（弹出的对话框是上次导入文件时所搜寻的路径）。

3. 在弹出的【导入】对话框中，选择素材文件中“图库\第 02 章”目录下名为“创意图.jpg”的文件，然后单击 导入 按钮。

4. 当鼠标光标显示为如图 2-12 所示带文件名称和说明文字的图标时，按Enter键，可将图像导入到绘图窗口中的居中位置，如图 2-13 所示。

创意图.jpg
w: 361.244 mm, h: 225.778 mm
单击并拖动以便重新设置尺寸。
按 Enter 可以居中。
按空格键以使用原始位置。

图 2-12　导入文件时的状态

图 2-13　导入的图像

当鼠标光标显示为带文件名称和说明文字的图标时拖曳鼠标，可将选择的图像以拖曳框的大小导入；如直接单击，可将选择的图像导入到鼠标单击的位置。

导入裁剪文件

在工作过程中，常常需要导入位图图像的一部分，或将图像裁剪为需要的大小。此时利用相应的【裁剪】选项，即可将需要的图像裁剪后再进行导入。

1. 按Ctrl+I组合键，在弹出的【导入】对话框中再次选择“创意图.jpg”的图像文件，然后在右下方的列表栏中选择【裁剪】选项，如图2-14所示。

2. 单击 导入 按钮，将弹出如图2-15所示的【裁剪图像】对话框。

图2-14 选择的选项

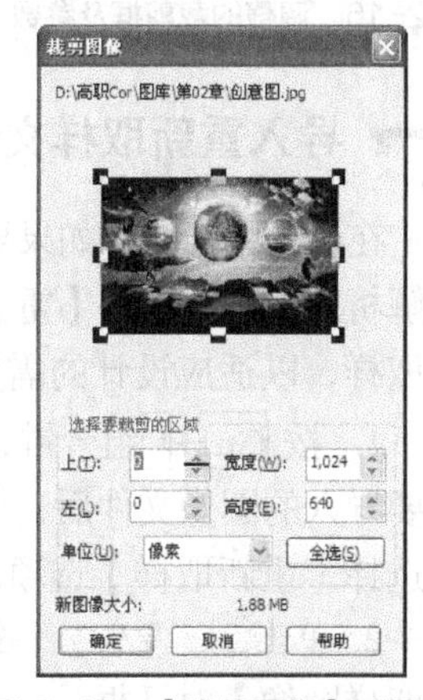

图2-15 【裁剪图像】对话框

- 在【裁剪图像】对话框的预览窗口中，通过拖曳裁剪框的控制点，可以调整裁剪框的大小。裁剪框以内的图像区域将被保留，以外的图像区域将被删除。
- 将鼠标光标放置在裁剪框中，鼠标光标会显示为形状，此时按住鼠标左键拖曳鼠标光标可以移动裁剪框的位置。
- 在【选择要裁剪的区域】参数区中设置好距【上】部和【左】侧的距离及最终图像的【宽度】和【高度】参数，可以精确地裁剪图像。注意默认单位为“像素”，单击【单位】选项右侧的倒三角按钮可以设置其他的参数单位。
- 当对裁剪后的图像区域不满意时，单击 全选(S) 按钮，可以将位图图像全部选择，以便重新设置裁剪。
- 【新图像大小】选项的右侧显示了位图图像裁剪后的文件尺寸大小。

3. 单击【单位】选项右侧的选项窗口，在弹出的列表中选择“毫米”，然后将【宽度】的参数设置为“297”，【高度】的参数设置为“210”。

4. 将鼠标光标放置到上方预览窗口中按下鼠标左键并拖曳，将裁剪框调整至图2-16所示的位置。

5. 单击 确定 按钮，当鼠标光标显示为带文件名称和说明文字的图标时，按Enter键，即可将选择的图像区域导入，如图2-17所示。

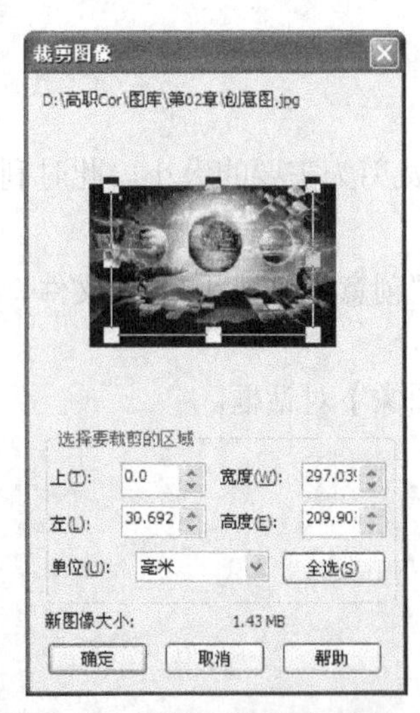

图 2-16　调整的裁剪框及参数

图 2-17　导入的裁剪图像

导入重新取样文件

在导入图像时，如果导入的文件与当前文件所需的尺寸和解析度不同，利用【重新取样】选项可以将导入的图像重新取样，以适应设计的需要。

1. 按 Ctrl+I 组合键，在弹出的【导入】对话框中选择需要导入的图像文件后，再在【文件类型】右侧的下拉列表中选择【重新取样】选项。

2. 单击 导入 按钮，将弹出如图 2-18 所示的【重新取样图像】对话框。

3. 在【重新取样图像】对话框中设置【宽度】、【高度】以及【分辨率】的参数，使导入的文件大小适应设计需要。

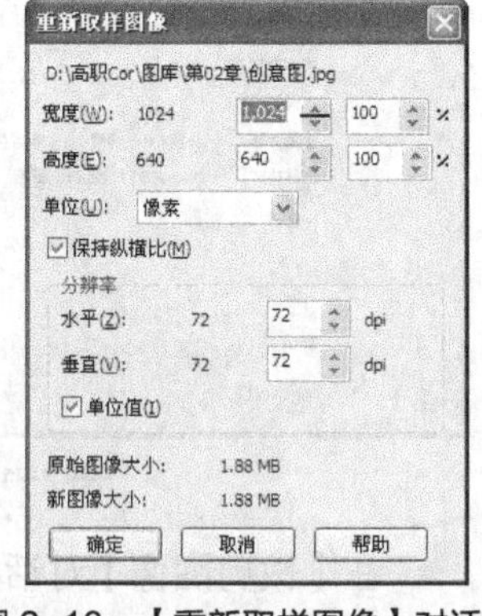

图 2-18　【重新取样图像】对话框

在设置图像的【宽度】、【高度】和【分辨率】参数时，系统只能将尺寸改小但不能改大，以确保图像的品质。

4. 设置好重新取样的参数后，单击 确定 按钮。

5. 当鼠标光标显示为带文件名称和说明文字的 ┌ 图标时，单击即可将重新取样的文件导入。

2.1.7　导出文件

执行【文件】/【导出】命令，可以将在 CorelDRAW 中绘制的图形导出为其他软件所支持的文件格式，以便在其他软件中顺利地进行编辑。

导出文件的方法也有两种。

（1）执行【文件】/【导出】命令（快捷键为 Ctrl+E 组合键）；

（2）在工具栏中单击【导出】按钮。

下面以导出“*.jpg”格式的图像文件为例来讲解导出文件的具体方法。

导出文件

1. 绘制完一幅作品后，选择需要导出的图形。

在导出图形时，如果没有任何图形处于选择状态，系统会将当前文件中的所有图形导出。如先选择了要导出的图形，并在弹出的【导出】对话框中勾选【只是选定的】选项，系统只会将当前选择的图形导出。

2. 执行【文件】/【导出】命令或单击工具栏中的按钮，将弹出【导出】对话框。

常用的导出格式有："*.AI"格式，可以在 Photoshop、Illustrator 等软件中直接打开并编辑；"*.JPG"格式，是 Photoshop 中常用的压缩文件格式；"*.PSD"格式，是 Photoshop 的专用格式，在 CorelDRAW 中绘制的图形如果是分层绘制的，将图形导出此格式后，在 Photoshop 中打开，各图层仍将独立存在；"*.TIF"格式，是制版输出时常用的文件格式。

3. 在【保存类型】下拉列表中将导出的文件格式设置为"JPG-JPEG Bitmaps"格式，然后单击 导出 按钮。

4. 在弹出的【转换为位图】对话框中设置好各选项后，单击 确定 按钮即可完成文件的导出操作。此时启动 Photoshop 绘图软件或 ACDsee 看图软件，按照导出文件的路径，即可将导出的图形文件打开并进行编辑或特效处理等。

2.1.8 关闭文件

当对文件进行绘制、编辑和保存后，不想再对此文件进行任何操作，就可以将其关闭，关闭文件的方法有以下 3 种。

（1）单击图形文件标题栏右侧的按钮。

（2）执行【文件】/【关闭】命令。

（3）如要将打开的很多文件全部关闭，此时可执行【文件】/【全部关闭】命令或【窗口】/【全部关闭】命令，即可将当前的所有图形文件全部关闭。

2.2 页面设置

对于设计者来说，设计一幅作品的首要前提是要正确设置文件的页面。页面设置的内容主要有页面的大小设置、方向设置、版面的背景以及页面的添加、删除和重命名等。下面来具体讲解。

2.2.1 设置页面大小及方向

页面的设置方法主要有两种，分别是在属性栏中设置和利用菜单命令设置，介绍如下。

一、在属性栏中设置页面

新建文件后，在没有执行任何操作之前，属性栏如图 2-19 所示。

图 2-19 属性栏的默认设置

- ：在此下拉列表中可以选择要使用的纸张类型或纸张大小。当选择【自定义】选项时，可以在属性栏后面的【页面度量】中设置读者需要的纸张尺寸。

要点提示

CorelDRAW 默认的打印区大小为 210.0 mm×297.0 mm，也就是常说的 A4 纸张大小。在广告设计中常用的文件尺寸有 A3（297.0 mm×420.0 mm）、A4（210.0 mm×297.0 mm）、A5（148.0 mm×210.0 mm）、B5（182.0 mm×257.0 mm）和 16 开（184.0 mm×260.0 mm）等。

- 【纵向】按钮和【横向】按钮：用于设置当前页面的方向，当按钮处于激活状态时，绘图窗口中的页面是纵向平铺的。当单击按钮，将其设置为激活状态，绘图窗口中的页面是横向平铺的。

要点提示

执行【布局】/【切换页面方向】命令，可以将当前的页面方向切换为另一种页面方向。即如果当前页面为横向，将切换为纵向；如果当前页面为纵向，将切换为横向。

- 【所有页面】按钮和【当前页】按钮：默认情况下，按钮处于激活状态，表示多页面文档中的所有页面都应用相同的页面大小和方向。如果要设置多页面文档中个别页面的大小和方向，可将该页面设置为当前页，然后单击属性栏中的按钮，再设置该页面的大小或方向即可。
- 单击 单位: 毫米 选项右侧的倒三角形，弹出【单位】选项列表。在此列表中可以选择尺寸的单位。其中显示蓝色的选项，表示此单位是当前选择的单位。
- 【微调距离】选项：在此选项的文本框中输入数值或单击右侧的三角形按钮，可以设置每次按键盘中的方向键时，所选图形在绘图窗口中移动的距离。
- 【再制距离】选项：在此选项的文本框中输入数值或单击右侧的三角形按钮，可以设置对选择图形应用菜单栏中的【编辑】/【再制】命令后，复制出的新图形与原图形之间的距离。

二、利用菜单命令设置页面

执行【布局】/【页面设置】命令，弹出如图 2-20 所示的【选项】对话框。

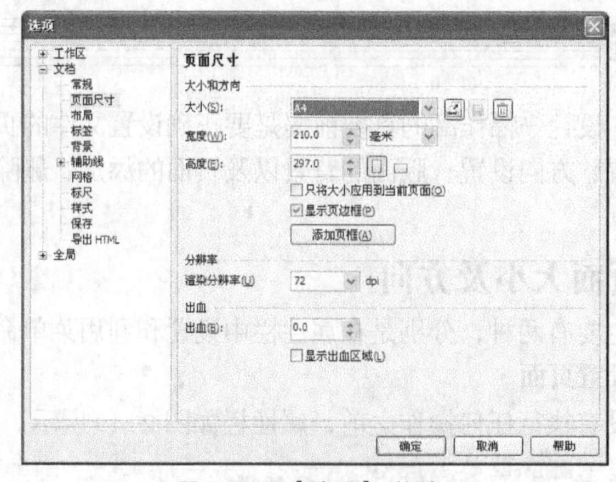

图 2-20 【选项】对话框

将鼠标指针移动到绘图窗口中页面的轮廓或阴影处双击，也将弹出【选项】对话框。另外，单击工具栏中的【选项】按钮，或按 Ctrl+J 组合键，将打开默认的【选项】对话框，在此对话框中依次选择“文档/页面尺寸”选项，也可调出设置文件大小的【选项】对话框。

- 当在【大小】下拉列表中选择【自定义】选项时，可以在下面的【宽度】和【高度】文本框中设置需要的纸张尺寸。
- 【只将大小应用到当前页面】选项：勾选此复选项，在多页面文档中可以调整指定页的大小或方向。如不勾选此复选项，在调整指定页面的大小或方向时，所有页面将同时调整。
- 【显示页边框】选项：决定是否在页面中显示页边框，取消选择，将取消页边框的显示。
- 添加页框(A) 按钮：单击此按钮，然后单击 确定 按钮后，可以在绘图窗口中添加一个覆盖整个“页面可打印区域”的可打印背景框，相当于双击工具得到与页面相同大小的矩形。
- 【分辨率】选项：设置文件的分辨率。
- 【出血】选项：可以设置图像在页面边缘的位置。

所谓出血，是指作品的内容超出了版心即页面的边缘。在设计作品时，图像的一边在页面边缘叫做一面出血，图像的两边在页面的边缘叫做两面出血。但这两种情况很少用到，经常用到的是图像的三面或者四面在页面的边缘，即三面出血或四面出血。一般在印刷图像时会将图像超出作品尺寸 3 毫米，作为印刷后的成品裁切位置。

在【选项】对话框设置完页面的有关选项后，单击 确定 按钮，绘图窗口中的页面就会采用当前设置的页面大小和方向。

2.2.2 添加和删除页面

【布局】菜单中的命令可以设置页面的大小及背景，还可以对当前绘图窗口中的页面进行添加、删除及重命名等。

一、【插入页面】命令

可以在当前的文件中插入一个或多个页面。执行【布局】/【插入页面】命令，将弹出如图 2-21 所示的【插入页面】对话框。

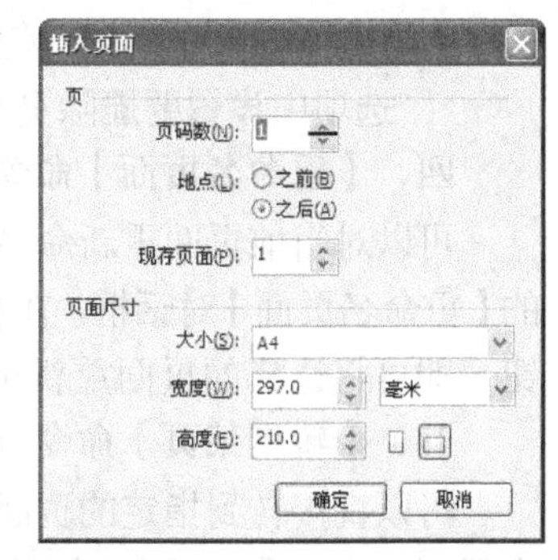

图 2-21 【插入页面】对话框

- 【页码数】选项：可以设置要插入页面的数量。
- 【之前】选项：点选此单选项，在插入页面时，会在当前页面的前面插入。
- 【之后】选项：点选此单选项，在插入页面时，会在当前页面的后面插入。
- 【现存页面】选项：可以设置页面插入的位置。例如，将参数设置为“2”时，是指在第 2 页的前面或后面插入页面。

- 【大小】选项：单击右侧的倒三角按钮，可以在弹出的下拉列表中设置插入页面的类型，系统默认的纸张类型为 A4 纸张。
- 【宽度】和【高度】选项：设置要插入页面的尺寸大小。单击【宽度】选项右侧的【毫米】选项，可以在弹出的下拉列表中设置页面尺寸的单位。
- 【纵向】按钮和【横向】按钮：设置插入页面的方向。

要点提示

图 2-21 所示的【插入页面】对话框中设置的参数意思为在当前文件的第 1 页后面插入 1 页纸张类型为 A4 的横向页面。

二、【再制页面】命令

【再制页面】命令为 CorelDRAW X5 版本的新增功能，可将当前页面复制。首先将要复制的页面设置为当前页，然后执行【布局】/【再制页面】命令，将弹出如图 2-22 所示的【再制页面】对话框。

- 【插入新页面】选项：决定将复制出的页面插入到当前页的前面还是后面。
- 【仅复制图层】选项：点选此单选项，将只复制当前页的图层设置，不复制当前页中的内容。
- 【复制图层及其内容】选项：点选此单选项，会将当前页的图层及内容一同复制。

三、【删除页面】命令

可以将当前文件中的一个或多个页面删除，当图形文件只有一个页面时，此命令不可用。如当前文件有 4 个页面，将第 4 页设置为当前页面，然后执行【布局】/【删除页面】命令，将弹出如图 2-23 所示的【删除页面】对话框。

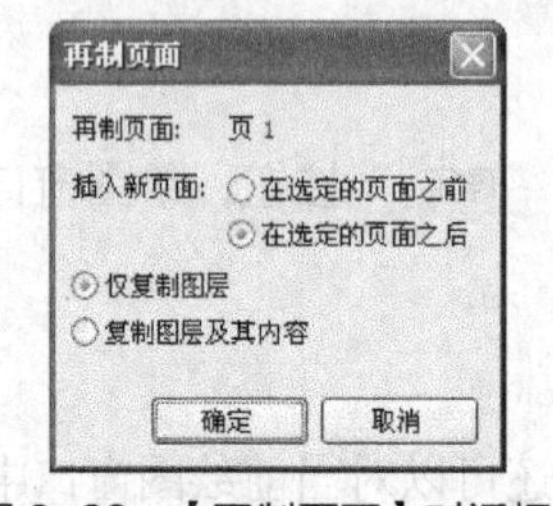

图 2-22 【再制页面】对话框

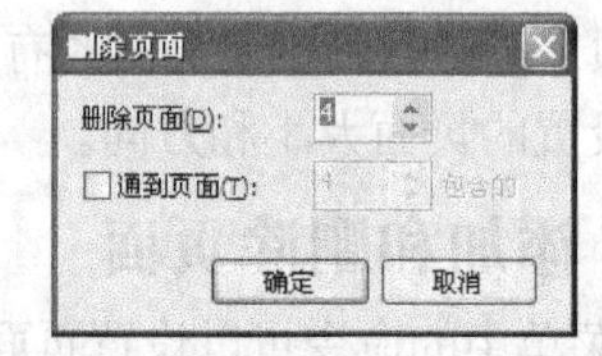

图 2-23 【删除页面】对话框

- 【删除页面】选项：设置要删除的页面。
- 【通到页面】选项：勾选此复选项，可以一次删除多个连续的页面，即在【删除页面】选项中设置要删除页面的起始页，在【通到页面】选项中设置要删除页面的终止页。

四、【重命名页面】命令

可以对当前页面重新命名。执行【布局】/【重命名页面】命令，将弹出如图 2-24 所示的【重命名页面】对话框。在【页名】文本框中输入要设置的页面名称，然后单击 确定 按钮，即可将选择的页面重新命名为设置的名称。

五、【转到某页】命令

可以直接转到指定的页面。当图形文件只有一个页面时，此命令不可用。如当前文件有 4 个页面，执行【布局】/【转到某页】命令，将弹出如图 2-25 所示的【转到某页】对话框。

在【转到某页】文本框中输入要转到的页面，然后单击 确定 按钮，当前的页面即切换到对话框中输入的页面。

六、利用右键菜单设置页面

除了使用菜单命令来对页面进行添加和删除外，还可以使用右键菜单来完成这些操作。将鼠标光标拖放到页面的名称上并单击鼠标右键，将会弹出图 2-26 所示的右键菜单。此菜单中的命令与菜单中的命令及使用方法相同，在此不再赘述。

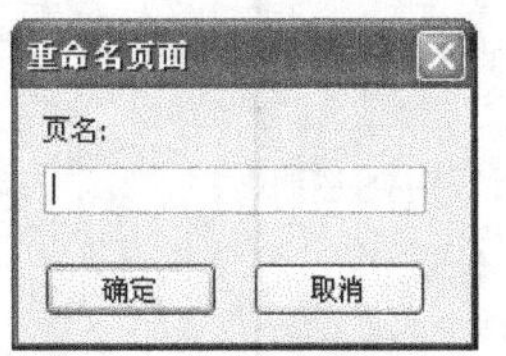

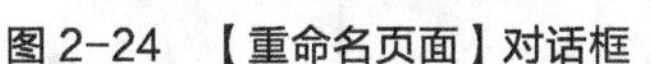

图 2-24 【重命名页面】对话框

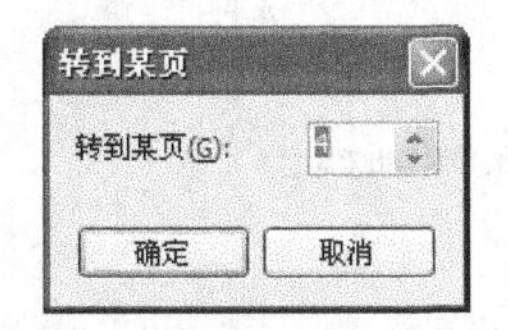

图 2-25 【转到某页】对话框

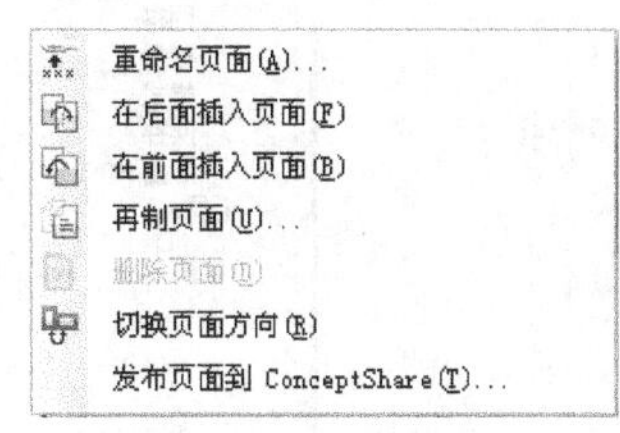

图 2-26 右键菜单

2.2.3 快速应用页面控制栏

页面控制栏位于界面窗口下方的左侧位置，主要显示当前页码、页总数等信息，如图 2-27 所示。

图 2-27 页面控制栏

- 单击按钮，可以由当前页面直接返回到第一页。相反，单击右侧的按钮，可以由当前页面直接转到最后一页。
- 单击按钮一次，可以由当前页面向前跳动一页。例如，当前窗口所显示页面为“页 2”，单击一次按钮，此时窗口显示页面为“页 1”。
- 单击按钮一次，可以由当前页面向后跳动一页。例如，当前窗口所显示页面为“页 2”，单击一次按钮，此时窗口显示页面为“页 3”。
- 【定位页面】按钮 2 / 3 ：用于显示当前页码和图形文件中页面的数量。前面的数字为当前页的序号，后面的数字为文件中页面的总数量。单击此按钮，可在弹出的【定位页面】对话框中指定要跳转的页面序号。
- 当图形文件中只有一个页面时，单击按钮，可以在当前页面的前面或后面添加一个页面；当图形文件中有多个页面，且第一页或最后一页为当前页面时，单击按钮，可在第一页之前或最后一页之后添加一个新的页面。注意，每单击按钮一次，文件将增加一页。

2.2.4 设置页面背景

执行【布局】/【页面背景】命令，可以为当前文件的背景填充单色或位图图像，执行此命令，将弹出如图 2-28 所示的【选项】对话框。

设置图形文件使用的背景类型主要有【无背景】、【纯色】和【位图】3 种。

- 【无背景】选项：点选此单选项，绘图窗口的页面将显示为白色。
- 【纯色】选项：点选此单选项，后面的按钮即变为可用。单击此按钮，将弹出图 2-29 所示的【颜色】选项面板。在【颜色】选项面板中选择任意一种颜色，可以将其作为背景色。当单击 其它(O)... 按钮时，将弹出如图 2-30 所示的【选择颜色】对话框，在此对话框中可以设置需要的其他背景颜色。

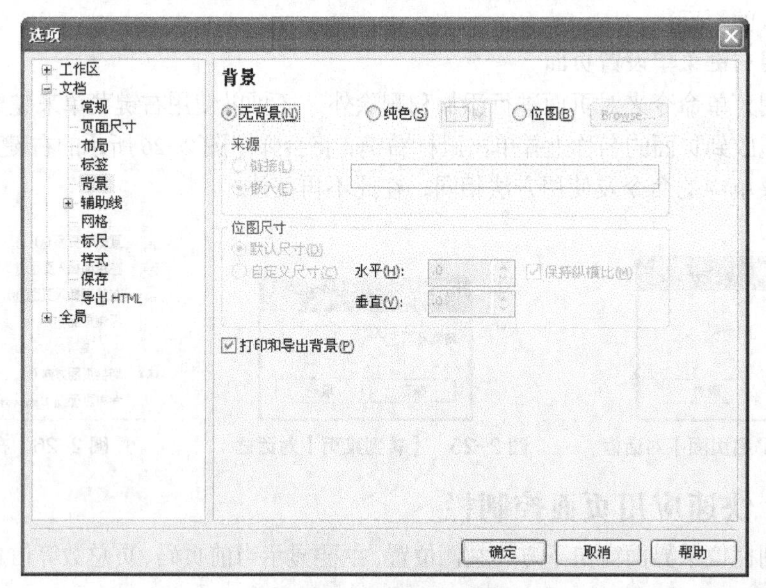

图 2-28 【选项】对话框

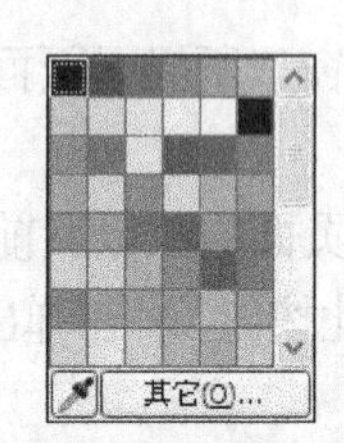

图 2-29 【颜色】选项面板

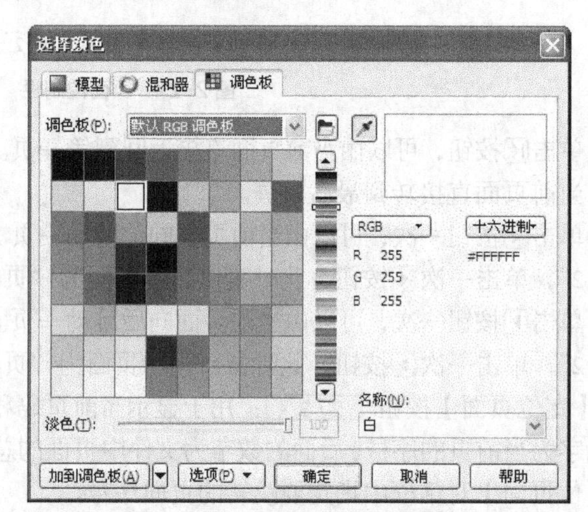

图 2-30 【选择颜色】对话框

- 【位图】选项：点选此单选项，后面的 Browse... （浏览）按钮即变为可用。单击此按钮，可以将一幅位图图像设置到当前工作区域中，作为当前页面的背景。

2.3 准备工作

掌握了上面介绍的文件操作和页面设置后，本节再来介绍一下工作前和工作中的一些常用操作，包括标尺、网格及辅助线的设置，缩放工具和手形工具的应用等。

2.3.1 设置标尺、辅助线及网格

标尺、网格和辅助线是在 CorelDRAW 中绘制图形的辅助工具，在绘制和移动图形过程中，利用这 3 种工具可以帮助用户精确地对图形进行定位和对齐等操作。

一、标尺

标尺的用途就是给当前图形一个参照，用于度量图形的尺寸，同时对图形进行辅助定位，使图形的设计更加方便、准确。

（1）显示与隐藏标尺。

执行【视图】/【标尺】命令，即可使标尺显示。当标尺处于显示状态时，再次执行此命令，即可将其隐藏。

（2）移动标尺。

- 按住 Shift 键，将鼠标光标移动到水平标尺或垂直标尺上，按下鼠标左键并拖曳，即可移动标尺的位置。
- 按住 Shift 键，将鼠标光标移动到水平标尺和垂直标尺相交的图标上，按下鼠标左键并拖曳，可以同时移动水平和垂直标尺的位置。

要点提示

当标尺在绘图窗口中移动位置后，按住 Shift 键，双击标尺或水平标尺和垂直标尺相交的图标，可以恢复标尺在绘图窗口中的默认位置。

（3）更改标尺的原点。

将鼠标光标移动到水平标尺和垂直标尺相交的图标上，按下鼠标左键沿对角线向下拖曳。此时，跟随鼠标光标会出现一组十字线，释放鼠标左键后，标尺上的新原点就会出现在刚才释放鼠标左键的位置。移动标尺的原点后，双击水平标尺和垂直标尺相交的图标，可将标尺原点还原到默认位置。

二、网格

网格是由显示在屏幕上的一系列相互交叉的虚线构成的，利用它可以精确地在图形之间、图形与当前页面之间进行定位。

（1）显示与隐藏网格。

执行【视图】/【网格】命令，即可使网格在绘图窗口中显示，再次执行此命令，即可将网格隐藏。

（2）网格的间距设置。

执行【视图】/【设置】/【网格和标尺设置】命令，在弹出的【选项】对话框中选择【网格】选项，可以在其下的【自定义网格】中设置水平和垂直方向上每毫米网格的数量，也可以设置水平和垂直方向上网格之间的距离，单位为毫米。参数设置完成后单击 确定 按钮，参数设置就会反映在显示的网格上。

三、辅助线

利用辅助线也可以帮助用户准确地对图形进行定位和对齐。在系统默认状态下，辅助线是浮在整个图形上不可打印的线。

（1）显示与隐藏辅助线。

执行【视图】/【辅助线】命令，即可将添加的辅助线在绘图窗口中显示，再次执行此命令，即可将辅助线隐藏。

（2）添加辅助线。

执行【视图】/【设置】/【辅助线设置】命令，然后在弹出【选项】对话框的左侧窗口中选择【水平】或【垂直】选项。在【选项】对话框右侧上方的文本框中输入相应的参数后，

单击 添加(A) 按钮，然后再单击 确定 按钮，即可添加一条辅助线。

利用以上的方法可以在绘图窗口中精确地添加辅助线。如果不需太精确，可将鼠标光标移动到水平或垂直标尺上，按下鼠标左键并向绘图窗口中拖曳，这样可以快速的在绘图窗口中添加一条水平或垂直的辅助线。

（3）移动辅助线。

利用【选择】工具在要移动的辅助线上单击，将其选择（此时辅助线显示为红色），当鼠标光标显示为双向箭头时，按下鼠标左键并拖曳，即可移动辅助线的位置。

（4）旋转辅助线。

将添加的辅助线选择，并在选择的辅助线上再次单击，将出现旋转控制柄，将鼠标光标移动到旋转控制柄上，按下鼠标左键并旋转，可以使添加的辅助线进行旋转。

（5）删除辅助线。

将需要删除的辅助线选择，然后按 Delete 键；或在需要删除的辅助线上单击鼠标右键，并在弹出的右键菜单中选择【删除】命令，也可将选择的辅助线删除。

2.3.2　缩放与平移视图

在 CorelDRAW 中绘制或修改图形时，常常需要将其放大或缩小，以查看图形的每一个细节，这些操作就需要通过工具箱中的【缩放】工具和【平移】工具来完成。

一、【缩放】工具

利用【缩放】工具可以对图形整体或局部成比例放大或缩小显示。使用此工具只是放大或缩小了图形的显示比例，并没有真正改变图形的尺寸。

选择工具（或按 Z 键），然后将鼠标光标移动到绘图窗口中，此时鼠标光标将显示为形状，单击鼠标左键可以将图形按比例放大显示；单击鼠标右键，可以将图形按比例缩小显示。当需要将绘图窗口中的某一个图形或图形中的某一部分放大显示时，可以利用工具在图形上需要放大显示的位置按下鼠标左键并拖曳光标，绘制出一个虚线框，释放鼠标左键后，即可使虚线框内的图形按最大的放大级别显示。

框选图形进行放大显示的状态及放大显示后的图形如图 2-31 所示。

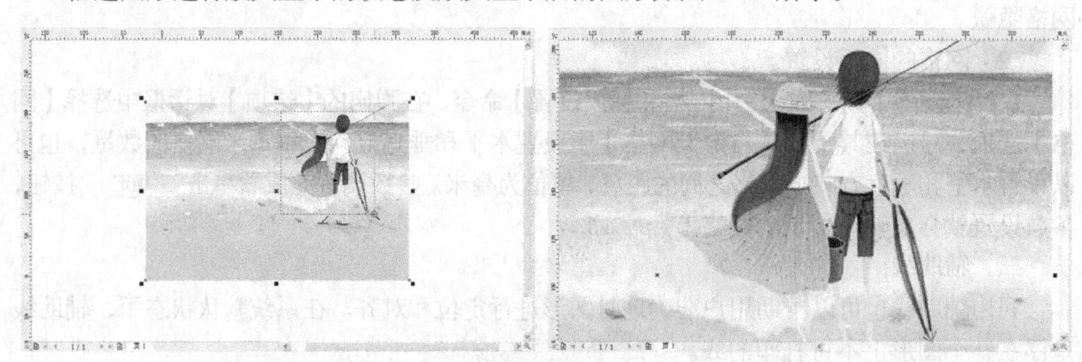

图 2-31　拖曳放大显示图形时的状态及放大显示后的窗口

要点提示

按 F2 键，可以将当前使用的工具切换为【缩放】工具。当利用【缩放】工具对图形局部放大时，如果对拖曳出的虚线框的大小或位置不满意，可以按 Esc 键取消。

二、【平移】工具

利用【平移】工具可以改变绘图窗口中图形的显示位置，还可以对其进行放大或缩小操作。

选择工具（或按H键），将鼠标光标移动到绘图窗口中，当鼠标光标显示为形状时，按下鼠标左键并拖曳，即可平移绘图窗口的显示位置，以便查看没有完全显示的图形。另外，在绘图窗口中双击鼠标左键，可放大显示图形；单击鼠标右键，可缩小显示图形。

三、属性栏设置

【缩放】工具和【平移】工具的属性栏完全相同，如图 2-32 所示。

图 2-32 【缩放】工具和【平移】工具的属性栏

- 【缩放级别】100%：在该下拉列表中选择要使用的窗口显示比例。
- 【放大】按钮：单击此按钮，可以将图形放大显示。
- 【缩小】按钮：单击此按钮，可以将图形缩小显示，快捷键为F3键。
- 【缩放选定对象】按钮：单击此按钮，可以将选择的图形以最大化的形式显示，快捷键为Shift+F2组合键。
- 【缩放全部对象】按钮：单击此按钮，可以将绘图窗口中的所有图形以最大化的形式显示，快捷键为F4键。
- 【显示页面】按钮：单击此按钮，可以将绘图窗口中的图形以绘图窗口中页面打印区域的100%大小进行显示，快捷键为Shift+F4组合键。
- 【按页宽显示】按钮和【按页高显示】按钮：单击相应的按钮，可以将绘图窗口中的图形以绘图窗口中页面打印区域的宽度或高度进行显示。

2.4 综合案例——设计宣传折页

下面利用本章介绍的命令来设计宣传折页，包括页面设置、导入图像、插入页及重命名页面等操作。

要点提示

作品设计完成后要排版输出稿，为了确保输出后的作品在装订和裁剪时适合纸张的边缘，一般都要为其设置出血。即扩展图像，使其超出打印区域一部分，这部分图像即是出血设置。一般情况下，将出血图像限制为 3mm 即可。如果太大，将造成不必要的经济损耗；如果太小，在后期的装订和裁剪时将不好控制。

2.4.1 页面设置练习

下面主要利用【页面设置】、【辅助线设置】及【页面背景】命令，来设置宣传折页的尺寸、辅助线和背景，以此来练习页面的设置操作。

客户要求的最终成品尺寸为 26.5cm × 27cm。因为是折页，且要设置 3mm 的出血，所以在设置版面的尺寸时，应该将页面设置为 53.6cm × 27.6cm 的大小。

设置页面

1. 按Ctrl+N组合键创建一个新的图形文件。

2. 执行【布局】/【页面设置】命令，在弹出的【选项】对话框中设置各选项如图 2-33 所示，然后单击 确定 按钮。

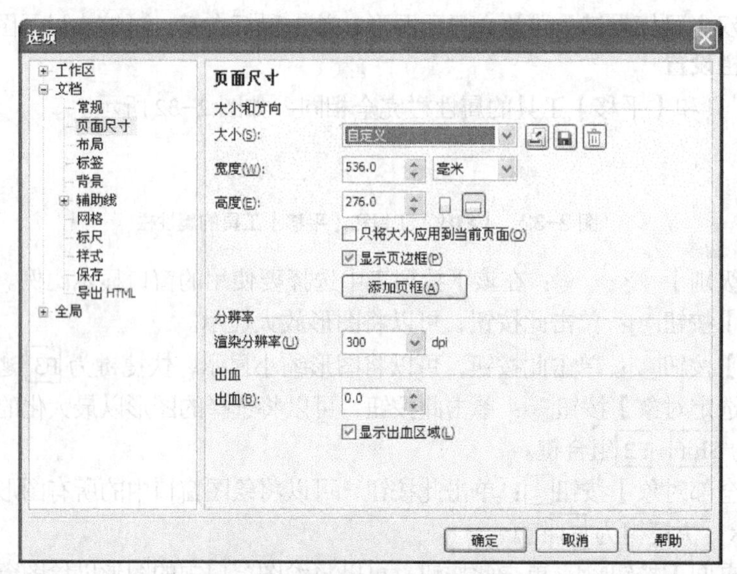

图 2-33 设置页面方向及其他参数

> **要点提示** 在【选项】对话框中设置页面尺寸时，也可将【宽度】设置为“530 毫米”，【高度】设置为“270 毫米”，再将【出血】设置为“3 毫米”。单击 确定 按钮后，即可看到设置的页面尺寸及出血。

3. 执行【视图】/【设置】/【辅助线设置】命令，在弹出的【选项】对话框左侧栏中单击【水平】选项，然后在右侧【水平】下方的文本框中输入“3”，如图 2-34 所示。

4. 单击 添加(A) 按钮，在绘图窗口中水平方向的“3 毫米”处添加一条辅助线，然后在文本框中输入“273”，并单击 添加(A) 按钮。

5. 在【选项】对话框左侧栏中单击【垂直】选项，然后与用设置水平辅助线相同的方法，依次添加图 2-35 所示的垂直辅助线。

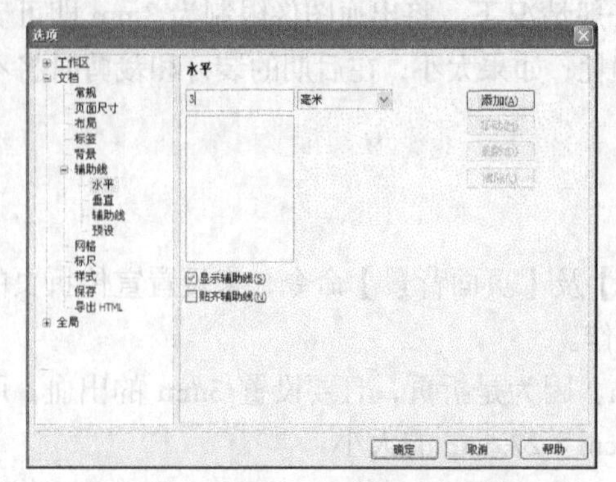

图 2-34 输入的水平辅助线位置参数

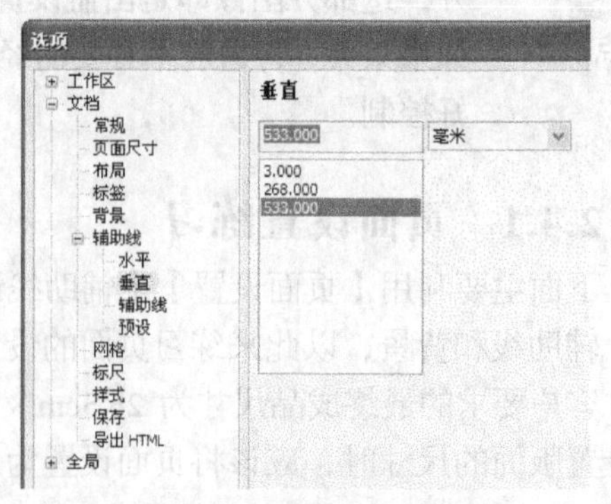

图 2-35 设置的垂直辅助线位置参数

6. 单击 确定 按钮，添加的辅助线如图 2-36 所示。

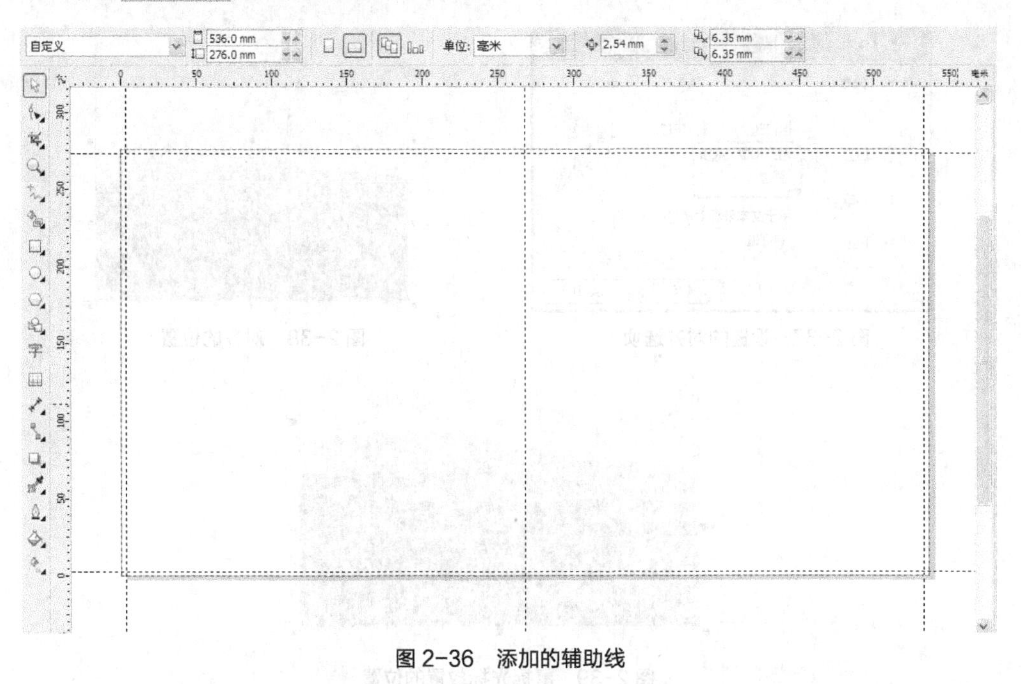

图 2-36 添加的辅助线

7. 执行【布局】/【页面背景】命令，在弹出的【选项】对话框中点选【纯色】选项，然后单击右侧的色块，在弹出的颜色列表中单击下方的 其它(O)... 按钮。

8. 在弹出的【选择颜色】对话框中，将背景颜色设置为浅黄色（C:10,Y:25），再依次单击 确定 按钮，完成背景颜色的设置。

2.4.2 设计宣传折页

接下来设计宣传折页。在设计过程中将主要用到【导入】命令，希望读者能认真地根据步骤进行操作，以完成最终的作品。

设计宣传折页

1. 接上例。

2. 单击工具栏中的按钮，在弹出的【导入】对话框中选择素材文件中"图库\第 02 章"目录下名为"草地.psd"的图片文件。

3. 在右下方的列表栏中选择【全图像】选项，然后单击 导入 按钮，当鼠标光标显示为带有文件名称和说明的导入符号时，在页面中的任意位置单击，将图像导入。

4. 单击属性栏中的按钮，将图像在水平方向上镜像，然后将 268.0 mm 选项的参数设置为"268mm"。

5. 执行【排列】/【对齐和分布】/【对齐与分布】命令，在弹出的【对齐与分布】对话框中设置选项如图 2-37 所示。

6. 单击 应用 按钮，导入图像对齐页面的位置如图 2-38 所示。

7. 按住 Ctrl 键，将鼠标光标放置到选择框左侧中间的控制点上，当鼠标光标显示为图 2-39 所示的双向箭头时按下鼠标左键并向右拖曳。

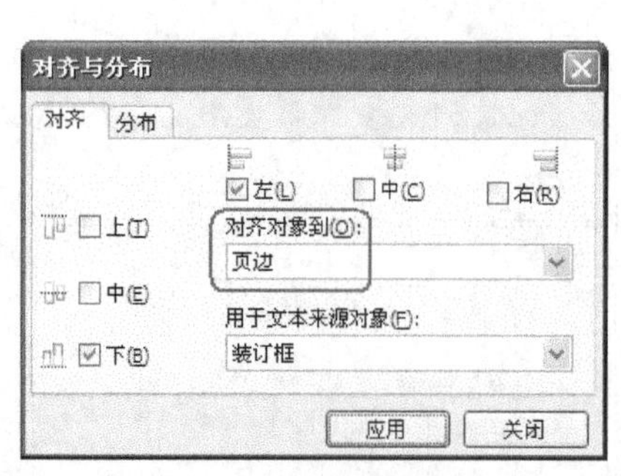

图 2-37　设置的对齐选项

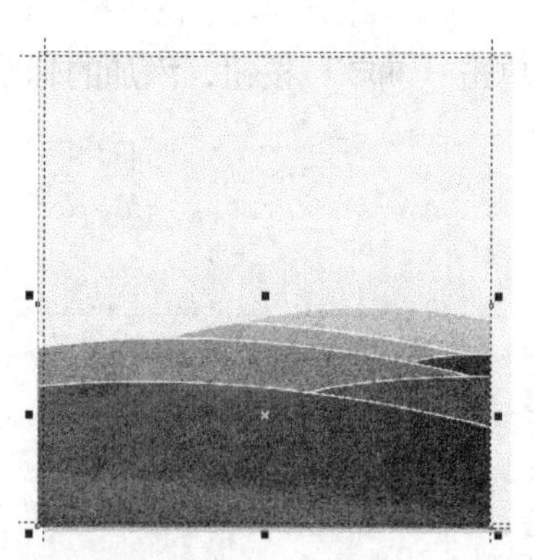

图 2-38　对齐的位置

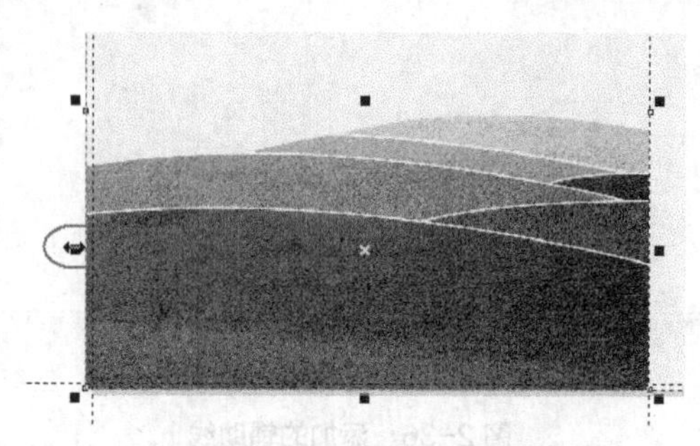

图 2-39　鼠标光标放置的位置

8. 当拖曳鼠标至右侧页面时，在不释放鼠标左键的情况下单击鼠标右键，镜像复制出一个图像，如图 2-40 所示。

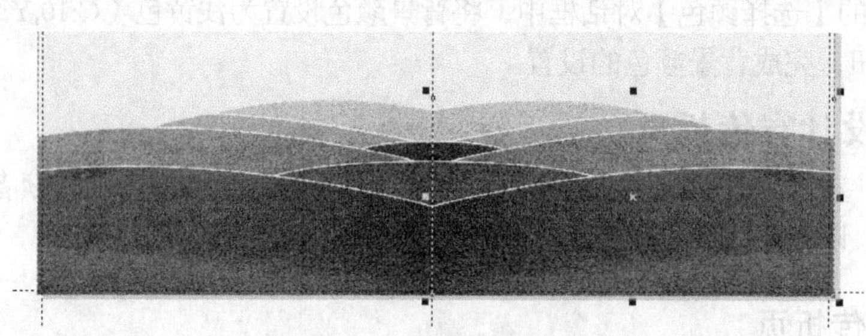

图 2-40　镜像复制出的图像

9. 利用[字]工具分别在画面中输入图 2-41 所示的字母及文字。

图 2-41　输入的字母及文字

10. 将输入的文字分别群组放置到合适的位置，然后在画面的右下方绘制图形并输入字母，如图 2-42 所示。

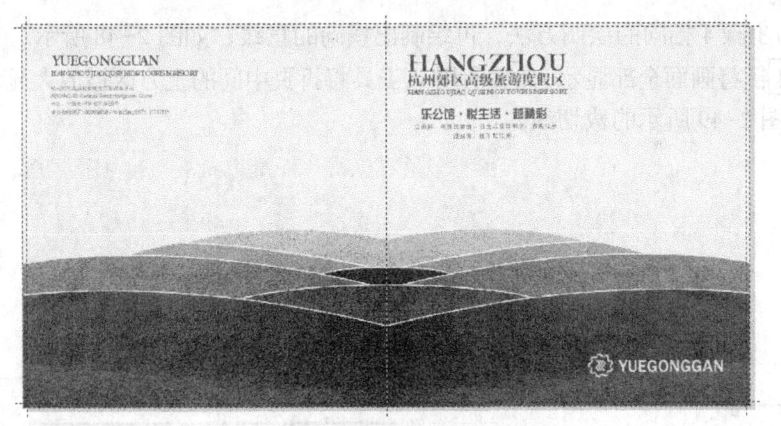

图 2-42　绘制的图形及输入的字母

2.4.3　设置裁切线

作品设置完成后，下面来绘制裁切线，在绘制之前要先启用【贴齐辅助线】功能。

设置裁切线

1. 接上例。

2. 执行【视图】/【贴齐辅助线】命令，将此功能启用，即在绘制和移动图形时，图形会以设置的辅助线对齐。

3. 选择工具，将鼠标光标移动到画面的左上角位置拖曳，将此区域放大显示，状态如图 2-43 所示，放大显示的效果如图 2-44 所示。

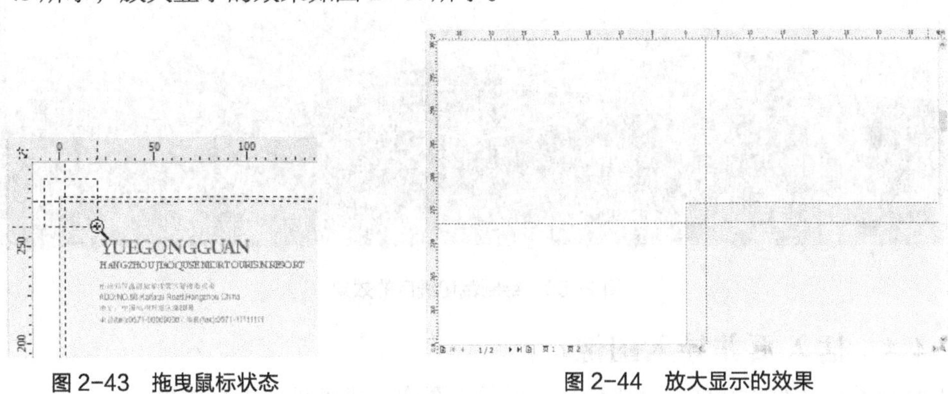

图 2-43　拖曳鼠标状态　　图 2-44　放大显示的效果

4. 选择工具，将鼠标光标放置到左上角的辅助线交点位置，当显示图 2-45 所示的提示时单击，然后向上移动鼠标，至图 2-46 所示的位置单击，即可绘制出一条直线，如图 2-47 所示。

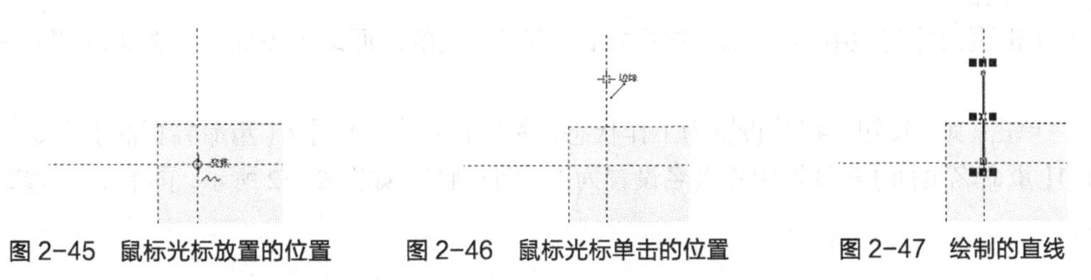

图 2-45　鼠标光标放置的位置　　图 2-46　鼠标光标单击的位置　　图 2-47　绘制的直线

5. 用与步骤 4 相同的绘制方法，再绘制出横向的直线，如图 2-48 所示。

6. 按 F4 键将画面全部显示，然后利用工具将折页中间的上方区域放大显示，并利用工具绘制出图 2-49 所示的裁切线。

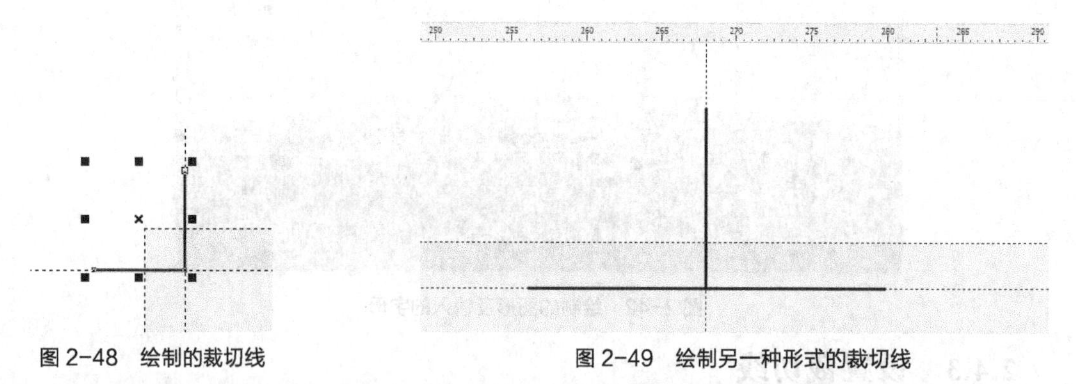

图 2-48　绘制的裁切线　　图 2-49　绘制另一种形式的裁切线

7. 依次将其他角位置放大显示，然后利用工具绘制裁切线，最终效果如图 2-50 所示。

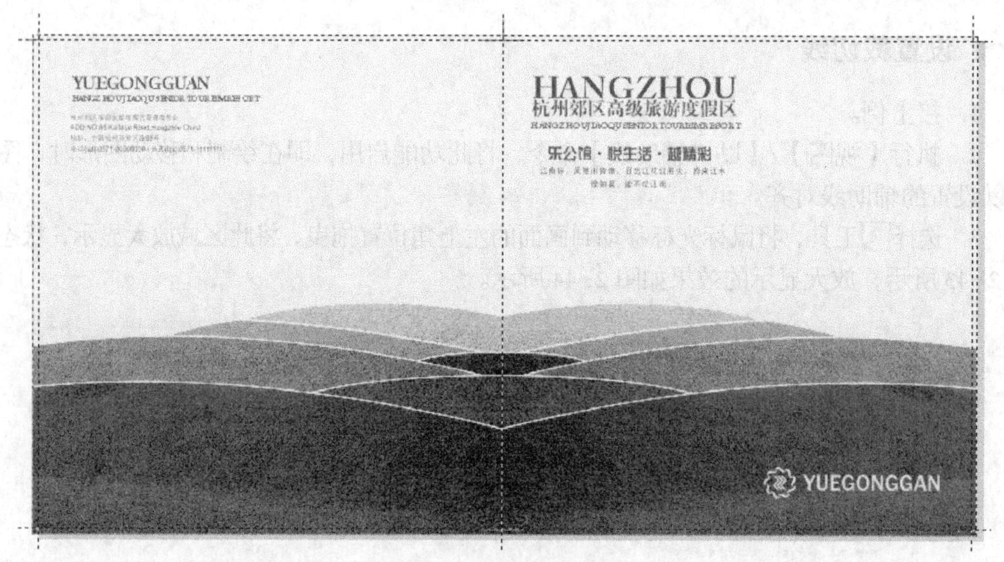

图 2-50　绘制裁切线后的效果

2.4.4　插入页并导入图像

下面来添加页面并将页面重新命名，再导入图像完成折页的内页效果。

插入页并导入图像

1. 接上例。

2. 单击页面控制栏中 页 1 前面的按钮，在当前页的后面即可添加一个页面，如图 2-51 所示。

3. 单击 页 1 按钮，将其设置为工作状态，然后执行【布局】/【重命名页面】命令，在弹出的【重命名页面】对话框中将页名设置为“封面封底”，如图 2-52 所示，再单击 确定 按钮。

图 2-51 添加的页面

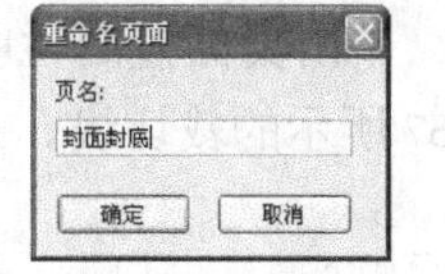

图 2-52 【重命名页面】对话框

4. 单击 页 2 将其设置为工作状态，然后用与步骤 3 相同的方法将其命名为“内页”，重命名后的页面控制栏如图 2-53 所示。

图 2-53 重命名后的页面控制栏

5. 单击工具栏中的按钮，在弹出的【导入】对话框中选择素材文件中“图库\第 02 章”目录下名为“效果图.jpg”的图片文件。

6. 在右下方的列表栏中选择【裁剪】选项，然后单击 导入 按钮，在弹出的【裁剪图像】对话框中将图像裁剪至图 2-54 所示的状态。

7. 单击 确定 按钮，并按 Enter 键将图像导入，然后将其向左调整至如图 2-55 所示的位置。

图 2-54 裁剪的图像

图 2-55 图像放置的位置

8. 利用字工具，分别在导入图像的左、右两侧输入图 2-56 所示的字母及文字。

图 2-56 输入的字母及文字

9. 单击页面控制栏中的 1: 封面封底 按钮，将其设置为工作状态，然后利用工具框选图 2–57 所示的裁切线。

图 2–57　框选裁切线的状态

10. 按住 Shift 键，再框选下方的裁切线，将裁切线全部选择，然后按 Ctrl+C 组合键，将其复制。

11. 单击页面控制栏中的 2: 内页 按钮，将内页设置为工作状态，然后按 Ctrl+V 组合键，将复制的裁切线粘贴到当前页面中，如图 2–58 所示。

图 2–58　粘贴的裁切线

12. 按 Shift+Ctrl+S 组合键，将此文件命名为“折页.cdr”保存。

小结

本章主要学习了页面设置命令、文件操作及常用的辅助设置等命令。本章的内容是学习 CorelDRAW X5 的基础，只有在完全掌握本章内容的基础上，才能进一步顺利地学习后面章节中的各工具与菜单命令。在本章的讲解过程中，分别利用实例的形式对常用命令进行了详细介绍，目的是让读者能够实际运用所学的知识，这对提高读者自身的操作能力有很大的帮助，希望读者能认真练习，进一步巩固所学内容。

操作题

1. 打开 CorelDRAW X5 安装盘符中“Program Files\Corel\CorelDRAW Graphics Suite

13\Tutor Files”目录下名为“logo.cdr”的文件。

2. 将打开的“logo.cdr”文件以名称为“标志”、格式为“jpg”的方式导出至本地硬盘D盘中“作品”文件夹内。注意，“作品”文件夹为新建的文件夹，旨在希望读者在导出图形文件时能同时掌握保存文件的方法。

3. 新建图形文件。要求页面的尺寸为A3、横向、背景为素材文件中“图库\第02章”目录下名为“背景.jpg”的图片且平铺整页面，然后向后添加5个页面，并分别将页面的名称改为“方案一”至“方案六”。作品参见素材文件中“作品\第02章”目录下名为“操作题02-3.cdr”的文件。

4. 将素材文件中“图库\第02章”目录下名为“宣传单页.cdr”的文件进行页面设置，要求的最终成品尺寸为285mm×210mm，成品文件为“tif”格式。设置完成的效果如图2-59所示。作品参见素材文件中“作品\第02章”目录下名为“操作题02-4.cdr”的文件。

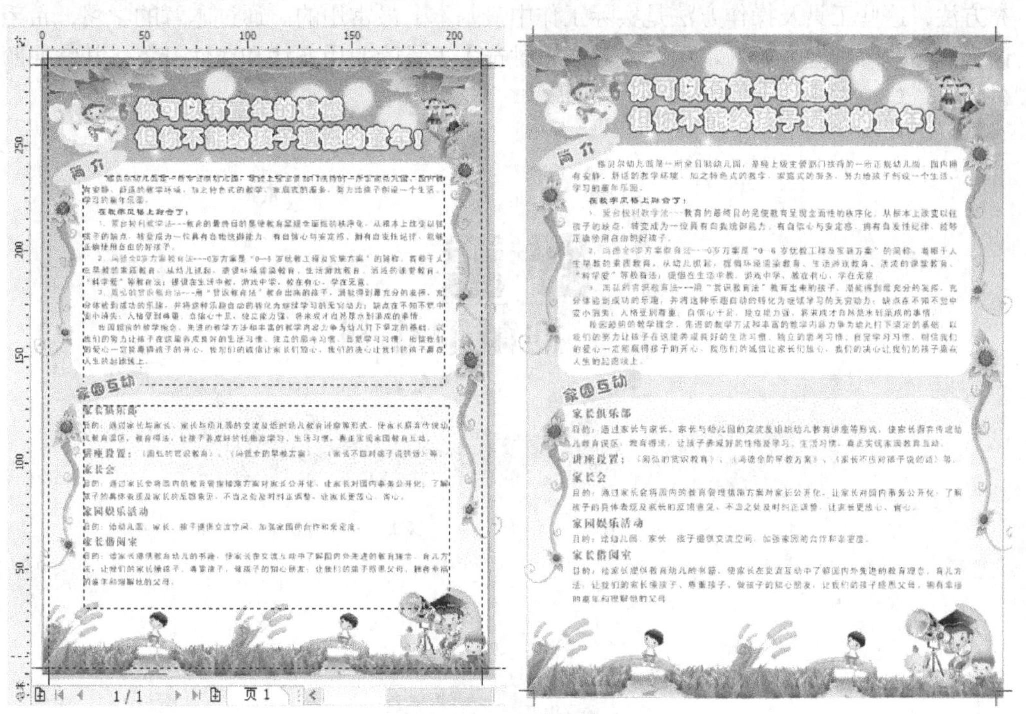

图2-59 宣传单页发排稿

PART 3 第3章 绘制图形与填充颜色

本章主要讲解 CorelDRAW X5 中的基本绘图工具、【挑选】工具及颜色的设置与填充方法，这些工具及操作方法是实际工作中最基本、最常用的。通过本章的学习，希望读者能够熟练掌握各种基本绘图工具及【挑选】工具的使用方法和属性设置，并掌握颜色的设置与填充。

3.1 绘图工具

下面来详细讲解各种基本绘图工具的应用，包括【矩形】工具、【3点矩形】工具、【椭圆形】工具、【3点椭圆形】工具、【多边形】工具、【星形】工具、【复杂星形】工具、【图纸】工具、【螺纹】工具及各种【基本形状】工具。

3.1.1 绘制矩形和正方形

【矩形】工具和【3点矩形】工具是最基本的绘图工具，利用【矩形】工具可以绘制矩形、正方形及圆角矩形。利用【3点矩形】工具可以直接绘制倾斜的矩形、正方形和圆角矩形等。

一、【矩形】工具

在工具箱中单击工具（快捷键为F6键），然后在绘图窗口中拖曳鼠标光标，释放鼠标后即可绘制出矩形。如按住Ctrl键拖曳则可以绘制正方形；在绘制之前，如对属性栏中的【矩形的边角圆滑度】选项进行设置，还可以绘制圆角矩形、圆形或不规则形状。另外，双击工具，可创建一个与页面打印区域相同大小的矩形。【矩形】工具的属性栏如图3-1所示。

图3-1 【矩形】工具的属性栏

- 【对象位置】选项：表示当前绘制图形的中心与打印区域坐标（0，0）在水平方向与垂直方向上的距离。调整此选项的数值，可改变矩形的位置。
- 【对象大小】选项：表示当前绘制图形的宽度与高度值。通过调整其数值可以改变当前图形的尺寸。
- 【缩放因子】选项：按照百分数来决定调整图形的宽度与高度值。将数值设置为“200%”时，表示将当前图形放大为原来的两倍。
- 【锁定比率】按钮：激活此按钮，调整【缩放因子】选项中的任意一个数值，另一个数值将不会随之改变。相反，当不激活此按钮时，调整任意一个数值，另一个数值将随之改变。
- 【旋转角度】选项：输入数值并按Enter键确认后，可以调整当前图形的旋转角度。
- 【水平镜像】按钮和【垂直镜像】按钮：单击相应的按钮，可以使当前选择的图形进行水平或垂直镜像。
- 【圆角】按钮、【扇形角】按钮和【倒棱角】按钮：决定在设置【圆角半径】选项的参数后，矩形边角的变化样式，分别激活这3个按钮而生成的图形形态如图3-2所示。

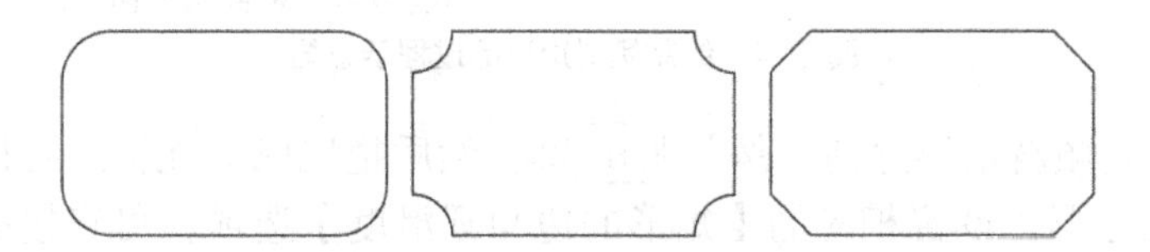

图3-2 生成的不同边角形态

当有一个圆角矩形处于选择状态时，单击按钮可使其边角变为扇形角；单击按钮可使边角变为倒棱角，即这 3 种边角样式可以随时转换使用。

- 【圆角半径】选项：控制图形的边角圆滑程度。当激活中间的【同时编辑所有角】按钮时，改变其中一个数值，其他 3 个数值将会一起改变，此时绘制矩形的圆角程度相同。反之，则可以设置不同的圆角度。
- 【相对的角缩放】按钮：在此按钮处于激活状态时设置图形的圆角半径，当该图形缩放时，其圆角半径也跟着缩放，否则圆角半径的数值在缩放时不发生变化。
- 【文本换行】按钮：当图形位于段落文本的上方时，为了使段落文本不被图形覆盖，可以使用此按钮包含的功能将段落文本与图形进行绕排。
- 【轮廓宽度】选项：在该下拉列表中选择图形需要的轮廓线宽度。也可直接在文本框中输入需要的线宽数值。图 3-3 所示为设置不同粗细的线宽时图形的效果对比。

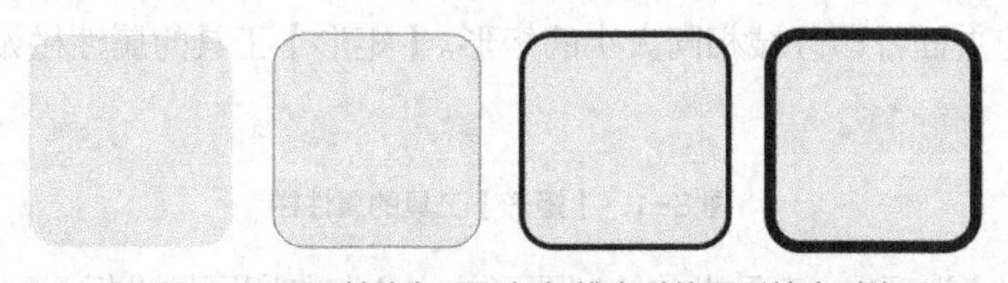

图 3-3　设置无轮廓与不同粗细线宽时的图形轮廓对比

- 【转换为曲线】按钮：单击此按钮，可以将不具有曲线性质的图形转换成具有曲线性质的图形，以便于对其形态进行调整。

二、【3 点矩形】工具

【3 点矩形】工具是矩形工具组中隐藏的一个工具。在工具上按下鼠标不放，然后在弹出的隐藏工具组中选择工具，即可将其选择。

【3 点矩形】工具的属性栏与工具的完全相同，在此不再赘述。其使用方法为在绘图窗口中按下鼠标左键不放确定第一点，然后向任意方向拖曳，确定矩形的宽度，确定后释放鼠标确定第二点，再移动鼠标光标到合适的位置，确定矩形的高度，确定后单击以确定第三点，即可完成倾斜矩形的绘制。其绘制过程示意图如图 3-4 所示。

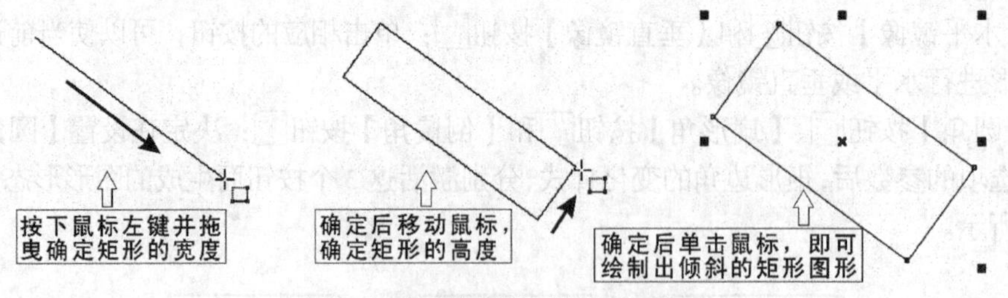

图 3-4　绘制倾斜矩形的过程示意图

另外，在绘制倾斜矩形之前，按住 Ctrl 键，然后拖曳鼠标光标，可以绘制倾斜角为 15° 角倍数的正方形。设置相应的【矩形的边角圆滑度】选项，可直接绘制倾斜的圆角图形。

选取工具组中隐藏工具的方法为在该工具组中显示的工具按钮上按下鼠标不放，稍等片刻即可显示该工具组中的所有工具，移动鼠标光标至要选择的工具按钮上释放鼠标，即可选择该工具。在后面的工具讲解中，如为隐藏的工具，将不再提示其调用方法。

3.1.2 绘制椭圆形和圆形

【椭圆形】工具和【3点椭圆形】工具与【矩形】工具同样重要。利用【椭圆形】工具可以绘制椭圆形、圆形、饼形或弧线图形。利用【3点椭圆形】工具可以直接绘制倾斜的椭圆形及圆形、饼形或弧线图形。

一、【椭圆形】工具

单击工具（快捷键为F7键），在绘图窗口中拖曳，可以绘制椭圆形；按住Shift键拖曳，可以绘制以鼠标按下点为中心向两边等比例扩展的椭圆形；按住Ctrl键拖曳，可以绘制圆形；按住Shift+Ctrl组合键拖曳，可以绘制以鼠标按下点为中心，向四周等比例扩展的圆形。【椭圆形】工具相对应的属性栏如图3-5所示。

图3-5 【椭圆形】工具的属性栏

- 【椭圆形】按钮、【饼图】按钮和【弧】按钮：决定绘制的图形是椭圆形、饼形还是弧线。分别激活这3个按钮，绘制的图形效果如图3-6所示。

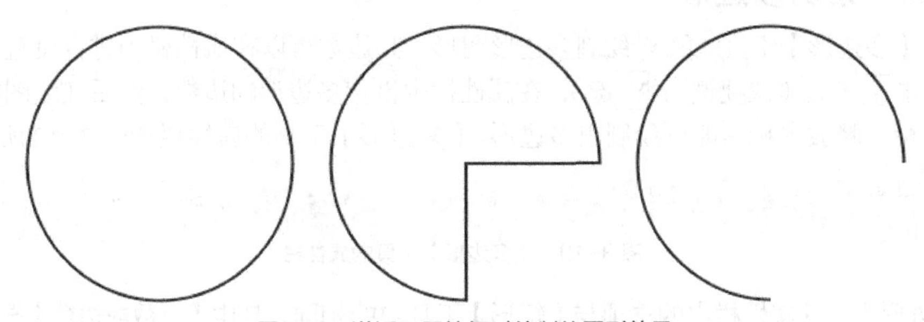

图3-6 激活不同按钮时绘制的图形效果

当有一个椭圆形处于选择状态时，单击按钮可使椭圆形变为饼形；单击按钮可使椭圆形变成为弧形，即这3种图形可以随时转换使用。

- 【起始和结束角度】选项：用于调节饼形与弧形图形的起始角至结束角的角度大小。如图3-7所示为调整不同数值时的图形对比效果。
- 【更改方向】按钮，可以使饼形或弧线图形的显示部分与缺口部分进行调换。如图3-8所示为使用此按钮前后的图形对比效果。
- 【到图层前面】按钮和【到图层后面】按钮：当绘图窗口中有很多个叠加的图形，要将其中一个图形调整至所有图形的前面或后面时，可先选择该图形，然后单击或按钮。

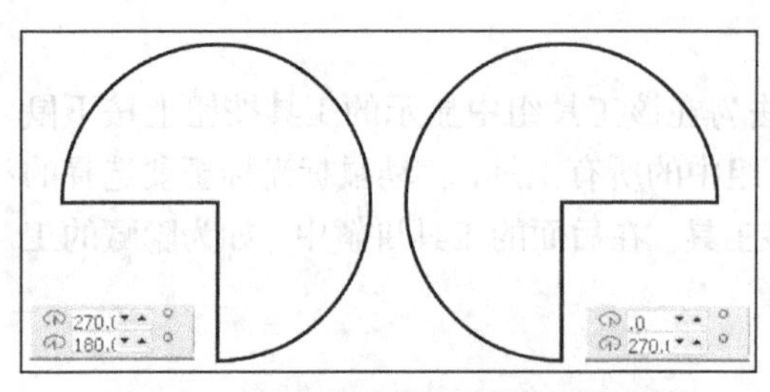

图 3-7　调整不同数值时的图形对比效果

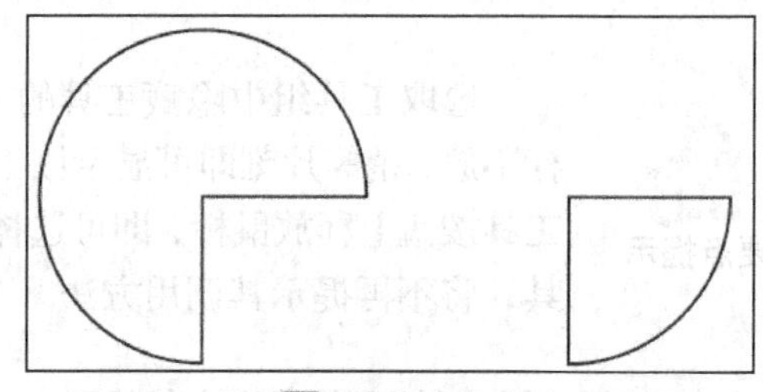

图 3-8　使用◎按钮前后的图形对比效果

二、【3 点椭圆形】工具

【3 点椭圆形】工具与【椭圆形】工具的属性栏完全相同，在此不再赘述。其使用方法为单击工具后，在绘图窗口中按下鼠标左键不放，然后向任意方向拖曳，确定椭圆其中一轴的长度，确定后释放鼠标，再移动鼠标光标确定椭圆另一轴的长度，确定后单击即可完成倾斜椭圆形的绘制。其绘制过程示意图如图 3-9 所示。

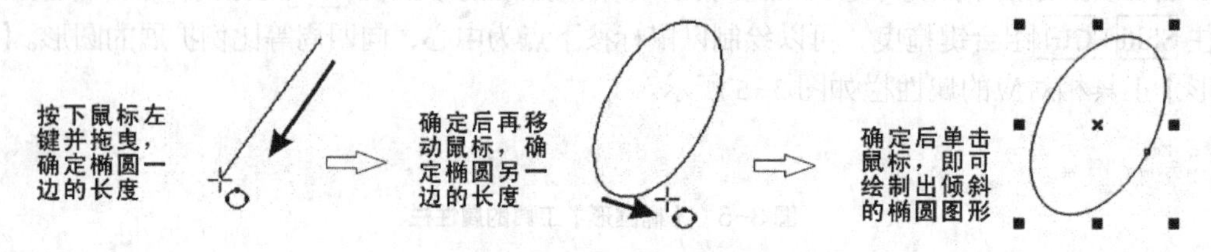

图 3-9　绘制倾斜椭圆形的过程示意图

3.1.3　绘制多边形

利用【多边形】工具可以绘制多边形图形，其边数可以在属性栏中进行设置。其使用方法为单击工具（快捷键为 Y 键），在属性栏中设置多边形的边数，然后在绘图窗口中拖曳鼠标光标，释放鼠标后即可绘制出多边形。【多边形】工具的属性栏如图 3-10 所示。

图 3-10　【多边形】工具的属性栏

【多边形】工具属性栏中的选项与【矩形】工具中的相同，其中【点数或边数】选项用于设置多边形的边数，在文本框中输入数值即可。另外，单击数值后面上方的小黑三角符号，可以增加多边形的边数，每单击一次增加 1 条。相反，单击下方的小黑三角符号，可以减少多边形的边数，每单击一次就会减少 1 条。

3.1.4　绘制星形

利用【星形】工具和【复杂星形】工具都可以绘制星形，但它们绘制星形的填充结果不一样，为复杂星形填充颜色时，相交区域不能被填充，如图 3-11 所示。

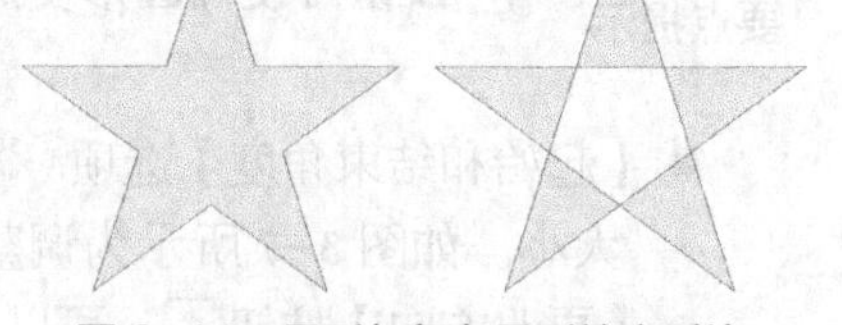

图 3-11　星形与复杂星形填充对比

一、【星形】工具

【星形】工具的属性栏如图 3-12 所示。

图 3-12　【星形】工具的属性栏

- 【点数或边数】选项☆5：用于设置星形的角数，取值范围为“3～500”。
- 【锐度】选项▲53：用于设置星形边角的锐化程度，取值范围为“1～99”。如图3-13所示为分别将此数值设置为“20”和“50”时，星形的对比效果。

要点提示　绘制基本星形之后，利用【形状】工具选择图形中的任一控制点拖曳，可调整星形的锐化程度。

二、【复杂星形】工具

【复杂星形】工具的属性栏与【星形】工具属性栏中的选项及参数相同，只是选项的取值范围及使用条件不同。

- 【点数或边数】选项9：用于设置复杂星形的角数，取值范围为“5～500”。
- 【锐度】选项▲2：用于控制复杂星形边角的尖锐程度，此选项只有在点数至少为“7”时才可用。此选项的最大数值与绘制复杂星形的边数有关，边数越多，取值范围越大。设置不同参数时，复杂星形的对比效果如图3-14所示。

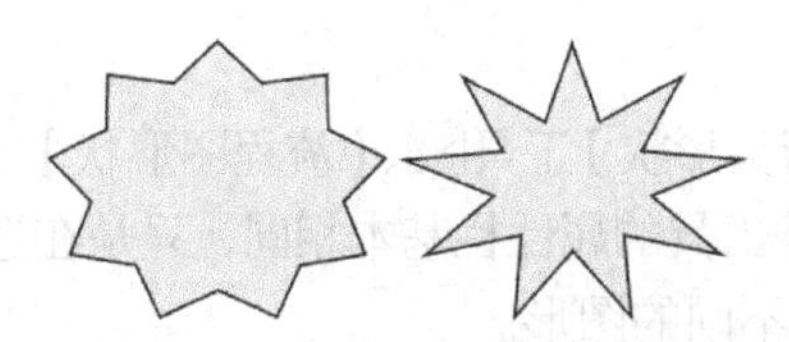

图3-13　设置不同锐度的星形效果

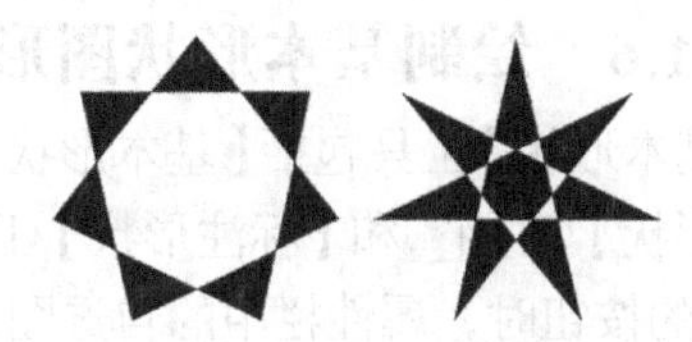

图3-14　设置不同锐度的复杂星形效果

3.1.5　绘制网格和螺旋线

【图纸】工具和【螺纹】工具是基本绘图工具中比较特殊的两个工具。利用【图纸】工具可以绘制网格图形；利用【螺纹】工具可以绘制螺旋线图形。

一、【图纸】工具

【图纸】工具的快捷键为D键，其属性栏如图3-15所示。

在【图纸】工具的属性栏中，只有【列数和行数】选项可用，此选项用于决定绘制网格的列数与行数。图3-16所示为设置不同数值时绘制的网格图形效果。

图3-15　【图纸】工具的属性栏

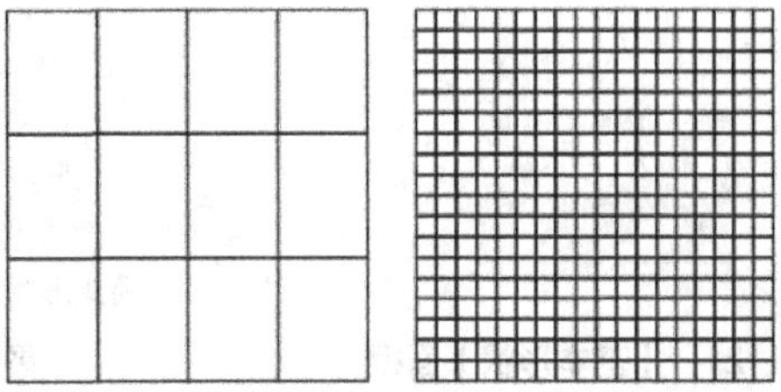

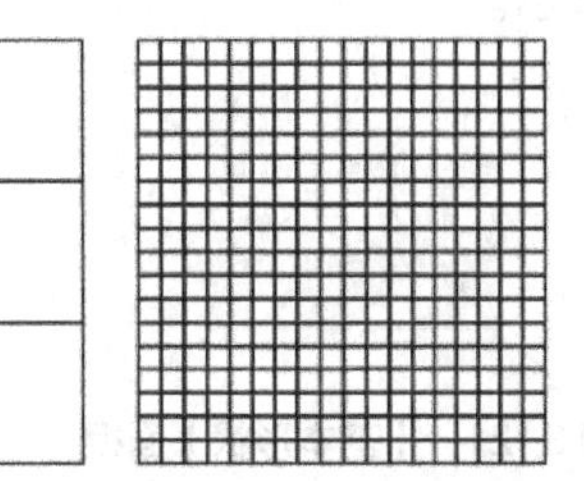

图3-16　设置不同数值时绘制的网格图形效果

二、【螺纹】工具

【螺纹】工具的快捷键为A键，其属性栏如图3-17所示。

图3-17　【螺纹】工具的属性栏

- 【螺纹回圈】选项：决定绘制螺旋线的圈数。
- 【对称式螺纹】按钮：激活此按钮，绘制的螺旋线每一圈之间的距离都会相等。
- 【对数螺纹】按钮：激活此按钮，绘制的螺旋线每一圈之间的距离均不相等，是渐开的。

如图 3-18 所示为激活按钮和按钮时绘制出的螺旋线效果。

- 当激活【对数螺纹】按钮时，【螺纹扩展参数】选项才可用，它主要用于调节螺旋线的渐开程度。数值越大，渐开的程度越大。如图 3-19 所示为设置不同的【螺纹扩展参数】时螺旋线的对比效果。

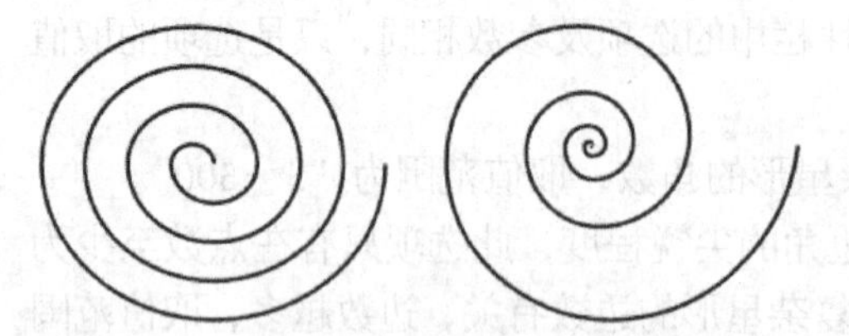

图 3-18　使用不同选项时绘制出的螺旋线效果

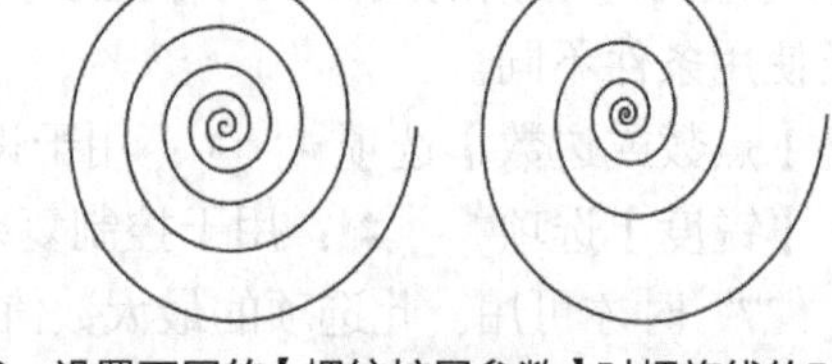

图 3-19　设置不同的【螺纹扩展参数】时螺旋线的对比效果

3.1.6　绘制基本形状图形

【基本形状】工具包括【基本形状】工具、【箭头形状】工具、【流程图形状】工具、【标题形状】工具和【标注形状】工具，这 5 种工具的属性栏基本相同，只是在选取这 5 种不同的按钮时，属性栏中的自选图形按钮将显示不同的图形。

下面以【基本形状】工具为例来讲解它们的属性栏，如图 3-20 所示。

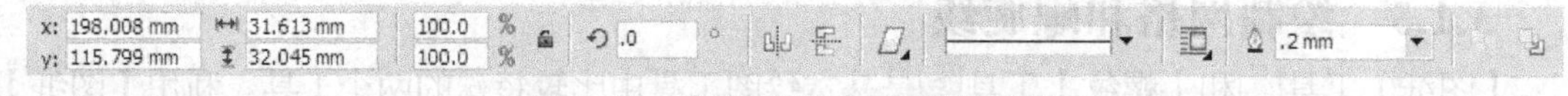

图 3-20　【基本形状】工具的属性栏

- 【完美形状】按钮：单击此按钮，将弹出图 3-21 所示的【基本形状】选项面板，在此面板中可以选取要绘制图形的形状。

当选择【基本形状工具】中的工具、工具、工具或工具时，属性栏中的【完美形状】按钮将以不同的形态存在，单击相应的按钮弹出的【基本形状】面板分别如图 3-22 所示。

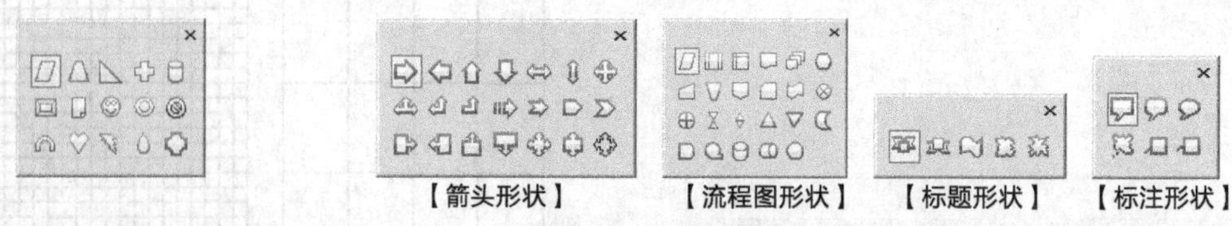

【箭头形状】　【流程图形状】　【标题形状】　【标注形状】

图 3-21　【基本形状】面板　　图 3-22　其他形状工具的【基本形状】面板

- 【线条样式】按钮：设置绘制图形的外轮廓线样式。单击此按钮，将弹出如图 3-23 所示的【轮廓样式】面板。在【轮廓样式】面板中选择不同的外轮廓线样式，绘制出的形状图形外轮廓效果如图 3-24 所示。

要点提示

当在【轮廓样式】面板中单击 其它(O)... 按钮时，将弹出【编辑线条样式】对话框，在此对话框中可以编辑外轮廓线的样式，具体操作参见第 5.3.1 小节。

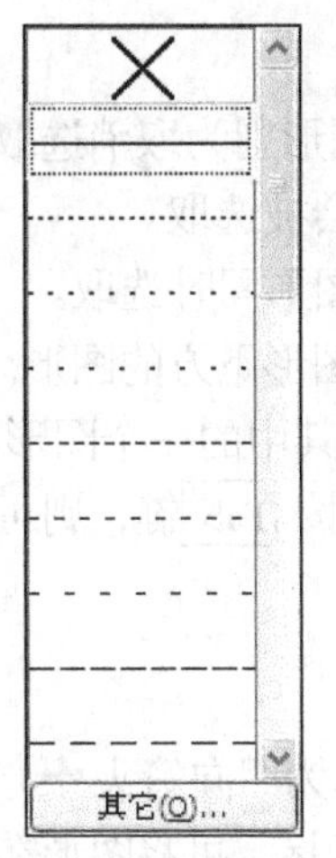

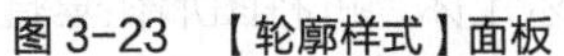

图 3-23 【轮廓样式】面板

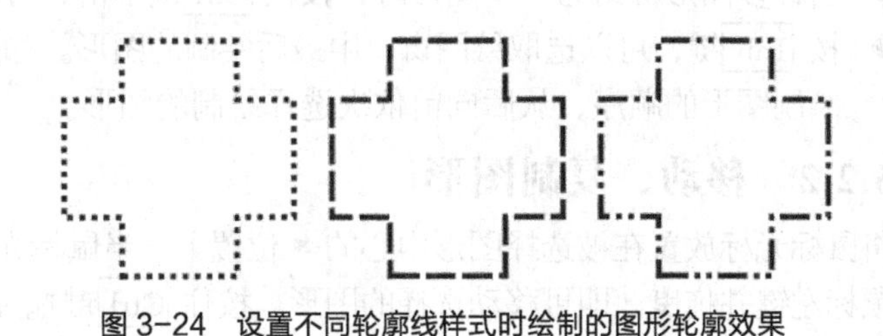

图 3-24 设置不同轮廓线样式时绘制的图形轮廓效果

3.2 挑选工具

【选择】工具的主要功能是选取对象，并对其进行移动、复制、缩放、旋转或扭曲等操作。

要点提示

使用工具箱中除【文字】工具外的任何一个工具时，按一下空格键，可以将当前使用的工具切换为【选择】工具。再次按空格键，可恢复为先前使用的工具。

利用 3.1 节学过的几种绘图工具随意绘制一些图形，然后根据下面的讲解来学习【挑选】工具的使用方法。在讲解过程中，读者最好动手试一试，以便于更好地理解和掌握书中的内容。如果感觉绘图窗口较乱时，可双击工具，将所有图形全部选择，然后按 Delete 键清除。

3.2.1 选择图形

利用【选择】工具选取图形有两种方法，一是在要选择的图形上单击，二是框选要选择的图形。图形被选择后，将显示图 3-25 所示的由 8 个黑色小方块组成的选择框。

图 3-25 选择图形的状态

用单击的方法选取图形，单击一次只能选择一个图形，这种方法适合选择指定的单一图形；用框选的方法选取图形，一次可以选择多个图形，这种方法适合选择相互靠近的多个图形。

要点提示

用框选的方法选择图形，拖曳出的虚线框必须将要选择的图形全部包围，否则此图形不会被选中。

【选择】工具结合键盘上的辅助键，还具有以下选择方式。

- 按住 Shift 键，单击其他图形即添加选取，如单击已选取的图形则为取消选取。
- 按住 Alt 键拖曳鼠标光标，拖曳出的选框所接触到的图形都会被选取。
- 按 Ctrl+A 组合键或双击工具，可以将绘图窗口中所有的图形同时选取。
- 当许多图形重叠在一起时，按住 Alt 键单击，可以选择单击图形下方的图形。
- 当许多图形群组为一个图形时，按住 Ctrl 键单击，可以选择其中的一个图形。
- 按 Tab 键，可以选取绘图窗口中最后绘制的图形。如果继续按 Tab 键，则可以按照绘制图形的顺序，从后向前依次选择绘制的图形。

3.2.2 移动、复制图形

将鼠标光标放置在被选择图形中心的 × 位置上，当鼠标光标显示为四向箭头 ✥ 形状时，按下鼠标左键并拖曳，即可移动选择的图形。按住 Ctrl 键拖曳鼠标光标，可将图形在垂直或水平方向上移动。

将图形移动到合适的位置后，在不释放鼠标左键的情况下，按下鼠标右键，然后同时释放鼠标左、右键，即可将选择的图形移动复制。

要点提示

选择图形后，按键盘数字区中的+键，可以将选择的图形在原位置复制。如按住键盘数字区中的+键，将选择的图形移动到新的位置，释放鼠标左键后，也可将该图形移动复制。

3.2.3 变换图形

图形的变换操作主要有缩放、旋转、扭曲和镜像等，下面来分别讲解。

一、缩放图形

- 选择要缩放的图形，然后将鼠标光标放置在图形四边中间的控制点上，当鼠标光标显示为↔或↕形状时，按下鼠标左键并拖曳，可将图形在水平或垂直方向上缩放。
- 将鼠标光标放置在图形四角位置的控制点上，当鼠标光标显示为↘或↗形状时，按下鼠标左键并拖曳，可将图形等比例放大或缩小。如按住 Alt 键拖曳鼠标光标，可将图形进行自由缩放。
- 在缩放图形时按住 Shift 键，可将图形分别在水平、垂直方向对称缩放或向中心等比例缩放。

如图 3-26 所示为使用各种缩放图形方式的效果图。

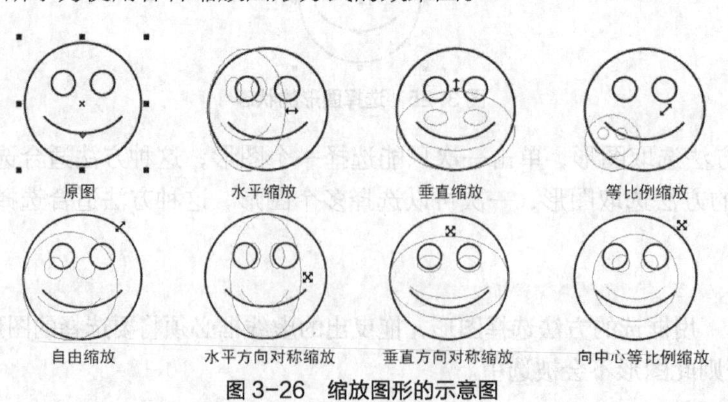

图 3-26 缩放图形的示意图

二、旋转图形

在选择的图形上再次单击，图形周围的 8 个小黑点将变为旋转和扭曲符号，如图 3–27 所示。将鼠标光标放置在任一角的旋转符号上，当显示为↻形状时拖曳，即可对图形进行旋转。旋转图形的过程示意图如图 3–28 所示。

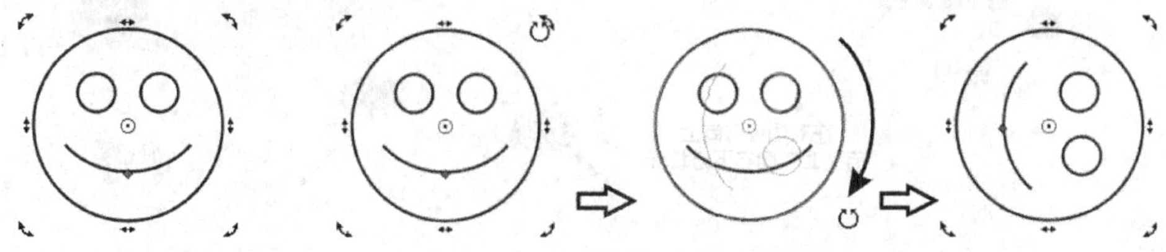

图 3–27　显示的旋转和扭曲符号　　　　图 3–28　旋转图形过程示意图

- 在旋转图形时，按住 Ctrl 键可以将图形以 15° 角的倍数进行旋转。15° 是系统默认的限制值。用户也可根据需要对其进行修改，具体操作为执行【工具】/【选项】命令，在弹出的【选项】对话框的左侧区域选择【工作区】/【编辑】选项，然后设置右侧区域中【限制角度】的参数即可。
- 图形是围绕轴心来旋转的。在实际操作过程中，可以将轴心调整到页面的任意位置，具体操作为将鼠标光标移动到选择图形中心的⊙位置，当显示为“+”形状时按下鼠标左键并拖曳，此时轴心将随鼠标光标移动，至合适的位置时释放鼠标左键，即可将轴心调整至释放鼠标的位置。

按住 Ctrl 键调整轴心的位置，可将轴心调整至选择图形的旋转符号或扭曲符号处。

三、扭曲图形

将鼠标光标放置在图形任意一边中间的扭曲符号上，当显示为⇌或⇅形状时拖曳鼠标光标，即可对图形进行扭曲变形。扭曲图形的过程如图 3–29 所示。

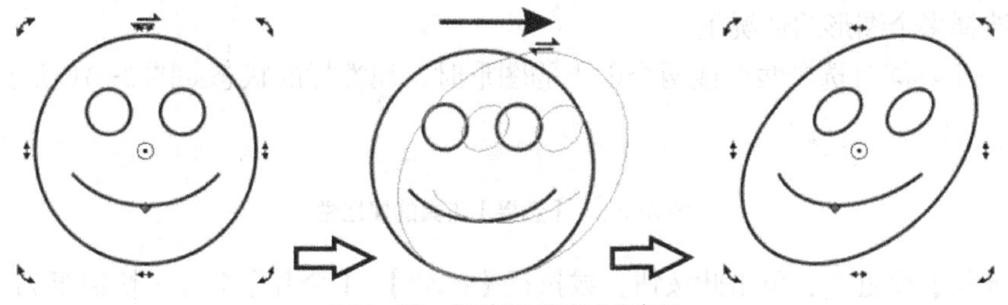

图 3–29　扭曲图形过程示意图

四、镜像图形

镜像图形就是将图形在垂直、水平或对角线的方向上进行翻转。

选择要镜像的图形，然后按住 Ctrl 键，将鼠标光标移动到图形周围任意一个控制点上，按下鼠标左键并向对角方向拖曳，当出现蓝色的虚线框时释放鼠标左键，即可将选择的图形镜像。镜像图形的过程如图 3–30 所示。

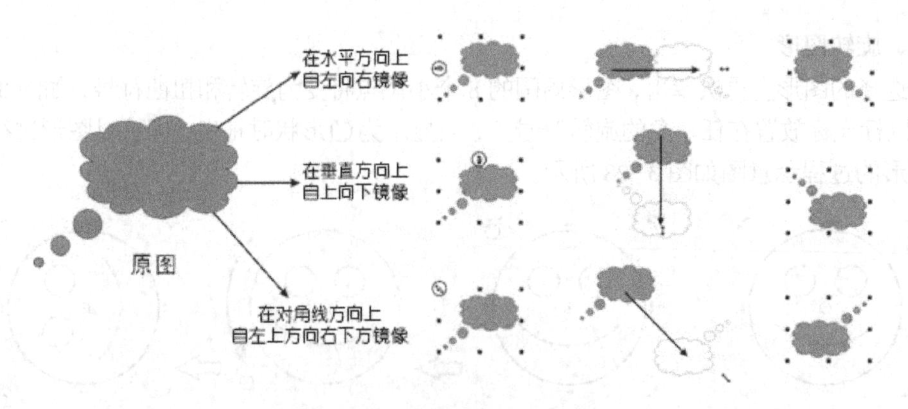

图 3-30　镜像图形的过程示意图

要点提示　利用【选择】工具对图形进行移动、缩放、旋转、扭曲和镜像操作时，至合适的位置或形态后，在不释放鼠标左键的情况下单击鼠标右键，可以将该图形以相应的操作复制。

图形的缩放、旋转、扭曲和镜像是对图形的变换操作。除【选择】工具具备对图形进行变换操作的功能外，【自由变换】工具和菜单栏中的【排列】/【变换】命令也可以对图形进行变换操作。其中【排列】/【变换】命令可对图形进行精确的变换，具体操作详见本书第 8.1.4 小节；【自由变换】工具详见本书第 5.4.4 小节。

3.2.4　属性设置

【选择】工具的属性栏根据选择对象的不同，显示的选项也各不相同。具体分为以下几种情况。

（1）选择单个对象的情况下。

利用工具选择单个对象时，【选择】工具的属性栏将显示该对象的属性选项。如选择矩形，属性栏中将显示矩形的属性选项。此部分内容在讲解相应的工具按钮时会进行详细讲解，在此不进行总结。

（2）选择多个图形的情况下。

利用工具同时选择两个或两个以上的图形时，属性栏的状态如图 3-31 所示。

图 3-31　【选择】工具的属性栏

- 【合并】按钮：单击此按钮，或执行【排列】/【合并】命令（快捷键为 Ctrl+L 组合键），可将选择的图形结合为一个整体。

要点提示　利用工具选择合并图形后，单击属性栏中的【拆分】按钮，或执行【排列】/【拆分】命令（快捷键为 Ctrl+K 组合键），可以将合并后的图形拆分。

- 【群组】按钮：单击此按钮，或执行【排列】/【群组】命令（快捷键为 Ctrl+G 组合键），也可将选择的图形结合为一个整体。

- 【取消群组】按钮：当选择群组的图形时，单击此按钮，或执行【排列】/【取消群组】命令（快捷键为Ctrl+U组合键），可以将多次群组后的图形逐级取消。
- 【取消全部群组】按钮：当选择群组的图形时，单击此按钮，或执行【排列】/【取消全部群组】命令，可将多次群组后的图形一次分解。

当给群组的图形添加【变换】及其他命令操作时，群组中的每个图形都将会发生改变，但是群组内的每一个图形之间的空间关系不会发生改变。

【群组】和【合并】都是将多个图形合并为一个整体的命令，但两者组合后的图形有所不同。【群组】只是将图形简单地组合到一起，其图形本身的形状和样式并不会发生变化；【合并】是将图形链接为一个整体，其所有的属性都会发生变化，并且图形和图形的重叠部分将会成为透空状态。图形群组与合并后的形态如图3-32所示。

图3-32 图形群组与合并后的效果对比

- 图形的修整按钮：单击相应的按钮，可以对选择的图形执行相应的修整命令，分别为合并、修剪、相交、简化、移除后面对象、移除前面对象和创建边界按钮。
- 【对齐与分布】按钮：设置图形与图形之间的对齐和分布方式。此按钮与【排列】/【对齐和分布】命令的功能相同。单击此按钮将弹出【对齐与分布】对话框。

利用【对齐与分布】命令对齐图形时必须选择两个或两个以上的图形；利用该命令分布图形时，必须选择3个或3个以上的图形。

【对齐】选项卡中各选项的功能如图3-33所示。

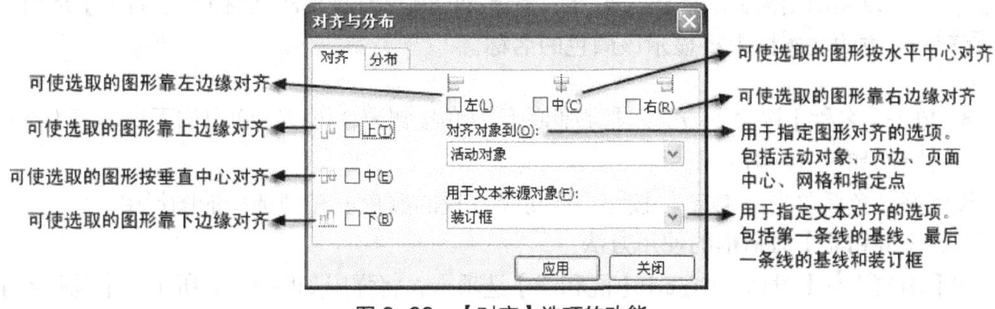

图3-33 【对齐】选项的功能

单击左上方的【分布】选项卡，可切换到【分布】对话框，其中各选项的功能如图3-34所示。

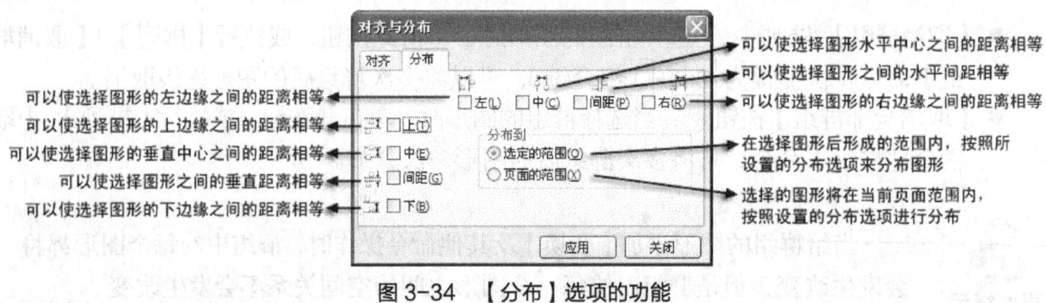

图 3-34 【分布】选项的功能

3.3 填充颜色

为图形设置单色填充和轮廓色的方法主要有 5 种，分别为利用【调色板】设置、利用【彩色】工具设置、利用【均匀填充】工具和【轮廓色】工具设置、利用【颜色滴管】工具设置及利用【智能填充】工具设置。其中，利用【调色板】设置在第 1 章中已讲解，下面来讲解其他 4 种方法。另外，利用【无填充】工具✕和【无轮廓】工具✕可以取消图形的填充色和轮廓色。

3.3.1 利用【均匀填充】和【轮廓色】工具

在工具箱中的【填充】工具上按下鼠标左键不放，在弹出的隐藏工具组中选择【均匀填充】工具（快捷键为 Shift+F11 组合键），或在【轮廓笔】工具隐藏工具组中选择【轮廓色】工具（快捷键为 Shift+F12 组合键），系统将弹出【均匀填充】或【轮廓颜色】对话框。由于这两个对话框中的选项完全相同，因此下面以【均匀填充】对话框为例来详细讲解其使用方法。

一、【模型】对话框

【均匀填充】/【模型】对话框如图 3-35 所示。

- 单击【模型】选项框右侧的倒三角按钮，可以在弹出的下拉列表中选择要使用的色彩模式。
- 拖曳中间颜色色条上的滑块可以选择一种色调。
- 拖曳左侧颜色窗口中的矩形可以选择相应的颜色。

要点提示

在颜色色条右侧的【CMYK】颜色文本框中，直接输入所需颜色的值也可以调制出需要的颜色。另外，当选择的颜色有特定的名称时，【名称】选项下方的文本框中将显示该颜色的名称。

- 单击【名称】选项下方文本框右侧的倒三角按钮▾，可以在弹出的下拉列表中选择软件预设的一些颜色。

设置好颜色后单击 确定 按钮，即可将设置的颜色填充到选择的图形中。

二、【混和器】对话框的使用方法

在【均匀填充】对话框中选中【混和器】选项卡，将弹出如图 3-36 所示的【混和器】对话框。

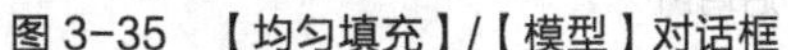

图 3-35 【均匀填充】/【模型】对话框

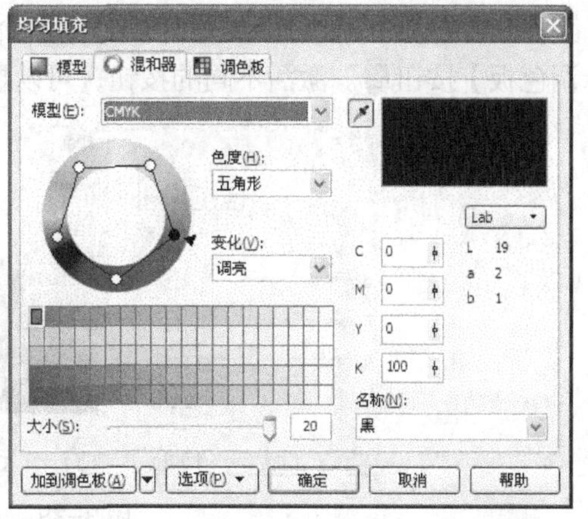

图 3-36 【均匀填充】/【混和器】对话框

- 单击【色度】选项下方的倒三角按钮，可以在弹出的下拉列表中设置色环上由黑色和白色圆圈所组成的形状。不同的形状在颜色色块窗口中产生不同的颜色组合及颜色行数。
- 单击【变化】选项下方的倒三角按钮，可以在弹出的下拉列表中设置颜色色块窗口中显示颜色的变化方式。
- 将鼠标光标移动到色环中的黑色圆圈上，当鼠标光标显示为旋转符号图标时，拖曳鼠标鼠标，可以改变黑色圆圈的位置，从而改变色环下面颜色色块窗口中的颜色。也可以直接在色环上单击来改变黑色圆圈的位置。
- 将鼠标光标移动到色环中的白色圆圈上，当鼠标光标显示为手形图标时，拖曳鼠标，可以改变白色圆圈的位置，从而改变颜色色块窗口中的颜色。
- 在颜色色块窗口相应的色块上单击，即可将该颜色选取为需要的颜色。在右侧的【CMYK】颜色文本框中直接输入所需颜色的值，也可以调制出需要的颜色。
- 拖曳【大小】选项右侧的滑块或修改文本框中的数值，可以改变颜色色块窗口中显示的颜色列数。

三、【调色板】对话框的使用方法

在【均匀填充】对话框中点选【调色板】选项卡，将弹出如图 3-37 所示的【调色板】对话框。

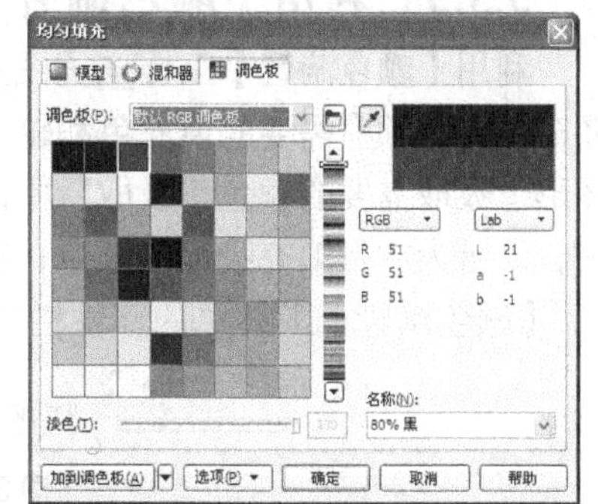

图 3-37 【均匀填充】/【调色板】对话框

- 单击【调色板】右侧的倒三角按钮，可以在弹出的下拉列表中选择系统预设的一些调色板颜色。
- 在颜色条的滑块上按住鼠标左键拖曳，可以选择一种需要的颜色色调，然后单击颜色窗口的颜色色块，即可将其选为需要的颜色。
- 拖曳【淡色】选项右侧的滑块，可以调整选择颜色的饱和度。

3.3.2 利用【彩色】工具

利用【彩色】工具可以为图形添加【调色板】中没有的颜色。单击工具箱中的【填充】工具或【轮廓笔】工具，在其隐藏的工具组中选择【彩色】工具，系统将弹出【颜色】对话框。

在【颜色】对话框右上角处有【显示颜色滑块】按钮、【显示颜色查看器】按钮和【显示调色板】按钮。激活不同的按钮，可以显示出不同的【颜色】泊坞窗，如图 3-38 所示。

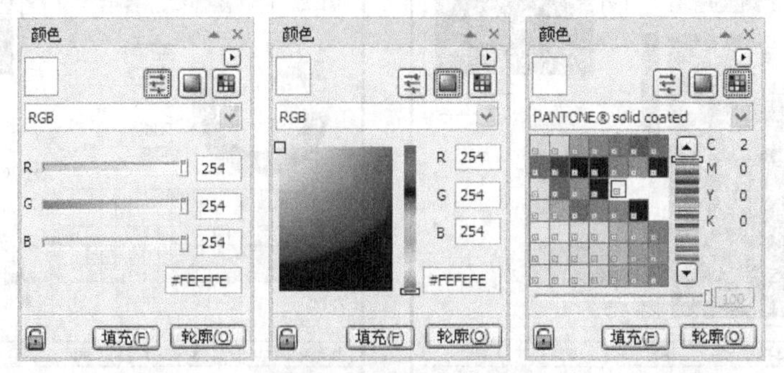

图 3-38 【颜色】泊坞窗

- 【显示颜色滑块】按钮：激活此按钮，可以在【颜色】泊坞窗中通过输入数值或拖动滑块位置来调整需要的颜色。当在【模式】选项窗口中选择不同的颜色模式时，下方显示的颜色滑块也不同。
- 【显示颜色查看器】按钮：激活此按钮，可以在【颜色】泊坞窗中通过输入数值来选择颜色；或拖曳色条上的滑块，然后在颜色窗口中单击或拖动矩形小方块来选择颜色。
- 【显示调色板】按钮：激活此按钮，可以在【颜色】泊坞窗中通过拖曳色条上的滑块，然后在调色板的颜色名称上单击来选择颜色。拖曳下方的饱和度滑块，可调整选择颜色的饱和度。
- 填充(F) 按钮：调整颜色后，单击此按钮，将会给选择的图形填充调整的颜色。
- 轮廓(O) 按钮：调整颜色后，单击此按钮，将会给选择图形的外轮廓线添加调整的颜色。
- 【自动应用颜色】按钮：激活此按钮，可以将设置的颜色自动应用于选择的图形上。

3.3.3 利用【颜色滴管】工具

利用【颜色滴管】工具为图形填充颜色或设置轮廓色是比较快捷的方法，但前提是绘图窗口中必须有需要的填充色和轮廓色存在。其使用方法为利用【颜色滴管】工具在指定的图形上吸取需要的颜色，吸取后，该工具将自动变为【填充】工具，此时在指定的图形内单击，即可为图形填充吸取的颜色；在图形的轮廓上单击，即可为轮廓填充颜色。

【颜色滴管】工具的属性栏如图 3-39 所示。

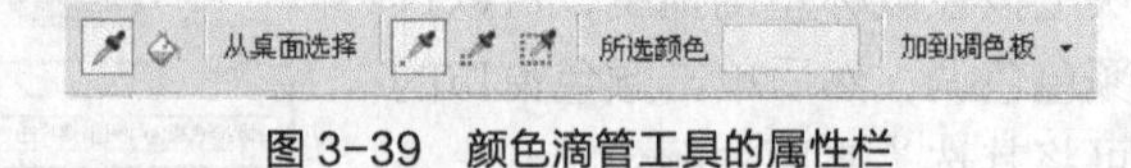

图 3-39 颜色滴管工具的属性栏

- 【选择颜色】按钮：激活此按钮，可在文档窗口中进行颜色取样。
- 【应用颜色】按钮：激活此按钮，可将取样颜色应用到对象上。
- 从桌面选择按钮：激活此按钮,【颜色滴管】工具可以移动到文档窗口以外的区域吸取颜色。
- 【1×1】按钮、【2×2】按钮和【5×5】按钮：决定是在单像素中取样，还是对 2×2 或 5×5 像素区域中的平均颜色值进行取样。
- 【所选颜色】：右侧显示吸管吸取的颜色。

- 加到调色板按钮：单击此按钮，可将所选的颜色添加到调色板中。单击右侧的倒三角按钮，然后选择“文档调色板”，可将所选的颜色添加到当前文档的调色板中。

3.3.4 利用【智能填充】工具

【智能填充】工具除了可以实现普通的颜色填充之外，还可以自动识别多个图形重叠的交叉区域，对其进行复制然后进行颜色填充。

【智能填充】工具的属性栏如图 3-40 所示。

填充选项： 指定 轮廓选项： 指定 .2 mm

图 3-40 【智能填充】工具的属性栏

- 【填充选项】选项：包括【使用默认值】、【指定】和【无填充】3 个选项。当选择【指定】选项时，单击右侧的颜色色块，可在弹出的颜色选择面板中选择需要填充的颜色。
- 【轮廓选项】选项：包括【使用默认值】、【指定】和【无轮廓】3 个选项。当选择【指定】选项时，可在右侧的【轮廓宽度】选项窗口中指定外轮廓线的粗细。单击最右侧的颜色色块，可在弹出的颜色选择面板中选择外轮廓的颜色。

3.3.5 利用【无填充】和【无轮廓】工具

【无填充】工具 ✕ 和【无轮廓】工具 ✕ 可以将选择图形的填充和轮廓去除，具体设置分别如下。

- 选择一个已经被填充的图形，然后在工具箱中的工具上按下鼠标左键不放，在弹出的隐藏工具组中单击 ✕ 按钮，即可将该图形的填充去除。
- 选择一个带有外轮廓线的图形，然后在工具箱中的工具上按下鼠标左键不放，在弹出的隐藏工具组中单击 ✕ 工具，即可将该图形的外轮廓线去除。
- 选择一个带有外轮廓线的图形，然后在工具属性栏中单击【轮廓宽度】选项，在弹出的下拉列表中选择“无”选项，也可将图形的外轮廓线去除。

要点提示

选择要去除填充或轮廓的图形，然后执行【排列】/【将轮廓转换为对象】命令（快捷键为 Ctrl+Shift+Q 组合键），将图形的填充和轮廓各自转换为对象，然后将图形的填充或轮廓选择，再按 Delete 键，也可将填充或外轮廓去除。

3.4 综合案例——设计卷纸包装

下面主要利用本章学过的基本绘图工具、【挑选】工具及各种复制操作、【简化】按钮和【移除前面对象】按钮等来设计卷纸的包装。

设计卷纸包装

1. 新建一个页面为横向的图形文件。
2. 利用工具绘制矩形，然后为其填充灰色（K:20）。
3. 单击属性栏中的按钮，将图形的比率锁定取消，此时如该按钮已为取消锁定状态，可不执行单击操作，然后将【对象大小】的参数设置为 310.0 mm 160.0 mm。
4. 按键盘数字区中的 + 键，将矩形在原位置复制，然后将复制出图形的颜色修改为白色并去除外轮廓。

5. 按住 Shift 键，将鼠标光标放置到选择图形右上角的控制点上，当鼠标光标显示为 符号时，按下鼠标左键并向左下方拖曳，将复制出的图形以中心等比例缩小，如图 3-41 所示。

图 3-41 复制图形缩小后的大小

6. 选择工具，按住 Ctrl 键拖曳鼠标，绘制出如图 3-42 所示的圆形。

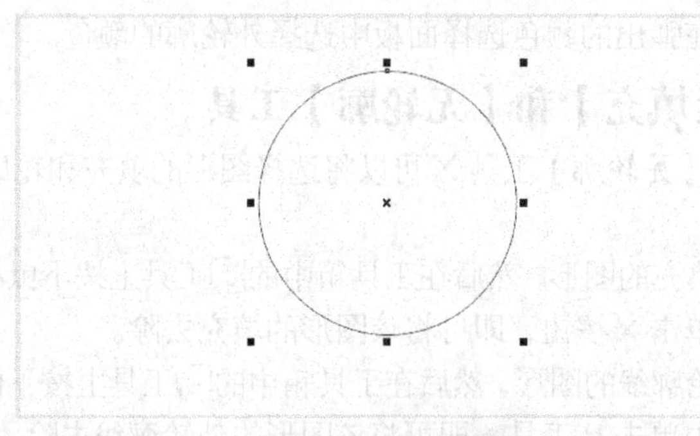

图 3-42 绘制的圆形

7. 单击工具箱中的按钮，在弹出的隐藏工具组中选择工具，然后在弹出的【均匀填充】对话框中，将颜色设置为黄色（C:0，M:0，Y:80，K:0），如图 3-43 所示。

要点提示

在以后的颜色设置过程中，如将颜色设置为黄色（C:0，M:0，Y:80，K:0），将直接叙述为黄色（Y:80），其他为 0 的数值将不再说明，希望读者注意。

8. 单击 确定 按钮，为圆形填充黄色，然后在【调色板】上方的按钮上单击鼠标右键，将圆形的外轮廓去除。

9. 选择工具，然后将鼠标光标移动到圆形的上方位置，按下鼠标左键并向下拖曳，为其添加如图 3-44 所示的透明效果。

10. 单击按钮，确认透明效果的添加，然后再次按键盘数字区中的+键，将圆形在原位置复制。

11. 选择工具，并单击属性栏中的按钮，将复制图形的透明效果去除，然后在【调色板】中的“黑”色块上单击鼠标右键，为图形添加外轮廓，再在按钮上单击，去除图形的填充色。

12. 按住 Shift 键，将鼠标光标放置到选择图形右上角的控制点上，当鼠标光标显示为 符号时，按下鼠标并向右上方拖曳，将复制出的图形以中心等比例放大至图 3-45 中所示的大小。

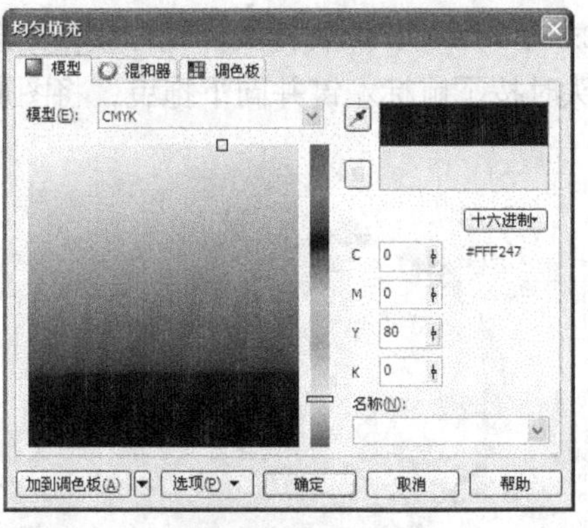

图 3-43 设置的颜色

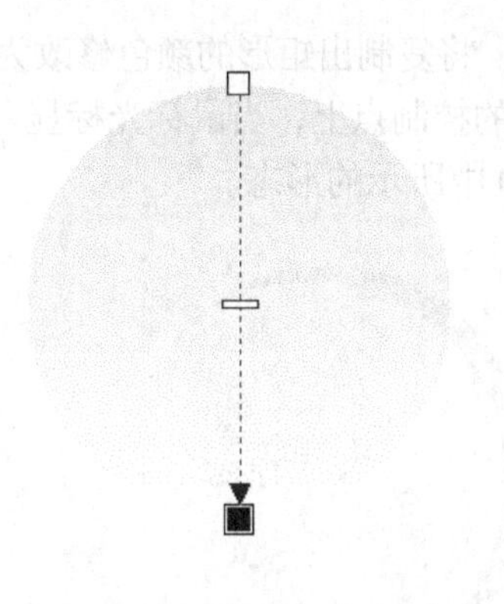

图 3-44 添加透明后的效果

13. 再次按住Shift键，将鼠标光标放置到选择图形右上角的控制点上，当鼠标光标显示为符号时，按下鼠标左键并向左下方拖曳，至图 3-46 中所示的形态时，在不释放鼠标左键的情况下单击鼠标右键，缩小并复制出一个圆形。

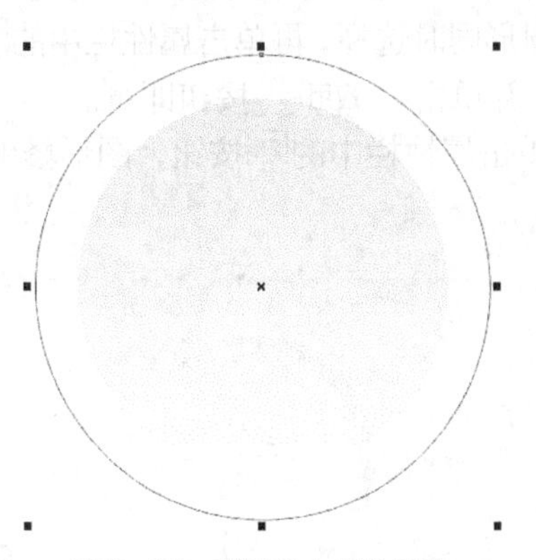

图 3-45 图形放大后的形态

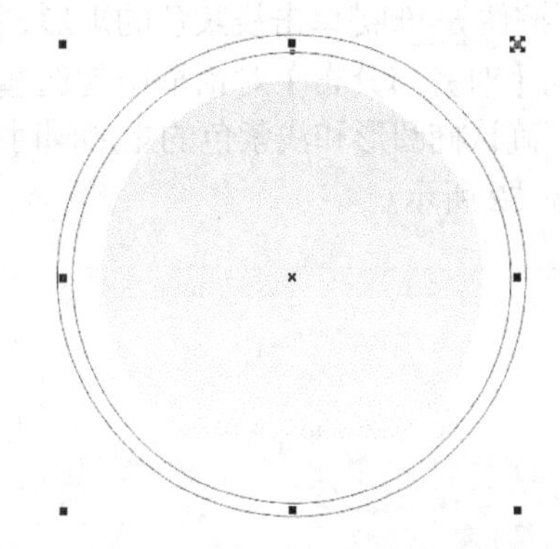

图 3-46 缩小复制图形状态

14. 利用工具，将缩小复制出的图形水平向右移动至图 3-47 所示的位置，使其右边缘稍微超出下方大圆形的右边界。

15. 按住Shift键单击下方的大圆形，将两个圆形同时选择，然后单击属性栏中的按钮，用小圆形对大圆形进行修剪，效果如图 3-48 所示。

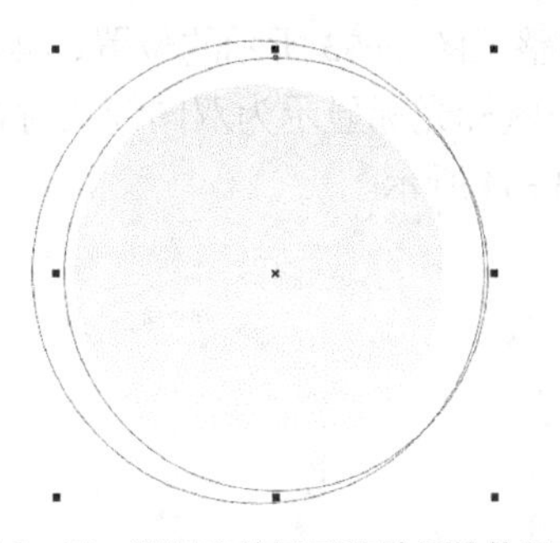

图 3-47 复制出的圆形移动后的位置

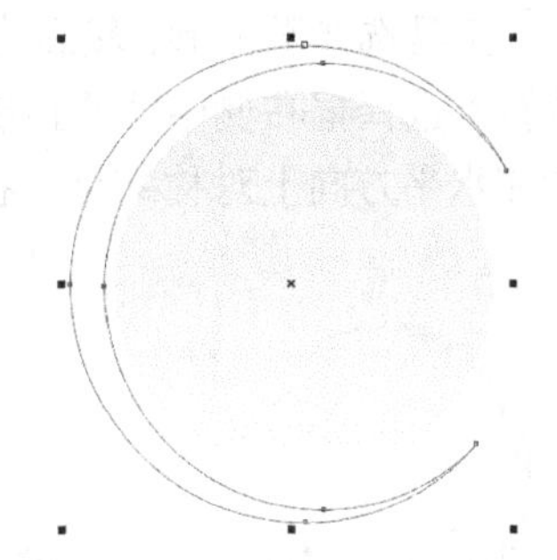

图 3-48 修剪后的图形形态

16. 为修剪后的图形填充紫色（C:50，M:60），并去除外轮廓，然后将其向左移动至图 3-49 所示的位置。

17. 利用工具选择白色的矩形，然后按键盘数字区中的+键，将其在原位置复制。

18. 将复制出矩形的颜色修改为浅紫色（C:25，M:30），然后将鼠标光标放置到选择框上方中间的控制点上，当鼠标光标显示为双向箭头时按下鼠标左键并向下拖曳，将图形调整至图 3-50 中所示的形态。

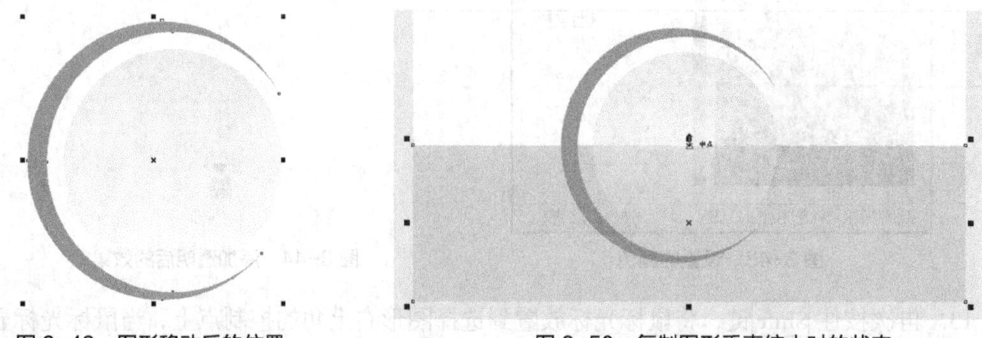

图 3-49　图形移动后的位置　　　图 3-50　复制图形垂直缩小时的状态

19. 选择工具，绘制出图 3-51 中所示的椭圆形。为了确保椭圆形与下方的矩形以中心对齐，可按住 Shift 键单击浅紫色的矩形，将其与椭圆形同时选择，再单击属性栏中的按钮，在弹出的【对齐与分布】对话框中勾选复选项，并单击 应用 按钮即可。

20. 确认椭圆形和浅紫色的矩形同时被选择，单击属性栏中的按钮，图形修剪后的形态如图 3-52 所示。

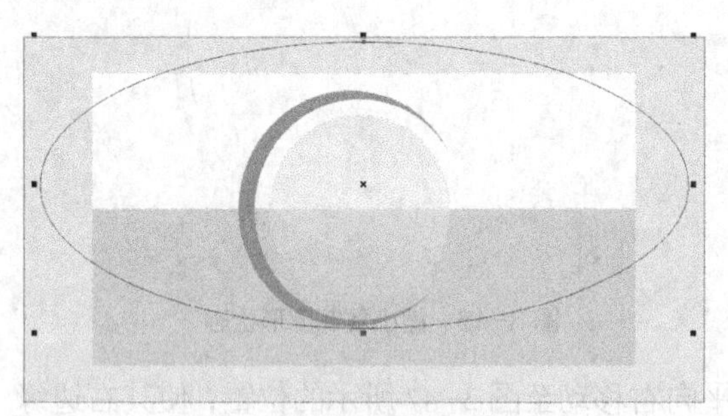

图 3-51　绘制的椭圆形

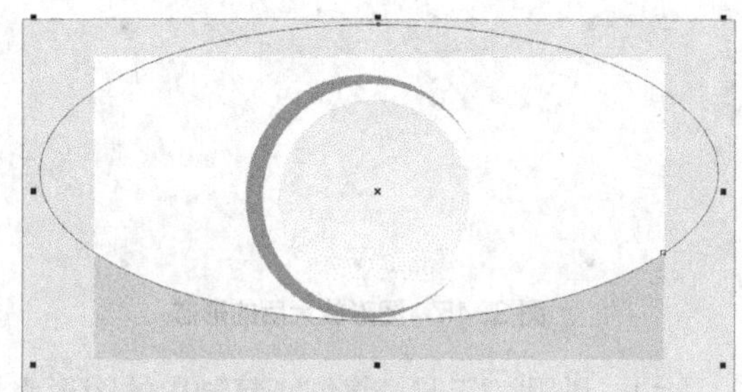

图 3-52　修剪后的形态

21. 利用工具选择修剪后的图形，然后按键盘数字区中的+键，将其在原位置复制，并将复制出图形的颜色修改为紫色（C:50，M:60）。

22. 利用工具选择椭圆形，然后将其向下调整至图 3-53 所示的位置，再按住 Shift 键，将鼠标光标放置到选择框右侧中间的控制点上，当鼠标光标显示为双向箭头时按下并向左拖曳，将椭圆形在水平方向上对称缩小，状态如图 3-54 所示。

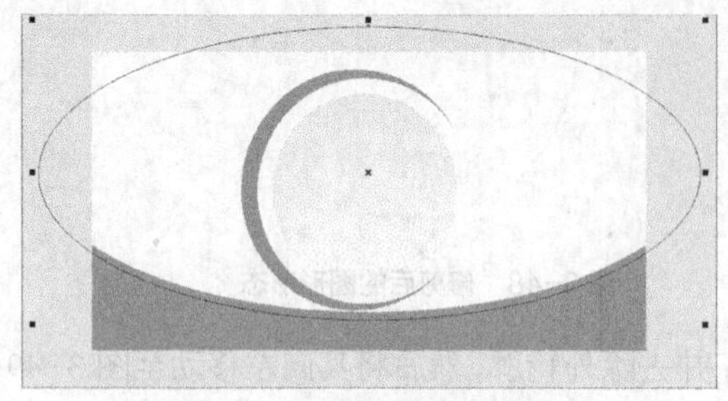

图 3-53　椭圆形调整后的位置

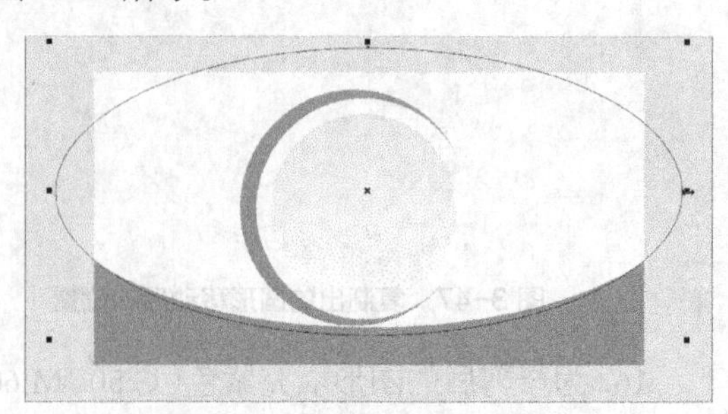

图 3-54　椭圆形调整后的形态

23. 按住 Shift 键单击复制出的紫色图形，将两个图形同时选择，然后单击属性栏中的按钮，对下方图形进行修剪，效果如图 3-55 所示。

需要注意的是，利用【简化】按钮修剪图形时，用于修剪的图形会仍然存在；而利用【移除前面对象】按钮修剪图形时，用于修剪的图形会自动删除。

24. 利用工具输入文字，然后用与第 1.5 节相同的为文字添加外轮廓的方法，为文字添加白色的外轮廓，如图 3-56 所示。

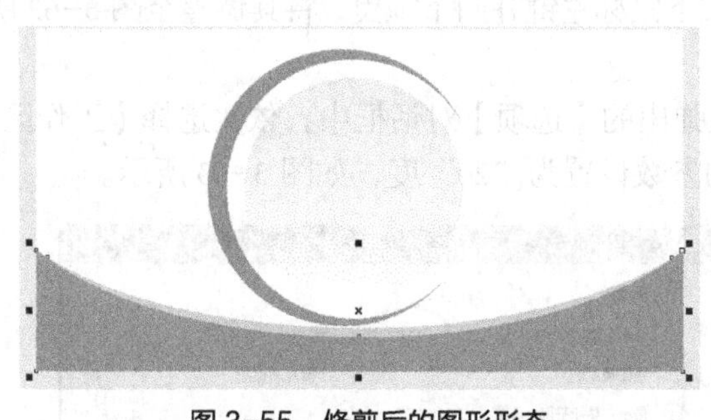

图 3-55 修剪后的图形形态

图 3-56 输入的文字

25. 在工具箱中的按钮上按下鼠标不放，在弹出的隐藏工具组中选择工具，然后单击属性栏中的按钮，并单击【预设笔触】选项，在弹出的列表中选择图 3-57 所示的样式。

26. 将属性栏中的【笔触宽度】选项设置为 5.0 mm，然后在文字的下方拖曳鼠标，绘制出图 3-58 所示的图形。

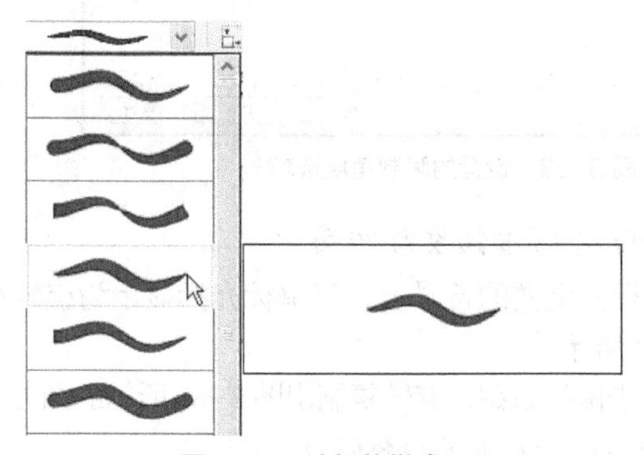

图 3-57 选择的样式

图 3-58 绘制的图形

27. 利用工具将绘制图形的颜色修改为绿色（C:50，Y:80）。

下面灵活运用旋转复制操作、镜像复制操作和结合命令来制作标志图形。

28. 利用工具，绘制出图 3-59 所示的椭圆形，然后单击属性栏中的按钮，将图形转换为曲线图形。

29. 选择工具，然后框选图 3-60 所示的节点，再单击属性栏中的按钮，修改节点的性质，生成的图形形态如图 3-61 所示。

30. 为调整后的图形填充绿色（C:50，Y:80），并去除外轮廓，然后在该图形上再次单击，使其周围显示旋转和扭曲符号。

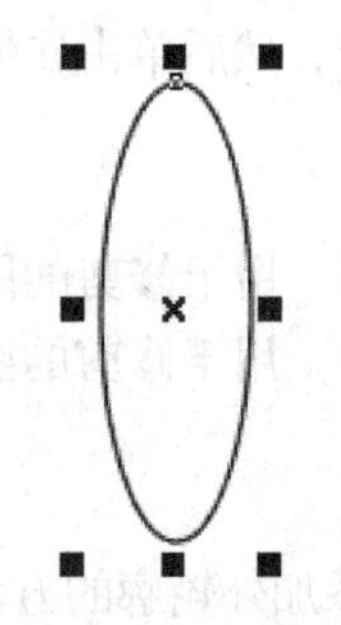

图 3-59 绘制的椭圆形

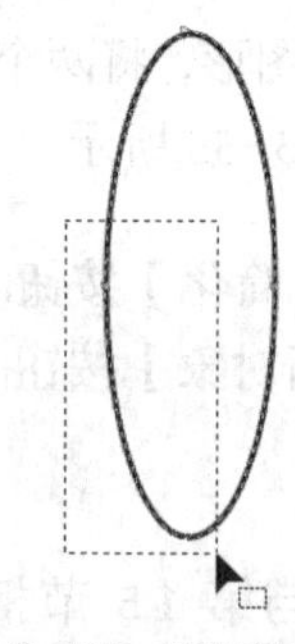

图 3-60 选择的节点

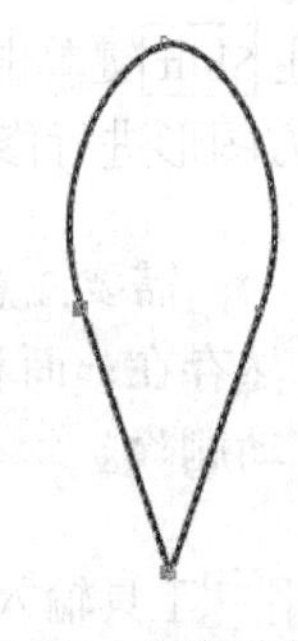

图 3-61 调整后的形态

31. 将鼠标光标移动到中心点位置后按下鼠标左键并向下拖曳，将其调整至图 3-62 所示的位置。

32. 执行【工具】/【选项】命令，在弹出的【选项】对话框中，依次选择【工作区】/【编辑】选项，然后将右侧【限制角度】的参数设置为“20”度，如图 3-63 所示。

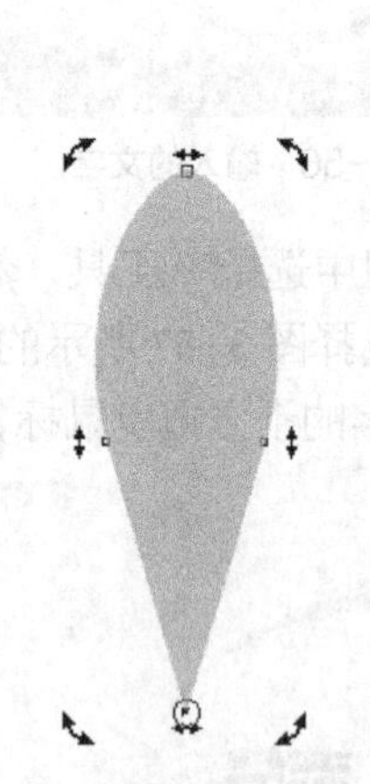

图 3-62 旋转中心调整的位置

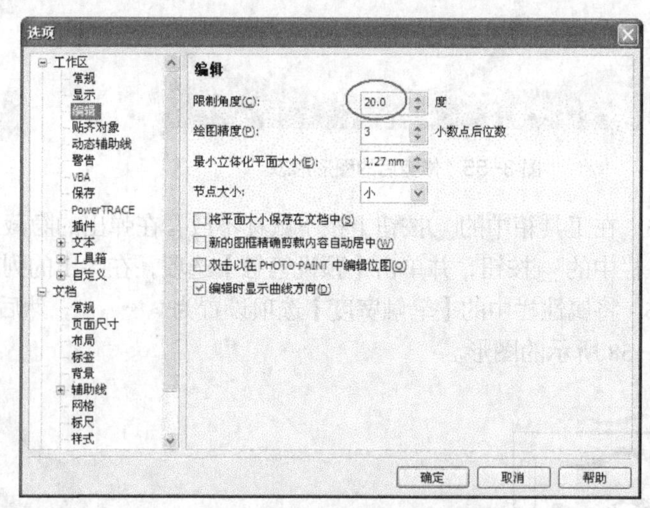

图 3-63 设置的限制角度选项

33. 单击 确定 按钮，将默认的旋转角度由 15 度修改为 20 度。

34. 按住 Ctrl 键，将鼠标光标放置到旋转框左上角的符号上，当鼠标光标显示为旋转符号时按下鼠标左键并向左拖曳，状态如图 3-64 所示。

35. 此时在不释放鼠标左键的情况下，再单击鼠标右键，旋转复制出图 3-65 所示的图形。

36. 依次按 Ctrl+R 组合键，重复复制出如图 3-66 所示的图形。

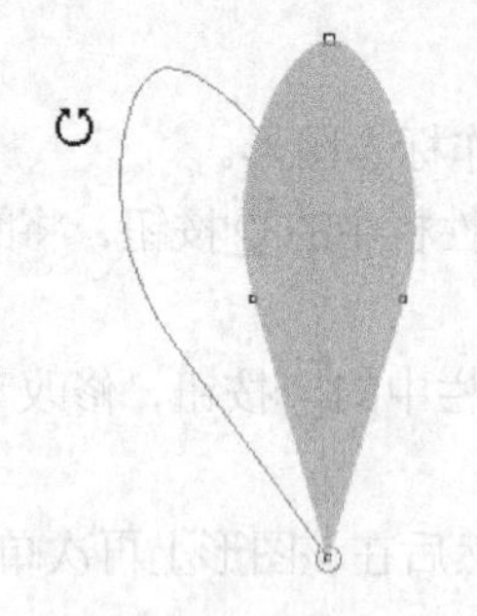

图 3-64 旋转图形状态

图 3-65 旋转复制出的图形

图 3-66 重复复制出的图形

37. 在最后复制出的图形上单击，将旋转扭曲符号转换为选择框，然后按住 Shift 键，单击除第一个绿色图形外的其他两个图形，将旋转复制出的 3 个图形同时选择，如图 3-67 所示。

38. 按住 Ctrl 键，将鼠标光标放置到选择框左侧中间的控制点上，按下鼠标左键并向右拖曳，状态如图 3-68 所示。

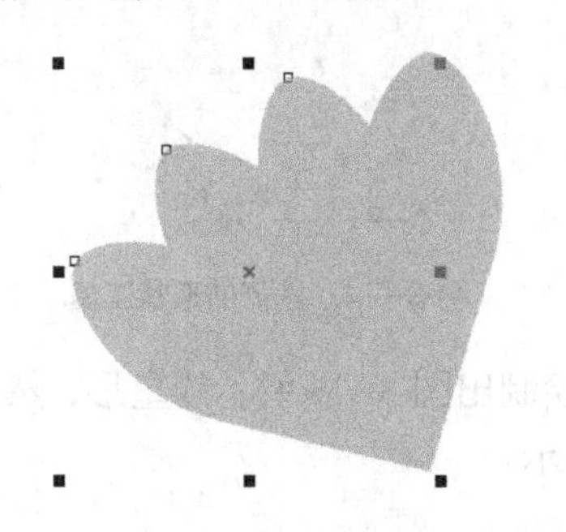

图 3-67 选择的图形

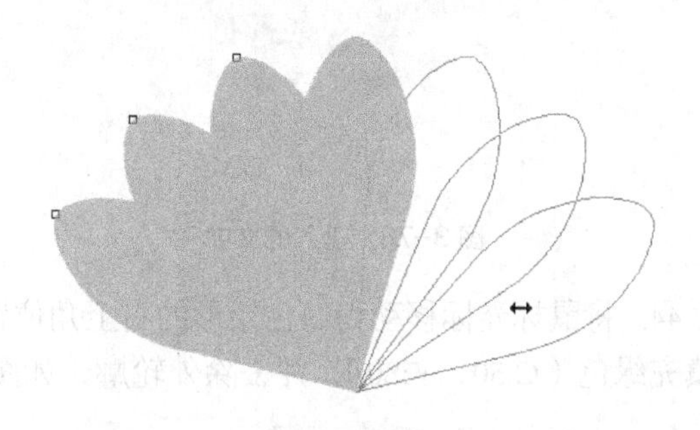

图 3-68 镜像复制图形状态

39. 此时在不释放鼠标左键的情况下，单击鼠标右键，镜像复制选择的图形，如图 3-69 所示。

40. 利用工具将这些绿色图形全部选择，然后单击属性栏中的按钮，结合后的图形形态如图 3-70 所示。

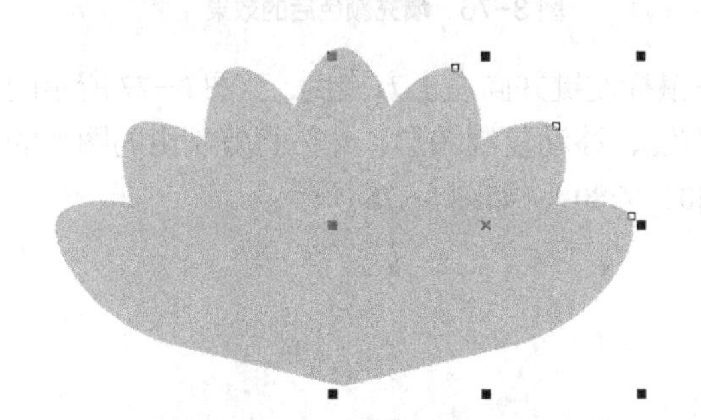

图 3-69 镜像复制出的图形

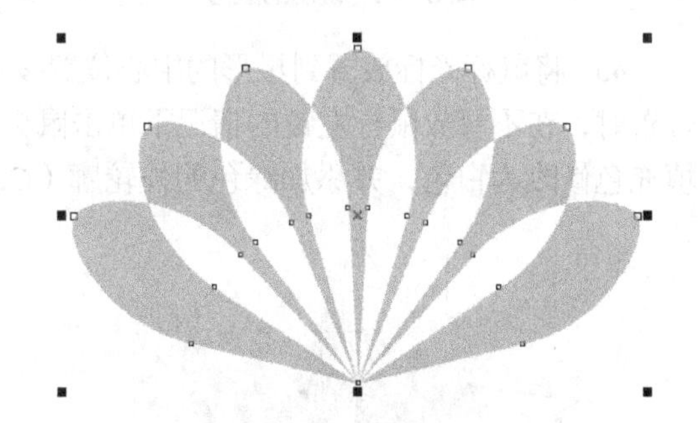

图 3-70 结合后的图形形态

41. 用与步骤 25～步骤 27 相同的方法，绘制出图 3-71 所示的图形，然后用与步骤 38～步骤 39 相同的方法，将其在水平方向上镜像复制，效果如图 3-72 所示。

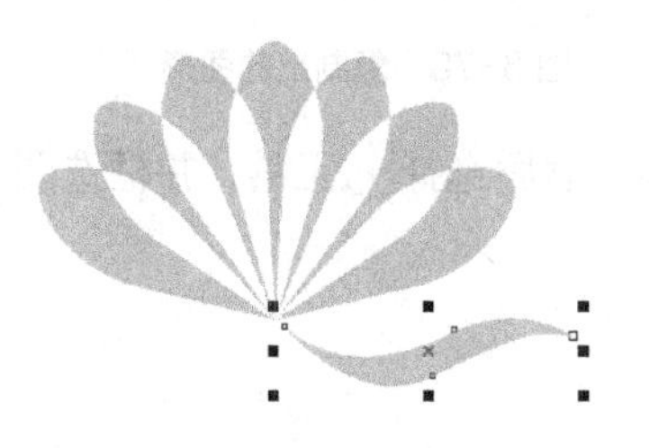

图 3-71 绘制的图形

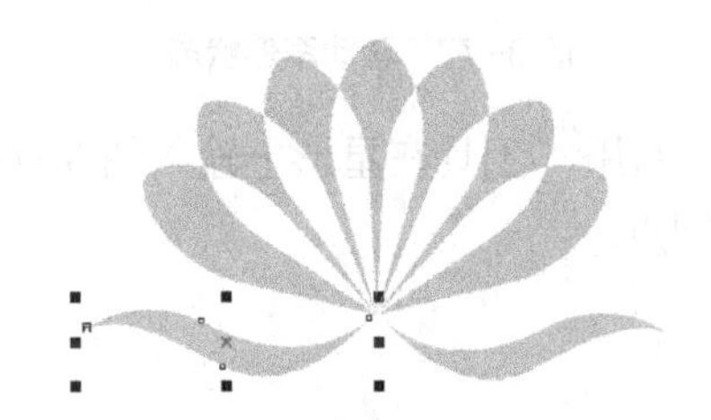

图 3-72 镜像复制出的图形

此时，标志图形绘制完成。

42. 将绘制的标志图形全部选择并群组，然后移动到白色矩形的左上方位置，并利用字工具在其下方输入图 3-73 中所示的文字。

43. 在工具箱中的按钮上按下鼠标左键不放，在弹出的隐藏工具组中选择工具，然后单击属性栏中的[icon]按钮，并在弹出的选项面板中选择图 3-74 所示的形状工具。

图 3-73 输入的文字

图 3-74 选择的形状工具

44. 将鼠标光标移动到白色矩形的右上角位置拖曳，绘制出图 3-75 所示的星形，然后为其填充绿色（C:50，Y:80），并去除外轮廓，如图 3-76 所示。

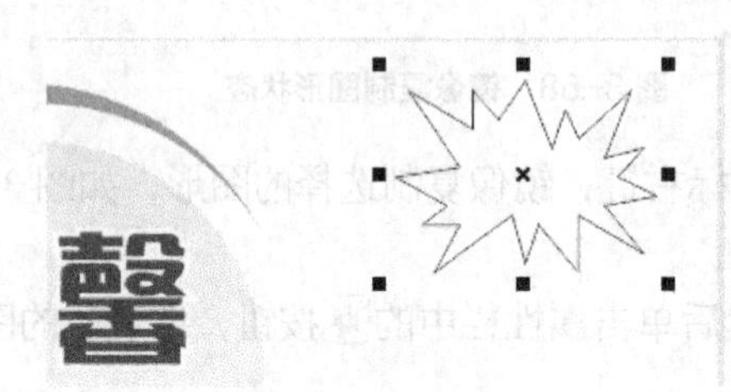

图 3-75 绘制的星形

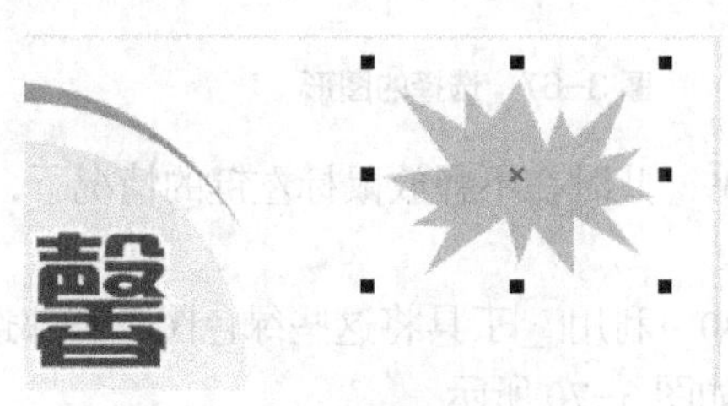

图 3-76 填充颜色后的效果

45. 将鼠标光标放置到星形的中心位置按下鼠标左键并向左上方拖曳，至图 3-77 所示的位置时，在不释放鼠标左键的情况下单击鼠标右键，移动复制图形，然后将复制出的图形的填充色修改为白色，并添加绿色的外轮廓（C:50，Y:80），如图 3-78 所示。

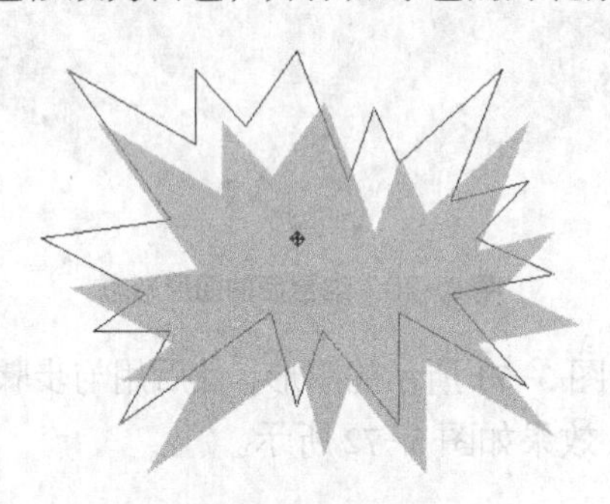

图 3-77 移动图形状态

图 3-78 复制出的图形

46. 利用[字]工具在星形上输入图 3-79 所示的文字，然后选择[icon]工具，并框选图 3-80 所示的控制点。

图 3-79 输入的文字

图 3-80 框选的控制点

47. 按 Delete 键，将选择的控制点删除，然后将上方和下方中间的控制点选择并删除。
48. 选择左下方的控制点并向下拖曳，状态如图 3-81 所示，即可对文字进行变形调整。
49. 依次调整其他控制点的位置，将文字调整至图 3-82 所示的形态。

图 3-81 移动控制点时的状态

图 3-82 文字调整后的形态

50. 利用工具和字工具，绘制线形并输入文字，效果如图 3-83 所示。

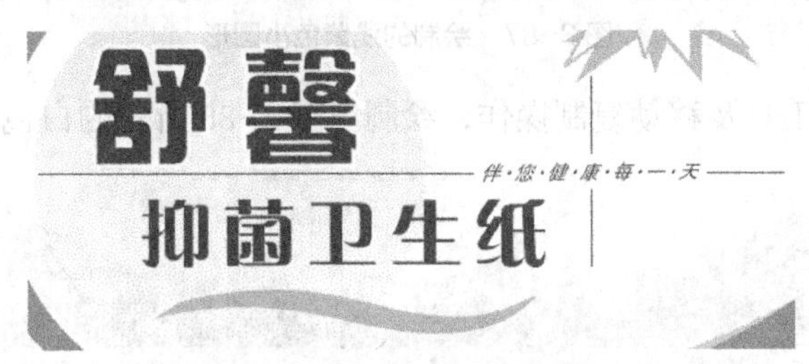

图 3-83 绘制的线形及输入的文字

51. 将步骤 15 修剪出的图形选择并移动复制，然后将复制出的图形缩小调整，并将其颜色修改为浅紫色（C:25，M:30）。

52. 继续利用移动复制操作，将缩小后的图形移动复制并缩小，效果如图 3-84 所示。

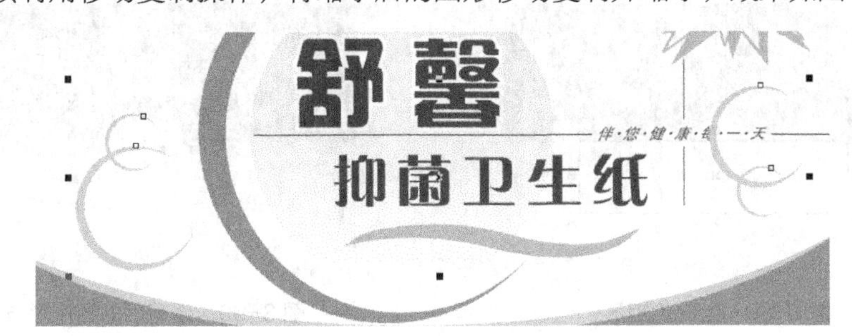

图 3-84 复制出的图形

53. 将复制出的 4 个图形选择并群组，然后执行【排列】/【顺序】/【置于此对象后】命令，并将鼠标光标移动到图 3-85 所示的文字位置单击，将复制出的图形调整至文字的下方，如图 3-86 所示。

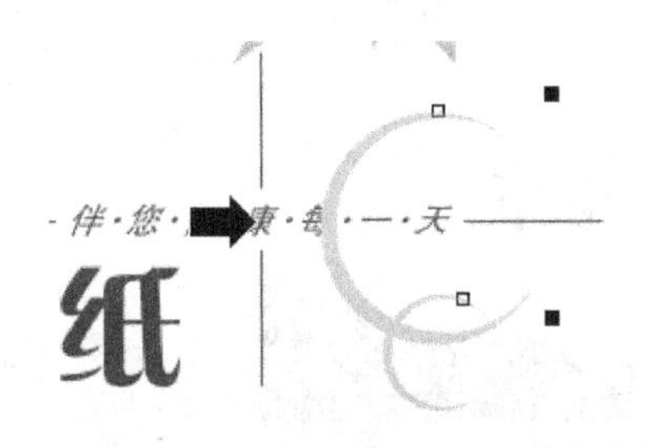

图 3-85 鼠标光标单击的位置

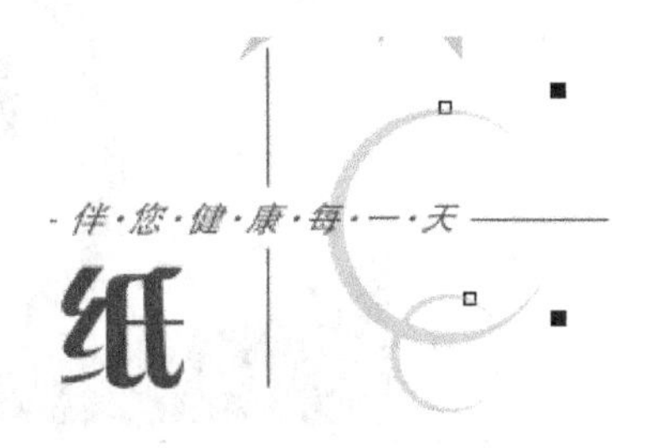

图 3-86 调整堆叠顺序后的效果

最后利用◎工具及移动复制操作来制作装饰小圆形。

54. 利用◎工具及移动复制操作，绘制浅紫色（C:25，M:30）小圆形，并依次移动复制，效果如图 3-87 所示。

图 3-87 绘制的浅紫色小圆形

55. 继续利用◎工具及移动复制操作，绘制出图 3-88 所示的白色小圆形。

图 3-88 绘制的白色小圆形

56. 利用□工具在超出紫色图形的小圆形下方绘制出图 3-89 所示的矩形，然后将其与小圆形同时选择，并单击属性栏中的□按钮，进行修剪，效果如图 3-90 所示。

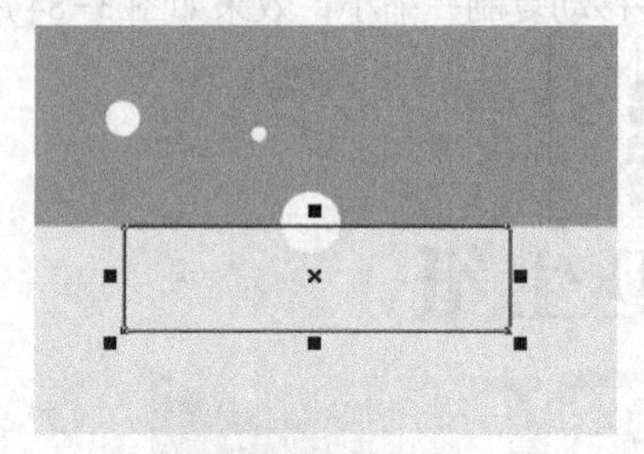

图 3-89 绘制的矩形

图 3-90 修剪后的图形形态

57. 再次利用字工具，在画面的下方输入图 3-91 中所示的文字及字母，即可完成卷纸包装的设计。

图 3-91 输入的文字及字母

58. 按Ctrl+S组合键，将此文件命名为“卷纸包装.cdr”保存。

小结

本章主要学习了工具箱中的基本绘图工具、【挑选】工具及图形的颜色设置等常用的工具。通过本章的学习，读者要熟练掌握这几类工具的功能及使用方法，以便在以后使用这些工具绘制图形时能够运用自如。在本章的最后，综合利用本章所学的工具设计了卷纸的包装，其目的就是让读者对所学的知识能够融会贯通。

操作题

1. 综合运用本章所学的内容，设计出图 3-92 所示的爱心协和医院标志。作品参见素材文件中“作品\第 03 章”目录下名为“操作题 03-1.cdr”的文件。

2. 利用本章学习的内容并结合综合案例中的操作，分别设计出图 3-93 所示的企业信封和信纸。作品参见素材文件中“作品\第 03 章”目录下名为“操作题 03-2.cdr”的文件。

图 3-92 设计的标志

图 3-93 设计的企业信封和信纸

PART 4

第 4 章 线形、形状和艺术笔工具

本章主要学习各种线形工具、【形状】工具及【艺术笔】工具的应用。线形工具和【形状】工具是绘制和调整图形的基本工具，灵活运用这两种工具，无论多么复杂的图形形状都可以轻松地绘制出来。利用【艺术笔】工具可以在画面中添加各种特殊样式的线条和图案，以满足作品设计的需要。

4.1 线形工具

绘制线形的工具主要包括【手绘】工具、【2点线】工具、【贝塞尔】工具、【钢笔】工具、【B样条】工具、【折线】工具、【3点曲线】工具和【智能绘图】工具。

4.1.1 绘制直线、曲线和图形

下面具体讲解利用各工具绘制直线、曲线和图形的方法及各工具的属性设置。

（1）【手绘】工具。

选择【手绘】工具，在绘图窗口中单击鼠标左键确定第一点，然后移动鼠标光标到适当的位置再次单击确定第二点，即可在这两点之间生成一条直线；如在第二点位置双击，然后继续移动鼠标光标到适当的位置双击确定第三点，依此类推，可绘制连续的线段，当要结束绘制时，可在最后一点处单击，即可完成图形的绘制，如图 4-1 所示。

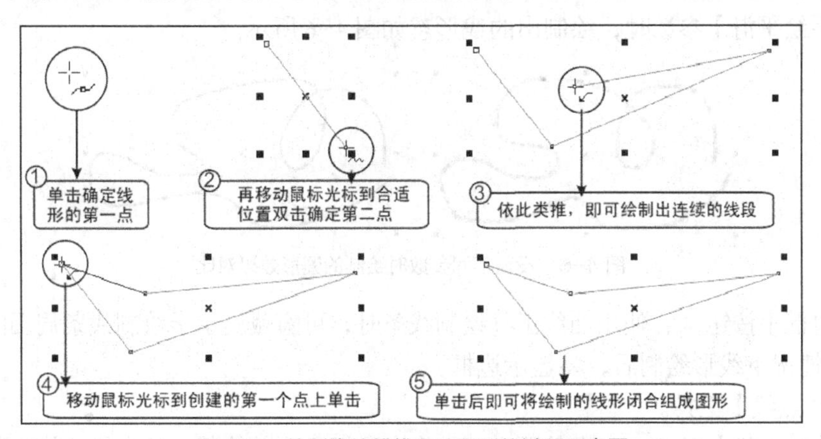

图 4-1 绘制连续的线段及图形的过程示意图

在绘图窗口中按下鼠标左键并拖曳鼠标光标，可以沿鼠标光标移动的轨迹绘制曲线；绘制线形时，当将鼠标光标移动到第一点位置鼠标光标显示为形状时单击，可将绘制的线形闭合，生成不规则的图形，如图 4-2 所示。

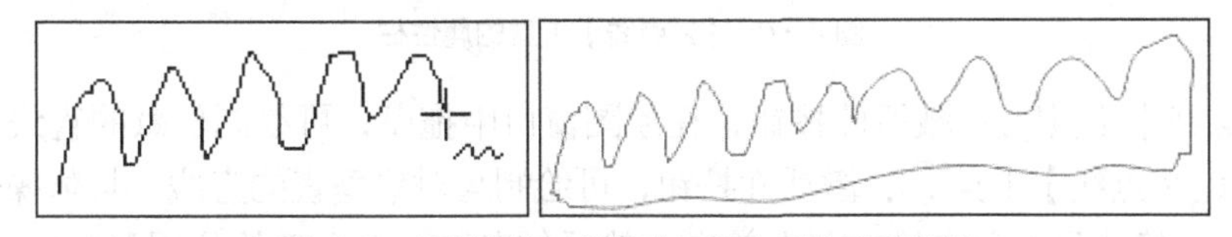

图 4-2 绘制曲线时的状态及闭合后的图形效果

【手绘】工具的属性栏如图 4-3 所示。

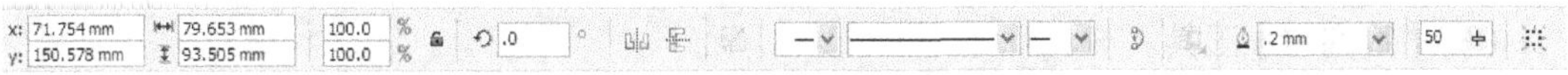

图 4-3 【手绘】工具的属性栏

- 【起始箭头】按钮：设置绘制线段起始处的箭头样式。单击此按钮，将弹出图 4-4 所示的【箭头选项】面板。在此面板中可以选择任意起始箭头样式。使用不同的箭头样式绘制出的直线效果如图 4-5 所示。

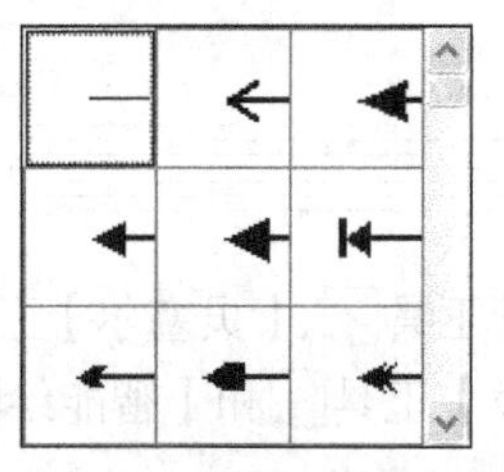

图 4-4 【箭头选项】面板

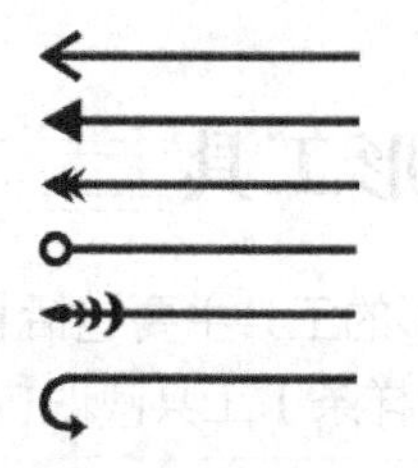

图 4-5 添加的不同箭头样式绘制出的直线效果

- 【线条样式】按钮：设置绘制线条的样式。
- 【终止箭头】按钮：设置绘制线段终点处箭头的样式。
- 【闭合曲线】按钮：选择未闭合的线形，单击此按钮，可以通过一条直线将当前未闭合的线形第一点与最后一点进行连接，使其闭合。
- 【手绘平滑】：在文本框中输入数值，或单击右侧的按钮并拖曳弹出的滑块，可以设置绘制线形的平滑程度。数值越小，绘制的图形边缘越不光滑。当设置不同的【手绘平滑】参数时，绘制出的线形态如图 4-6 所示。

图 4-6 设置不同参数时绘制的图形效果对比

- 【边框】按钮：使用曲线工具绘制线条时，可隐藏显示于绘制线条周围的边框。默认情况下线形绘制后，将显示边框。

（2）【2 点线】工具。

选择【2 点线】工具，在绘图窗口中拖曳鼠标，可以绘制一条直线，拖曳时，线段的长度和角度会显示在状态栏中。另外，此工具还可创建与对象垂直或相切的直线。【2 点线】工具的属性栏如图 4-7 所示。

图 4-7 【2 点线】工具的属性栏

- 【2 点线】工具：激活此按钮，在绘图窗口中拖曳，可绘制任意的直线。
- 【垂直 2 点线】工具：激活此按钮，可绘制与对象垂直的直线。具体操作为先将鼠标光标移动到要垂直的对象上单击，然后拖曳鼠标至合适的位置释放即可。
- 【相切的 2 点线】工具：激活此按钮，可绘制与对象相切的直线。具体操作为先将鼠标光标移动到要相切的对象上单击，然后拖曳鼠标至合适的位置释放即可。

（3）【贝塞尔】工具。

选择【贝塞尔】工具，在绘图窗口中依次单击，即可绘制直线或连续的线段；在绘图窗口中单击鼠标左键确定线的起始点，然后移动鼠标光标到适当的位置再次单击并拖曳，即可在节点的两边各出现一条控制柄，同时形成曲线；移动鼠标光标后依次单击并拖曳，即可绘制出连续的曲线；当将鼠标光标放置在创建的起始点上，鼠标光标显示为形状时，单击即可将线闭合形成图形。在没有闭合图形之前，按 Enter 键、空格键或选择其他工具，即可结束操作，生成曲线。

【贝塞尔】工具的属性栏与【形状】工具的相同，将在第 4.2 节中讲解。

（4）【钢笔】工具。

【钢笔】工具与【贝塞尔】工具的功能及使用方法完全相同，只是【钢笔】工具比【贝塞尔】工具好控制，且在绘制图形过程中可预览鼠标光标的拖曳方向，如图 4-8 所示，还可以随时增加或删除节点，如图 4-9 所示。

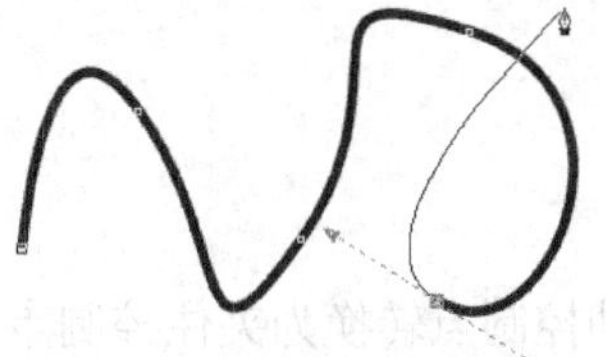

图 4-8 预览鼠标光标的拖曳方向

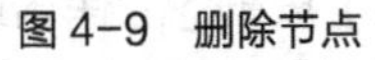

图 4-9 删除节点

要点提示

利用【钢笔】工具或【贝塞尔】工具绘制图形时，在没有闭合图形之前，按 Ctrl+Z 组合键或 Alt+Backspace 组合键，可自后向前擦除刚才绘制的线段，每按一次，将擦除一段。按 Delete 键，可删除绘制的所有线。另外，在利用【钢笔】工具绘制图形时，按住 Ctrl 键，将鼠标光标移动到绘制的节点上，按下鼠标左键并拖曳，可以移动该节点的位置。

【钢笔】工具的属性栏如图 4-10 所示。

图 4-10 【钢笔】工具的属性栏

- 【预览模式】按钮：激活此按钮，在利用【钢笔】工具绘制图形时可以预览绘制的图形形状。
- 【自动添加或删除节点】按钮：激活此按钮，利用【钢笔】工具绘制图形时，可以对图形上的节点进行添加或删除。将鼠标光标移动到绘制图形的轮廓线上，当鼠标光标的右下角出现“+”符号时，单击将会在鼠标单击位置添加一个节点；将鼠标光标放置在绘制图形轮廓线的节点上，当鼠标光标的右下角出现“-”符号时，单击可以将此节点删除。

（5）【B 样条】工具。

【B 样条】工具可以通过使用控制点，轻松塑造图形形状和绘制贝塞尔曲线。激活此按钮后将鼠标光标移动到绘图窗口中依次单击即可绘制贝塞尔曲线，如图 4-11 所示。在要结束的位置双击鼠标，即可完成线形的绘制；将鼠标光标移动到第一点位置单击，可绘制出曲线图形，如图 4-12 所示。

绘制贝塞尔曲线和图形后，如要对其进行修改，可激活按钮，此时的属性栏如图 4-13 所示。

- 【添加控制点】按钮：将鼠标光标移动到蓝色的控制线上单击后，此按钮才可用，单击此按钮，可在鼠标单击处添加一个浮动控制点。
- 【删除控制点】按钮：选择要删除的控制点，单击此按钮，可将选择的控制点删除。

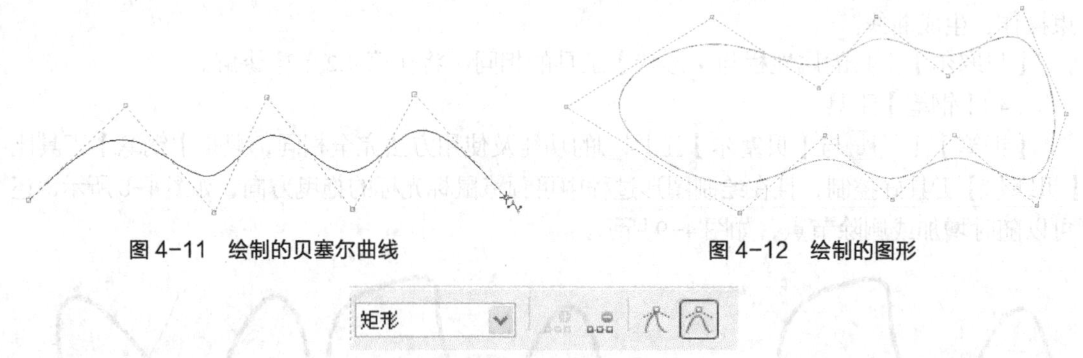

图 4-11　绘制的贝塞尔曲线　　　　图 4-12　绘制的图形

图 4-13　属性栏

● 【夹住控制点】按钮：单击此按钮，可将当前选择的浮动控制点转换为夹住控制点。

● 【浮动控制点】按钮：单击此按钮，可将当前选择的夹住控制点转换为浮动控制点。

夹住控制点的作用与线形中锚点的作用相同，调整夹住控制点的位置，线形也将随之调整。而调整浮动控制点时，虽然线形也随之调整，但线形与控制点不接触。夹住控制点与浮动控制点的示意图如图 4-14 所示。

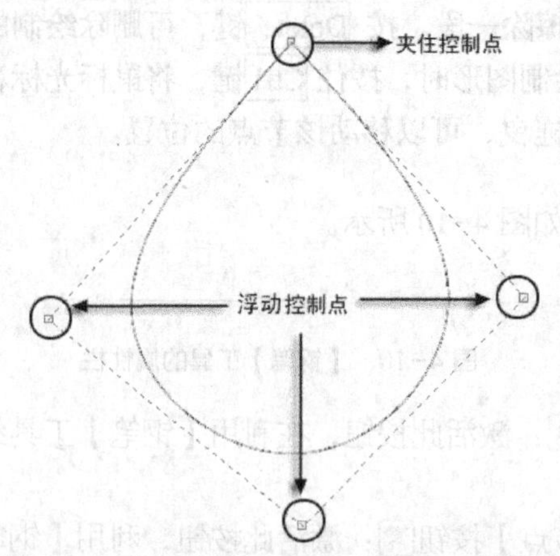

图 4-14　夹住控制点与浮动控制点的示意图

（6）【折线】工具。

选择【折线】工具，在绘图窗口中依次单击可创建连续的线段；在绘图窗口中拖曳鼠标光标，可以沿鼠标光标移动的轨迹绘制曲线。要结束操作，可在终点处双击。若将鼠标光标移动到创建的第一点位置，当鼠标光标显示为形状时单击，也可将绘制的线形闭合，生成不规则的图形。

（7）【3 点曲线】工具。

选择【3 点曲线】工具，在绘图窗口中按下鼠标左键不放，然后向任意方向拖曳，确定曲线的两个端点，至合适位置后释放鼠标左键，再移动鼠标光标确定曲线的弧度，至合适位置后再次单击即可完成曲线的绘制，其操作过程示意图如图 4-15 所示。

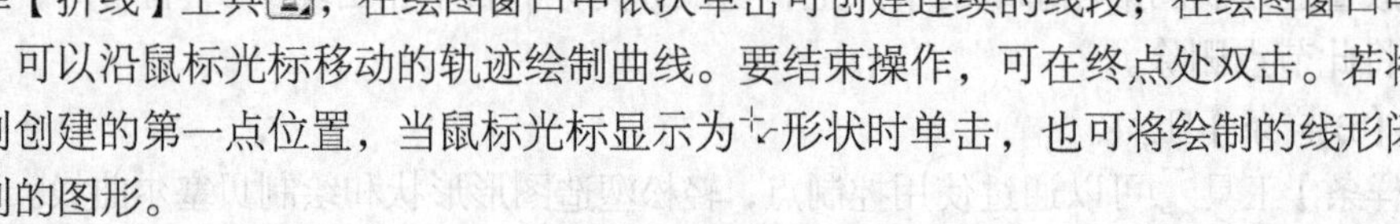

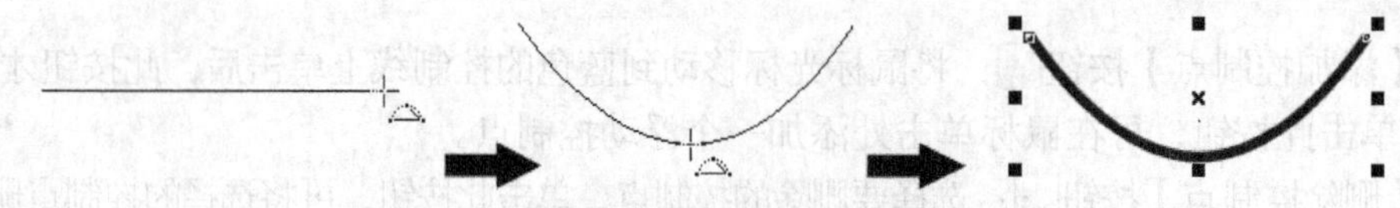

图 4-15　绘制 3 点曲线的操作过程示意图

（8）【智能绘图】工具。

选择【智能绘图】工具，并在属性栏中设置好【形状识别等级】和【智能平滑等级】选项后，将鼠标光标移动到绘图窗口中自由草绘一些线条（最好有一点规律性，如大体像椭圆形、矩形或三角形等），系统会自动对绘制的线条进行识别、判断，并组织成最接近的几何形状，如图 4-16 所示。如果绘制的图形未被转换为某种形状，则系统会对其进行平滑处理，转换为平滑曲线。

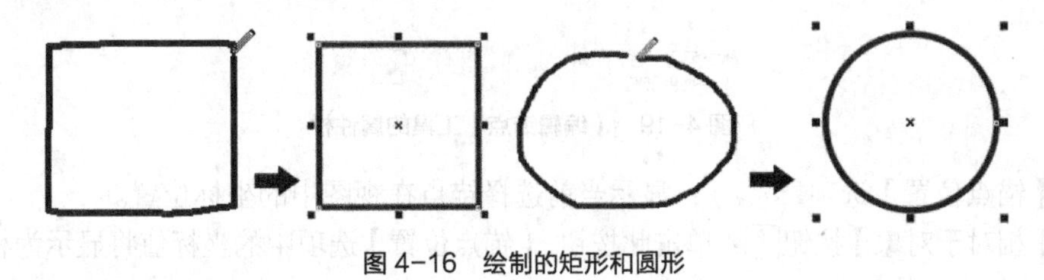

图 4-16　绘制的矩形和圆形

【智能绘图】工具的属性栏如图 4-17 所示。

图 4-17　【智能绘图】工具的属性栏

- 【形状识别等级】选项：在该下拉列表中设置识别等级，等级越低最终图形越接近手绘形状。
- 【智能平滑等级】选项：在该下拉列表中设置平滑等级，等级越高最终图形越平滑。

4.1.2　绘制交互式连线

【交互式连线】工具可以将两个图形（包括图形、曲线、美术文本等）用线连接起来，主要用于流程图的连接。该工具组中包括【直线连接器】按钮、【直角连接器】按钮、【直角圆形连接器】按钮和【编辑锚点】按钮。

- 直线连接器工具用于以任意角度创建直线连线。
- 直角连接器工具用于创建包含直角垂直和水平线段的连线。
- 直角圆形连接器工具用于创建包含圆直角垂直和水平元素的连线。

【交互式连线】工具的使用方法非常简单，选择相应的连接工具，然后将鼠标光标移动到要连接对象的节点上按下鼠标左键，并向另一个对象的节点上拖曳，释放鼠标左键后，即可将两个对象连接，不同连接工具连接的图形效果如图 4-18 所示。

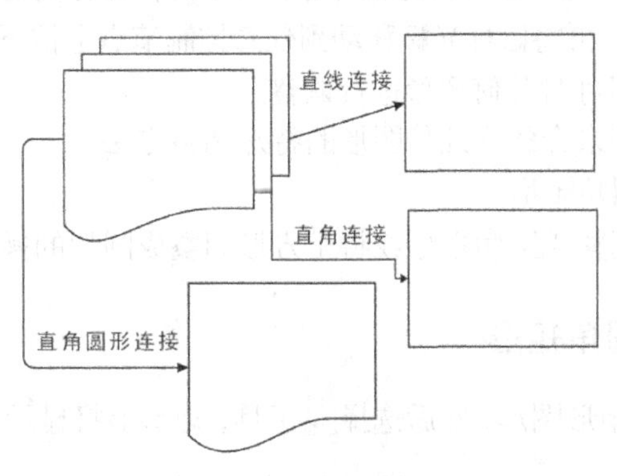

图 4-18　绘制的连线

要点提示

如果要把两个对象连接起来，必须将连线连接到对象的对齐点上。当两个对象处于连接状态时，删除其中的一个对象，它们之间的连线也将被删除。利用【选择】工具选择连线，然后按Delete键可只删除创建的连线。

利用【编辑锚点】工具可以通过移动、添加或删除线段来编辑连线。其属性栏如图 4-19 所示。

图 4-19 【编辑锚点】工具的属性栏

- 【锚点位置】选项：显示当前选择锚点在视图中的坐标位置。
- 【相对于对象】按钮：单击此按钮，【锚点位置】选项中的坐标值将显示为相对于对象的坐标值。
- 【使用锚点方向】按钮：选择要更改方向处的锚点，单击此按钮，然后在右侧的窗口中键入相应的数值，可更改连线的方向。"0" 可使连线指向右；"90" 可使连线指向上方；"180" 可使连线指向左；"270" 可使连线指向下方。
- 【自动锚点】按钮：在连线上双击鼠标添加一个控制点，然后单击此按钮，可将该锚点转换为连线上的贴齐点。
- 【删除锚点】按钮：选择锚点，单击此按钮，可将该锚点删除。在要删除的锚点上双击也可将其删除。

4.2 【形状】工具

利用【形状】工具可以将绘制的线或图形按照设计需要进行任意形状的调整，也可以用来改变文字的间距、行距及指定文字的位置、旋转角度和属性设置等。有关对文本的设置具体操作详见第 7.2.3 小节，本节来介绍对线或图形进行调整的方法。

4.2.1 调整几何图形

所谓几何图形是指不具有曲线性质的图形，如矩形、椭圆形和多边形等。利用【形状】工具调整这些图形时，其属性栏与调整图形的属性栏相同。

利用【形状】工具调整几何图形的方法非常简单，具体操作为选择几何图形，然后选择工具（快捷键为F10键），再将鼠标光标移动到任意控制节点上按下鼠标左键并拖曳，至合适位置后释放鼠标左键，即可对几何图形进行调整。

下面通过几个小实例来介绍这几种图形的特殊调整方法。

一、将矩形调整为圆角矩形

下面来介绍将矩形调整成圆角矩形或将正方形调整成圆形的操作方法。

将矩形调整为圆角矩形

1. 利用工具绘制矩形图形，然后选择工具，矩形上将显示黑色的控制点，如图 4-20 所示。

2. 将鼠标光标移动到图形 4 个角的任意控制点上，按住鼠标左键并拖曳鼠标，如图 4-21 所示。

3. 至合适位置后释放鼠标左键，即可将矩形调整为圆角矩形，如图 4-22 所示。

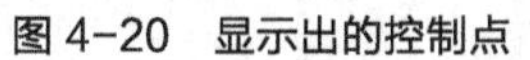

图 4-20　显示出的控制点

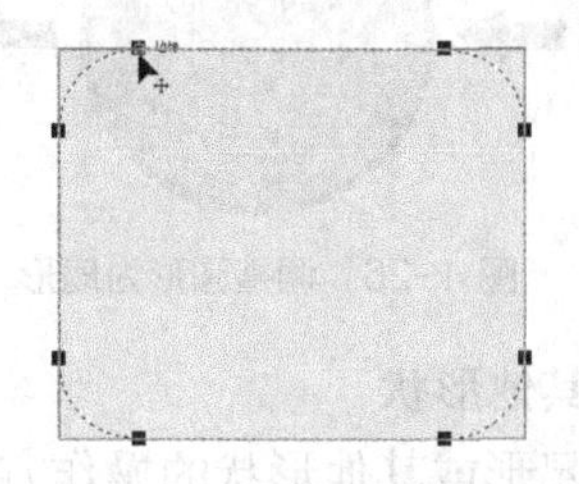

图 4-21　调整控制点状态

图 4-22　调整出的圆角矩形

将正方形调整为圆形

1. 利用工具绘制正方形图形。

2. 选择工具，将鼠标光标放置到左上角的控制点上按下并向右拖曳，至图 4-23 所示的中点位置，释放鼠标，即可将正方形调整成圆形，如图 4-24 所示。

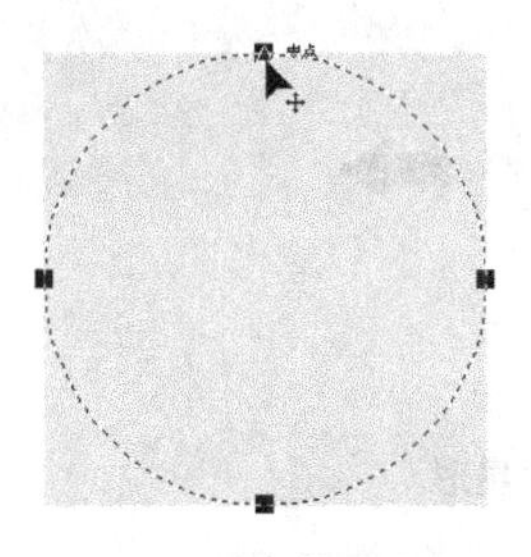

图 4-23　调整图形状态

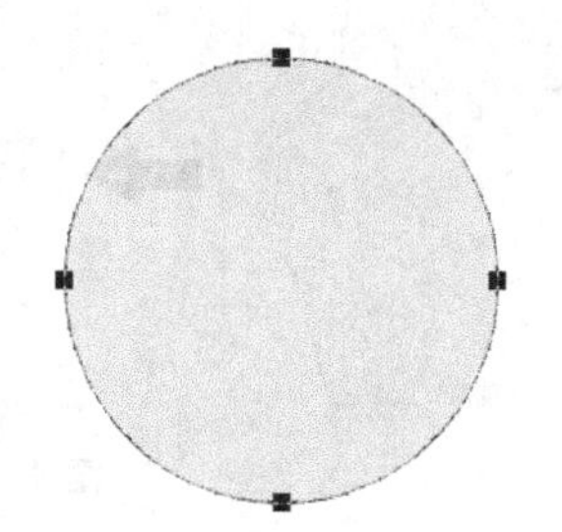

图 4-24　调整的圆形形态

二、将圆形调整为弧形或饼形

下面来介绍将圆形调整成弧形或饼形的操作方法。

将圆形调整为弧形或扇形

1. 利用工具绘制一个圆形。

2. 选择工具，在圆形的节点上按下鼠标左键，然后向圆形的外部拖曳鼠标光标，释放鼠标左键后即可将圆形调整成弧形，如果圆形具有填充色，填充色同时去除，其操作过程示意图如图 4-25 所示。

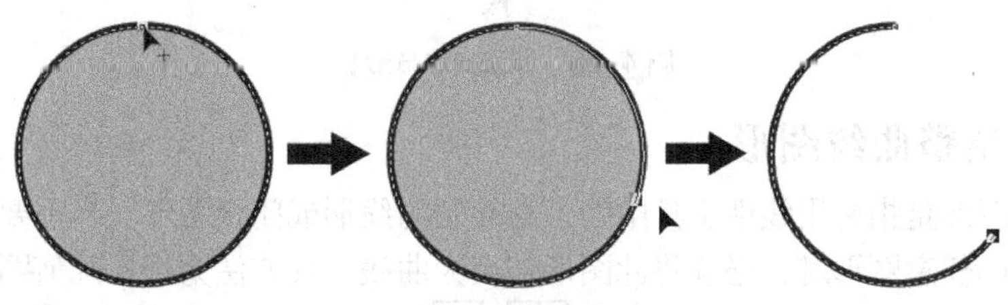

图 4-25　调整圆形为弧形

3. 如果向圆形的内部拖曳鼠标光标，释放鼠标左键后即可将圆形调整成扇形，其操作过程示意图如图 4-26 所示。

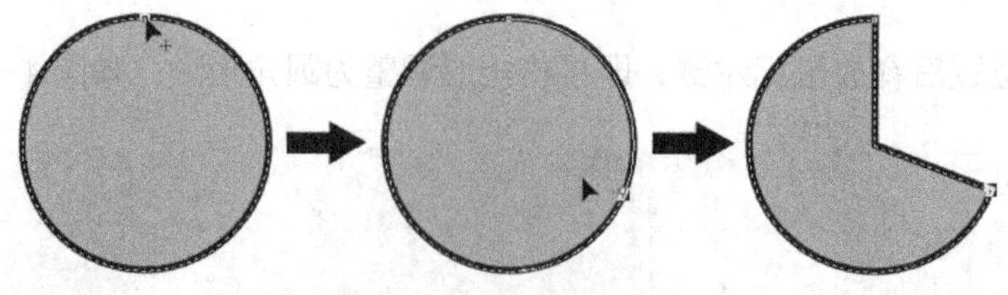

图 4-26　调整圆形为扇形

三、将多边形调整为星形或其他形状

下面来介绍将多边形调整为星形或其他形状的操作方法。

将多边形调整为星形

1. 利用工具绘制一个五边形。

2. 选择工具，在多边形的任意一个节点上按下鼠标左键，拖动鼠标光标至合适位置后释放鼠标左键，即可将多边形调整为星形，如图 4-27 所示。

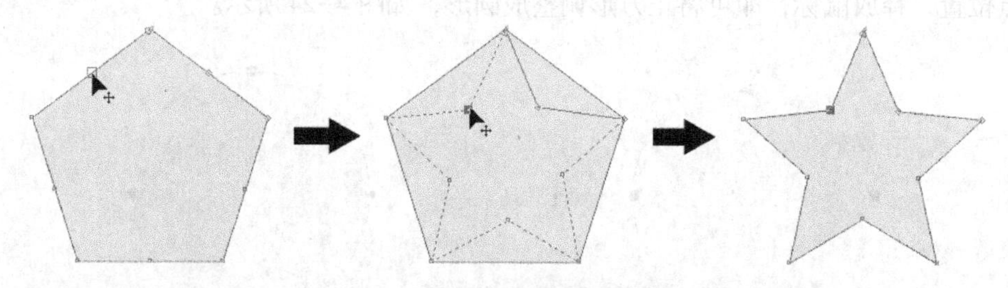

图 4-27　将多边形调整为星形

3. 利用工具绘制一个【点数或边数】为 20 的多边形。

4. 选择工具，在多边形的任意一个节点上按下鼠标左键并向另一方向拖曳，释放鼠标后即可将多边形调整为特殊的花图案，如图 4-28 所示。

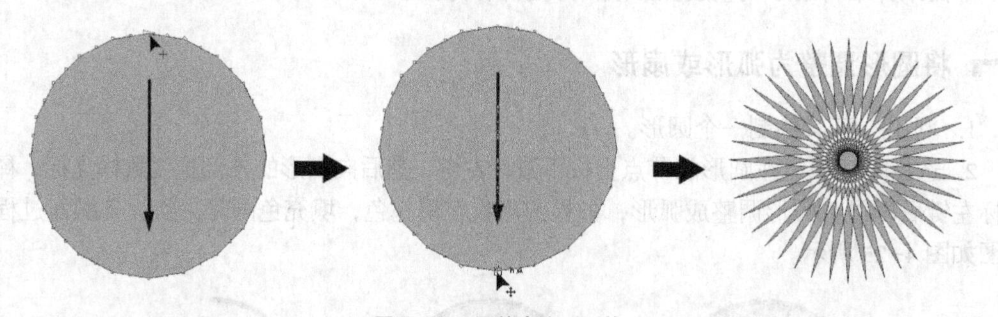

图 4-28　调整多边形形状

4.2.2　调整曲线图形

所谓曲线图形是指利用线性工具中的工具绘制的线形或闭合图形。当需要将几何图形调整成具有曲线的任意图形时，必须将此图形转换为曲线。其方法为选择几何图形，然后执行【排列】/【转换为曲线】命令（快捷键为 Ctrl+Q 键）或单击属性栏中的按钮，即可将其转换为曲线。

选择曲线图形，然后选择[icon]工具，此时的属性栏如图 4-29 所示。

矩形 减少节点 0

图 4-29 【形状】工具的属性栏

（1）选择节点。

利用[icon]工具调整曲线图形之前，首先要选择相应的节点，【形状】工具属性栏中有两种节点选择方式，分别为“矩形”和“手绘”。

- 选择“矩形”节点选择方式，在拖曳选择节点时，根据拖动的区域会自动生成一个矩形框，释放鼠标左键后，矩形框内的节点会全部被选择，如图 4-30 所示。
- 选择“手绘”节点选择方式，在拖曳选择节点时，将用自由手绘的方式拖出一个不规则的形状区域，释放鼠标左键后，区域内的节点会全部被选择，如图 4-31 所示。

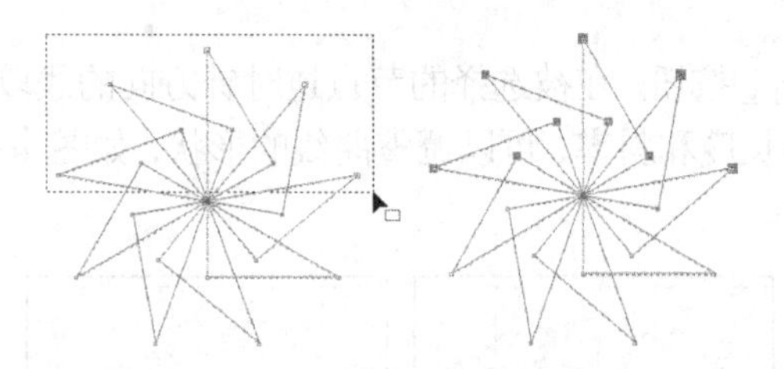

图 4-30 “矩形”节点选择方式

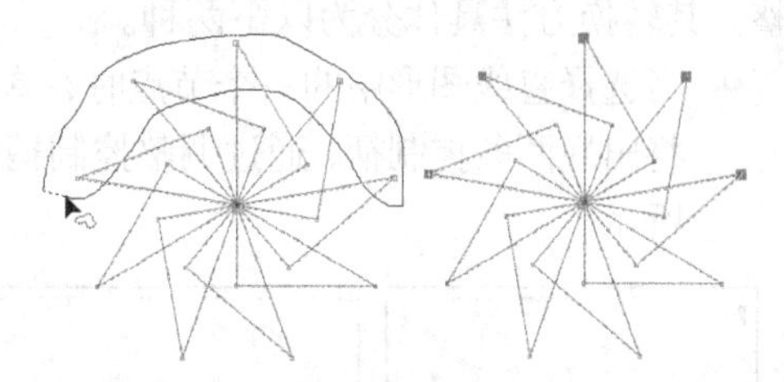

图 4-31 “手绘”节点选择方式

要点提示

选择节点后，可同时对所选择的多个节点进行调节，以对曲线进行调整。如果要取消对节点的选择，在工作区的空白处单击或按 Esc 键即可。

（2）添加节点。

利用【添加节点】按钮[icon]，可以在线或图形上的指定位置添加节点。操作方法为先将鼠标光标移动到线上，当鼠标光标显示为[icon]形状时单击，此时单击处显示一个小黑点，单击属性栏中的[icon]按钮，即可在此处添加一个节点。

要点提示

除了可以利用[icon]按钮在曲线上添加节点外，还有以下几种方法：（1）利用【形状】工具在曲线上需要添加节点的位置双击；（2）利用【形状】工具在需要添加节点的位置单击，然后按键盘中数字区的 + 键；（3）利用【形状】工具选择两个或两个以上的节点，然后单击[icon]按钮或按键盘中数字区的 + 键，即可在选择的每两个节点中间添加一个节点。

（3）删除节点。

利用【删除节点】按钮[icon]，可以将选择的节点删除。操作方法为将鼠标光标移动到要删除的节点上单击将其选择，然后单击属性栏中的[icon]按钮，即可将该节点删除。

要点提示

除了可以利用[icon]按钮删除曲线上的节点外，还有以下两种方法：（1）利用【形状】工具在曲线上需要删除的节点上双击；（2）利用【形状】工具将要删除的节点选择，然后按 Delete 键或键盘中数字区的 - 键。

（4）连接节点。

利用【连接两个节点】按钮，可以把未闭合的线连接起来。操作方法为先选择未闭合曲线的起点和终点，然后单击按钮，即可将选择的两个节点连接为一个节点。

（5）断开节点。

利用【断开曲线】按钮，可以把闭合的线断开。操作方法为选择需要断开的节点，单击按钮可以将其分成两个节点。注意，将曲线断开后，需要将节点移动位置才可以看出效果。

（6）转换曲线为直线。

单击【转换为线条】按钮，可以把当前选择的曲线转换为直线。

（7）转换直线为曲线。

单击【转换为曲线】按钮，可以把当前选择的直线转换为曲线，从而进行任意形状的调整。其转换方法具体分为以下两种。

- 当选择直线图形中的一个节点时，单击按钮，在被选择的节点逆时针方向的线段上将出现两条控制柄，通过调整控制柄的长度和斜率，可以调整曲线的形状，如图 4-32 所示。

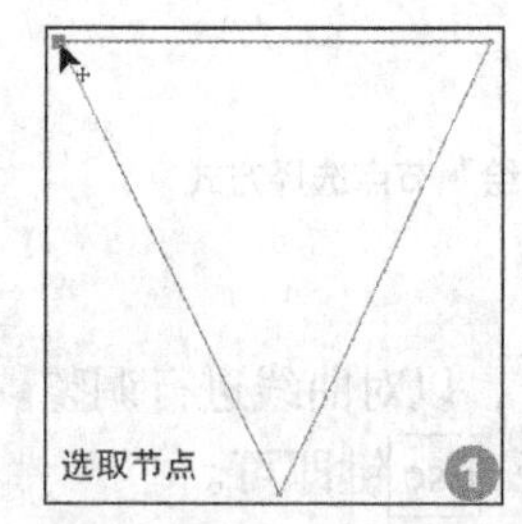

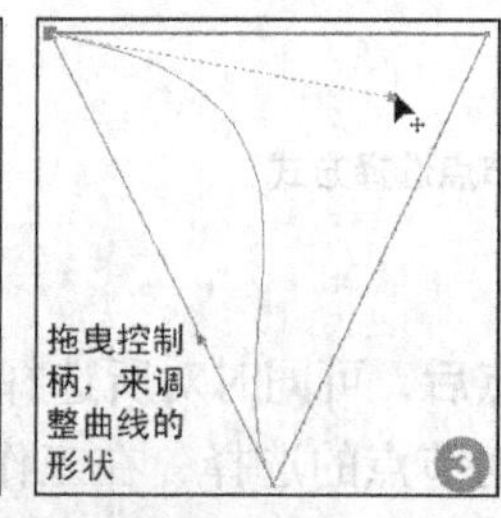

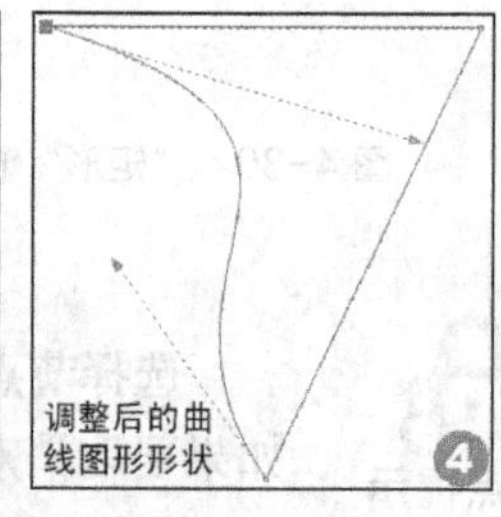

图 4-32　转换曲线并调整形状

- 将图形中所有的节点选择后，单击属性栏中的按钮，则使整个图形的所有节点转换为曲线，将鼠标光标放置在任意边的轮廓上拖曳，即可对图形进行调整。

（8）转换节点类型。

节点转换为曲线性质后，节点还具有尖突、平滑和对称 3 种类型，如图 4-33 所示。

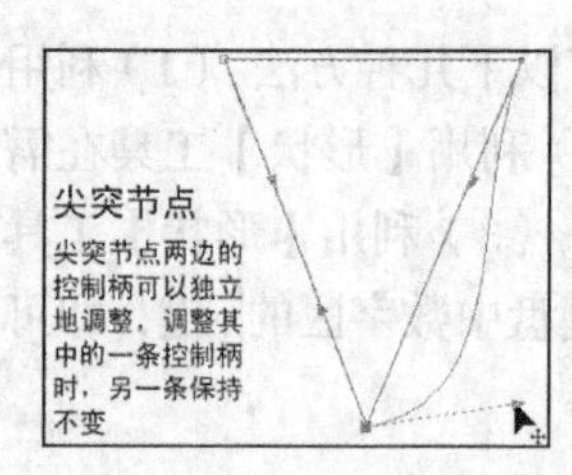

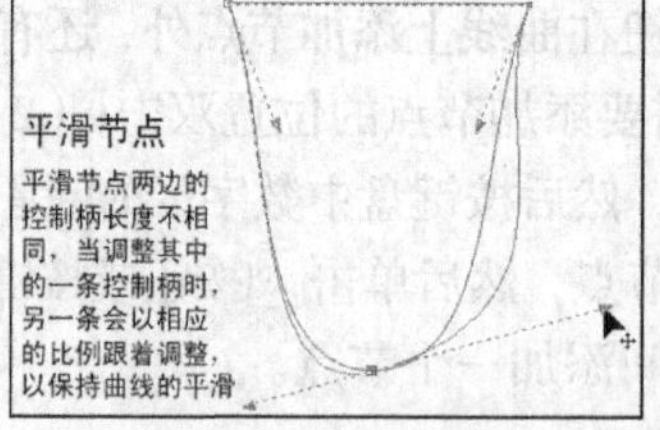

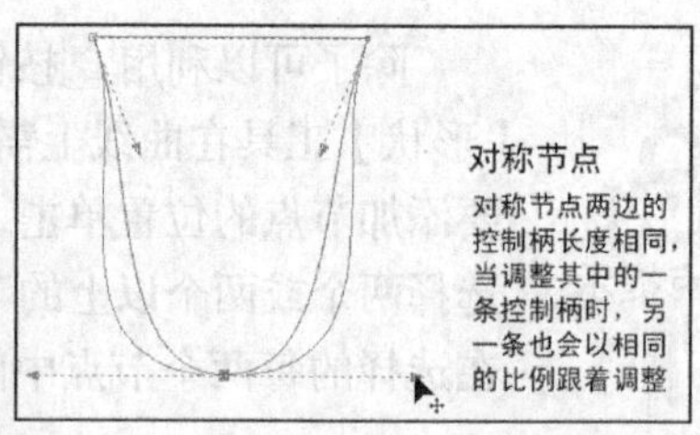

图 4-33　节点的 3 种类型

- 当选择的节点为平滑节点或对称节点时，单击属性栏中的【尖突节点】按钮，可将节点转换为尖突节点。
- 当选择的节点为尖突节点或对称节点时，单击属性栏中的【平滑节点】按钮，可将节点转换为平滑节点。此节点常用作直线和曲线之间的过渡节点。
- 当选择的节点为尖突节点或平滑节点时，单击【对称节点】按钮，可以将节点转换为对称节点。对称节点不能用于连接直线和曲线。

（9）曲线的设置。

在【形状】工具的属性栏中有4个按钮是用来设置曲线的，【闭合曲线】按钮已经介绍过，下面来讲解其他3个按钮的功能。

- 【反转方向】按钮：选择任意转换为曲线的线形和图形，单击此按钮，将改变曲线的方向，即将起始点与终点反转。
- 【延长曲线使之闭合】按钮：当绘制了未闭合的曲线图形时，将起始点和终点选择，然后单击此按钮，可以将两个被选择的节点通过直线进行连接，从而达到闭合的效果。

要点提示

按钮和按钮都是用于闭合图形的，但两者有本质上的不同，前者的闭合条件是选择未闭合图形的起点和终点，而后者的闭合条件是选择任意未闭合的曲线即可。

- 【提取子路径】按钮：使用【形状】工具选择结合对象上的某一线段、节点或一组节点，然后单击此按钮，可以在结合的对象中提取子路径。

（10）调整节点。

在【形状】工具的属性栏中有5个按钮是用来调整、对齐和映射节点的，其功能如下。

- 【延展与缩放节点】按钮：单击此按钮，将在当前选择的节点上出现一个缩放框，用鼠标拖曳缩放框上的任意一个控制点，可以使被选择的节点之间的线段伸长或缩短。
- 【旋转与倾斜节点】按钮：单击此按钮，将在当前选择的节点上出现一个倾斜旋转框。用鼠标拖曳倾斜旋转框上的任意角控制点，可以通过旋转节点来对图形进行调整；用鼠标拖曳倾斜旋转框上各边中间的控制点，可以通过倾斜节点来对图形进行调整。
- 【对齐节点】按钮：当在图形中选择两个或两个以上的节点时，此按钮才可用。单击此按钮，将弹出图4-34所示的【节点对齐】设置面板。

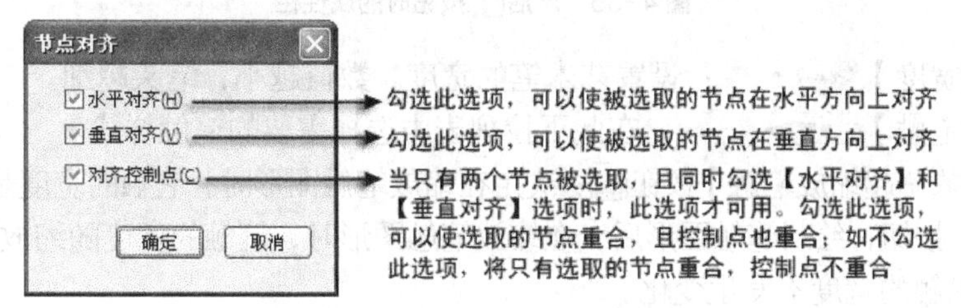

图4-34 【节点对齐】设置面板

- 【水平反射节点】按钮：激活此按钮，在调整指定的节点时，节点将在水平方向映射。
- 【垂直反射节点】按钮：激活此按钮，在调整指定的节点时，节点将在垂直方向映射。

要点提示

映射节点模式是指在调整某一节点时，其对应的节点将按相反的方向发生同样的编辑。例如，将某一节点向右移动，它对应的节点将向左移动相同的距离。此模式一般应用于两个相同的曲线对象，其中第二个对象是通过镜像第一个对象而创建的，且在调整时两个对象必须同时选择。

（11）其他选项。

在【形状】工具的属性栏中还有 3 个按钮和一个【曲线平滑度】参数设置，其功能如下。

- 【弹性模式】按钮：激活此按钮，在移动节点时，节点将具有弹性性质，即移动节点时周围的节点也将会随鼠标的拖曳而产生相应的调整。
- 【选择所有节点】按钮：单击此按钮，可以将当前选择图形中的所有节点全部选择。
- 减少节点按钮：当图形中有很多个节点时，单击此按钮将根据图形的形状来减少图形中多余的节点。
- 【曲线平滑度】0：可以改变被选择节点的曲线平滑度，起到再次减少节点的功能，数值越大，曲线变形越大。

4.3 【艺术笔】工具

【艺术笔】工具在 CorelDRAW 中是一个比较特殊且非常重要的工具，它可以绘制许多特殊样式的线条和图案。其使用方法非常简单，选择工具（快捷键为 I 键），并在属性栏中设置好相应的选项，然后在绘图窗口中按住鼠标左键并拖曳，释放鼠标左键后即可绘制出设置的线条或图案。

4.3.1 属性栏设置

【艺术笔】工具的属性栏中有【预设】、【笔刷】、【喷涂】、【书法】和【压力】5 个按钮。当激活不同的按钮时，其属性栏中的选项也各不相同，下面来分别介绍。

一、【预设】按钮

激活【艺术笔】工具属性栏中的【预设】按钮，其属性栏如图 4-35 所示。

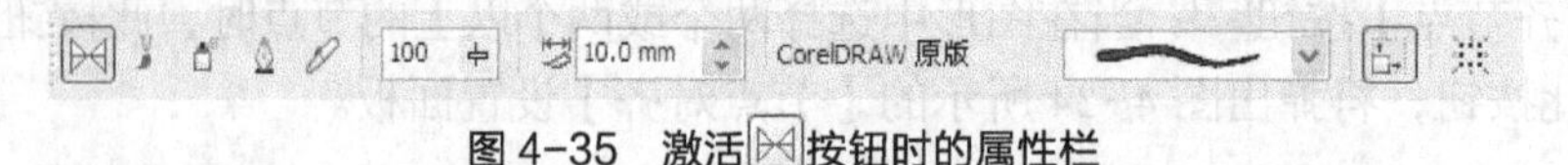

图 4-35　激活按钮时的属性栏

- 【笔触宽度】10.0 mm：设置艺术笔的宽度。数值越小，笔头越细。
- 【预设笔触】：在此下拉列表中选择需要的笔触样式。
- 【随对象一起缩放笔触】按钮：决定在缩放笔触图形时，笔触的宽度是否发生变化。激活此按钮，绘制笔触图形后，在缩放笔触图形时，笔触的宽度随缩放比例变化，否则，笔触的宽度不发生变化。

二、【笔刷】按钮

激活【艺术笔】工具属性栏中的【笔刷】按钮，其属性栏如图 4-36 所示。

图 4-36　激活按钮时的属性栏

- 【类别】选项 艺术：单击选项右侧的倒三角按钮，可在弹出的列表中选择艺术笔的类别。
- 【笔刷笔触】选项：单击选项右侧的倒三角按钮，可在弹出的列表中选择艺术笔的样式。
- 【浏览】按钮：单击此按钮，可在弹出的【浏览文件夹】对话框中将其他位置保存的画笔笔触样式加载到当前的笔触列表中。

- 【保存艺术笔触】按钮：单击此按钮，可以将绘制的对象作为笔触进行保存。其使用方法为先选择一个或一个群组对象，然后单击工具属性栏中的按钮，系统将弹出【另存为】对话框，在此对话框的【文件名】选项中给要保存的笔触样式命名，然后单击 保存(S) 按钮，即可完成对笔触样式的保存。笔触样式文件以*.cmx格式储存。
- 【删除】按钮：只有选择了新建的笔触样式后，此按钮才可用。单击此按钮，可以将当前选择的新建笔触样式在【笔触列表】中删除。

三、【喷涂】按钮

激活【艺术笔】工具属性栏中的【喷涂】按钮，其属性栏如图4-37所示。

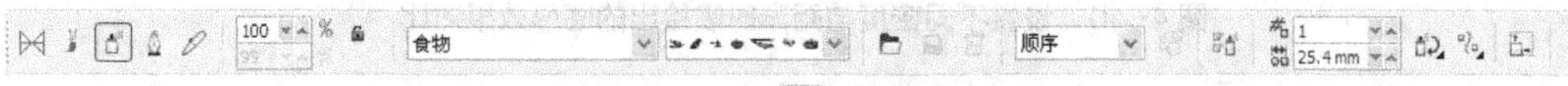

图4-37　激活按钮时的属性栏

- 【喷涂对象大小】：可以设置喷绘图形的大小。激活右侧的【递增按比例放缩】按钮，可以分别设置图形的长度和宽度大小。
- 【类别】选项 食物 ：可在下拉列表中选择艺术笔的类别。
- 【喷射图样】：可在下拉列表中选择要喷射的图形样式。
- 【喷涂顺序】 顺序 ：包括随机、顺序和按方向3个选项，当选择不同的选项时，喷绘出的图形也不相同。如图4-38所示为分别选择这3个选项时喷绘出的图形效果对比。

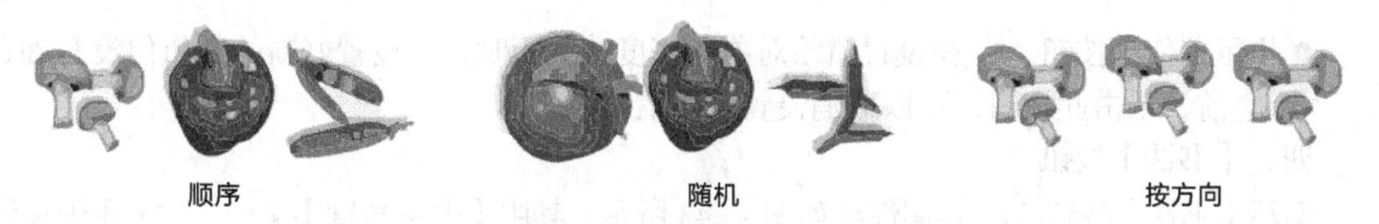

图4-38　选择不同选项时喷绘出的图形效果对比

- 【添加到喷涂列表】按钮：单击此按钮，可以将当前选择的图形添加到【喷涂列表】中，以便在需要时直接调用。添加方法与保存艺术笔触的方法相同。
- 【喷涂列表对话框】按钮：单击此按钮，将弹出【创建播放列表】对话框，如图4-39所示。在此对话框中，可以对【喷射图样】选项中当前选择样式的图形进行添加、删除或更改排列顺序。

在【播放列表】选项下方的窗口中选择任意图像，单击按钮，可将该图像向上移动一个顺序；单击按钮，可将该图像向下移动一个顺序。单击按钮，可将当前的播放列表顺序颠倒。

在【喷涂列表】选项下方的窗口中选择任意图像，单击 添加>> 按钮，可将其添加到右侧的【播放列表】中。

在【播放列表】中选择任意图像，单击 移除 按钮，可将该图像在【播放列表】中移除。

单击 全部添加 按钮，可将【喷涂列表】中的图像全部添加至【播放列表】中。

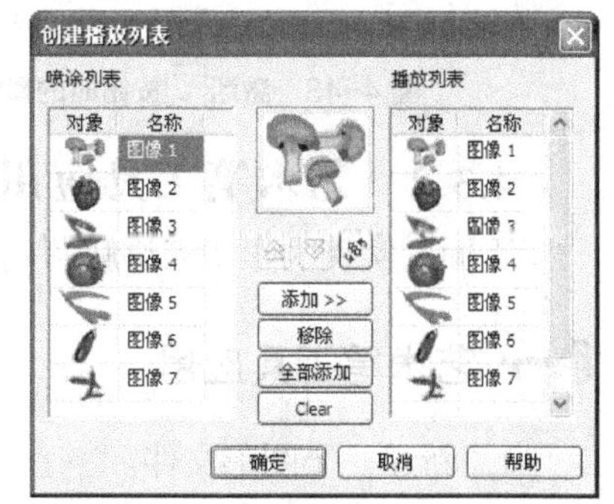

图4-39　【创建播放列表】对话框

单击 Clear 按钮，可将【播放列表】中的图像全部清除。

- 【每个色块中的图像数和图像间距】：此选项上方文本框中的数值决定喷出图形的密度大小，数值越大，喷出图形的密度就越大。下方文本框中的数值决定喷出图形中图像之间的距离大小，数值越大，喷出图形间的距离越大。图 4-40 所示为设置不同密度与距离时喷绘出的图形效果对比。

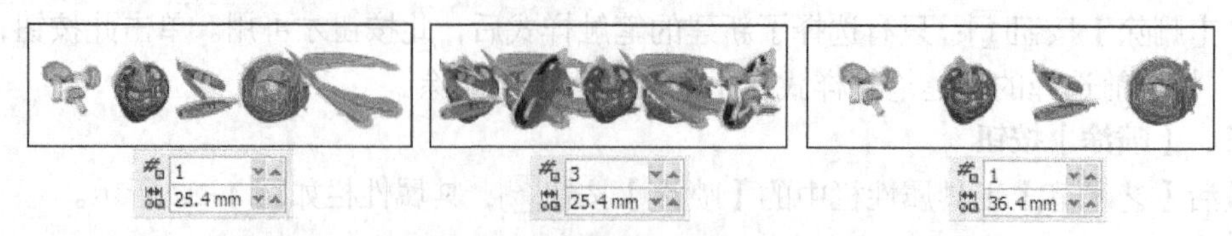

图 4-40 设置不同密度与距离时喷绘出的图形效果对比

- 【旋转】按钮：单击此按钮将弹出图 4-41 所示的【旋转】参数设置面板，在此面板中可以设置喷涂图形的旋转角度和旋转方式等。
- 【偏移】按钮：单击此按钮将弹出图 4-42 所示的【偏移】参数设置面板，在此面板中可以设置喷绘图形的偏移参数及偏移方向等。

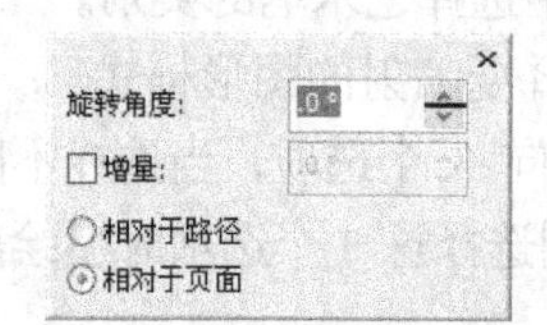

图 4-41 【旋转】参数设置面板

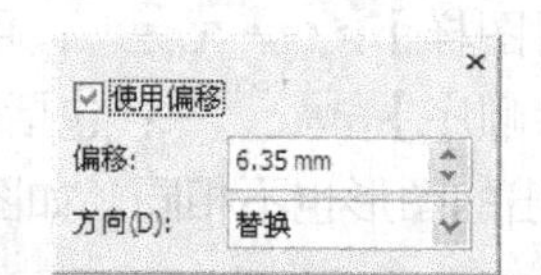

图 4-42 【偏移】参数设置面板

- 【重置值】按钮：在设置喷绘对象的密度或间距时，当设置好新的数值但没有确定之前，单击此按钮，可以取消设置的数值。

四、【书法】按钮

激活【书法】按钮，其属性栏如图 4-43 所示。其中【书法角度】用于设置笔触书写时的角度。当为“0”时，绘制水平直线时宽度最窄，而绘制垂直直线时宽度最宽；当为“90”时，绘制水平直线时宽度最宽，而绘制垂直直线时宽度最窄。

五、【压力】按钮

激活【压力】按钮，其属性栏如图 4-44 所示。该属性栏中的选项与【预设】属性栏中的相同，在此不再赘述。

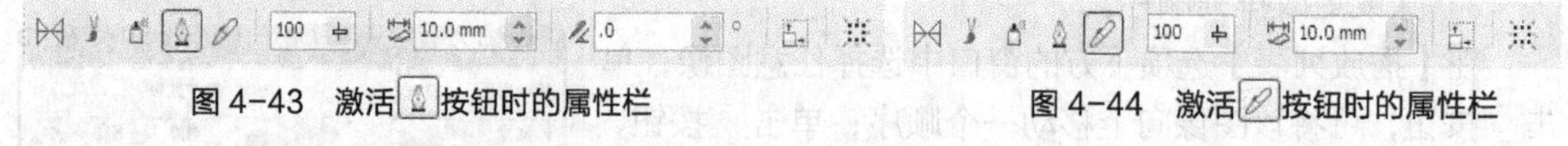

图 4-43 激活按钮时的属性栏　　图 4-44 激活按钮时的属性栏

4.3.2 艺术笔工具应用

下面以实例的形式来讲解利用【艺术笔】工具为画面添加元素的方法。

艺术笔工具应用

1. 新建一个图形文件。

2. 执行【文件】/【导入】命令，在弹出的【导入】对话框中选择素材文件中“图库\第04 章”目录下名为“鱼缸.jpg”的文件，单击 导入 按钮，并按 Enter 键，将图片导入到当前文件中，如图 4-45 所示。

3. 利用[选择]工具选择导入的图片，并将其调整至与页面相同的大小。

4. 选择[艺术笔]工具，并激活属性栏中的[喷涂]按钮，然后单击【类别】选项右侧的[下拉]按钮，在弹出的下拉列表中选择“对象”选项，再单击右侧【喷射图样】选项的[下拉]按钮，在弹出的下拉列表中选择图 4-46 所示的“小石子”选项。

图 4-45 导入的图片

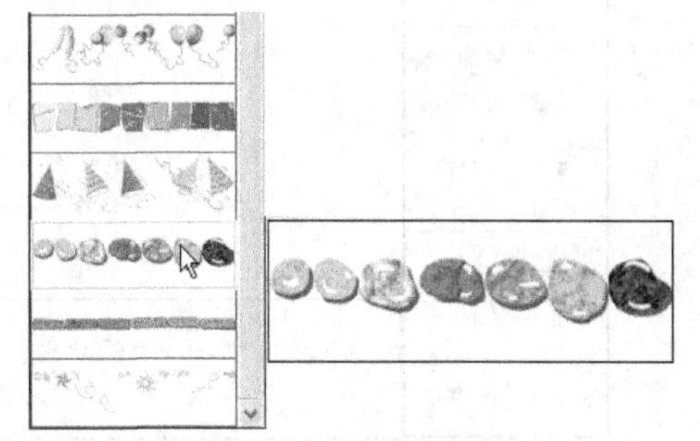

图 4-46 选择的喷绘图像

5. 将鼠标光标移动到画面中并根据页面的宽度拖曳鼠标，喷绘出图 4-47 所示的“石子 ”效果。

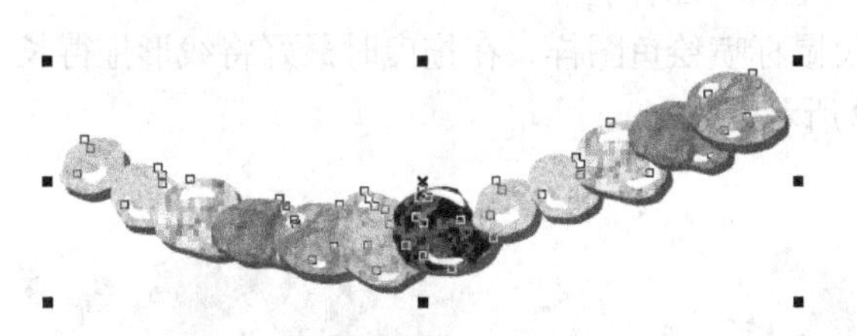

图 4-47 喷绘出的“石子”效果

6. 按 Ctrl+K 组合键将喷绘的石子分离，然后按 Esc 键取消所有对象的选择状态，再利用[选择]工具选择分离出的曲线路径，按 Delete 键将其删除。

7. 将分离出的石子图形选择，并根据鱼缸的底部调整其大小及状态，效果如图 4-48 所示。

要点提示

利用[艺术笔]工具喷绘图样后，不能直接进行编辑，如进行缩放或旋转角度等。如要进行编辑，必须执行【排列】/【拆分】命令，或按 Ctrl+K 组合键，将图样与曲线路径分离。希望读者注意。

8. 将调整大小后的石子移动复制，然后水平镜像并调整至图 4-49 所示的大小及位置。

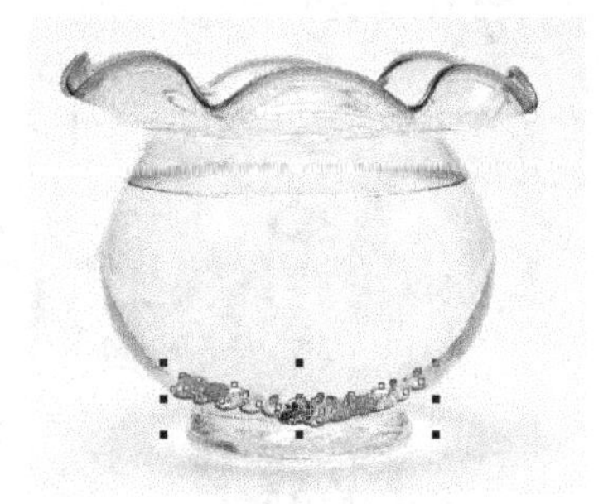

图 4-48 调整后的石子大小及位置

图 4-49 复制出的石子

9. 选择工具，然后在【类别】选项的下拉列表中选择“植物”选项，再在右侧的【喷射图样】选项列表中选择图 4-50 所示的“三叶草”图样。

10. 用与步骤 5～步骤 7 相同的方法，喷绘图像并调整大小及位置，效果如图 4-51 所示。

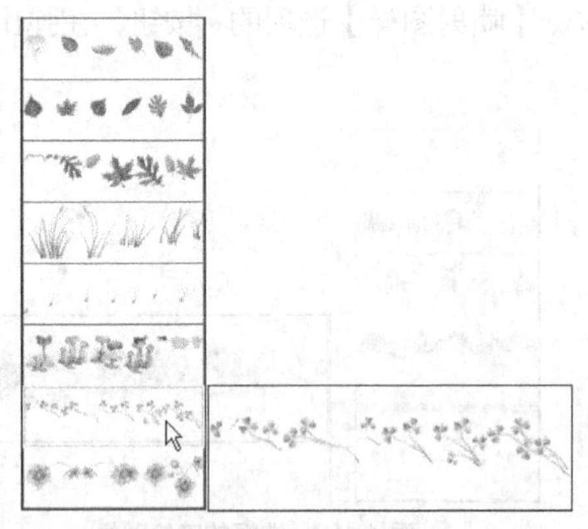

图 4-50　选择的图样

图 4-51　添加的三叶草

11. 再次选择工具，并在【类别】选项的下拉列表中选择“其它”选项，在【喷射图样】选项列表中选择“金鱼”图样。

12. 在页面中拖曳鼠标喷绘鱼图样，在拖曳时最好将线形拖得长一些，以便于显示更多的鱼类型，如图 4-52 所示。

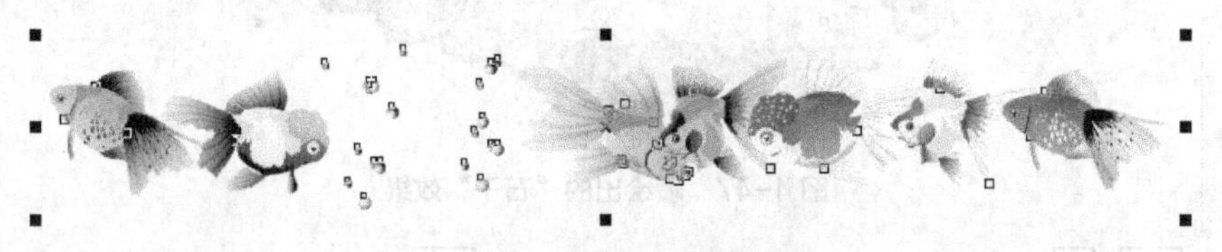

图 4-52　喷绘的金鱼图形

13. 按 Ctrl+K 组合键将喷绘的鱼图样分离，然后利用工具选择分离出的曲线路径，按 Delete 键删除。

14. 将分离出的鱼图形选择，按 Ctrl+U 组合键取消群组，然后利用工具选择“红头鱼”图形，调整至合适的大小后移动到图 4-53 所示的位置。

15. 继续选择其他鱼，分别调整大小后移动到图 4-54 所示的位置。

图 4-53　鱼图形放置的位置

图 4-54　添加的其他鱼图形

16. 选择一组“气泡”图形，调整至合适的大小后移动到画面中，然后用移动复制图形的方法，依次制作出其他的气泡图形，效果如图 4-55 所示。

图 4-55 添加的气泡图形

17. 按 Ctrl+S 组合键，将此文件命名为“艺术笔应用.cdr”保存。

4.4 综合案例——绘制图案与手提袋

本节综合本章所学习的工具来练习绘制一个仙鹤图案和手提袋。

4.4.1 绘制仙鹤图案

下面主要利用各种线形工具及【形状】工具来绘制一个仙鹤图案。在绘制过程中，读者首先要掌握好图形的大体形状，做到心中有数，以便顺利地完成绘制。

绘制仙鹤图案

1. 新建一个图形文件。
2. 双击□工具，根据页面大小创建一个矩形，然后为其填充上图 4-56 所示（40%黑）的颜色，以便衬托接下来绘制的白色仙鹤图案。

图 4-56 填充的颜色

3. 执行【排列】/【锁定对象】命令，将矩形在原位置锁定，这样在后面绘制仙鹤图案时就不会因为不小心而将该图形的位置移动了，该图形只作为衬托白色图形之用。

4. 选择工具，在绘图窗口中依次单击，绘制出图 4-57 所示的白色图形，作为仙鹤身体的大体形状。

5. 选择工具，在图形的左上方按下鼠标左键向右下方拖曳，如图 4-58 所示，将图形中的所有节点选择。

6. 单击属性栏中的按钮，将图形转换为具有曲线的可编辑性质。

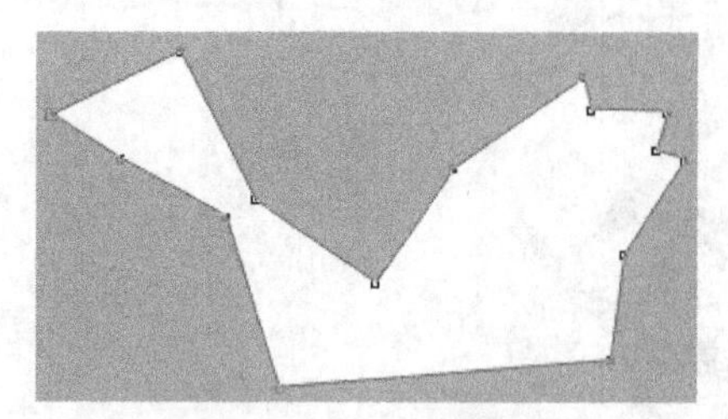
图 4-57　绘制的图形

图 4-58　选择所有节点

7. 利用工具分别调整节点两边的控制柄，将图形调整成图 4-59 所示的效果。

8. 继续利用工具绘制出图 4-60 所示的白色图形，作为翅膀。

图 4-59　调整出的形态效果

图 4-60　绘制翅膀

9. 利用工具将图形调整得更像翅膀，如图 4-61 所示。

10. 使用相同的绘制和调整方法，再绘制出另一个翅膀图形，如图 4-62 所示。

图 4-61　调整后的翅膀

图 4-62　绘制出的另一个翅膀

11. 利用工具将上方的“翅膀”选择，然后按住鼠标左键移动图形的位置，在不释放鼠标左键的同时右击，移动复制出一个翅膀图形，如图 4-63 所示。

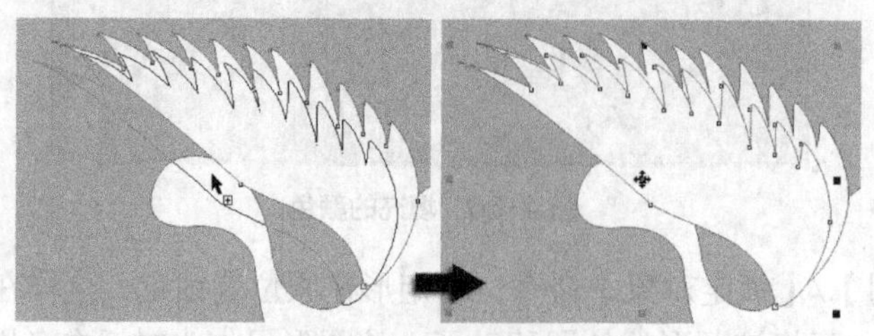
图 4-63　复制图形状态及复制出的图形

12. 将下方的“翅膀”图形填充为灰色（K:10），如图 4-64 所示。

13. 利用工具稍微调整一下灰色翅膀图形，调整后的翅膀如图 4-65 所示。

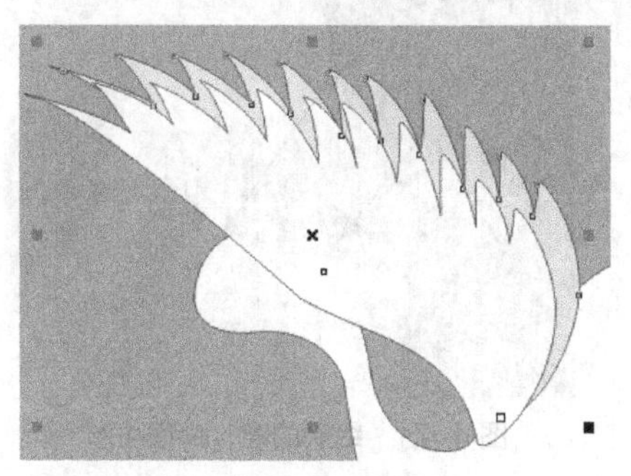
图 4-64 填充灰色效果

图 4-65 调整后的翅膀形态

14. 将灰色和白色的“翅膀”同时选择，稍微调整一下位置后执行【排列】/【顺序】/【置于此对象后】命令，在图 4-66 所示的图形上单击，将翅膀放置在身体的后面，效果如图 4-67 所示。

图 4-66 设置图形位置状态

图 4-67 置于对象后的图形

15. 使用相同的复制及调整方法，对另外的“翅膀”图形进行调整，效果如图 4-68 所示。

16. 双击工具，将图形选择，然后单击【调色板】上方的按钮，将图形的轮廓线去除，效果如图 4-69 所示。

图 4-68 调整出的另一个翅膀

图 4-69 去除轮廓线效果

17. 继续利用工具和工具绘制并调整出仙鹤脖子两边的灰色图形，如图 4-70 所示。

要点提示

在后面章节的图形绘制中，如果给出的图形是无轮廓的，则希望读者能够自己把轮廓线去除，届时将不再一一提示。

18. 在仙鹤的头部区域依次绘制出黑色的“嘴”和红色的“头顶”图形，如图 4-71 所示。

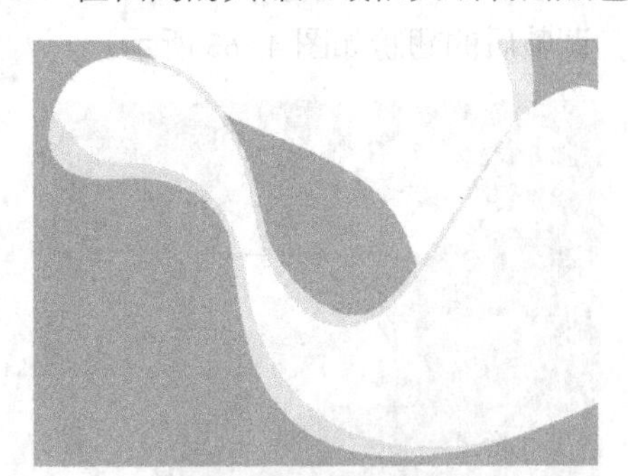

图 4-70　绘制的灰色图形

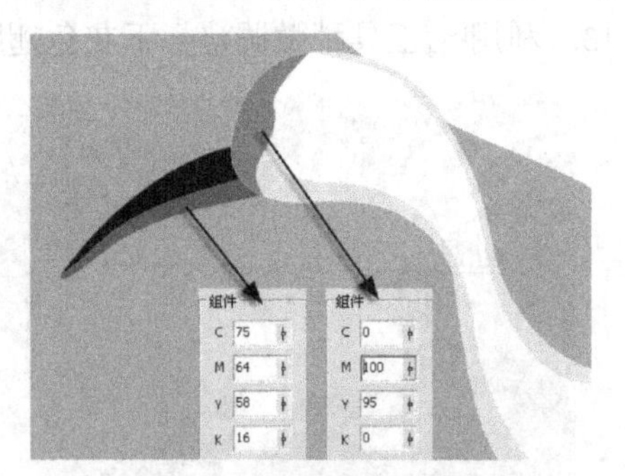

图 4-71　绘制的嘴、头顶图形

接下来绘制仙鹤的眼睛图形。

19. 选择工具，在仙鹤的头部位置绘制出图 4-72 所示的圆形。

20. 按键盘数字区中的+键将圆形在原位置复制，然后将其向中心等比例缩小，并将复制出图形的颜色修改为灰色（K:20），如图 4-73 所示。

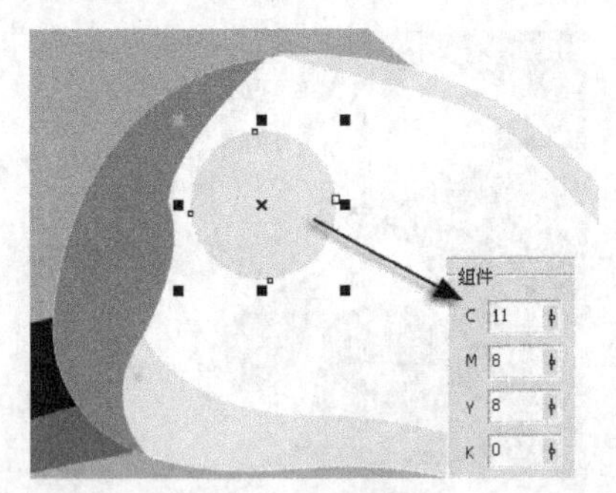

图 4-72　绘制的圆形

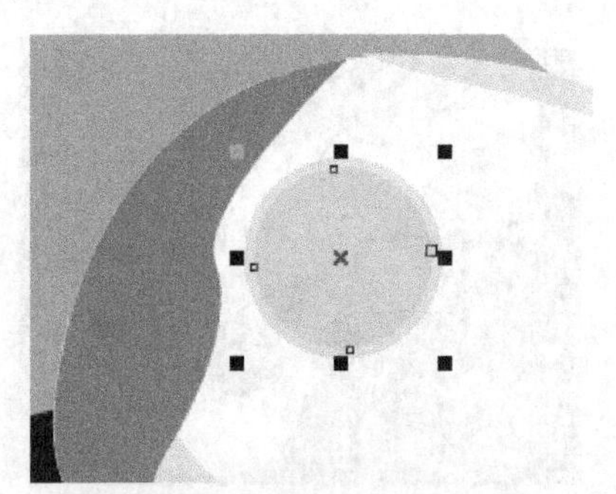

图 4-73　给复制出的圆形调整颜色

21. 利用工具和工具，在眼睛图形的左侧绘制出图 4-74 所示的黑色图形。

22. 选择工具，在弹出的【渐变填充】对话框中设置渐变颜色及其他参数，如图 4-75 所示。

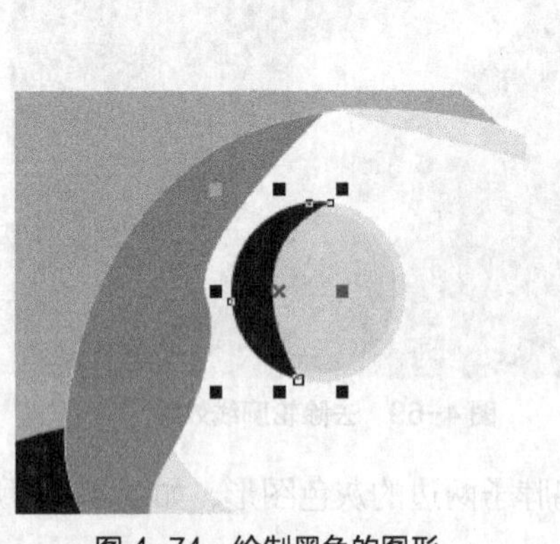

图 4-74　绘制黑色的图形

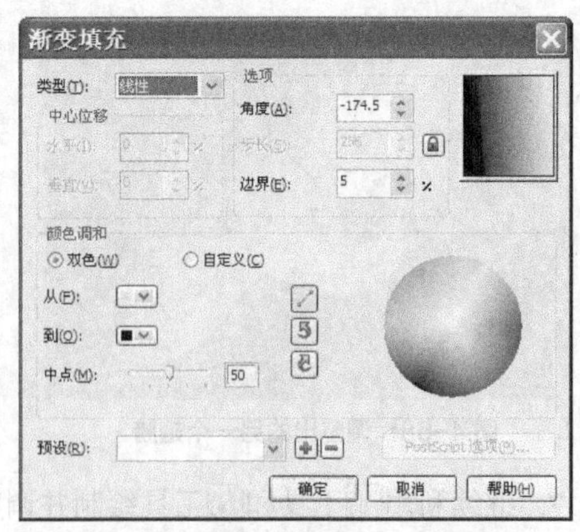

图 4-75　设置的渐变颜色及其他参数

23. 单击 确定 按钮，图形填充渐变色后的效果如图 4-76 所示。

24. 继续利用工具依次绘制出图 4-77 所示的黑色和白色圆形，作为眼珠。

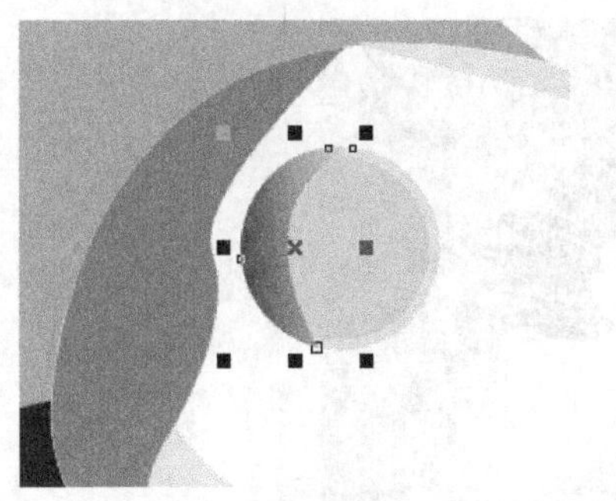

图 4-76 填充渐变色后的效果

图 4-77 绘制的圆形眼珠

下面来绘制尾巴处的羽毛、腿和脚图形。

25. 利用工具和工具，在仙鹤的尾巴位置绘制出图 4-78 所示的黑色图形。

26. 继续利用工具和工具，在黑色图形上依次绘制出图 4-79 所示的浅蓝绿色（C:20，K:20）图形。

图 4-78 绘制的黑色图形

图 4-79 绘制的图形

27. 将作为羽毛的黑色图形和浅蓝绿色图形同时选择，然后按 Ctrl+G 组合键群组，再执行【排列】/【顺序】/【置于此对象后】命令，将其调整至身体图形的后面，如图 4-80 所示。

28. 利用工具和工具及移动复制图形的操作，依次绘制出图 4-81 所示的白色的腿和脚图形。

图 4-80 调整排列顺序后的效果

图 4-81 绘制的腿和脚图形

29. 将两个白色图形同时选择，然后利用【排列】/【顺序】/【置于此对象后】命令，将其置于“羽毛”图形的后面。

30. 利用工具为白色的腿和脚图形填充从白色到黑色的渐变色，至此，仙鹤图形绘制完成，整体效果如图 4-82 所示。

图 4-82 绘制完成的仙鹤图形

31. 按Ctrl+S组合键，将此文件命名为“仙鹤.cdr”保存。

4.4.2 绘制手提袋

下面主要利用【矩形】工具、【钢笔】工具、【折线】工具和【文本】工具来绘制手提袋图形。

绘制手提袋

1. 创建一个新的图形文件。

2. 双击工具，添加一个与页面相同大小的矩形图形，然后为其填充灰色（K:10），并去除外轮廓。

3. 继续利用工具绘制出图 4-83 所示的矩形，然后单击属性栏中的按钮，将矩形转换为曲线图形。

4. 选择工具，按住 Ctrl 键将鼠标光标移动到矩形右上角的节点上，按住鼠标左键向上拖曳，调整图形的形状。

5. 用与步骤 4 相同的方法，将左下角的节点垂直向上移动，调整出图形的透视形态，如图 4-84 所示。

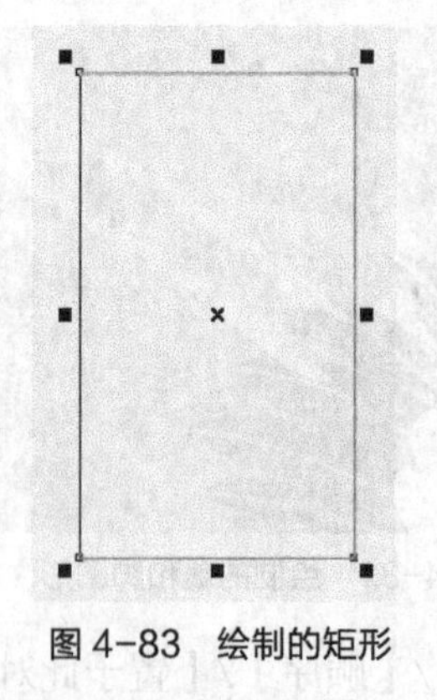

图 4-83 绘制的矩形

图 4-84 调整后的图形形态

6. 选择工具，在弹出的【渐变填充】对话框中，将【从】颜色设置为深绿色（C:100，M:50，Y:100，K:30），【到】颜色设置为酒绿色（C:75，Y:100），如图 4-85 所示。

7. 单击 确定 按钮，为透视变形后的图形填充渐变色，然后去除外轮廓，如图 4-86 所示。

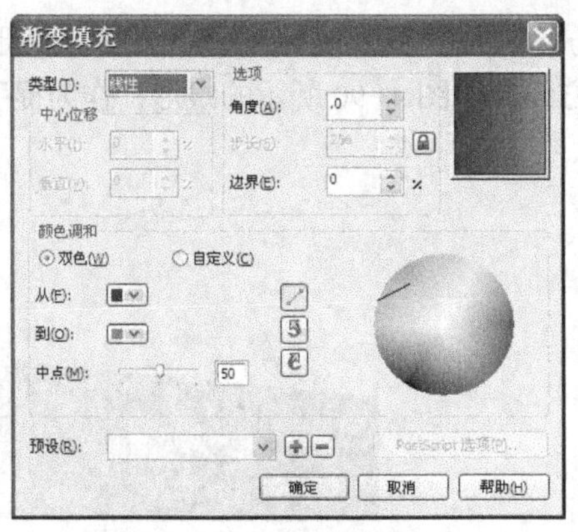

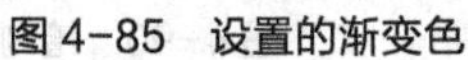
图 4-85 设置的渐变色

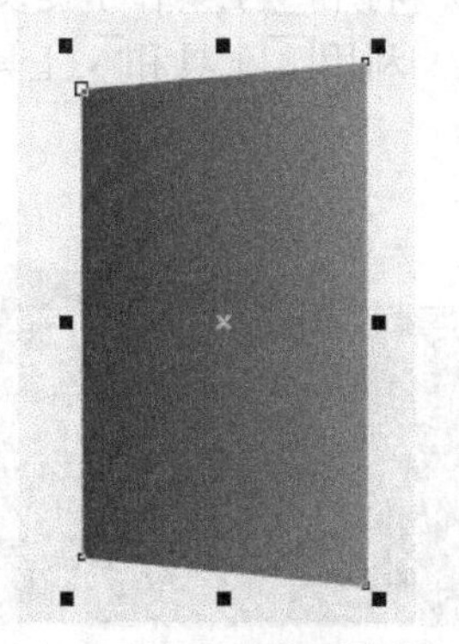

图 4-86 填充渐变色后的效果

8. 选择工具，根据手提袋的形态，依次绘制出图 4-87 所示的侧面图形。

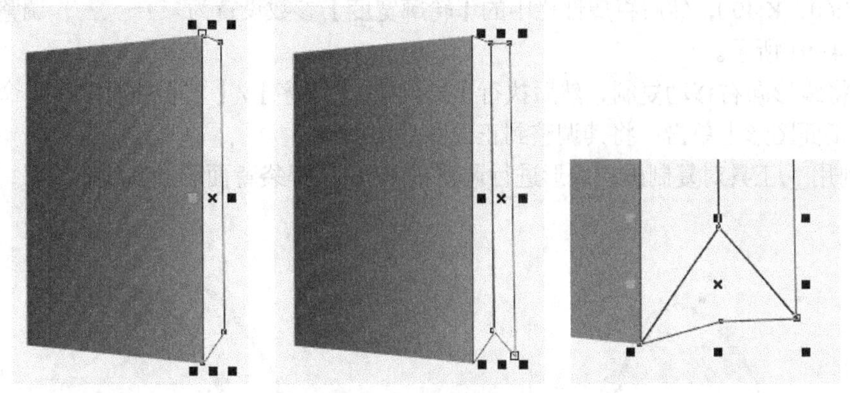

图 4-87 绘制的侧面图形

9. 利用工具，分别选择绘制的侧面图形，依次添加图 4-88 所示的颜色，并去除外轮廓。

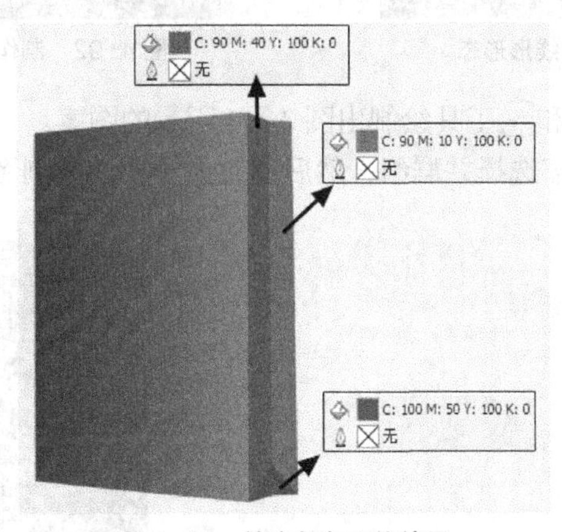

图 4-88 填充颜色后的效果

要点提示

此处填充不同数值的绿色，是为了表现出不同的明暗度，以制作出手提袋的折痕效果。

10. 利用工具在手提袋正面图形的上方绘制并复制出图 4-89 所示的黑色圆形。

11. 利用工具和工具，在手提袋上方绘制出图 4-90 所示的线形，作为提手。

图 4-89 绘制的圆形图形

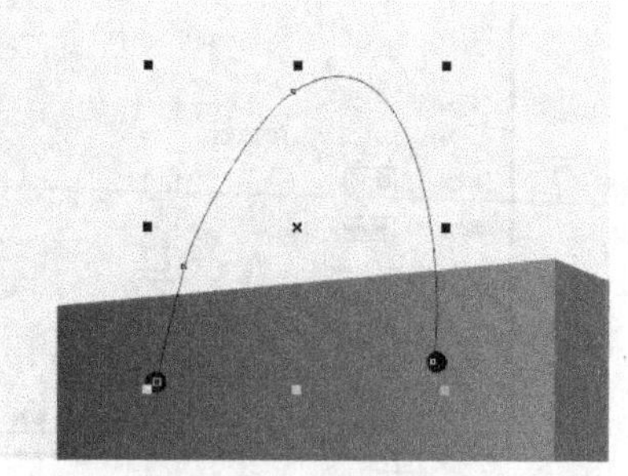

图 4-90 绘制的线形

12. 在【调色板】中的“宝石红”颜色上单击鼠标右键，将线形的颜色修改为宝石红色（M:60，Y:60，K:40），然后将属性栏中的【轮廓宽度】参数设置为 2.0 mm，调整后的线形效果如图 4-91 所示。

13. 将线形向右移动复制，然后执行【排列】/【顺序】/【置于此对象后】命令，并在手提袋的正面图形上单击，将其调整到正面图形的后面。

14. 利用工具对复制出的线形进行调整，制作出手提袋背面图形的线绳提手，如图 4-92 所示。

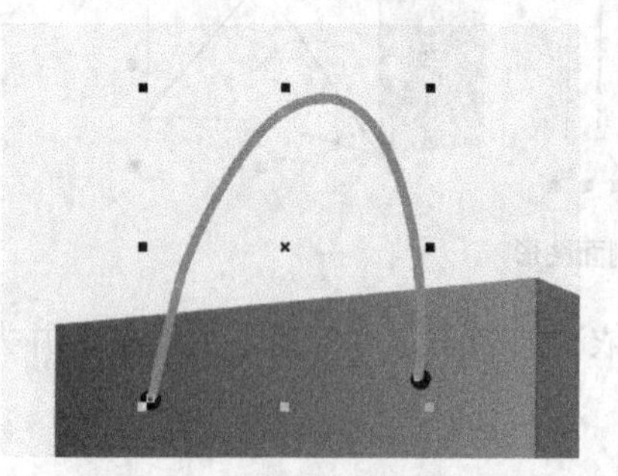

图 4-91 调整后的线形形态

图 4-92 制作的手提袋提手

15. 灵活运用工具和工具绘制出图 4-93 所示的图案。

16. 将绘制的图案全部选择并群组，然后调整大小后放置到图 4-94 所示的位置。

图 4-93 绘制的图案

图 4-94 图案放置的位置

17. 在图案上再次单击，其周围会显示出旋转和扭曲符号，然后将鼠标光标放置到右侧中间的扭曲符号上按下并向下拖曳，状态如图 4-95 所示。

18. 至合适位置后释放鼠标左键，调整图形的透视形态，效果如图 4-96 所示。

图 4-95 扭曲图形状态

图 4-96 图形扭曲后的形态

19. 利用[字]工具，在图形上方输入图 4-97 所示的浅黄色（Y:20）文字。

20. 用与步骤 17～步骤 18 相同的扭曲图形方法，对文字进行扭曲调整，最终效果如图 4-98 所示。

图 4-97 输入的文字

图 4-98 制作的手提袋效果

21. 按Ctrl+S组合键，将此文件命名为“手提袋.cdr”保存。

下面来学习手提袋侧面文字的制作方法。

22. 利用[字]工具及扭曲图形的方法，在手提袋的侧面输入竖向的文字，如图 4-99 所示。

23. 利用[选择]工具，选择步骤 8 中绘制的第一个图形，然后按键盘数字区中的+键，将其在原位置复制。

24. 执行【排列】/【顺序】/【到图层前面】命令，将复制出的图形调整至所有图形的上方，然后选择[透明度]工具，并在属性栏中将【透明度类型】选项设置为“标准”，即可制作出图 4-100 所示的逼真效果。

制作的另一种手提袋效果如图 4-101 所示。

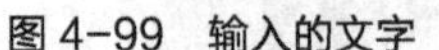

图 4-99 输入的文字

图 4-100 添加透明度后的效果

图 4-101 制作的另一种效果

小结

本章主要学习了 CorelDRAW X5 工具箱中的各种线形工具、【形状】工具及【艺术笔】工具的应用。通过本章的学习，希望读者能够熟练掌握这几类工具的不同功能和使用方法，以便在实际工作中灵活运用。本章最后还利用学过的工具绘制了仙鹤图案及手提袋，目的是提高读者的动手操作能力，也希望读者在课下能多绘制一些类似的作品，在不断地练习中得到更大的进步。

操作题

1. 根据本章所学的绘制图形方法，自己动手绘制出图 4-102 所示的花形图案。作品参见素材文件中“作品\第 04 章”目录下名为“操作题 04-1.cdr”的文件。

2. 利用【艺术笔】工具，并结合【排列】菜单中的【拆分】和【取消群组】命令，为新年贺卡画面添加图 4-103 所示的雪花和小草。作品参见素材文件中“作品\第 04 章”目录下名为“操作题 04-2.cdr”的文件。打开的素材图片为素材文件中“图库\第 04 章”目录下名为“新年贺卡.cdr”的文件。

图 4-102 绘制的花形图案

图 4-103 添加的小草及雪花

3. 利用线形及【形状】工具绘制出图 4-104 所示的标志图形，然后再绘制出图 4-105 所示的手提袋。作品参见素材文件中“作品\第 04 章”目录下名为“操作题 04-3.cdr”和“操作题 04-4.cdr”的文件。

图 4-104 绘制的标志

图 4-105 绘制的手提袋

PART 5 第 5 章 填充、轮廓和编辑工具

本章主要介绍图形填充、轮廓及各种编辑工具的使用方法。利用填充工具，可以为图形填充单色、渐变色或图案、纹理等；利用轮廓工具可以为图形设置外轮廓颜色、宽度、边角形状及轮廓的线条样式等；利用编辑工具可以对图形进行涂抹、变换、裁剪、擦除或度量标注等。

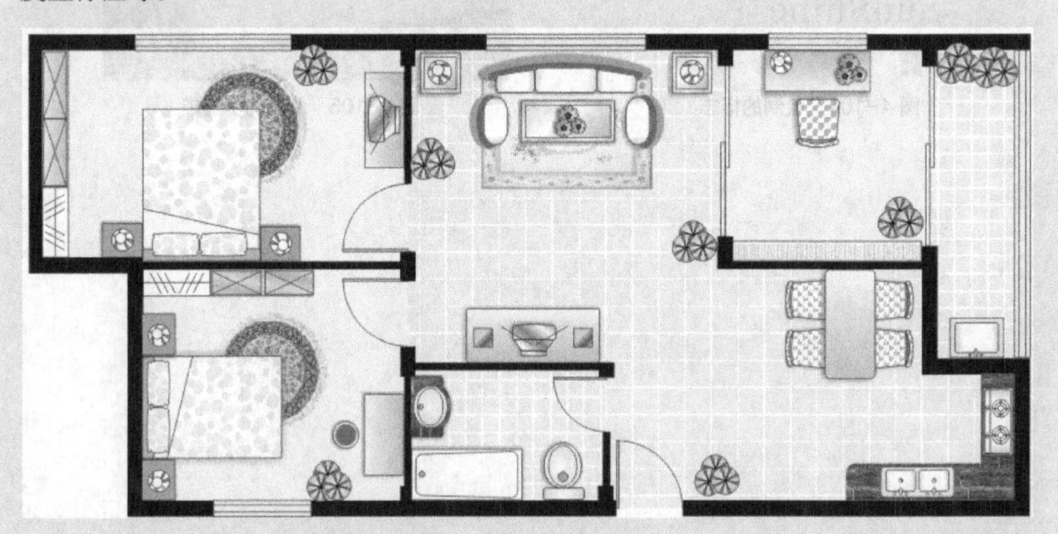

5.1 填充工具

图形的填充工具除了单色填充外，还包括渐变填充、图案填充、纹理填充及交互式网状填充等，下面分别进行介绍。

5.1.1 填充渐变色

利用【渐变填充】工具可以为图形添加渐变效果，使图形产生立体感或材质感。

选中图形后，选择◇工具，然后在弹出的隐藏工具组中选择【渐变填充】工具■，将弹出图 5-1 所示的【渐变填充】对话框。

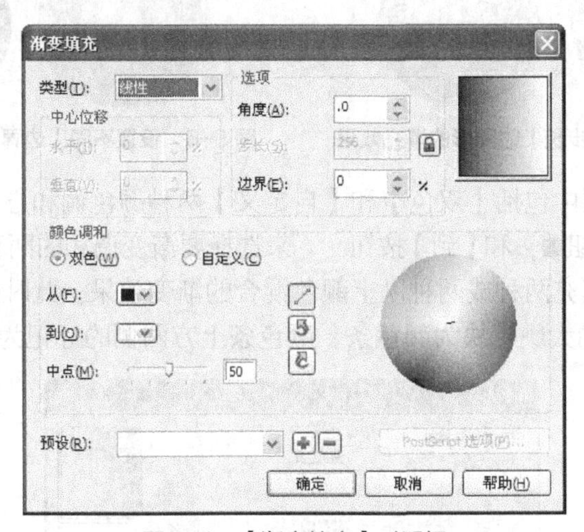

图 5-1 【渐变填充】对话框

在【类型】下拉列表中包括【线性】、【辐射】、【圆锥】和【正方形】4 种渐变方式，图 5-2 所示分别为使用这 4 种渐变方式时所产生的渐变效果。

【线性】渐变

【辐射】渐变

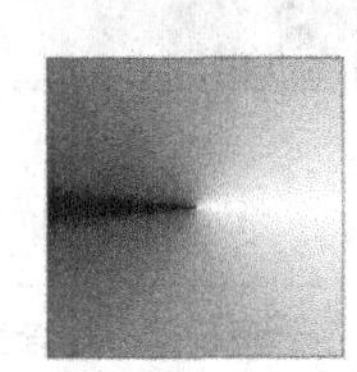

【圆锥】渐变

【正方形】渐变

图 5-2 不同渐变方式所产生的渐变效果

当在【类型】下拉列表中选择除【线性】渐变外的其他选项时，【中心位移】栏即变为可用状态，它主要用于调节渐变中心点的位置。当调节【水平】选项时，渐变中心点的位置可以在水平方向上移动；当调节【垂直】选项时，渐变中心点的位置可以在垂直方向上移动。也可以同时改变【水平】和【垂直】的数值来对渐变中心进行调节。如图 5-3 所示为设置与未设置【中心位移】栏中数值时的图形填充效果对比。

在【选项】的下面又包括 3 个选项，功能如下。

- 【角度】：用于改变渐变颜色的渐变角度，如图 5-4 所示。
- 【步长】：激活右侧的【锁定】按钮🔒后，此选项才可用。主要用于对当前渐变的发散强度进行调节，数值越大，发散越大，渐变越平滑，如图 5-5 所示。

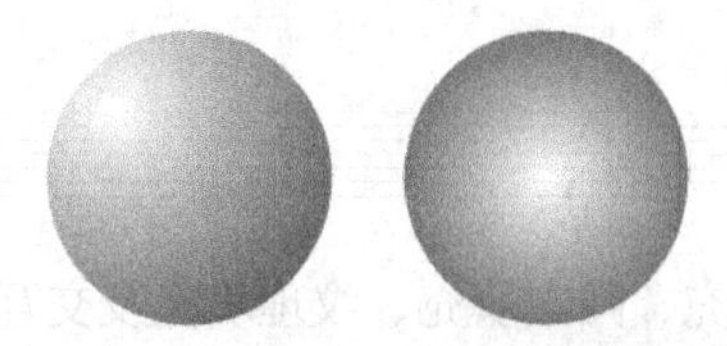

图 5-3　设置与未设置【中心位移】后的图形填充效果

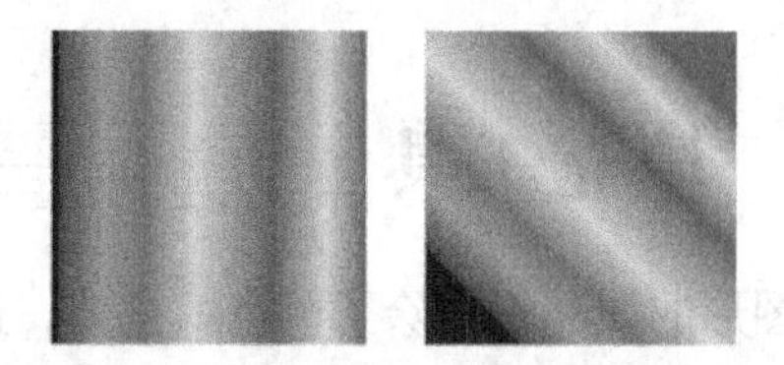

图 5-4　未设置与设置【角度】后的图形填充效果

- 【边界】：决定渐变光源发散的远近度，数值越小发散得越远（最小值为“0”），如图 5-6 所示。

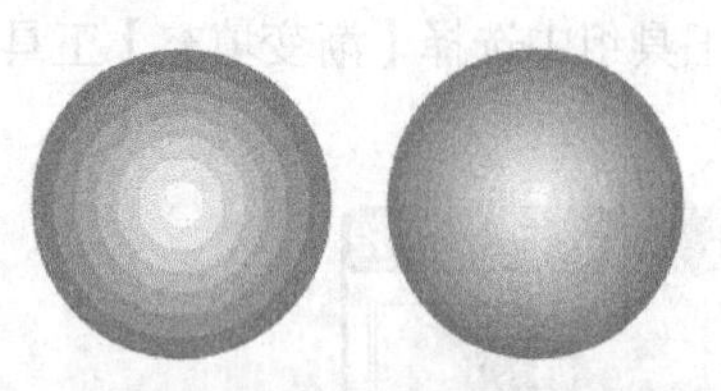

图 5-5　设置不同【步长】时图形的填充效果

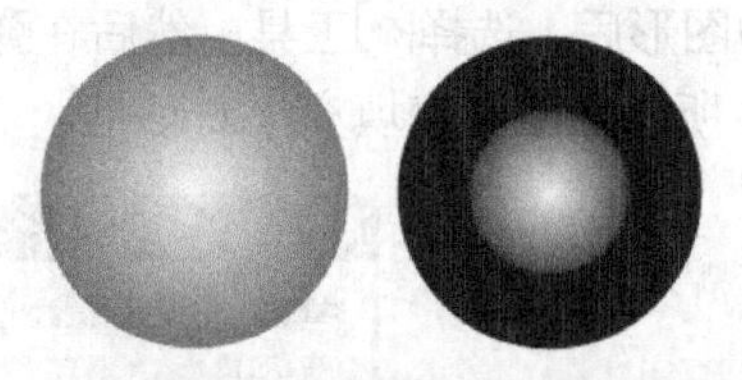

图 5-6　设置不同【边界】时图形的填充效果

在【颜色调和】栏中包括【双色】和【自定义】两种颜色调和方式。点选【双色】单选项，可以单击【从】按钮和【到】按钮来选择要渐变调和的两种颜色；点选【自定义】单选项，可以为图形填充两种或两种以上颜色混合的渐变效果，此时的【渐变填充】对话框如图 5-7 所示。出现的大颜色块为颜色条，颜色条上方两侧的标记为颜色标记。

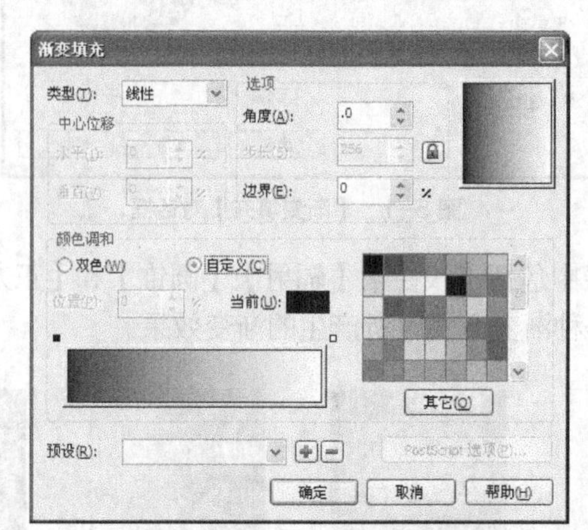

图 5-7　【渐变填充】对话框

在【预设】下拉列表中包括软件自带的渐变效果，用户可以直接选择需要的渐变效果来完成图形的渐变填充。图 5-8 所示为选择不同渐变后的图形渐变填充效果。

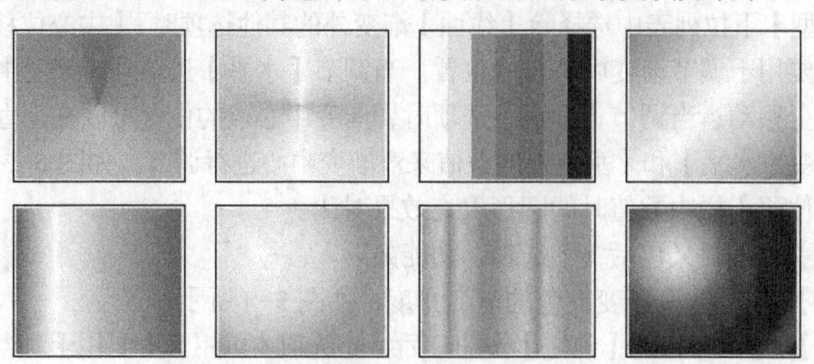

图 5-8　选择不同渐变后的图形填充效果

- 【添加】按钮：单击此按钮，可以将当前设置的渐变效果命名后保存至【预设】下拉列表中。注意，一定要先在【预设】下拉列表中输入保存的名称，然后再单击此按钮。
- 【删除】按钮：首先在【预设】下拉列表中的选择要删除的渐变选项，然后单击此按钮，即可将该渐变选项删除。

5.1.2 利用【渐变填充】工具绘制卡通

下面灵活运用【渐变填充】工具来绘制一个卡通图形。

绘制卡通

1. 新建一个图形文件。
2. 利用工具和工具绘制出图5-9所示的图形。
3. 单击工具，在弹出的隐藏工具组中选择工具，然后在【渐变填充】对话框中单击【从】选项右侧的色块，将颜色设置为天蓝色（C:70，M:10），单击【到】选项右侧的色块，将颜色设置为浅蓝色（C:20）。
4. 设置颜色后，单击【类型】选项右侧的选项框，在弹出的列表中选择“辐射”，如图5-10所示。

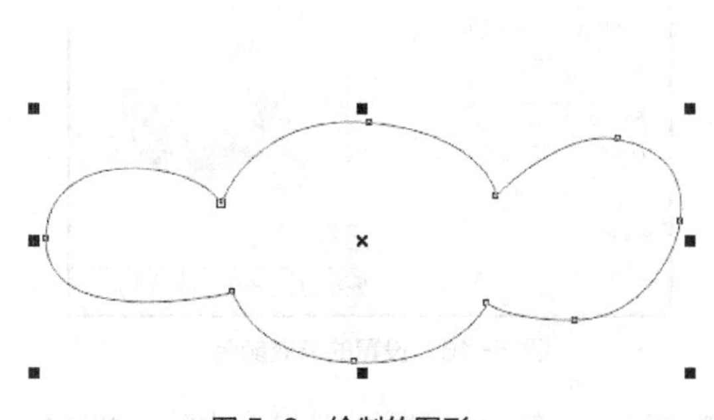

图5-9 绘制的图形

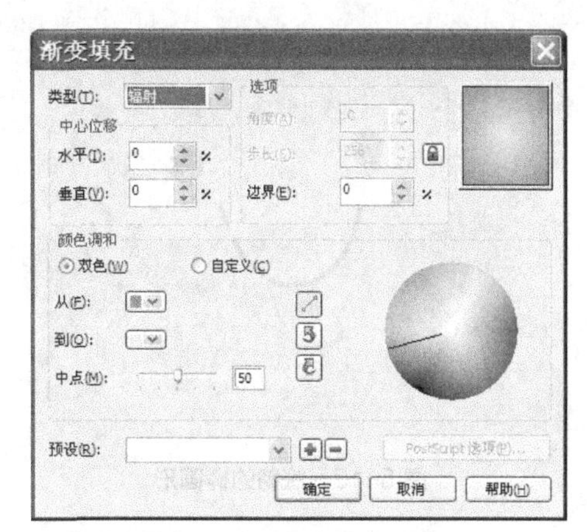

图5-10 设置的渐变颜色

5. 单击确定按钮，为图形填充设置渐变色，然后将图形的外轮廓去除，如图5-11所示。
6. 利用工具绘制椭圆形，作为卡通形象的眼睛，如图5-12所示。

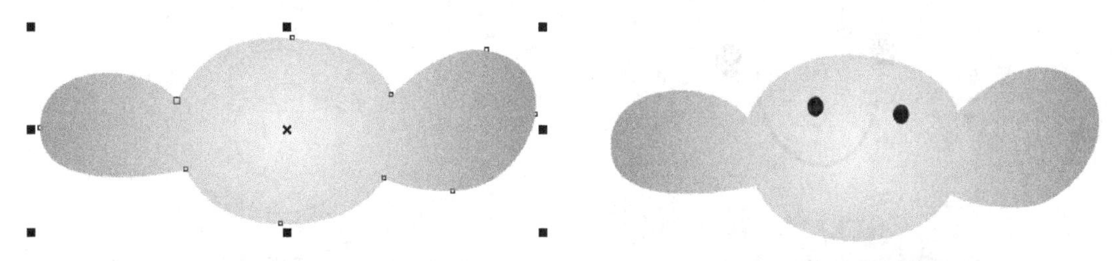

图5-11 填充渐变色后的效果

图5-12 绘制的眼睛图形

7. 利用工具和工具绘制出图5-13所示的线形，作为卡通形象的嘴巴图形。
8. 在属性栏中将的参数设置为“1.0mm”，生成的效果如图5-14所示，如果读者绘制的卡通图形相对较大，此处可设置更粗的线形轮廓。

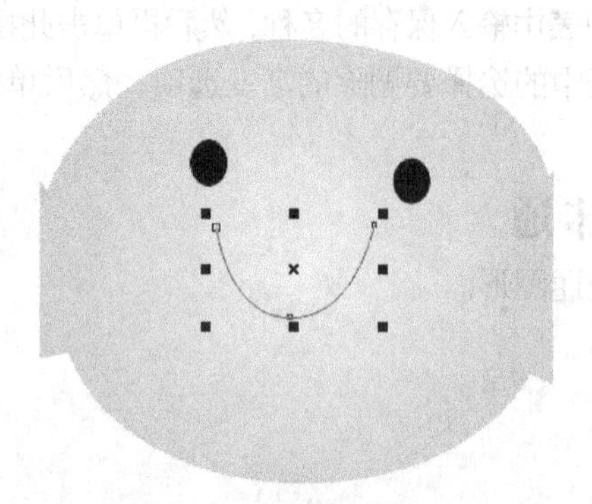

图 5-13　绘制的线形

图 5-14　设置轮廓宽度后的效果

9. 继续利用工具绘制出图 5-15 所示的椭圆形。

10. 利用工具将步骤 9 绘制的两个图形同时选择，然后选择工具，并将【从】选项右侧的色块设置为洋红色（M:90），其他选项设置如图 5-16 所示。

图 5-15　绘制的椭圆形

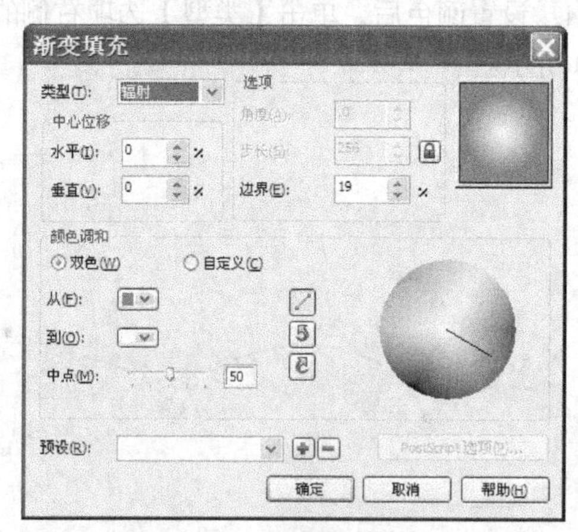

图 5-16　设置的渐变颜色

11. 单击确定按钮，为图形填充设置的渐变色，然后将图形的外轮廓去除，如图 5-17 所示。

12. 利用工具及缩小复制操作依次复制出图 5-18 所示的圆形。

图 5-17　填充渐变色后的效果

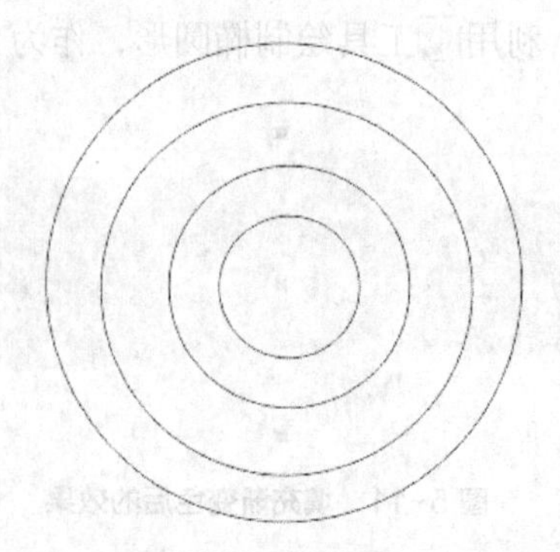

图 5-18　绘制的圆形

13. 利用工具将步骤12中绘制的圆形同时选择，然后单击属性栏中的按钮进行结合。

14. 选择工具，然后设置属性栏中的选项及颜色，如图5-19所示。

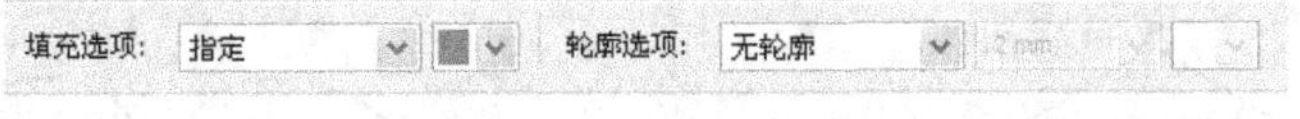

图5-19 设置的选项

15. 将鼠标光标移动到图5-20所示的位置单击，为该区域填充设置的蓝色，效果如图5-21所示。

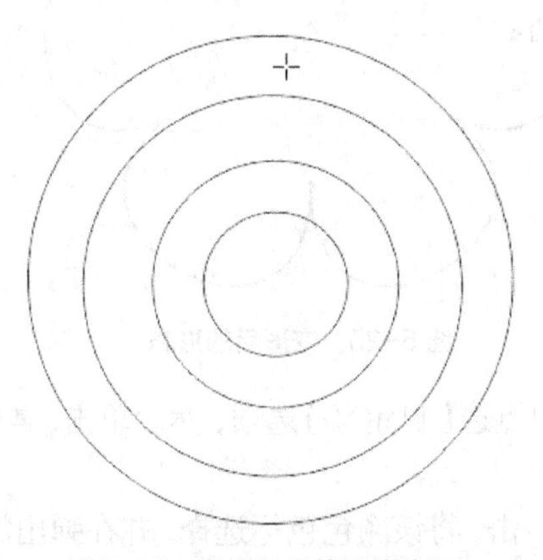

图5-20 鼠标光标放置的位置

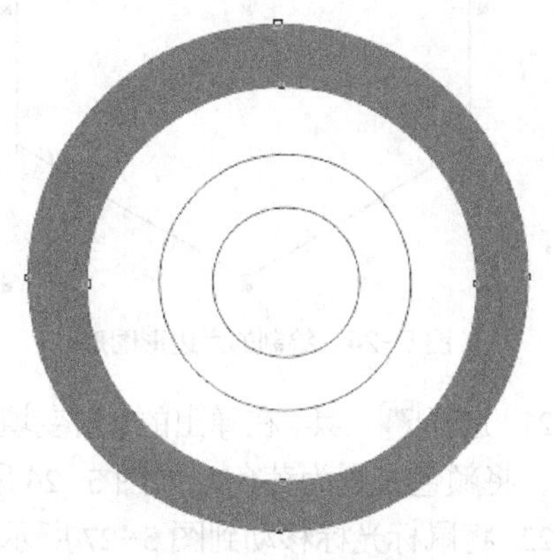

图5-21 填充的颜色

16. 依次将属性栏中的颜色块颜色设置为黄色和洋红色，并将其分别填充至相应的图形中，效果如图5-22所示。

17. 利用工具将前面结合的圆形选择，并按Delete键删除，然后将填充颜色后生成的3个图形同时选择并群组。

18. 确认群组图形处于选择状态，执行【排列】/【顺序】/【到图层后面】命令，将其调整至所有图形的后面，然后调整至合适的大小后放置到图5-23所示的位置。

图5-22 填充颜色后的效果

图5-23 图形放置的位置

接下来，来绘制花图形。

19. 选择工具，并将属性栏中的参数设置为“6”，然后绘制出图5-24所示的六边形图形。

20. 在工具箱中的工具上按下鼠标不放，在弹出的隐藏工具组中选择工具，确认属性栏中激活的按钮，将鼠标光标放置到六边形图形的中心位置按下鼠标左键并向左拖曳，将图形调整至图 5-25 所示的形态。

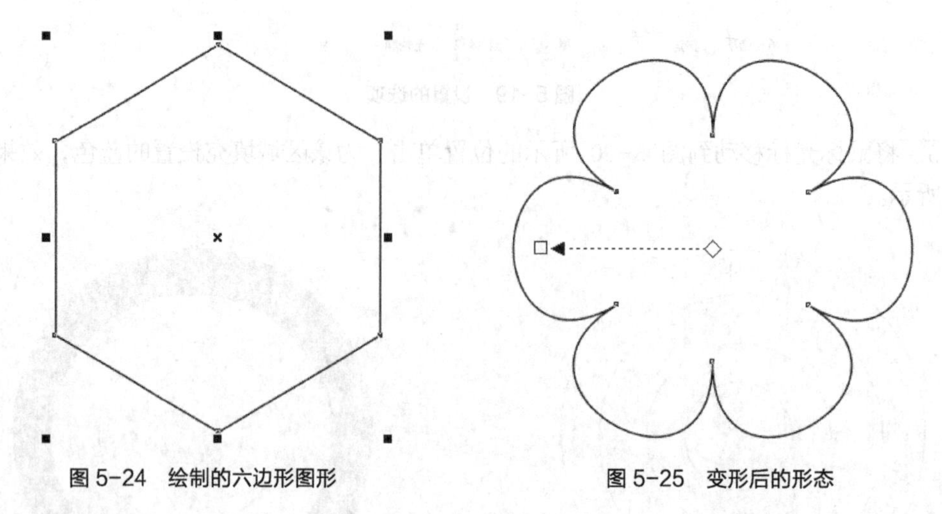

图 5-24 绘制的六边形图形　　图 5-25 变形后的形态

21. 选择工具，在弹出的【渐变填充】对话框中点选【自定义】选项，然后单击 其它(O) 按钮，将颜色设置为黄色，如图 5-26 所示。

22. 将鼠标光标移动到图 5-27 所示的色标位置单击，将该颜色色标选择，并在弹出的【选择颜色】对话框中将颜色设置为橘黄色（M:40，Y:100），生成的颜色条如图 5-28 所示。

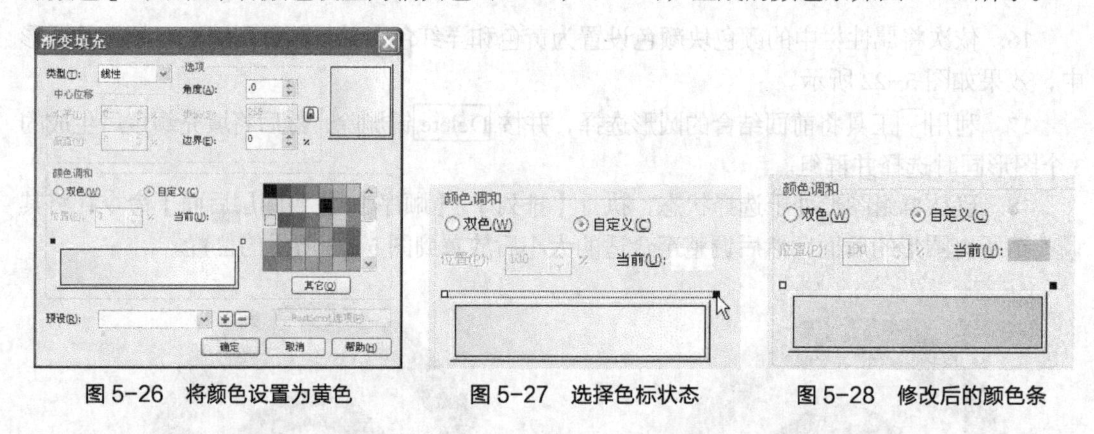

图 5-26 将颜色设置为黄色　　图 5-27 选择色标状态　　图 5-28 修改后的颜色条

23. 将鼠标光标移动到图 5-29 所示的位置双击，即可在此处添加一个色标，如图 5-30 所示。

24. 在添加的色标位置按下鼠标左键并向左拖曳，可调整添加色标在色块中的位置，如图 5-31 所示。

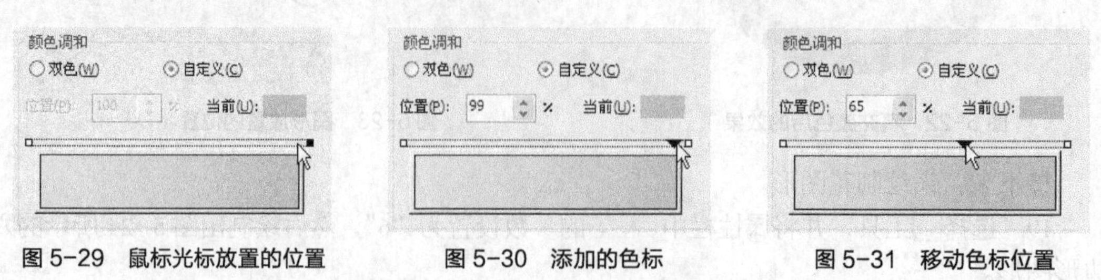

图 5-29 鼠标光标放置的位置　　图 5-30 添加的色标　　图 5-31 移动色标位置

25. 渐变色调整完成后，将渐变【类型】设置为“辐射”，然后单击 确定 按钮，图形填充渐变色后的效果如图 5-32 所示。

26. 将图形的外轮廓去除，然后选择 工具，并将鼠标光标移动到图形的中心位置，将显示出图 5-33 所示的“中心”提示。

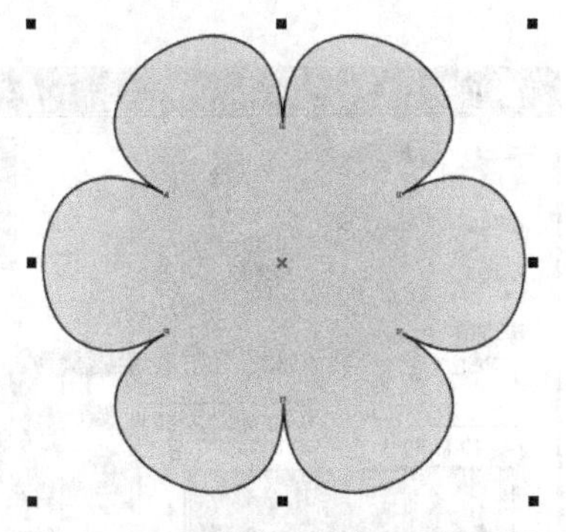
图 5-32　图形填充渐变色后的效果

图 5-33　鼠标光标放置的位置

27. 按住 Ctrl+Shift 组合键，并按下鼠标左键拖曳，以花形图形的中心绘制圆形，状态如图 5-34 所示。

28. 至合适位置后释放鼠标左键，然后为圆形填充白色并去除外轮廓，如图 5-35 所示。

图 5-34　拖曳鼠标状态

图 5-35　绘制的圆形

29. 利用 工具将绘制的花形及白色圆形选择，然后按 Ctrl+G 组合键群组。

30. 将鼠标光标放置到选择框中间的控制点上按下鼠标左键并向下拖曳，将花形压扁，状态如图 5-36 所示。

31. 将花形图形调整至合适的大小后移动复制，分别放置到图 5-37 所示的位置。

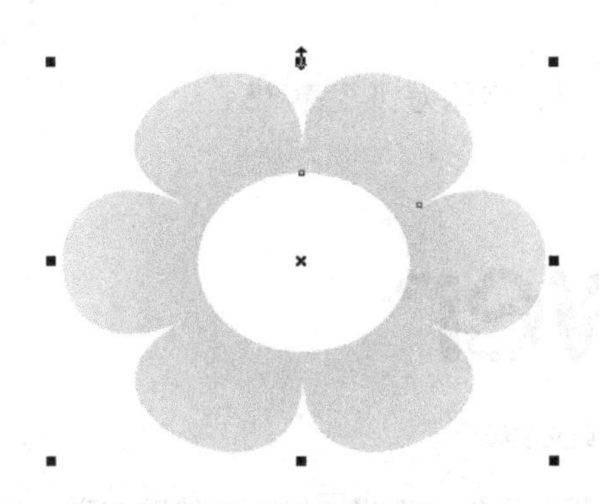
图 5-36　图形压扁状态

图 5-37　花形图形放置的位置

32. 按住 Ctrl 键单击左上方的花形，只将花形选择，此时花形图形的周围会显示实心的小圆点，如图 5-38 所示。

33. 选择▇工具，在弹出的【渐变填充】对话框中将渐变颜色修改为紫色，如图 5-39 所示。

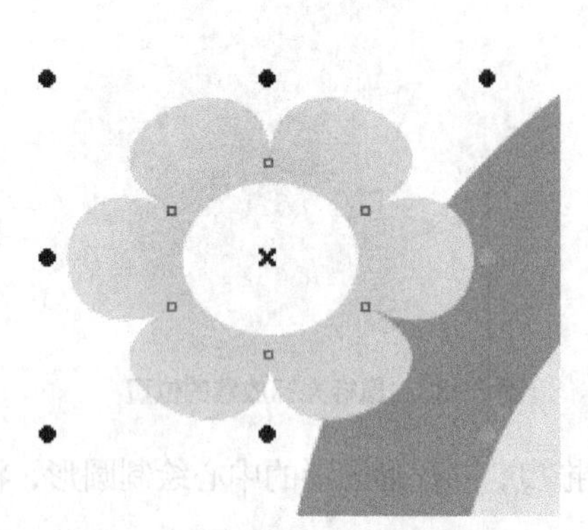

图 5-38 选择的花形图形

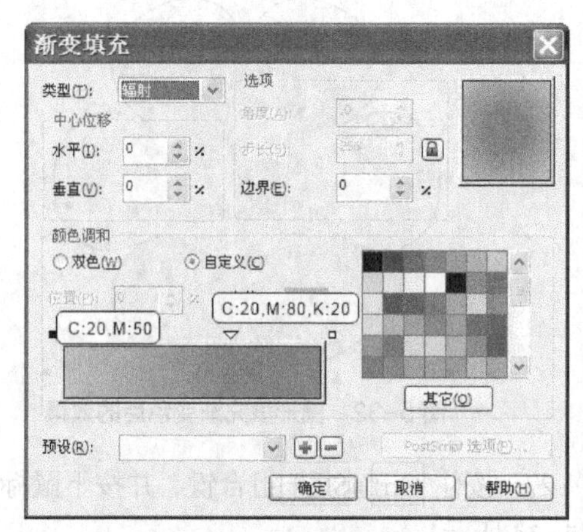

图 5-39 修改后的渐变色

34. 单击 确定 按钮，花形图形修改颜色后的效果如图 5-40 所示。

35. 用与步骤 32～步骤 33 相同的方法，将另一个花形图形的颜色修改为洋红色，如图 5-41 所示。

图 5-40 花形图形修改颜色后的效果

图 5-41 修改后的花形图形

最后来输入字母。

36. 选择字工具，输入图 5-42 所示的英文字母，字体为 汉仪秀英体简。

图 5-42 输入的英文字母

37. 在工具箱中的▇按钮上单击，在弹出的隐藏工具组中选择▇工具，然后在弹出的【轮廓笔】对话框中设置各选项，如图 5-43 所示。

38. 单击 确定 按钮，字母添加外轮廓后的效果如图 5-44 所示。

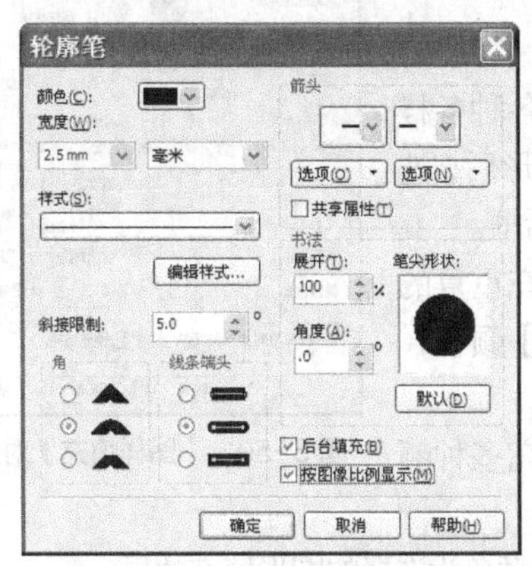

图 5-43 【轮廓笔】对话框

图 5-44 字母添加外轮廓后的效果

39. 选择工具，设置属性栏中的填充颜色及选项，如图 5-45 所示。

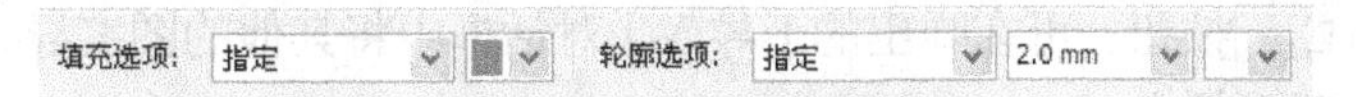

图 5-45 设置的填充颜色及选项

40. 将鼠标光标移动到“F”字母上单击，为其填充蓝色，然后分别设置颜色并为其他字母填充，效果如图 5-46 所示。

41. 按住 Ctrl 键依次单击彩色的字母将其选择，然后在【轮廓笔】对话框中勾选【后台填充】和【按图像比例显示】复选项，单击 确定 按钮，调整轮廓位置后的字母效果如图 5-47 所示。

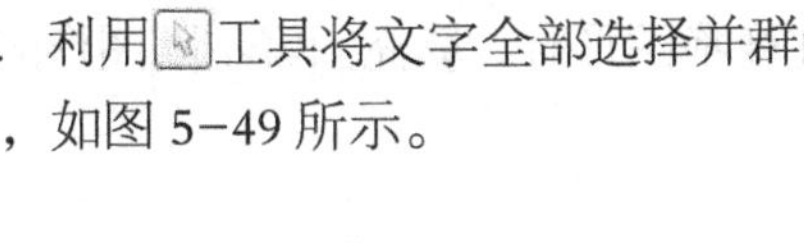

图 5-46 填充颜色后的效果

图 5-47 设置轮廓后的效果

42. 将调整轮廓后的字母稍微向左上方移动位置，制作出图 5-48 所示的文字效果。

43. 利用工具将文字全部选择并群组，然后调整至合适的大小及角度后放置卡通图形的上方，如图 5-49 所示。

图 5-48 字母调整位置后的效果

图 5-49 字母调整后的大小及位置

44. 至此，卡通图形绘制完成，按Ctrl+S组合键，将此文件命名为“卡通.cdr”保存。

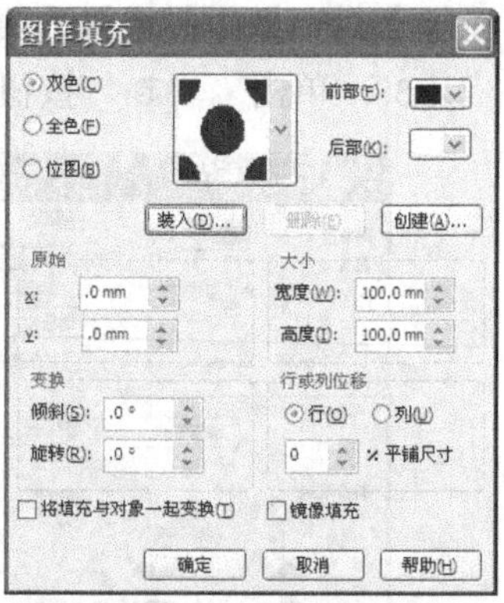

5.1.3 填充图案

利用【图样填充】工具可以为选择的图形添加各种各样的图案效果，包括自定义的图案。选择要进行填充的图形后，选择工具，将弹出如图 5-50 所示的【图样填充】对话框。

图 5-50 【图样填充】对话框

- 【双色】：点选此单选项，可以为选择的图形填充重复的花纹图案。通过设置右侧的【前部】和【后部】颜色，可以为图案设置背景和前景颜色。
- 【全色】：点选此单选项，可以为选择的图形填充多种颜色的简单材质和重复的色彩花纹图案。
- 【位图】：点选此单选项，可以用位图作为一种填充颜色为选择的图形填充效果。
- 单击图案选项窗口，将弹出【图案样式】选项面板，在该面板中可以选择要使用的填充样式；滑动右侧的滑块，可以浏览全部的图案样式。
- 单击 装入(D)... 按钮，可在弹出的【导入】对话框中将其他的图案导入到当前的【图案样式】选项面板中。
- 单击 删除(E) 按钮，可将当前选择的图案在【图案样式】选项面板中删除。
- 单击 创建(A)... 按钮，将弹出【双色图案编辑器】对话框，在此对话框中可自行编辑要填充的【双色】图案。此按钮只有点选【双色】单选项时才可用。
- 【原始】栏：决定填充图案的中心相对于图形选框在工作区的水平和垂直距离。
- 【大小】栏：决定填充时的图案大小。图 5-51 所示为设置不同的【宽度】和【高度】值时图形填充后的效果。

图 5-51 图形的填充效果

- 【变换】栏：决定填充时图案的倾斜和旋转角度。【倾斜】值的取值范围为“－75～75”；【旋转】值的取值范围为“－360～360”。
- 【行或列位移】栏：决定填充图案在水平方向或垂直方向的位移量。
- 【将填充与对象一起变换】：勾选此复选项，可以在旋转、倾斜或拉伸图形时，使填充图案与图形一起变换。如果不勾选该项，在变换图形时，填充图案不随图形的变换而变换，如图 5-52 所示。

原图填充效果　　勾选一起变换选项　　不勾选一起变换选项

图 5-52 变换图形时的不同效果

- 【镜像填充】：勾选此复选项，可以为填充图案设置镜像效果，如图 5-53 所示。

图 5-53 填充时产生的镜像效果

5.1.4 填充纹理

利用【底纹填充对话框】工具可以将小块的位图作为纹理对图形进行填充，它能够逼真地再现天然材料的外观。选中要进行填充的图形后，选择工具，将弹出如图 5-54 所示的【底纹填充】对话框。

- 【底纹库】：在此下拉列表中可以选择需要的底纹库。
- 【底纹列表】：在此列表中可以选择需要的底纹样式。当选择了一种样式后，所选底纹的缩略图即显示在下方的预览窗口中。
- 【参数设置区】：对话框的右侧为参数设置区，主要用于设置各选项的参数，从而可以改变所选底纹样式的外观。注意，不同的底纹样式，其参数设置区中的选项也各不相同。

要点提示

参数设置区中各选项的后面分别有一个锁按钮，当该按钮处于激活状态时，表示此选项的参数未被锁定；当该按钮处于未激活状态时，表示此选项的参数处于锁定状态。但无论该参数是否被锁定，都可以对其进行设置，只是在单击 预览(V) 按钮时，被锁定的参数不起作用，只有未锁定的参数在随机变化。

- 预览(V) 按钮：调整完底纹选项的参数后，单击此按钮，即可看到修改后的底纹效果。
- 选项(O)... 按钮：单击此按钮，会弹出【底纹选项】对话框，在此对话框中可以设置纹理的分辨率。该数值越大，纹理越精细，但文件尺寸也相应越大。
- 平铺(T)... 按钮：单击此按钮，会弹出【平铺】对话框，此对话框中可设置纹理的大小、倾斜和旋转角度等。

除了【底纹填充对话框】工具外，CorelDRAW X5 中还有一种特殊的底纹填充工具——【PostScript 填充对话框】工具。选中要进行填充的图形后，选择工具，将弹出如图 5-55 所示的【PostScript 底纹】对话框。

- 【底纹样式列表】：拖曳右侧的滑块，可以选择需要填充的底纹样式。
- 【预览窗口】：勾选右侧的【预览填充】复选项，预览窗口中可以显示填充样式的效果。
- 【参数设置区】：设置各选项的参数，可以改变所选底纹的样式。注意，不同的底纹样式，其参数设置区中的选项也各不相同。

图 5-54 【底纹填充】对话框

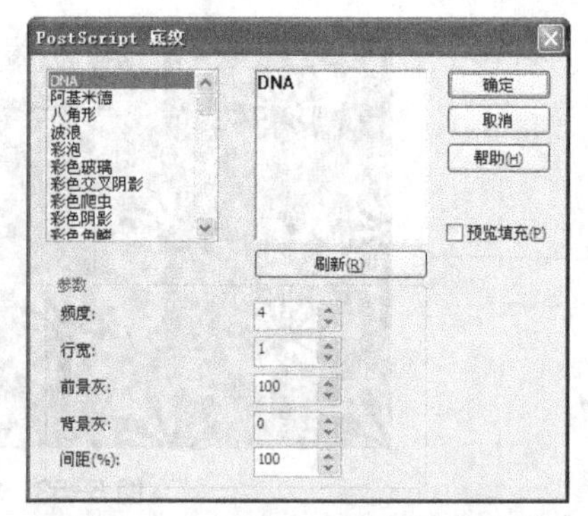

图 5-55 【PostScript 底纹】对话框

刷新(R) 按钮：确认【预览填充】复选项被勾选，单击此按钮，可以查看参数调整后的填充效果。

5.1.5 设置默认填充样式

当需要为大多数的图形应用相同的填充时，更改填充的默认属性可以大大提高工作效率。按 Esc 键取消图形的选择状态，然后单击工具箱中的按钮，在弹出的隐藏工具组中选择相应的填充按钮，如按钮，弹出图 5-56 所示的【均匀填充】对话框。

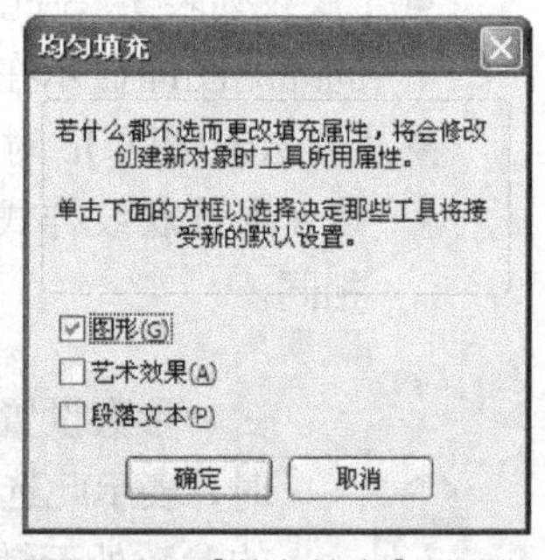

图 5-56 【均匀填充】对话框

- 【图形】选项：勾选此复选项，设置的默认填充属性将只应用于绘制的图形。
- 【艺术效果】选项：勾选此复选项，设置的默认填充属性将只应用于输入的美术文本。
- 【段落文本】选项：勾选此复选项，设置的默认填充属性将只应用于输入的段落文本。

要点提示

在此对话框中，可以将所有复选项勾选，也可以只选择一个或两个选项，其中有关美术文本和段落文本的内容，请读者详见第 7 章的讲解。

在对话框中选择需要的选项后，单击 确定 按钮，系统将弹出设置颜色的【标准填充】对话框，在此对话框中设置好需要的颜色后单击 确定 按钮，即可完成默认填充属性的设置。返回绘图窗口中绘制新的图形，设置的默认填充颜色将自动应用于绘制的图形中。

要点提示

在设置默认的填充时，如单击除按钮外的其他填充按钮，当单击 确定 按钮后，系统将弹出其他相应的填充对话框。

5.2 【交互式填充】工具

利用【交互式填充】工具和【网状填充】工具，可以为图形填充特殊的颜色或图案。

5.2.1 交互式填充

【交互式填充】工具包含填充工具组中所有填充工具的功能，利用该工具可以为图形设置各种填充效果，其属性栏根据设置的填充样式的不同而不同。默认状态下的属性栏如图 5-57 所示。

图 5-57 默认状态下【交互式填充】工具的属性栏

- 【填充类型】无填充：在此下拉列表中包括前面学过的所有填充效果，如“均匀填充”、“线性”、“辐射”、“圆锥”、“正方形”、“双色图样”、“全色图样”、“位图图样”、“底纹填充”和“Postscript 填充”等。

要点提示

在【填充类型】下拉列表中，选择除【无填充】以外的其他选项时，属性栏中的其他参数才可用。

- 【编辑填充】按钮：单击此按钮，将弹出相应的填充对话框，通过设置对话框中的各选项，可以进一步编辑交互式填充的效果。
- 【复制属性】按钮：单击此按钮，可以给一个图形复制另一个图形的填充属性。

利用【交互式填充】工具为图形填充效果后，图形中将出现填充调整杆，通过调整其大小或位置，可以改变填充效果。下面以实例的形式来详细讲解【交互式填充】工具的应用。

填充图案制作沙发垫

1. 新建一个图形文件。
2. 利用工具绘制一个正方形，然后单击属性栏中的按钮，将图形转换为曲线图形。
3. 在工具箱中的工具上按下鼠标左键不放，在弹出的隐藏工具组中选择工具，然后设置属性栏中 10.0 mm 的参数为“10mm”，再将鼠标光标移动到正方形上拖曳，对图形进行变形，状态如图 5-58 所示。

要点提示

此处，工具的笔尖大小参数要根据绘制正方形的大小来确定，如绘制的正方形过大，笔尖大小参数就要设置的相对大一些，只要出现如图 5-58 所示的比例即可。

4. 继续沿正方形的边线拖曳鼠标，将图形调整至图 5-59 所示的形态。

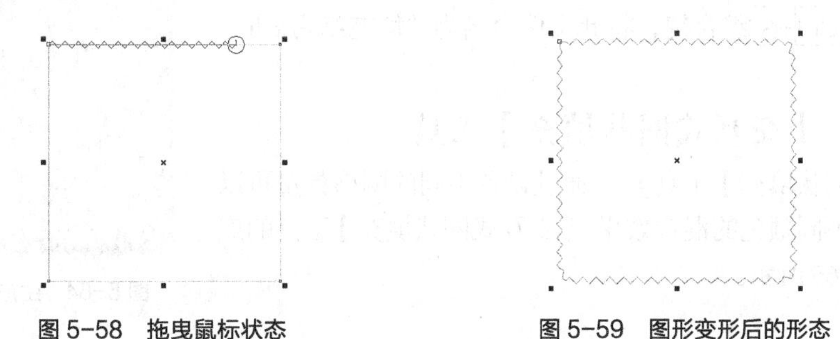

图 5-58 拖曳鼠标状态　　图 5-59 图形变形后的形态

5. 选择[icon]工具，并在属性栏中的[无填充]的下拉列表中选择【位图图样】选项，此时绘制的正方形中将填充上默认的图样，并在图形的左下角出现蓝色的矩形虚线框，如图 5-60 所示。

6. 单击属性栏中的[icon]按钮，在弹出的图样面板中单击[其它(O)...]按钮，再在弹出的【导入】对话框中选择素材文件中“图库\第 05 章”目录下名为“花图案.jpg”的文件。

7. 单击[导入]按钮，将选择的图片作为图样导入，效果如图 5-61 所示。

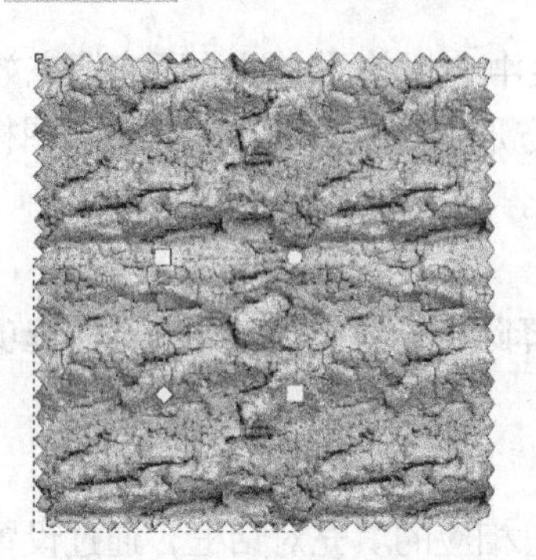

图 5-60 填充图样后的效果

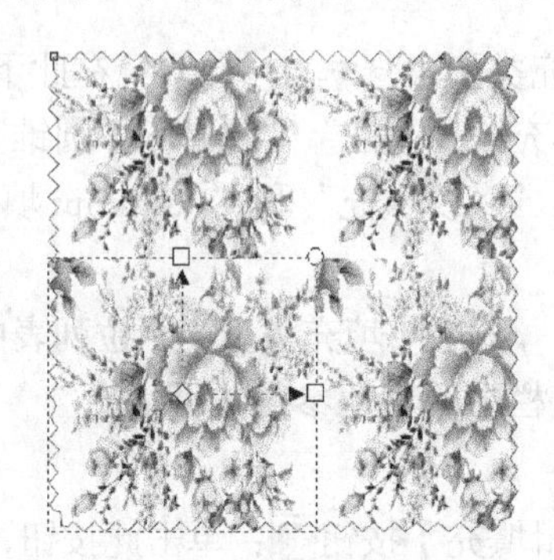

图 5-61 修改图样后的效果

8. 将鼠标光标移动到虚线框右上角的圆形控制点上，按下鼠标左键并拖曳，调整填充的位图图样，状态如图 5-62 所示。

9. 将图形的外轮廓颜色设置为洋红色（M:100），轮廓宽度设置为“0.5mm”，如图 5-63 所示。

图 5-62 调整填充图样后的效果

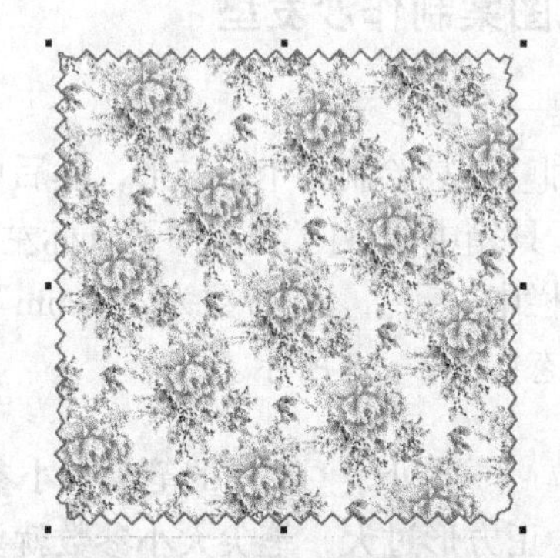

图 5-63 设置外轮廓后的效果

10. 选择[icon]工具，并单击属性栏中的[预设...]选项，在弹出的列表中选择“拉链”选项，此时的图形效果如图 5-64 所示。

11. 按 Ctrl+S 组合键，将此文件命名为“填充练习.cdr”保存。

图 5-64 生成的图形效果

5.2.2 【交互式网状填充】工具

选择【网状填充】工具[icon]，通过设置不同的网格数量可以给图形填充不同颜色的混合效果。【交互式网状填充】工具的属性栏如图 5-65 所示。

图 5-65 【交互式网状填充】工具的属性栏

- 【网格大小】：可分别设置水平和垂直网格的数目，从而决定图形中网格的多少。
- 【平滑网状颜色】按钮：激活此按钮，可减少网状填充中的硬边缘，使填充颜色的过渡更加柔和。
- 【选择颜色】按钮：激活按钮，可在绘图窗口中吸取要应用的颜色；单击按钮，可在弹出的列表中选择要应用的颜色。
- 【透明度】：设置颜色的透明度。数值为“0”时，颜色不透明。数值为“100”时，颜色完全透明。
- 【清除网状】按钮：单击此按钮，可以将图形中的网状填充颜色删除。

下面以实例的形式来讲解【交互式网状填充】工具的应用。

绘制香蕉图形

1. 新建一个图形文件。

2. 利用工具和工具绘制出图 5-66 所示的香蕉图形，然后为其填充黄色（M:7，Y:70），并去除外轮廓。

3. 选择工具，并将属性栏中的参数都设置为“9”，此时图形上将出现图 5-67 所示的虚线网格。

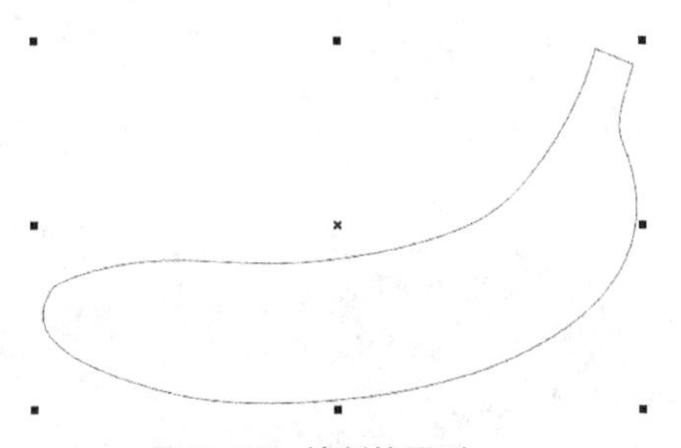

图 5-66 绘制的图形

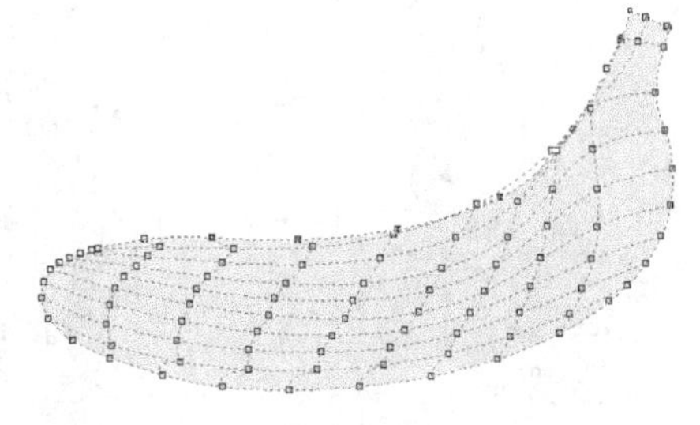

图 5-67 显示的虚线网线

4. 利用工具框选图 5-68 所示的节点，然后按住 Shift 键加选图 5-69 所示的节点。

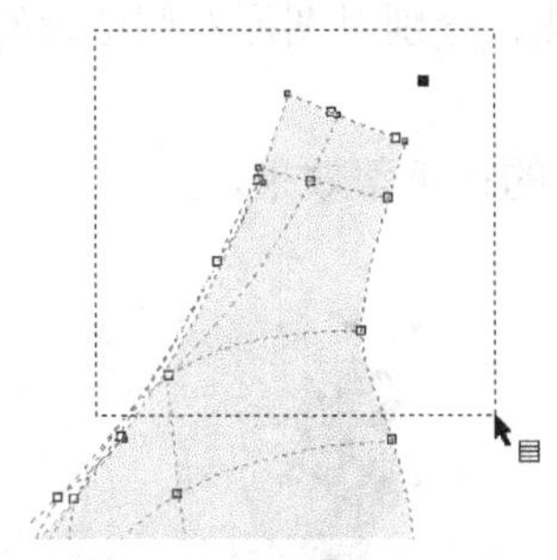

图 5-68 框选节点状态

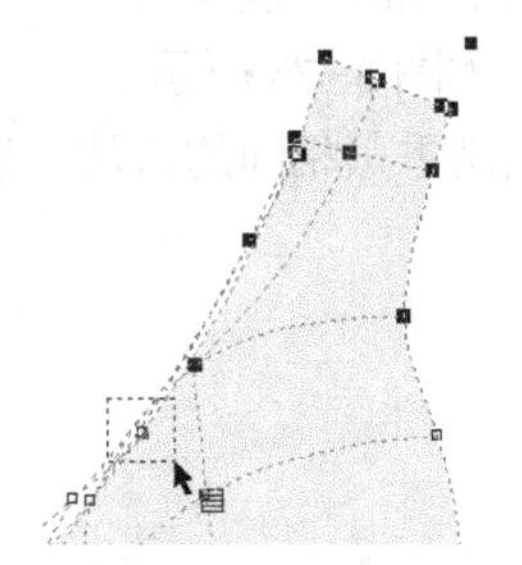

图 5-69 加选节点状态

5. 单击属性栏中的色块，在弹出的颜色列表中单击下方的 其它(O)... 按钮，然后在弹出的【选择颜色】对话框中将颜色设置为浅绿色（C:20，M:7，Y:58，K:9），选择节点修改颜色后的效果如图 5-70 所示。

6. 利用工具选择图形下方倒数第二行中的节点，选择的节点显示为黑色的实心小点，如图 5-71 所示。

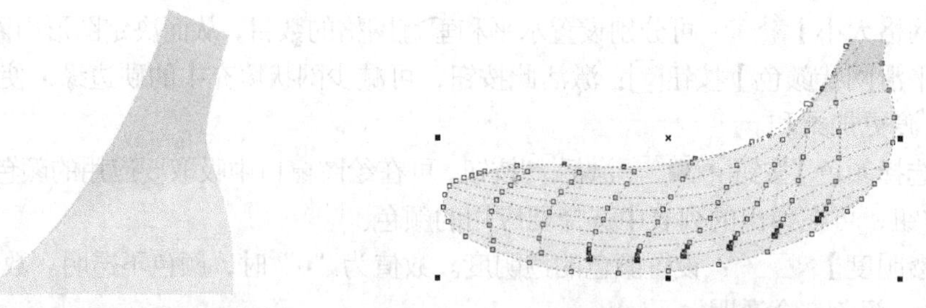

图 5-70　修改颜色后的效果　　图 5-71　选择的节点

7. 用与步骤 5 相同的方法，将选择节点的颜色修改为深黄色（M:10，Y:60，K:8）。

8. 继续利用工具选择图形上方第二行中的节点，并将选择节点的颜色修改为深黄色（M:10，Y:75）。

9. 将鼠标光标移动到图 5-72 所示的位置单击，然后单击属性栏中的按钮，可再添加一列节点，如图 5-73 所示。

10. 选择添加的节点，然后将颜色设置为浅黄色（M:6，Y:60）。

11. 选择下方倒数第二行左侧的 4 个节点，然后将其颜色修改为浅绿色（C:10，M:7，Y:62，K:22），如图 5-74 所示。

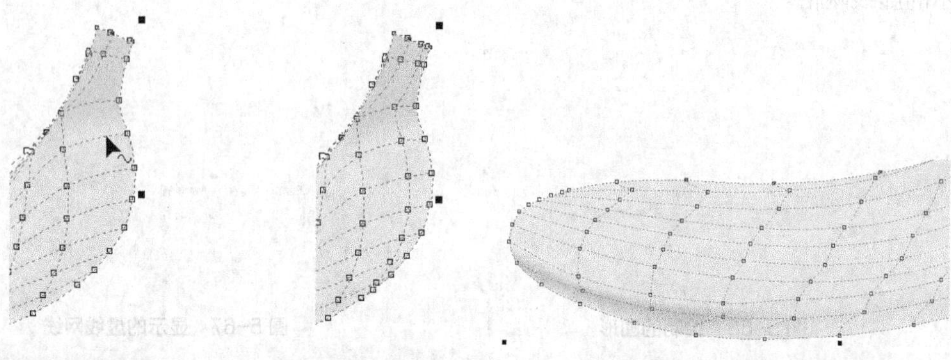

图 5-72　鼠标光标放置的位置　　图 5-73　添加的节点　　图 5-74　修改颜色后效果

12. 用与以上相同的选择节点并修改节点颜色的方法，分别对图形左侧位置的节点进行调整，最终效果如图 5-75 所示。

13. 用与绘制香蕉相同的方法，制作出图 5-76 所示的香蕉蒂效果。

图 5-75　调整不同颜色后的效果　　图 5-76　制作的香蕉蒂效果

14. 利用工具和工具在图形的右上方再绘制出图 5-77 所示的图形，制作出参差不齐的效果。

15. 为绘制的图形填充浅绿色（C:20，M:7，Y:58，K:9），并去除外轮廓。

至此，香蕉图形绘制完成，整体效果如图 5-78 所示。

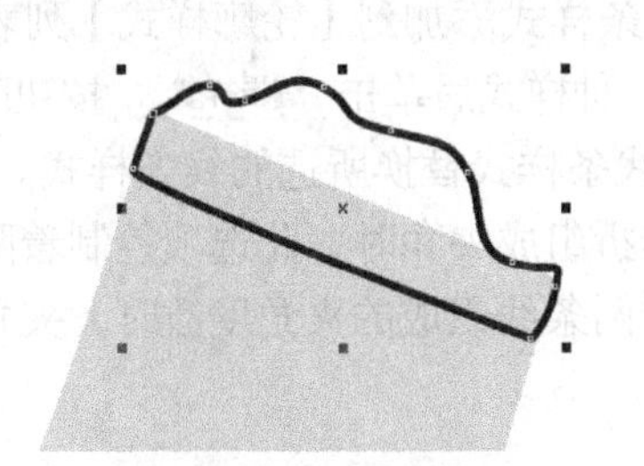

图 5-77　绘制的图形

图 5-78　制作的香蕉效果

16. 按 Ctrl+S 组合键，将此文件命名为“香蕉.cdr”保存。

5.3 轮廓工具

轮廓工具包括【轮廓笔】工具、【轮廓色】工具、【无轮廓】工具、【彩色】工具和一些特定的轮廓宽度工具。由于部分工具在第 3.3 节中已经讲解，因此本节主要来讲解【轮廓笔】工具和一些特定的轮廓宽度工具。

5.3.1 设置轮廓

选择要设置轮廓的线形或其他图形，然后单击按钮，在弹出的隐藏工具组中选择工具（快捷键为 F12 键），系统将弹出图 5-79 所示的【轮廓笔】对话框。

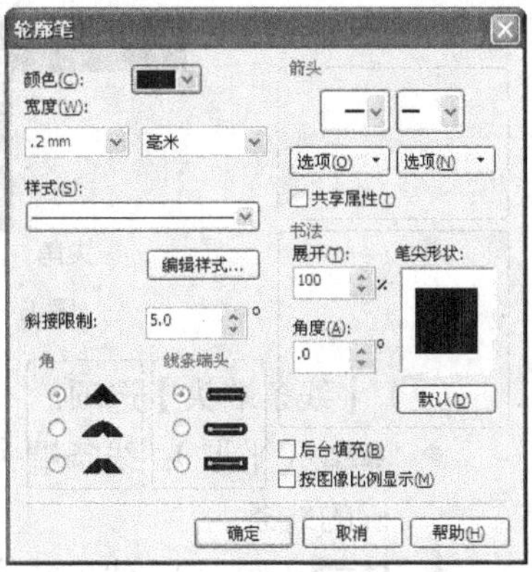

图 5-79　【轮廓笔】对话框

（1）【颜色】选项：单击后面的按钮，可在弹出的【颜色】选择面板中选择需要的轮廓颜色，如没有合适的颜色，可单击 其它(O)... 按钮，在弹出的【选择颜色】对话框中自行设置轮廓的颜色。

（2）【宽度】选项：在下方的选项窗口中，可以设置轮廓的宽度。在后面的选项中，还可以选择使用轮廓宽度的单位，包括英寸、毫米、点、像素、英尺、码和千米等。

（3）【样式】选项：单击下方选项窗口中右侧的小三角形按钮，将弹出【轮廓样式】列表，在此列表中可以选择轮廓线的样式。

（4） 编辑样式... 按钮：单击此按钮将弹出如图 5-80 所示的【编辑线条样式】对话框。在此对话框中，可以将鼠标光标移动到调节线条样式的滑块上按下鼠标拖曳。在滑块左侧的小方格中单击，可以将线条样式中的点打开或关闭。

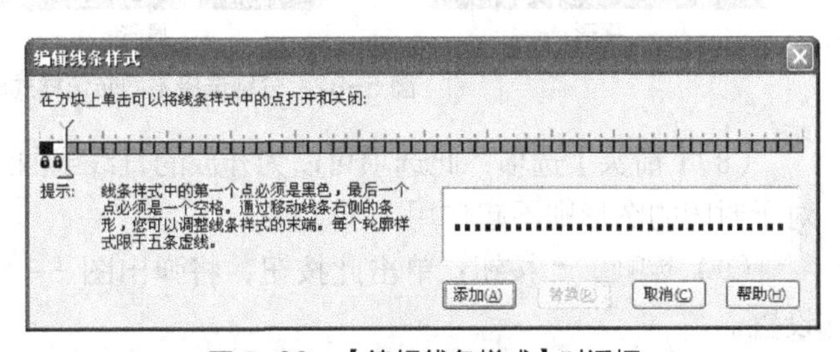

图 5-80　【编辑线条样式】对话框

在编辑线条样式时，线条的第一个小方格只能是黑色，最后一个小方格只能是白色，调节编辑后的样式，可以在【编辑线条样式】对话框中的样式预览图中看到。

- 添加(A) 按钮：单击此按钮，可以将编辑好的线条样式添加到【轮廓样式】列表中。
- 替换(R) 按钮：当在【轮廓样式】对话框中选择一种样式后单击 编辑样式... 按钮时，此按钮才可用。单击此按钮，可以将当前编辑的线条样式替换所选的线条样式。

（5）【斜接限制】选项：当两条线段通过节点的转折组成夹角时，此选项控制着两条线段之间夹角轮廓线角点的倾斜程度。当设置的参数大于两条线组成的夹角度数时，夹角轮廓线的角点将变为斜切形态。

（6）【角】选项。

- （尖角）：尖角是尖突而明显的角，如果两条线段之间的夹角超过 90°，边角则变为平角。
- （圆角）：圆角是平滑曲线角，圆角的半径取决于该角线条的宽度和角度。
- （平角）：平角在两条线段的连结处以一定的角度把夹角切掉，平角的角度等于边角角度的 50%。

图 5-81 所示为分别选择这 3 种转角样式时的转角图像。

图 5-81　分别选择不同转角样式时的转角形态

（7）【线条端头】选项。

- （平形）：线条端头与线段末端平行，这种类型的线条端头可以产生出简洁、精确的线条。
- （圆形）：线条端头在线段末端有一个半圆形的顶点，线条端头的直径等于线条的宽度。
- （伸展形）：可以使线条延伸到线段末端节点以外，伸展量等于线条宽度的 50%。

图 5-82 所示的为分别选择这 3 种【线条端头】选项时的线形效果。

图 5-82　分别选择不同转角样式时的转角形态

（8）【箭头】选项：此选项可以为开放的直线或曲线对象设置起始箭头和结束箭头样式，对于封闭的图形则不起作用。

（9）选项(O) 按钮：单击此按钮，将弹出图 5-83 所示的下拉列表，用于对箭头进行设置。

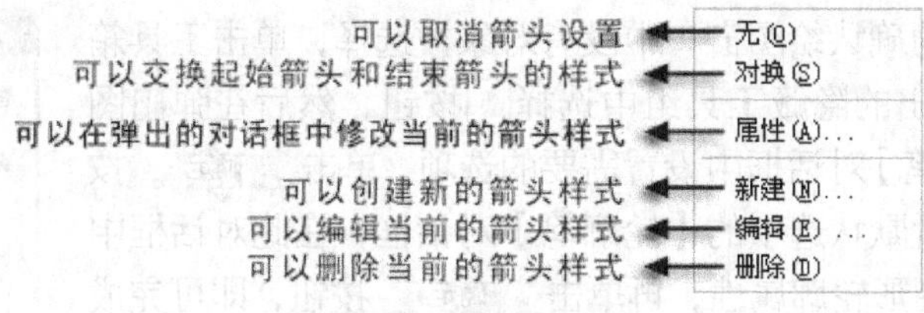

图 5-83 选项下拉列表

(10)【书法】选项：用于设置笔头的形状。

- 【展开】选项：可以设置笔头的宽度。当笔头为方形时，减小此数值将使笔头变成长方形；当笔头为圆形时，减小此数值可以使笔头变成椭圆形。
- 【角度】选项：可以设置笔头的倾斜角度。
- 在【笔尖形状】预览中可以观察设置不同参数时笔尖形状的变化。
- 默认(D) 按钮：单击此按钮，可以将轮廓笔头的设置还原为默认值。

如图 5-84 所示为设置【展开】和【角度】选项前后的图形轮廓对比效果。

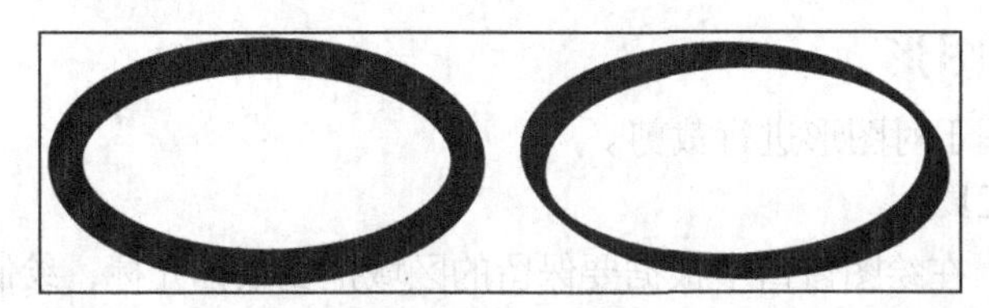

图 5-84 设置【展开】和【角度】选项后的图形轮廓对比效果

(11)【后台填充】选项：勾选此复选项，可以将图形的外轮廓放在图形填充颜色的后面。默认情况下，图形的外轮廓位于填充颜色的前面，这样可以使整个外轮廓处于可见状态，当勾选此复选项后，该外轮廓的宽度将只有 50%是可见的。图 5-85 所示为是否勾选该复选项时图形轮廓的显示效果的对比。

(12)【按图像比例显示】选项：默认情况下，在缩放图形时，图形的外轮廓不与图形一起缩放。当勾选此复选项后，在缩放图形时图形的外轮廓将随图形一起缩放。图 5-86 所示分别为在是否勾选【按图像比例显示】复选项的情况下，缩小图形时图形轮廓的显示效果。

图 5-85 勾选与不勾选【后台填充】选项时的效果

图 5-86 勾选与不勾选【按图像比例显示】选项时的缩小效果

除了在【轮廓笔】对话框中设置图形的外轮廓粗细外，还可以通过选择系统自带的常用轮廓笔工具来设置图形外轮廓的粗细。这些工具隐藏在工具的工具组中，在工具上按下鼠标左键不放，即可全部显示。

5.3.2 设置默认轮廓样式

当需要为大多数的图形应用相同的轮廓线条时，更改轮廓的默认属性可以大大提高工作效率。其设置方法为确认绘图窗口中没有对象被选择，单击工具箱中的按钮，在弹出的隐藏工具组中选择按钮，然后在弹出图5-87所示的【轮廓笔】对话框中设置需要的选项，单击 确定 按钮后系统将弹出设置默认选项的【轮廓笔】对话框，在此对话框中设置好想要改变的图形轮廓属性，再单击 确定 按钮，即可完成默认轮廓属性的设置。当绘制新的图形时，设置的默认轮廓属性将自动应用于绘制的图形上。

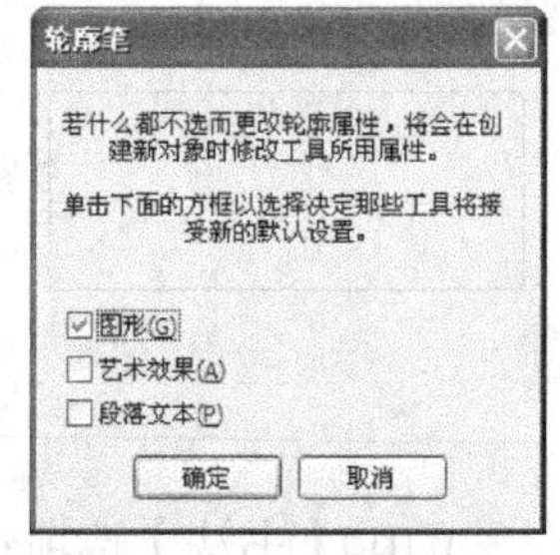

图5-87 【轮廓笔】对话框

5.4 编辑工具

图形编辑工具主要包括【裁剪】工具、【刻刀】工具、【橡皮擦】工具、【虚拟段删除】工具、【涂抹笔刷】工具、【粗糙笔刷】工具和【自由变换】工具等，利用这些工具可以对图形的形状进行裁剪、擦除、涂抹和变换，下面来具体讲解。

5.4.1 裁剪图形

裁剪工具主要用于对图形进行裁剪。

一、【裁剪】工具

选择工具后，在绘图窗口中根据要保留的区域拖曳鼠标光标，绘制一个裁剪框，确认裁剪框的大小及位置后在裁剪框内双击，即可完成图像的裁剪，此时裁剪框以外的图像将被删除。

- 将鼠标光标放置在裁剪框各边中间的控制点或角控制点处，当鼠标光标显示为“+”时，按下鼠标左键并拖曳，可调整裁剪框的大小。
- 将鼠标光标放置在裁剪框内，按下鼠标左键并拖曳，可调整裁剪框的位置。
- 在裁剪框内单击，裁剪框的边角将显示旋转符号，将鼠标光标移动到各边角位置，当鼠标光标显示为旋转符号时，按下鼠标左键并拖曳，可旋转裁剪框。

二、【刻刀】工具

选择工具，然后移动鼠标光标到要分割图形的外轮廓上，当鼠标光标显示为图标时，单击鼠标左键确定第一个分割点，移动鼠标光标到要分割的另一端的图形外轮廓上，再次单击鼠标左键确定第二个分割点，释放鼠标左键后，即可将图形分割。

使用【刻刀】工具分割图形时，只有当鼠标光标显示为图标时单击图形的外轮廓，移动鼠标光标至图形另一端的外轮廓处单击才能分割图形，如在图形内部确定分割的第二点，则不能将图形分割。

5.4.2 擦除图形

擦除图形工具主要用于对图形或线段进行擦除。

一、【橡皮擦】工具

【橡皮擦】工具可以很容易地擦除所选图形的指定位置。选择要进行擦除的图形，然后选择工具（快捷键为 X 键），设置好笔头的宽度及形状后，将鼠标光标移动到选择的图形上，按下鼠标左键并拖曳，即可对图形进行擦除。另外，将鼠标光标移动到选择的图形上单击，然后移动鼠标光标到合适的位置再次单击，可对图形进行直线擦除。

二、【虚拟段删除】工具

【虚拟段删除】工具的功能是将图形中多余的线条删除。确认绘图窗口中有多个相交的图形，选择工具，然后将鼠标光标移动到想要删除的线段上，当鼠标光标显示为图标时单击，即可删除选定的线段；当需要同时删除某一区域内的多个线段时，可以将鼠标光标移动到该区域内，按下鼠标左键并拖曳，将需要删除的线段框选，释放鼠标左键后即可将框选的多个线段删除。

5.4.3 扭曲图形

扭曲图形工具主要包括【涂抹笔刷】工具和【粗糙笔刷】工具。

一、【涂抹笔刷】工具

【涂抹笔刷】工具的具体操作为首先将要涂抹的带有曲线性质的图形选择，然后选择工具，并在属性栏中设置好笔头的大小、形状及角度后，将鼠标光标移动到选择的图形内部，按下鼠标左键并向外拖曳，即可将图形向外涂抹。如将鼠标光标移动到选择图形的外部，按下鼠标左键并向内拖曳，可以在图形中将拖曳过的区域擦除。

【涂抹笔刷】工具的属性栏如图 5-88 所示。

图 5-88 【涂抹笔刷】工具的属性栏

- 【笔尖大小】1.0 mm：用于设置涂抹笔刷的笔头大小。
- 【水分浓度】0：参数为正值时，可以使涂抹出的线条产生逐渐变细的效果；参数为负值时，可以使涂抹出的线条产生逐渐变粗的效果。
- 【斜移】45.0°：用于设置涂抹笔刷的形状，设置范围为“15～90”。数值越大，涂抹笔刷越接近圆形。
- 【方位】.0°：用于设置涂抹笔刷的角度，设置范围为“0～359”。只有将涂抹笔刷设置为非圆形的形状时，设置笔刷的角度才能看出效果。

当计算机连接图形笔时，【涂抹笔刷】工具属性栏中的【笔压】按钮才会变为可用，激活此按钮，可以设置使用图形笔涂抹图形时带有压力。

二、【粗糙笔刷】工具

【粗糙笔刷】工具的具体操作为首先选择要对其进行编辑的曲线对象，然后选择工具，并在属性栏中设置好笔头的大小、形状及角度后，将鼠标光标移动到选择的图形边缘，按下鼠标左键并沿图形边缘拖曳，即可使图形的边缘产生凹凸不平类似锯齿的效果。

【粗糙笔刷】工具的属性栏如图 5-89 所示。

图 5-89 【粗糙笔刷】工具的属性栏

- 【笔尖大小】1.0 mm：用于设置粗糙笔刷的笔头大小。
- 【尖突频率】1：用于设置在应用粗糙笔刷工具时图形边缘生成锯齿的数量。数值越小，生成的锯齿越少。参数设置范围为“1～10”，设置不同的数值时图形边缘生成的锯齿效果对比如图 5-90 所示。

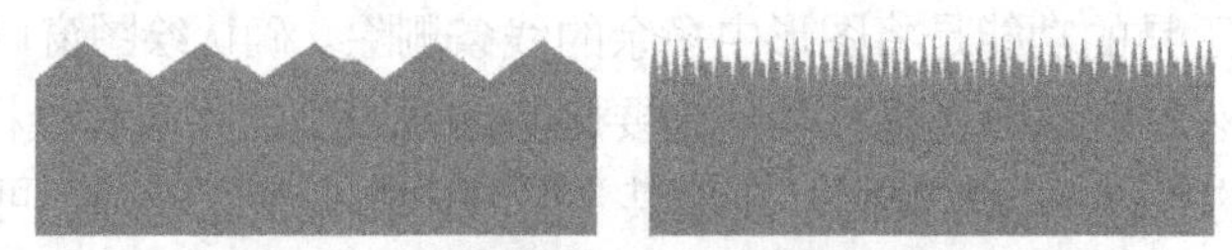

图 5-90　设置不同数值时生成的锯齿效果对比

- 【水分浓度】：用于设置拖动鼠标光标时图形增加粗糙尖突的数量，参数设置范围为“－10～10”，数值越大，增加的尖突数量越多。
- 【斜移】：用于设置产生锯齿的高度，参数设置范围为“0～90”，数值越小，生成锯齿的高度越高。图 5-91 所示为设置不同数值时图形边缘生成的锯齿状态。

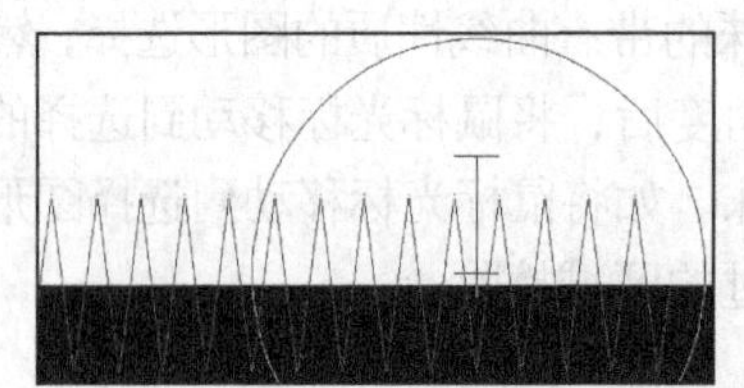
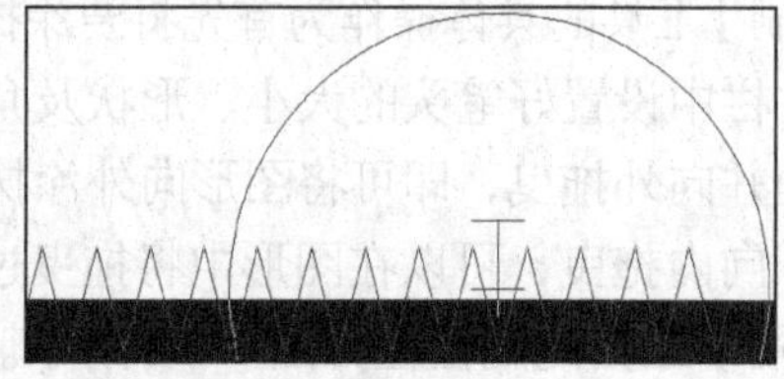

图 5-91　设置不同数值时生成的锯齿状态

- 【尖突方向】：可以设置生成锯齿的倾斜方向，包括【自动】和【固定方向】两个选项。当选择【自动】选项时，锯齿的方向将随机变换。当选择【固定方向】选项时，可以根据需要在右侧的【笔方位】中设置相应的数值，来设置锯齿的倾斜方向。

5.4.4　变换图形

【自由变换】工具的具体操作为首先选择想要进行变换的对象，然后选择工具，并在属性栏中设置好对象的变换方式，即激活相应的按钮。再将鼠标光标移动到绘图窗口中的适当位置，按下鼠标左键并拖曳（此时该点将作为对象变换的锚点），即可对选择的对象进行指定的变换操作

【自由变换】工具的属性栏如图 5-92 所示。

图 5-92　【自由变换】工具的属性栏

- 【自由旋转】按钮：激活此按钮，在绘图窗口中的任意位置按下鼠标左键并拖曳，可将选择的图形以按下点为中心进行旋转。如按住 Ctrl 键拖曳，可将图形按 15° 角的倍数进行旋转。
- 【自由角度反射】按钮：激活此按钮，将鼠标光标移动到绘图窗口中的任意位置按下鼠标左键并拖曳，可将选择的图形以鼠标单击的位置为锚点，鼠标移动的方向为镜像对称轴来对图形进行镜像。
- 【自由缩放】按钮：激活此按钮，将鼠标光标移动到绘图窗口中的任意位置，按下鼠标左键并拖曳，可将选择的图形进行水平和垂直缩放。如按住 Ctrl 键向上拖曳，可等比例放大图形；按住 Ctrl 键向下拖曳，可等比例缩小图形。
- 【自由倾斜】按钮：激活此按钮，将鼠标光标移动到绘图窗口中的任意位置按下鼠

标左键并拖曳，可将选择的图形进行扭曲变形。

- 【旋转中心】：用于设置当前选择对象的旋转中心位置。
- 【倾斜角度】：用于设置当前选择对象在水平和垂直方向上的倾斜角度。
- 【应用到再制】按钮：激活此按钮，使用【自由变换】工具对选择的图形进行变形操作时，系统将首先复制该图形，然后再进行变换操作。
- 【相对于对象】按钮：激活此按钮，属性栏中的【X】和【Y】的数值将都变为“0”。在【X】和【Y】的文本框中输入数值，如都输入“15”，然后按Enter键，此时当前选择的对象将相对于当前的位置分别在 x 轴和 y 轴上移动 15 个单位。

5.5 标注工具

利用标注工具可以在图纸绘制中测量尺寸并添加标注。在 CorelDRAW X5 中，标注工具主要包括【平行度量】工具、【水平或垂直度量】工具、【角度量】工具、【线段度量】工具和【3 点标注】工具。下面来分别讲解其使用方法。

一、平行度量

【平行度量】工具可以对图形进行垂直、水平或任意斜向标注。其标注方法为首先选择工具，在弹出的隐藏工具组中选择工具。将鼠标光标移动到要标注图形的合适位置按下鼠标，确定标注的起点，然后移动鼠标光标至标注的终点位置释放，再移动鼠标至合适的位置单击，确定标注文本的位置，即可完成标注操作。

二、水平或垂直度量

【水平或垂直度量】工具可以对图形进行垂直或水平标注。其使用方法与【平行度量】工具的相同，区别仅在于此工具不能进行倾斜角度的标注。

三、角度量

【角度量】工具可以对图形进行角度标注。其标注方法为选择工具，在弹出的隐藏工具组中选择工具。将鼠标光标移动到要标注角的顶点位置后按下鼠标并沿一条边拖曳，至合适位置释放鼠标；移动鼠标至角的另一边，至合适位置单击，再移动鼠标，确定角度标注文本的位置，确定后单击即可完成角度标注，如图 5-93 所示。

四、线段度量

【线段度量】工具可以快捷的对线段或连续的线段进行一次性标注。具体使用方法为选择工具，在弹出的隐藏工具组中选择工具。然后在要标注的线段上单击，再移动鼠标确定标注文本的位置，确定后单击，即可完成线段标注，如图 5-94 所示；如要同时对很多条线段进行标注，可利用工具框选要标注的线段，注意要全部选择，然后移动鼠标确定标注文本的位置即可，如图 5-95 所示。

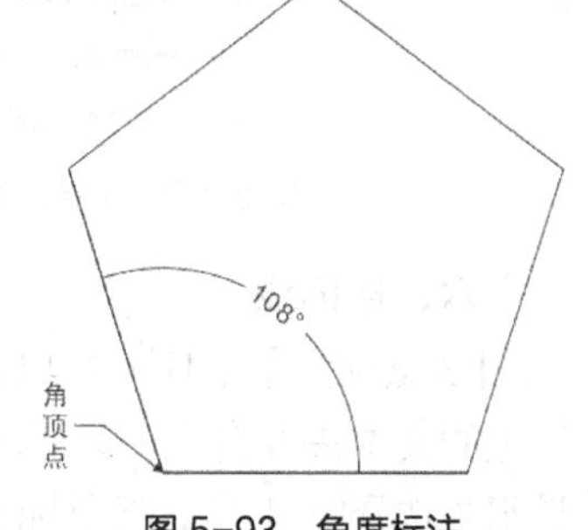

图 5-93 角度标注

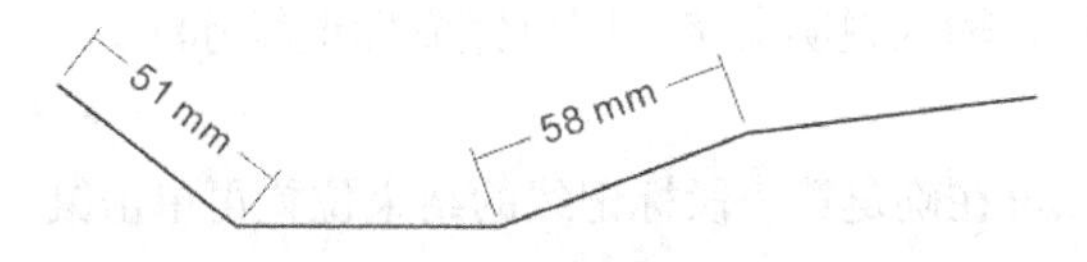

图 5-94 线段标注

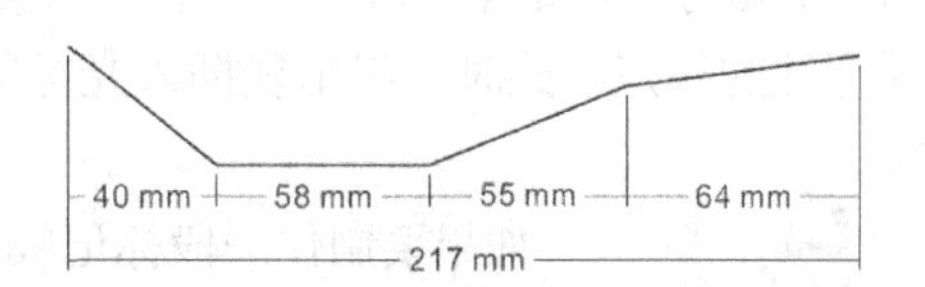

图 5-95 多条线段同时标注

五、【度量】工具的属性栏

以上所讲的 4 种度量工具的属性栏基本相似，下面针对【线段度量】工具的属性栏进行讲解，如图 5-96 所示。

图 5-96 【度量】工具的属性栏

- 【度量样式】：用于选择标注样式。包括“十进制”、“小数”、“美国工程”和“美国建筑学的” 4 个选项。
- 【度量精度】：用于设置在标注图形时数值的精确度，小数点后面的“0”越多，表示对图形标注的精确度越高。
- 【尺寸单位】：用于设置标注图形时的尺寸单位。
- 【显示单位】按钮：激活此按钮，在对图形进行标注时，将显示标注的尺寸单位；否则只显示标注的尺寸。
- 【度量前缀】和【度量后缀】：在这两个文本框中输入文字，可以为标注添加前缀和后缀，即除了标注尺寸外，还可以在标注尺寸的前面或后面添加其他的说明文字。
- 【显示前导零】按钮：当标注尺寸小于 1 时，激活此按钮，将显示小数点前面的“0”；否则将不显示。
- 【动态度量】按钮：当对图形进行修改时，激活此按钮，添加的标注尺寸也会随之变化；否则添加的标注尺寸不会随图形的调整而改变。
- 【文本位置下拉式对话框】按钮：单击此按钮，可以在弹出的图 5-97 所示的【标注样式】选项面板中设置标注时文本所在的位置。
- 【延伸线选项】按钮：单击此按钮，将弹出图 5-98 所示的【自定义延伸线】面板，在该面板中可以自定义标注两侧截止线离标注对象的距离和延伸出的距离。

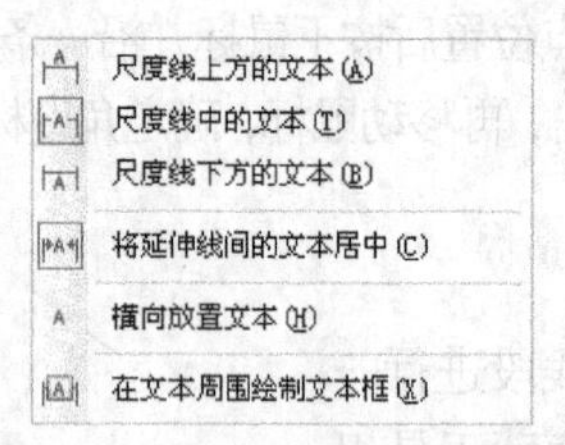

图 5-97 【标注样式】选项面板

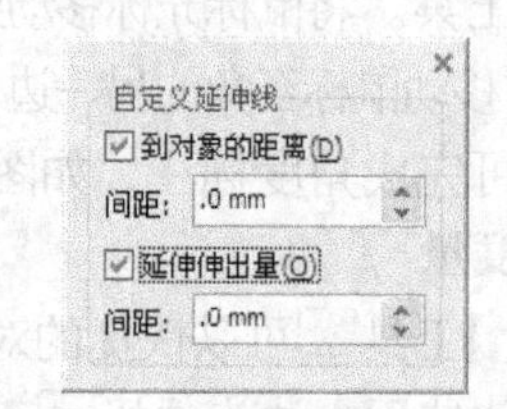

图 5-98 【自定义延伸线】面板

六、标记线

【3 点标注】工具可以对图形上的某一点或某一个地方以引线的形式进行标注，但标注线上的文本需要自己去填写。【3 点标注】工具的使用方法为选择工具，在弹出的隐藏工具组中选择工具。将鼠标光标移到要标注图形的标注点位置按下鼠标并拖曳，至合适位置后释放鼠标，确定第一段标记线；然后移动鼠标光标，至合适位置单击，确定第二段标记线，即标注的终点。此时，将出现插入光标闪烁符，输入说明文字，即可完成标记线标注。

如果要制作一段标记线标注，可在确定第一段标记线的结束位置再单击鼠标，然后输入说明文字即可。

【3 点标注】工具的属性栏如图 5-99 所示。

图 5-99 【3 点标注】工具的属性栏

- 【起始箭头】：单击此按钮，可在弹出的面板中选择标注线起始处的箭头样式。
- 【线条样式】：单击此按钮，可在弹出的列表中选择标注线的线条样式。
- 【标注符号】：单击此按钮，可在弹出的列表中选择标注文本的边框样式。
- 【间距】2.54 mm：用于设置标注文字距标记线终点的距离。
- 【字符格式化】按钮：单击此按钮，将弹出【字符格式化】泊坞窗，用于设置标注文字的字体和字号等属性。

5.6 综合案例——居室设计

本节学习绘制室内平面图及室内平面布置图的方法。在绘制室内平面图中主要学习比例尺的设置、辅助线的设置、图形轮廓线的设置及图纸的尺寸标注方法等内容；在绘制室内平面布置图中主要学习室内各种物体顶视图的表现方法及各填充工具的灵活运用。

5.6.1 绘制室内平面图

下面绘制室内平面图，首先来设置绘图比例、页面大小及辅助线。

绘制室内平面图

1. 新建一个图形文件。

2. 执行【视图】/【设置】/【网格和标尺设置】命令，弹出【选项】对话框，单击左侧的【标尺】选项，然后单击右侧参数设置区中的编辑缩放比例(S)...按钮，在弹出的【绘图比例】对话框中设置【典型比例】的参数，如图 5-100 所示。

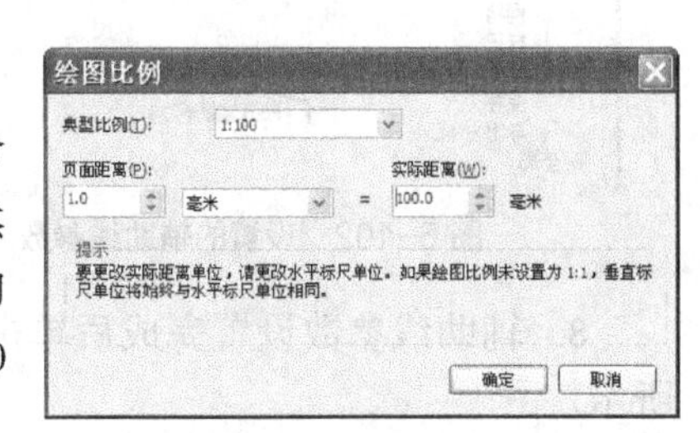

图 5-100 【绘图比例】对话框

3. 单击 确定 按钮，返回到【选项】对话框，然后单击【页面尺寸】选项，并设置右侧的【宽度】和【高度】的参数，如图 5-101 所示。

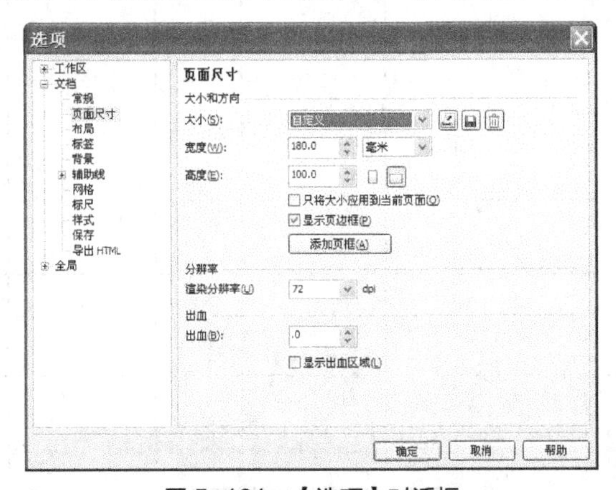

图 5-101 【选项】对话框

本例要绘制图纸的实际尺寸宽度约为“15 米”、高度约为“6.9 米”，而一开始将比例尺设置为“1∶100”，因此此处将文件的尺寸设置为宽度“180.0 毫米”、高度“100.0 毫米”，即实际尺寸宽度为“18 米”、高度为“10 米”。需要读者注意的是，当设置完比例尺后，标尺所显示的尺寸为所绘图纸的实际尺寸，而不是页面的尺寸。

4. 单击 确定 按钮，确认比例尺与页面大小的设置。

下面来添加辅助线。

5. 执行【视图】/【设置】/【辅助线设置】命令，再次弹出【选项】对话框，然后单击【水平】选项，并在右侧区域中输入参数“1500”，如图 5-102 所示。

6. 单击 添加(A) 按钮，即在绘图窗口中水平位置“1 500”毫米处添加了一条辅助线。

7. 用相同的方法，在【选项】对话框中依次设置水平和垂直辅助线的参数，如图 5-103 所示。

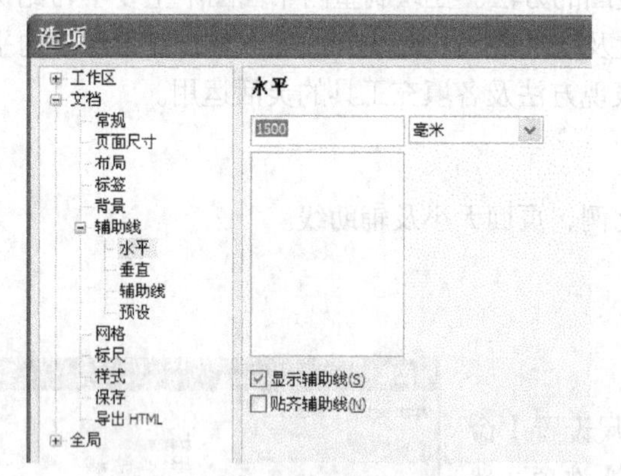

图 5-102 设置的辅助线参数

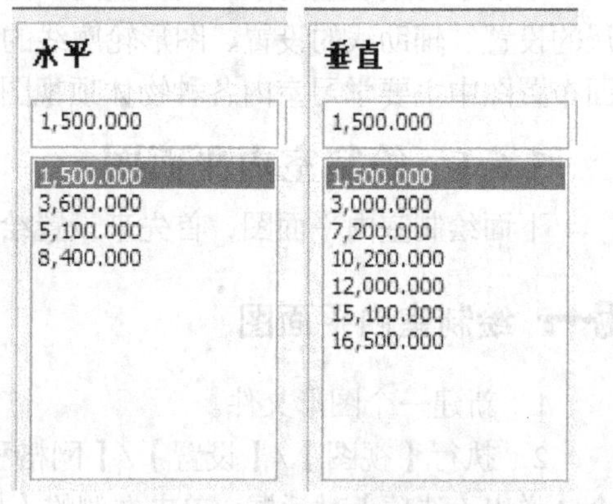

图 5-103 设置的辅助线参数

8. 辅助线参数设置完成后单击 确定 按钮，绘图窗口中添加的辅助线如图 5-104 所示。

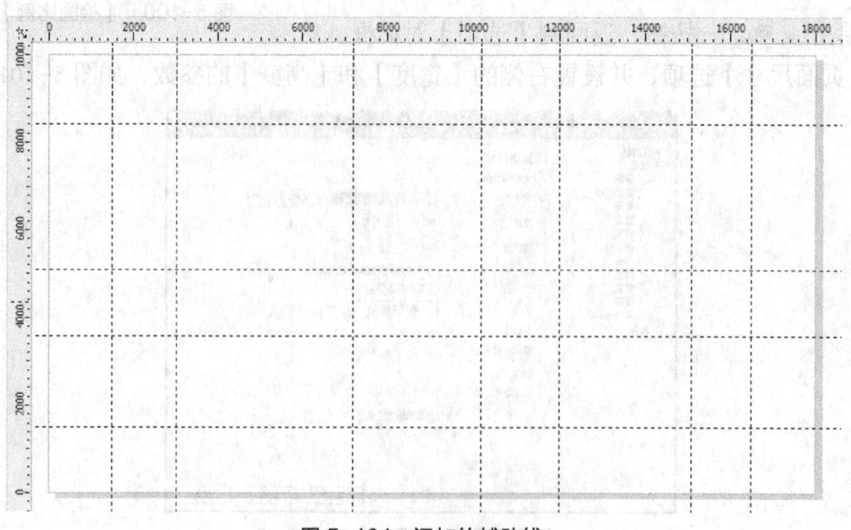

图 5-104 添加的辅助线

9. 执行【视图】/【贴齐辅助线】命令，启动对齐功能，然后选择工具，沿添加的辅助线绘制出房子的外轮廓，如图 5-105 所示。

10. 选择工具，弹出【轮廓笔】对话框，设置各选项及参数如图 5-106 所示。

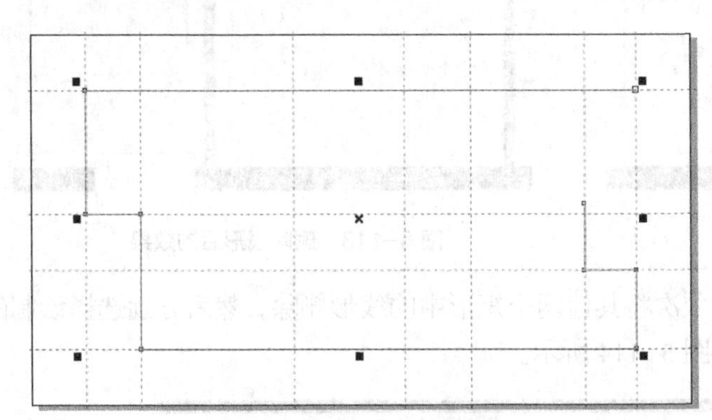

图 5-105 绘制出的房子外轮廓

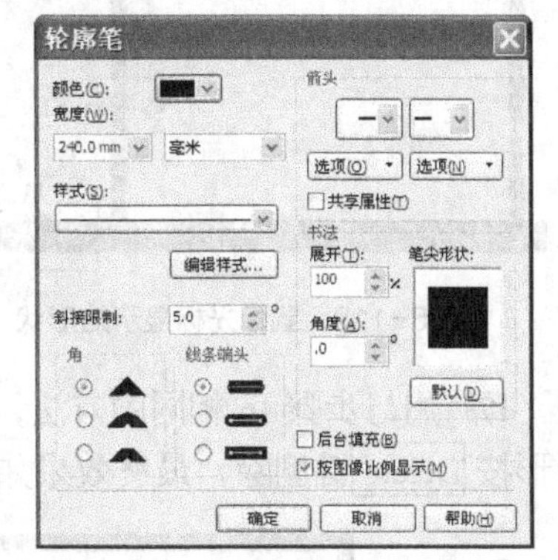

图 5-106 【轮廓笔】对话框参数设置

11. 单击 确定 按钮，设置轮廓笔宽度后的线形效果如图 5-107 所示。

12. 选择工具，沿辅助线绘制出房子内的承重墙，再将其轮廓笔宽度设置为“120 mm”，如图 5-108 所示。

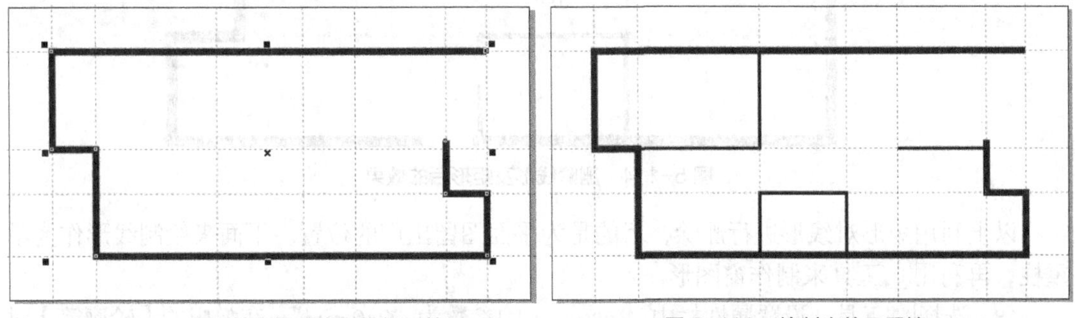

图 5-107 设置轮廓笔宽度后的线形效果　　图 5-108 绘制出的承重墙

13. 利用工具绘制一个矩形，然后设置属性栏中 1,000.0 mm 的参数为“1000 mm”，并将绘制的矩形移动到图 5-109 所示的位置。

14. 将矩形移动复制，确认复制的矩形处于选择状态，将属性栏中 800.0 mm 的参数设置为“800 mm”，然后将其移动到图 5-110 所示的位置。

15. 将步骤 14 绘制的矩形再次移动复制，然后将复制出的矩形旋转 90° 后放置到图 5-111 所示的位置。

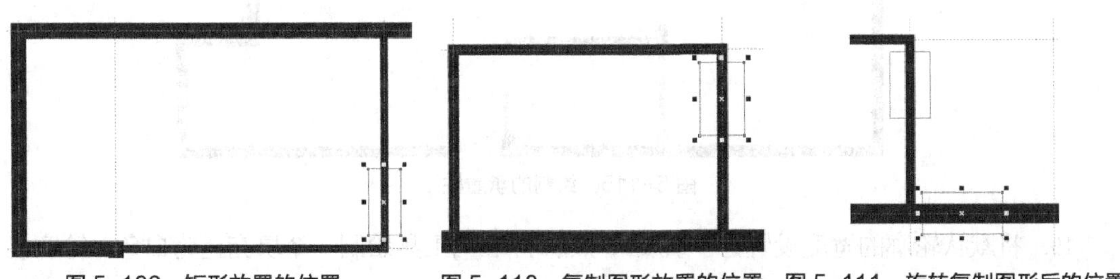

图 5-109 矩形放置的位置　　图 5-110 复制图形放置的位置　　图 5-111 旋转复制图形后的位置

16. 选择工具，然后将鼠标光标移动到矩形内，当鼠标光标显示为图 5-112 所示的形状时，单击将矩形中的线形删除，效果如图 5-113 所示。

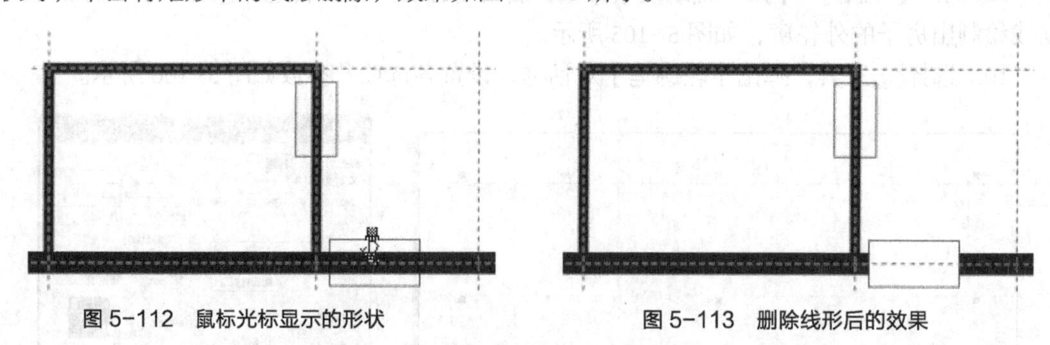

图 5-112　鼠标光标显示的形状　　图 5-113　删除线形后的效果

17. 用与步骤 16 相同的方法，依次将其他两个矩形中的线形删除，然后分别选择绘制的矩形按 Delete 键删除，最终效果如图 5-114 所示。

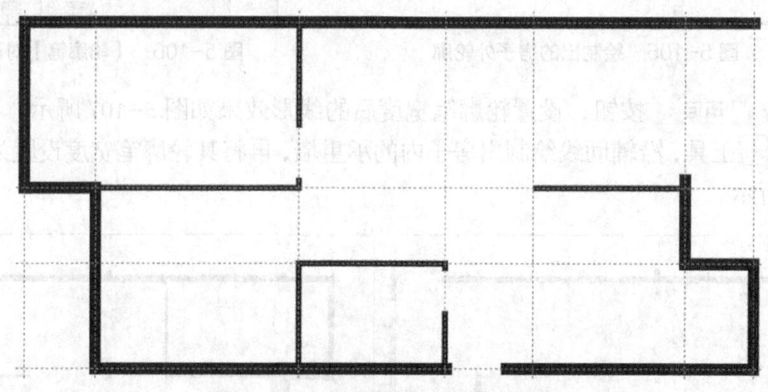

图 5-114　删除线形及矩形后的效果

以上利用矩形对线形进行删除，目的是为平面图留出门的位置。下面来绘制线形作为承重柱，再利用□工具来制作窗图形。

18. 选择工具，设置属性栏中 240.0 mm 的参数为“240 mm”，在弹出的【轮廓笔】对话框中单击 确定 按钮，然后依次绘制出图 5-115 所示的承重柱。

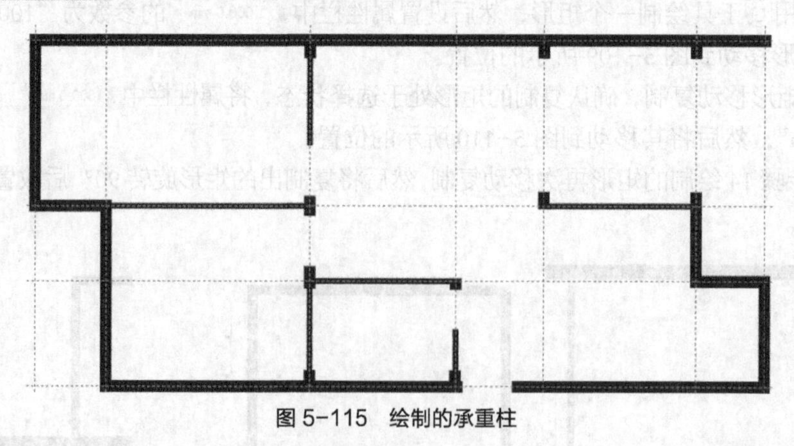

图 5-115　绘制的承重柱

19. 将默认轮廓的宽度设置为“细线”，然后利用□工具绘制一个填充色为白色、轮廓色为黑色的矩形。

20. 在属性栏中单击按钮，将矩形的锁定比率功能取消，然后将矩形的 2,400.0 mm 240.0 mm 参数分别设置为“2400 mm”和“240 mm”，再将矩形移动到图 5-116 所示的位置。

21. 按住 Shift 键，将鼠标光标移动到矩形上方中间的控制点上，按下鼠标左键并向下拖曳，至合适的位置后，在不释放鼠标左键的情况下单击鼠标右键，将矩形缩小复制，制作出“窗户”图形，如图 5-117 所示。

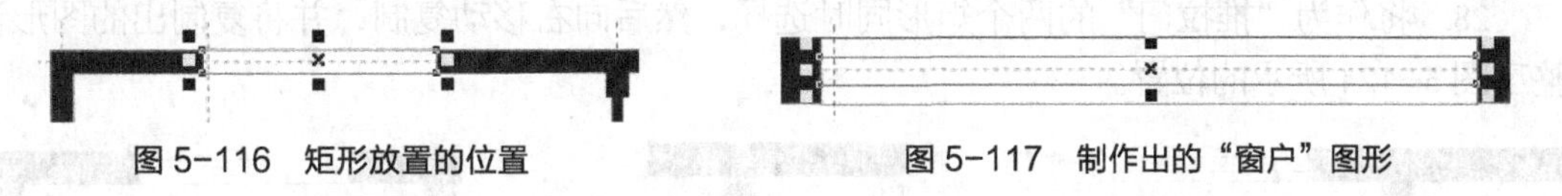
图 5-116　矩形放置的位置　　图 5-117　制作出的“窗户”图形

22. 用相同的绘制方法，依次绘制出图 5-118 所示的“窗户”图形。

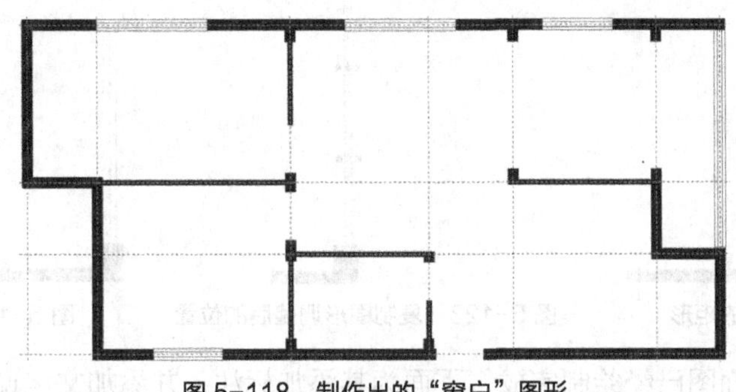
图 5-118　制作出的“窗户”图形

下面利用工具和工具来绘制“门”图形。

23. 选择工具，按住 Ctrl 键绘制一个【对象大小】为“2000 mm”的圆形，然后单击属性栏中的按钮，并设置的参数分别为“0”和“90”，将绘制的圆形调整为弧形，如图 5-119 所示。

24. 选择工具，在弧形的左侧绘制一个长条矩形，与弧形组合成“门”图形，如图 5-120 所示。

图 5-119　调整出的弧形　　图 5-120　绘制出的“门”图形

25. 将弧形与矩形同时选择，按 Ctrl+G 组合键群组，然后用镜像复制、移动复制、缩放和旋转等操作，将绘制的“门”图形依次复制后分别放置在图 5-121 所示的位置。

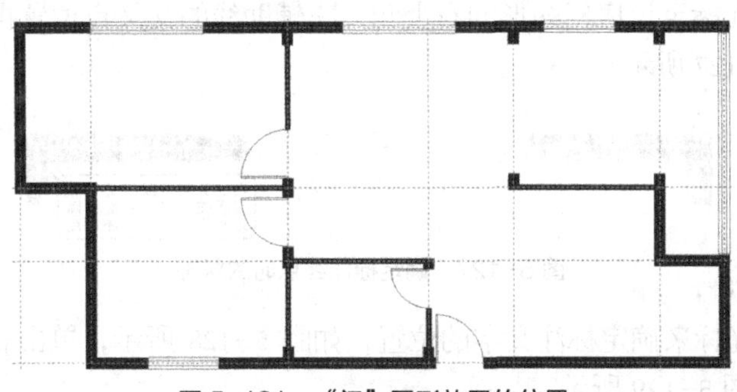
图 5-121　“门”图形放置的位置

26. 利用□工具绘制一个填充色为白色、轮廓色为黑色的矩形，然后将属性栏中 60.0 mm 1500.0 mm 的参数分别设置为“60 mm”和“1500 mm”，再将矩形移动到图 5-122 所示的位置。

27. 用镜像复制图形的方法，将矩形镜像复制，然后将复制出的矩形调整至图 5-123 所示的位置，制作出“推拉门”图形。

28. 将作为“推拉门”的两个矩形同时选择，然后向右移动复制，并将复制出的图形调整至图 5-124 所示的位置。

图 5-122　绘制的矩形　　图 5-123　复制图形调整后的位置　　图 5-124　制作的推拉门

至此，室内平面图已经绘制完成，下面为其添加标注，并添加文字说明。

29. 选择字工具，在属性栏中的【字体列表】中选择“Arial”字体，然后在弹出的【文本属性】对话框中单击 确定 按钮。

30. 在属性栏中将字体大小设置为“6 pt”，在再次弹出的【文本属性】对话框中单击 确定 按钮，将文字的默认字体及字号修改。

31. 选择工具，然后设置属性栏中各选项及参数，如图 5-125 所示。

图 5-125　【度量】工具的属性设置

32. 将鼠标光标移动到图形的左上角，在辅助线的交叉点位置单击鼠标，确定水平方向标注的第一点，其状态如图 5-126 所示。

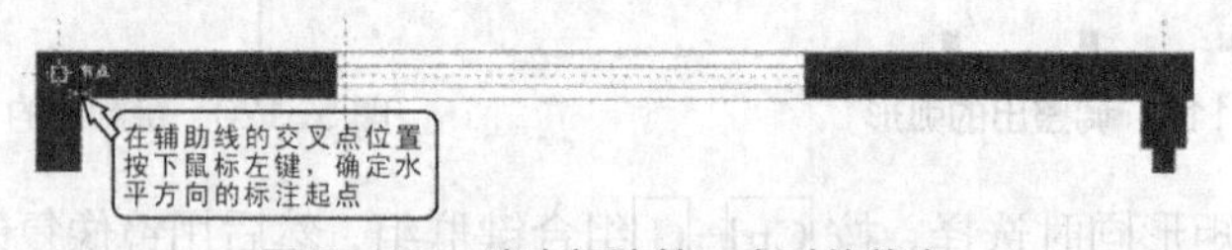

图 5-126　确定标注第一点时的状态

33. 移动鼠标光标至该房门图形的右上角，在辅助线的交叉点位置再次单击确定标注的终点，状态如图 5-127 所示。

图 5-127　确定标注终点时的状态

34. 移动鼠标光标来确定标注文字的位置，如图 5-128 所示，单击后即可完成对图形的尺寸标注操作，如图 5-129 所示。

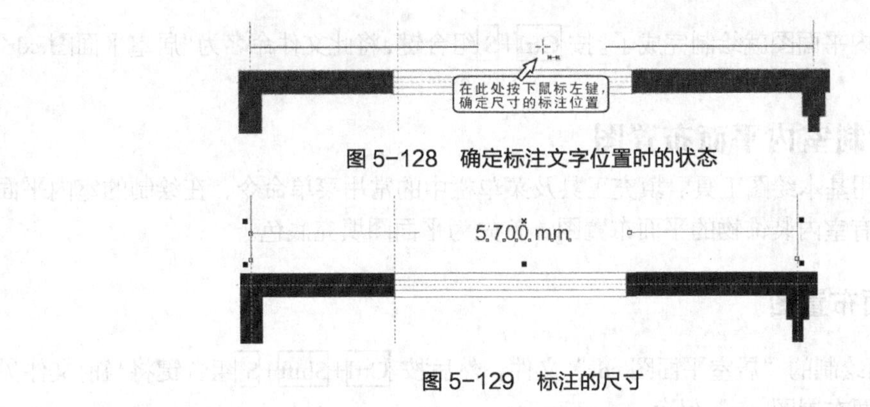

图 5-128 确定标注文字位置时的状态

图 5-129 标注的尺寸

35. 用与步骤 32～步骤 34 相同的标注方法，依次对平面图的尺寸进行标注，然后执行【视图】/【辅助线】命令，将绘图窗口中的辅助线隐藏，效果如图 5-130 所示。

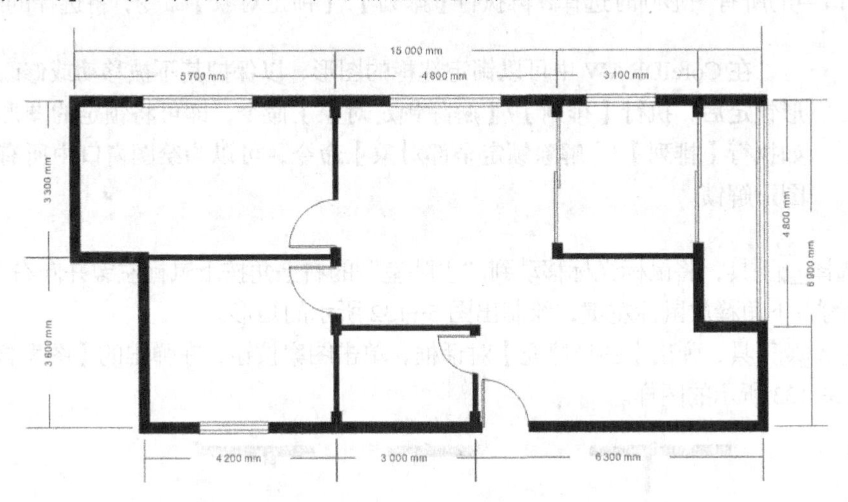

图 5-130 添加标注后的效果

36. 选择字工具，然后将文字的默认字体修改为“黑体”，字号修改为“10 pt”，并在平面图中依次输入各房间的名称，如图 5-131 所示。

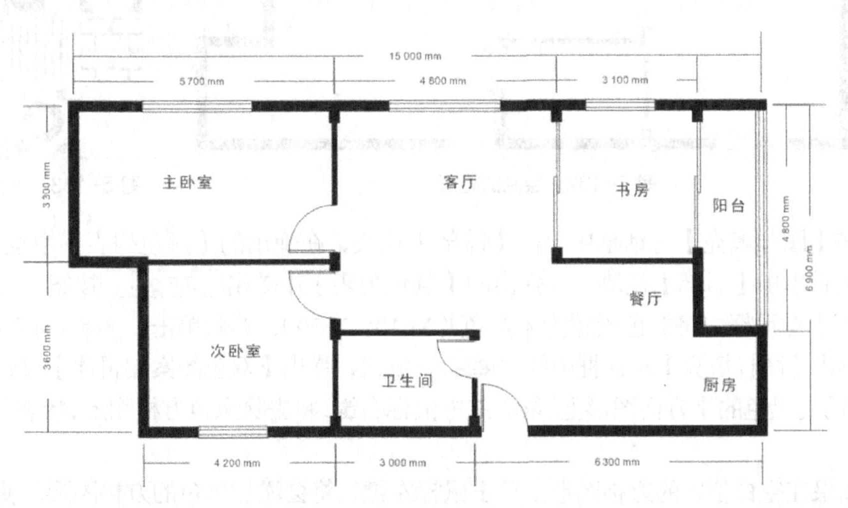

图 5-131 输入的房间名称

37. 至此，室内平面图就绘制完成了。按Ctrl+S组合键，将此文件命名为“居室平面图.cdr”保存。

5.6.2 绘制室内平面布置图

下面综合利用基本绘图工具、填充工具及菜单栏中的常用菜单命令，在绘制的室内平面图中再来绘制带有室内装饰物的平面布置图。首先为平面图填充底色。

绘制平面布置图

1. 打开上面绘制的“居室平面图.cdr”文件，然后按Ctrl+Shift+S组合键将当前文件另命名为“居室平面布置图.cdr”保存。

2. 利用工具将图中的文字和尺寸标注全部选择，按Delete键删除，然后双击工具，将绘图窗口中的所有图形同时选择，再执行【排列】/【锁定对象】命令，将选择的图形锁定。

在CorelDRAW中可以锁定选择的图形，以保护其不被移动或修改。将图形锁定后，执行【排列】/【解除锁定对象】命令，即可将锁定的图形解锁。如执行【排列】/【解除锁定全部对象】命令，可以为绘图窗口中所有的锁定图形解锁。

3. 选择工具，将鼠标光标移动到“主卧室”的右上角按下鼠标左键并向右下方拖曳，至平面图的右下角释放鼠标左键，绘制出图5-132所示的矩形。

4. 选择工具，弹出【图样填充】对话框，单击图案按钮，在弹出的【图案样式】面板中选择图5-133所示的图样。

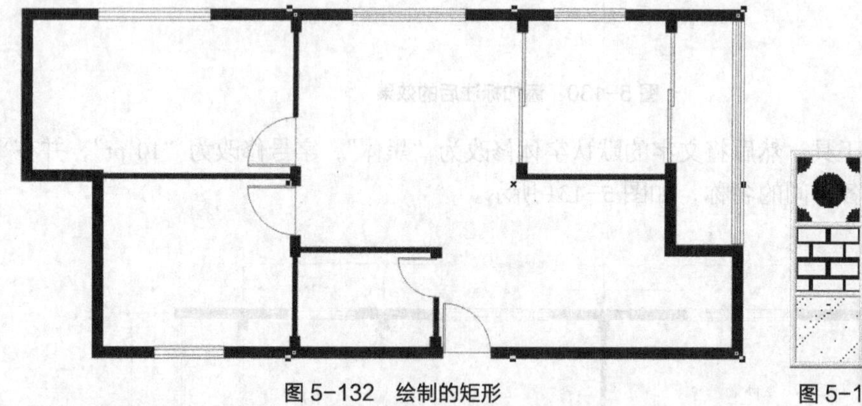

图5-132 绘制的矩形

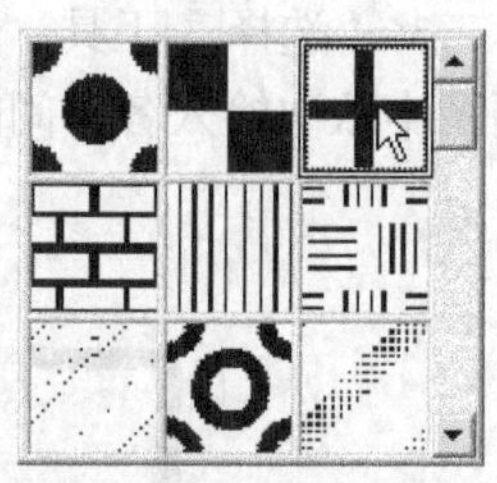

图5-133 选择的图样

5. 在【图样填充】对话框中单击【前部】色块，在弹出的【颜色列表】中选择白色。

6. 然后单击【后部】色块，在弹出的【颜色列表】中单击 其它(O)... 按钮，并在弹出的【选择颜色】对话框中将颜色设置为米黄色（M:10，Y:20），然后单击 确定 按钮。

7. 单击【图样填充】对话框中的 创建(A)... 按钮，弹出【双色图案编辑器】对话框，将鼠标光标移动到黑色的小方格图形上，依次单击鼠标右键，将去除黑色方格图形，状态如图5-134所示。

8. 如果在空白位置的方格图形上单击鼠标左键，将会添加黑色的方格图形。使用单击鼠标右键的方法，将图案编辑成图5-135所示的形态，然后单击 确定 按钮。

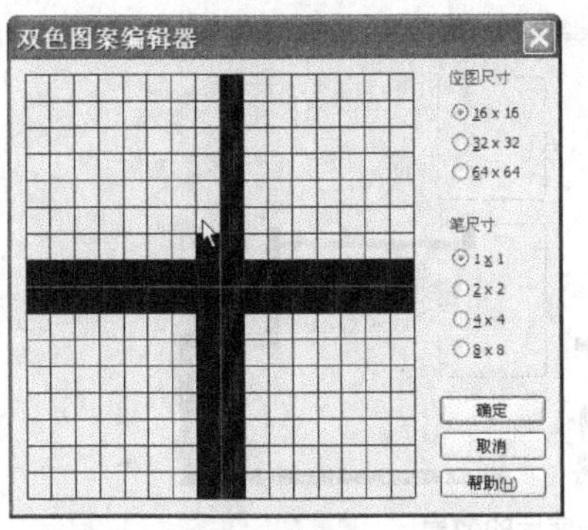

图 5-134 编辑图案时的状态

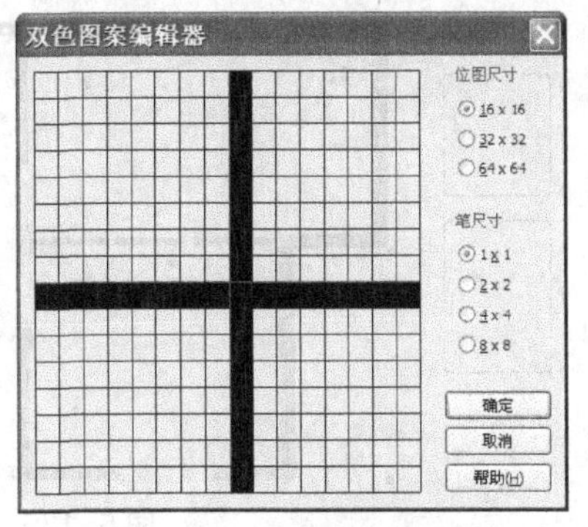

图 5-135 编辑后的图案形态

9. 在【图样填充】对话框中设置其他选项及参数如图 5-136 所示，然后单击 确定 按钮，矩形填充图样后的效果如图 5-137 所示。

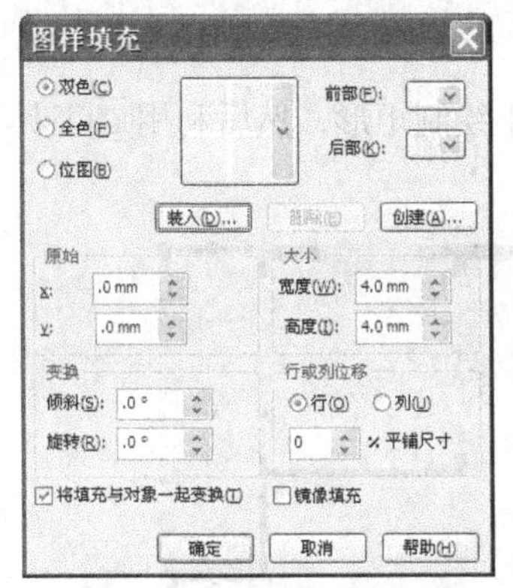

图 5-136 【图样填充】对话框参数设置

图 5-137 调整图形顺序后的形态

10. 去除矩形的外轮廓，然后执行【排列】/【顺序】/【到图层后面】命令，将绘制的矩形调整至所有图形的下方，调整图形顺序后的效果如图 5-138 所示。

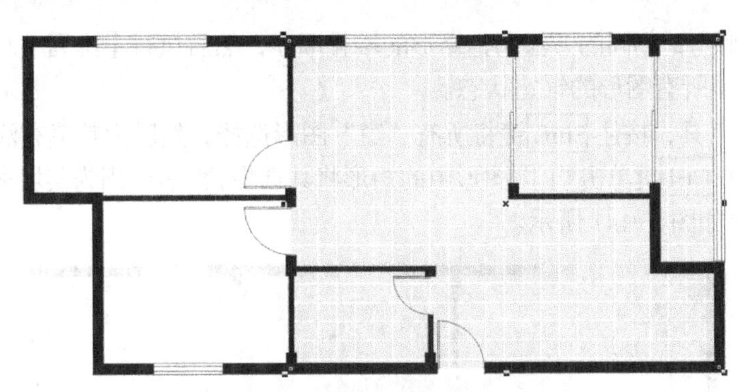

图 5-138 调整图形顺序后的效果

11. 利用□工具根据各卧室的大小绘制矩形，然后为其填充米黄色（M:7，Y:12），并去除外轮廓。

12. 将绘制的 3 个米黄色矩形图形选择，然后执行【排列】/【顺序】/【置于此对象后】命令，此时鼠标光标将显示为➡形状，将鼠标光标移动到“墙体”图形上单击，将绘制的矩形调整至墙体图形的下方，如图 5-139 所示。

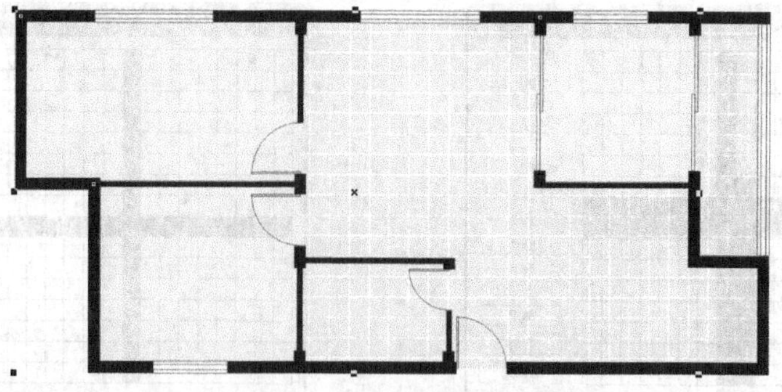

图 5-139　调整堆叠顺序后的效果

要点提示　在下面的操作过程中，为了避免叙述上的重复，将不再为绘制的每一个图形说明调整顺序。但读者在绘制时要注意，为图形填充颜色或图案后都要调整到建筑墙体的下方。

13. 利用□工具根据“卫生间”和“阳台”的大小绘制矩形，然后利用▦工具为其填充如图 5-140 所示的图样。

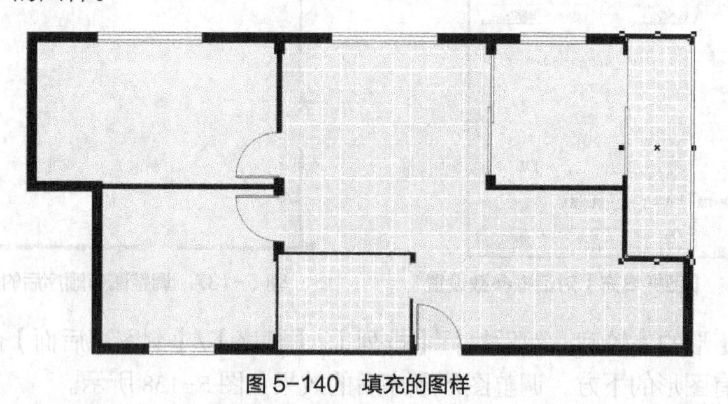

图 5-140　填充的图样

14. 用与步骤 12 相同的方法调整矩形的堆叠顺序，然后执行【排列】/【解除锁定全部对象】命令，取消所有图形的锁定状态。

15. 选择▷工具，按住 Shift 键将所有“窗”图形选择，然后为其填充浅蓝色（C:10）。

16. 依次按住 Ctrl 键单击“门”图形中的矩形将其选择，然后分别为其填充橘黄色（M:40，Y:80），最终效果如图 5-141 所示。

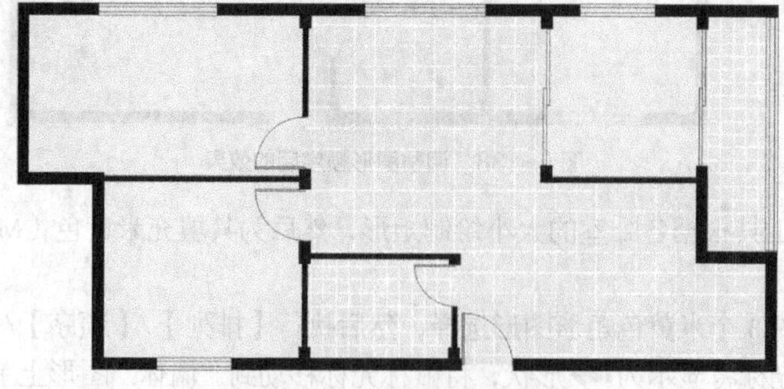

图 5-141　填充颜色后的效果

17. 底色填充完后，按Ctrl+S组合键将此文件保存。

接下来绘制平面布置图中的家具及家电图形，先来绘制“客厅”中的“沙发”、“茶几”等图形。

绘制“沙发”和“茶几”等图形

1. 接上例。利用按钮将素材文件中“图库\第05章”目录下名为“地毯01.jpg”的文件导入，然后将其调整至合适的大小后放置到图5-142所示的客厅位置。

2. 利用工具在地毯后面位置绘制出图5-143所示的矩形，然后按Ctrl+Q组合键，将其转换为曲线图形。

图5-142 导入的图片放置的位置

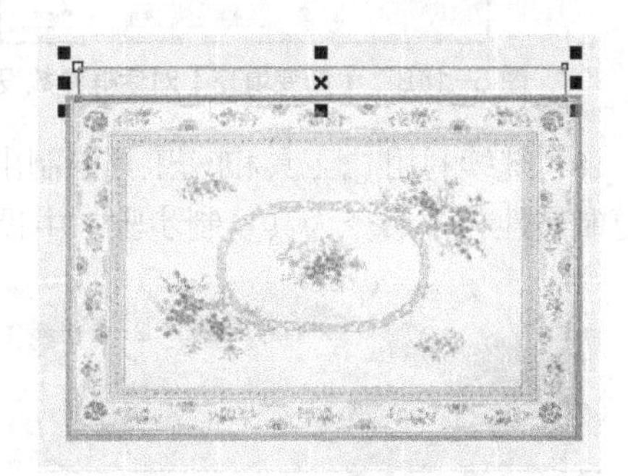

图5-143 绘制出的矩形

3. 选择工具，将矩形中的节点全部选择，然后单击属性栏中的按钮，将图形中的线段转换为曲线段，再将其调整至图5-144所示的形态，作为沙发的靠背图形。

4. 为调整后的图形填充上玫瑰红色（C:8，M:70，Y:15），然后将其外轮廓线去除，填充颜色后的图形效果如图5-145所示。

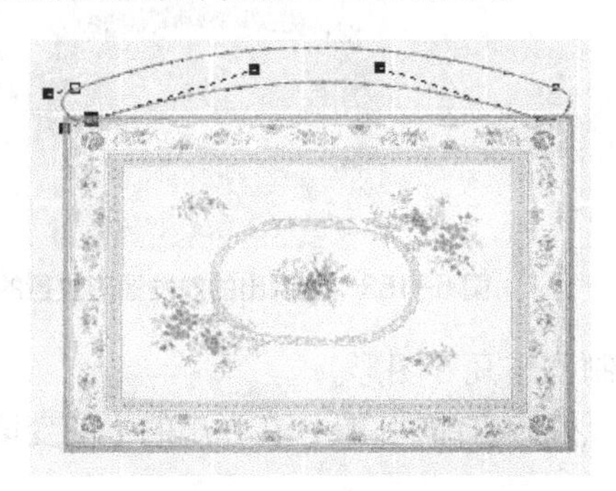

图5-144 调整后的图形形态

图5-145 填充颜色后的图形效果

5. 将填充玫瑰红色后的图形复制，缩小并调整其形状，然后填充深红色（C:30，M:100，Y:30），效果如图5-146所示。

6. 利用工具和工具绘制出图5-147所示的圆角矩形，作为沙发座垫。

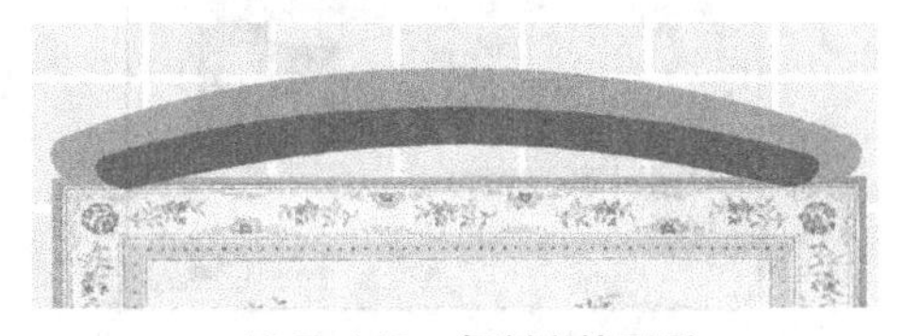

图5-146 复制出的图形

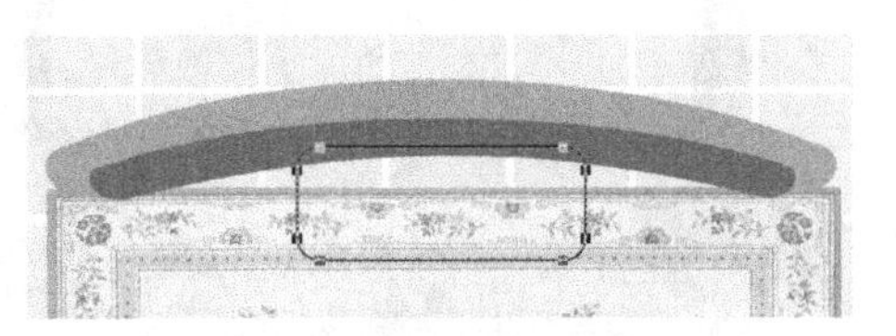

图5-147 绘制的圆角矩形

7. 选择▇工具，在弹出的【渐变填充】对话框中设置各选项及参数，如图 5-148 所示。然后单击 确定 按钮，填充渐变色后的图形效果如图 5-149 所示。

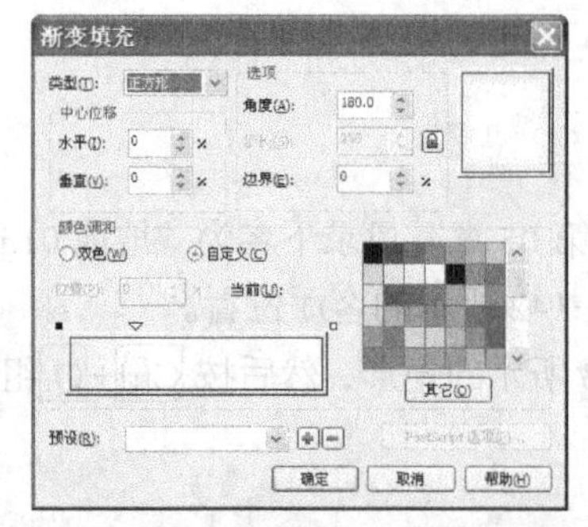

图 5-148 【渐变填充】对话框参数设置

图 5-149 填充渐变色后的图形效果

8. 继续利用□工具和▇工具绘制出图 5-150 所示的沙发座垫图形，然后利用【编辑】/【复制属性自】命令为其复制步骤 7 中设置的渐变色，效果如图 5-151 所示。

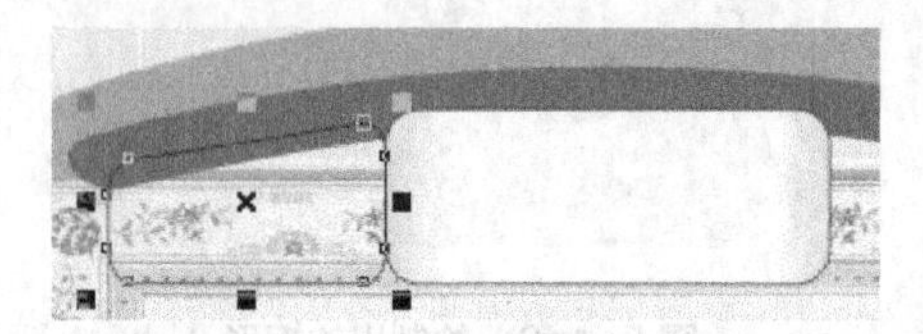

图 5-150 绘制并调整出的图形

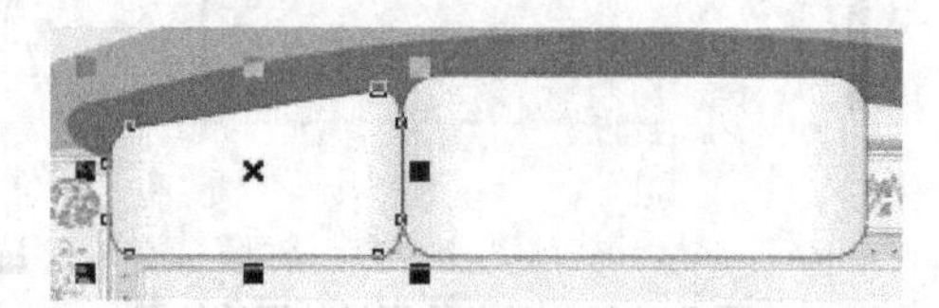

图 5-151 复制属性后的图形效果

9. 将复制属性后的图形水平镜像复制，然后将复制出的图形移动到图 5-152 所示的位置。

10. 用相同的绘制“沙发”图形方法，利用▢工具和□工具绘制出图 5-153 所示的“单人沙发”图形。

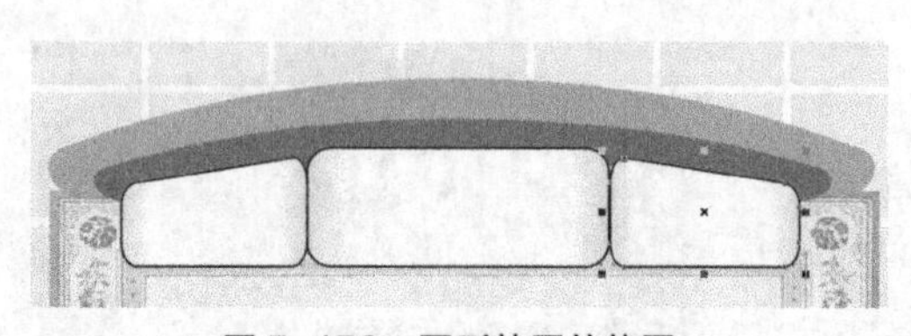

图 5-152 图形放置的位置

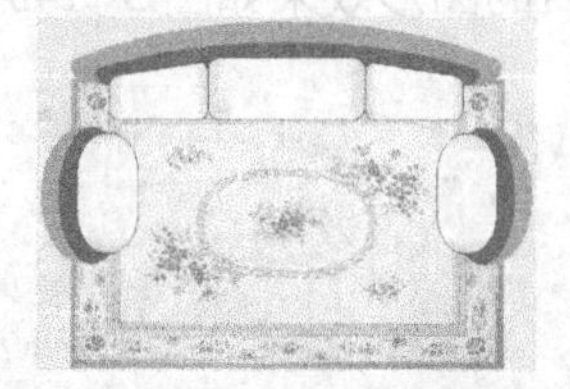

图 5-153 复制出的沙发图形放置的位置

至此，“沙发”图形已经绘制完成，下面来绘制“茶几”图形。

11. 利用□工具绘制出图 5-154 所示的矩形，然后选择▇工具，在弹出的【渐变填充】对话框中设置各选项及参数，如图 5-155 所示。

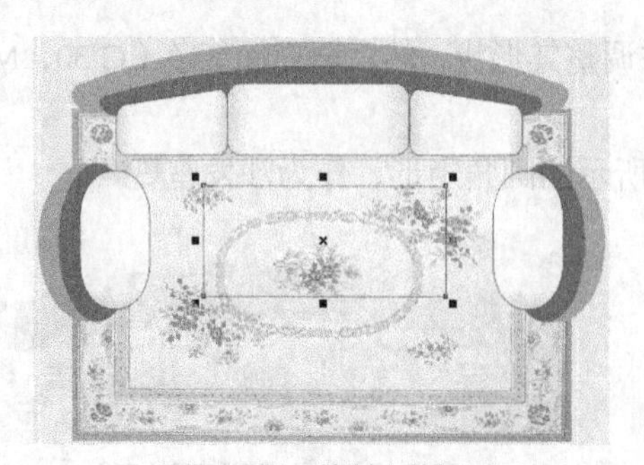

图 5-154 绘制出的矩形

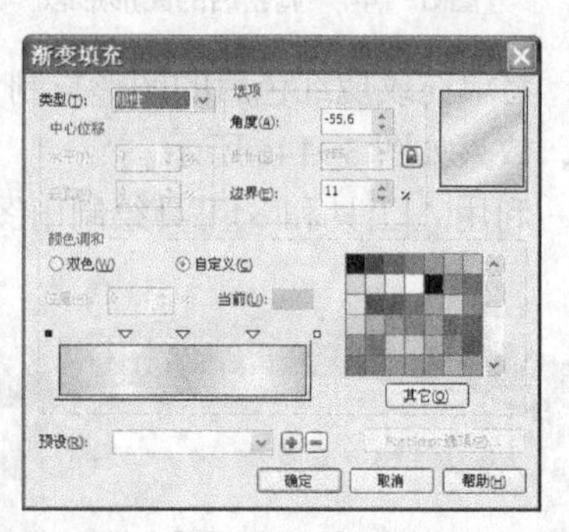

图 5-155 【渐变填充】对话框参数设置

12. 单击 确定 按钮，填充渐变色后的图形效果如图 5-156 所示。

13. 用等比例缩小复制图形的方法，将“茶几”图形等比例缩小复制，复制出的图形如图 5-157 所示。

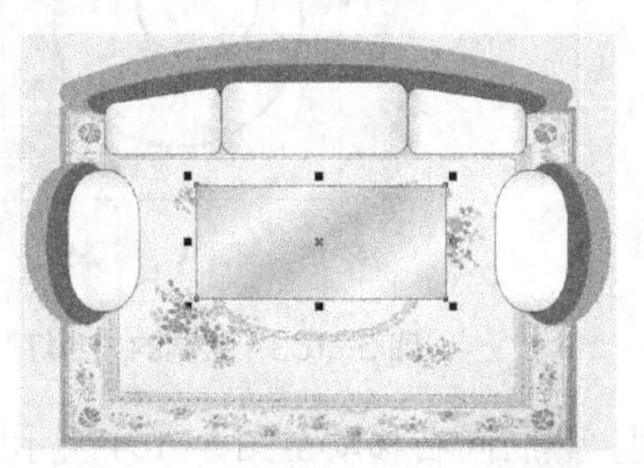
图 5-156　填充渐变色后的图形效果

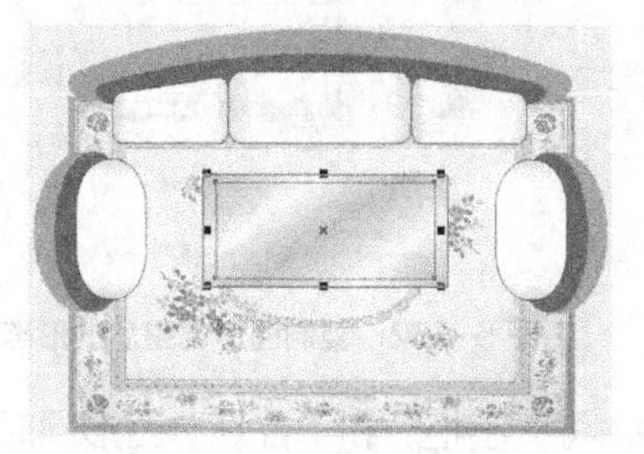
图 5-157　复制出的图形

14. 选择工具，弹出【渐变填充】对话框，设置各选项及参数如图 5-158 所示，单击 确定 按钮，修改渐变色后的图形效果如图 5-159 所示。

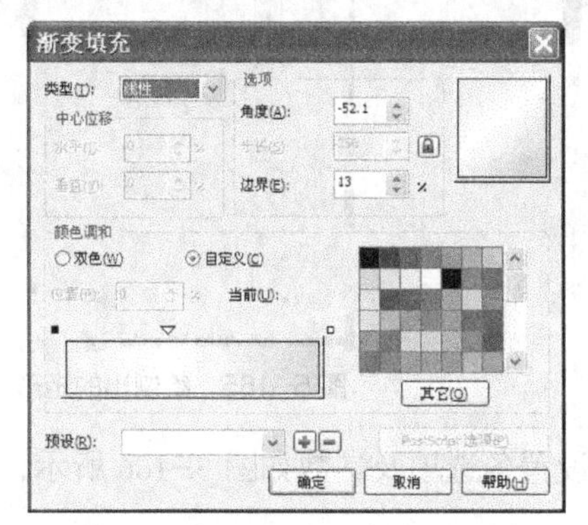

图 5-158　【渐变填充】对话框

图 5-159　填充渐变色后的图形效果

15. 利用工具将“茶几”下方的矩形选择，然后选择工具，将鼠标光标移动到所选图形的上方，按下鼠标左键并向下方拖曳添加投影，状态如图 5-160 所示。

16. 用与步骤 15 相同的方法，分别为“沙发”图形添加上投影，添加投影后的图形效果如图 5-161 所示。

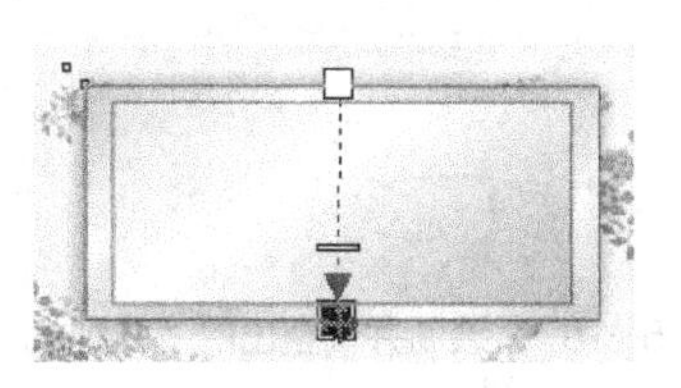
图 5-160　添加投影时的状态

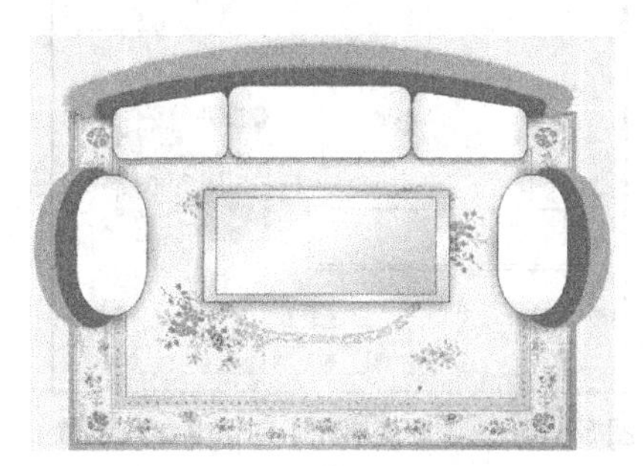
图 5-161　添加投影后的图形效果

17. 用移动复制图形的方法，将“茶几”图形移动复制，然后将复制的图形调整成方形，作为放置台灯的“小柜”图形，并调整至图 5-162 所示的位置。

18. 利用工具和工具在“小柜”图形上绘制出图 5-163 所示的“台灯”图形，其颜色填充为黄色（Y:20）。

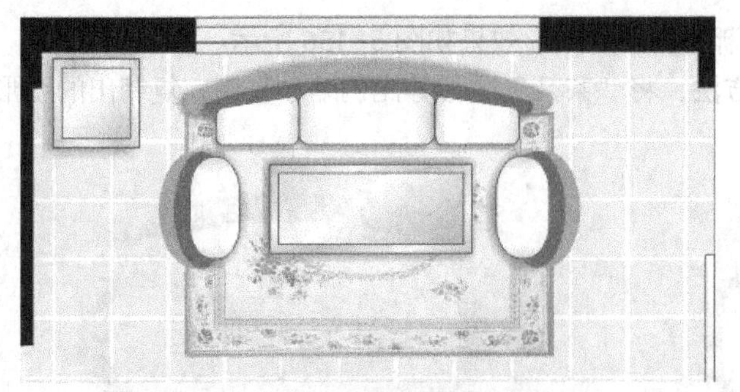

图 5–162　复制图形调整后的形态及位置

图 5–163　绘制的“台灯”图形

19. 将“小柜”和“台灯”图形同时选择后复制，然后向右移动至图 5–164 所示的位置。

20. 利用工具在客厅中绘制出图 5–165 所示的矩形，作为“电视柜”图形。

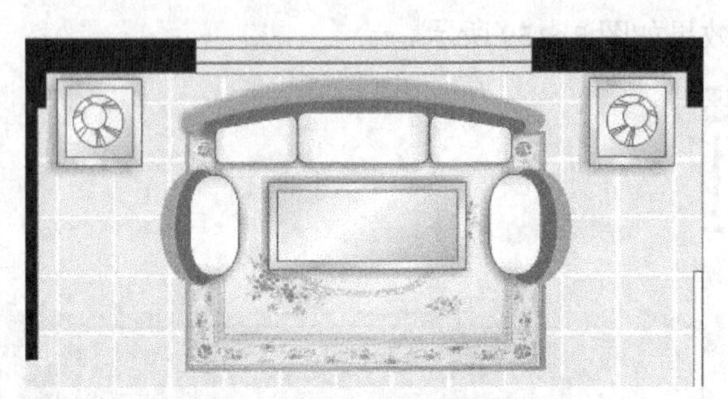

图 5–164　复制出的图形放置的位置

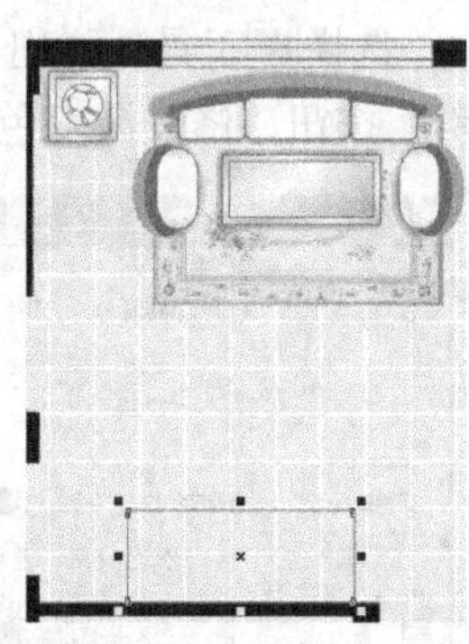

图 5–165　绘制出的矩形

21. 选择工具，弹出【渐变填充】对话框，设置各选项及参数如图 5–166 所示，然后单击 确定 按钮。

22. 利用工具和工具，在“电视柜”图形上绘制并调整出图 5–167 所示的“电视机”图形，然后将其全部选择后按 Ctrl+L 组合键结合。

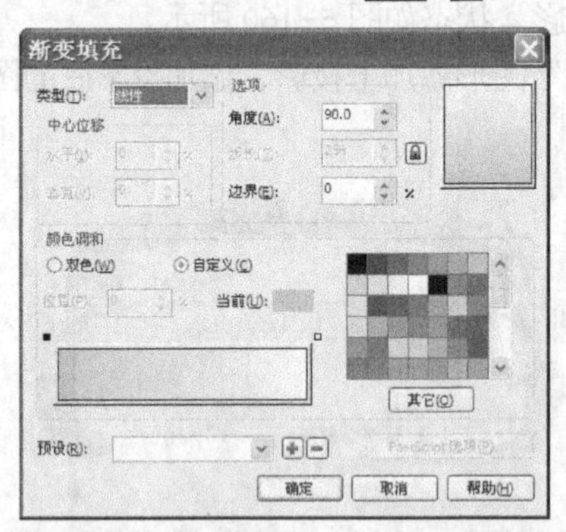

图 5–166　【渐变填充】对话框参数设置

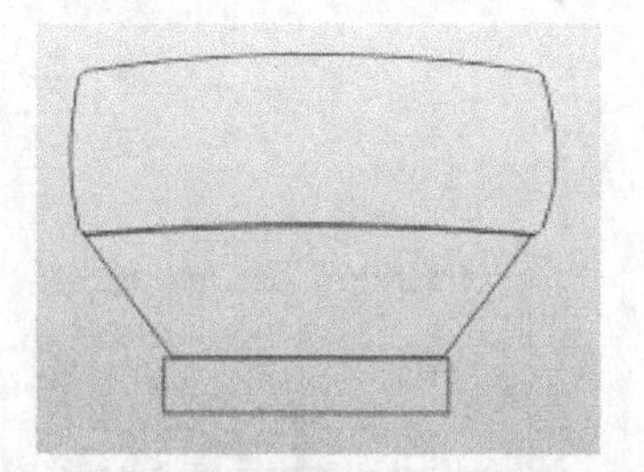

图 5–167　绘制并调整出的“电视机”图形

23. 选择工具，弹出【渐变填充】对话框，设置各选项及参数如图 5–168 所示。然后单击 确定 按钮，填充渐变色后的图形效果如图 5–169 所示。

24. 利用工具在“电视机”上绘制两条黑色的直线，作为电视机的“天线”，如图 5–170 所示。然后利用工具，在“电视柜”的左右两边各绘制一个图 5–171 所示的“音箱”图形。

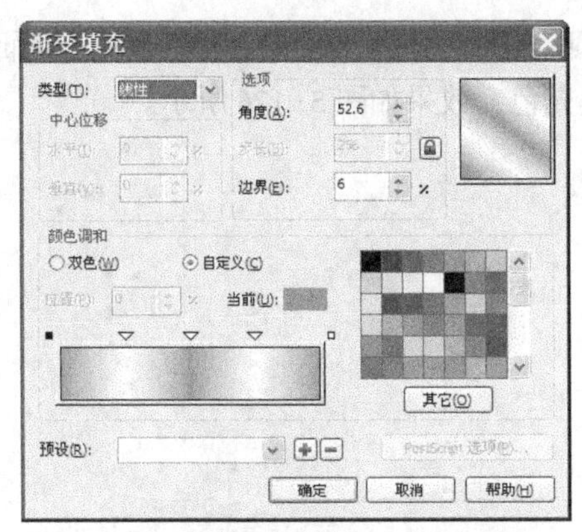

图 5-168 【渐变填充】对话框参数设置

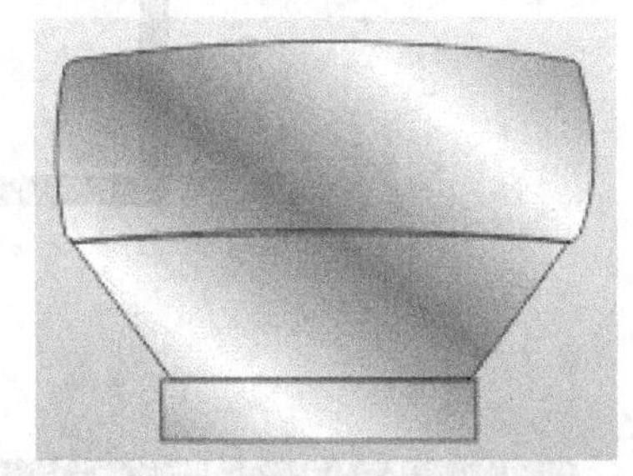

图 5-169 填充渐变色后的图形效果

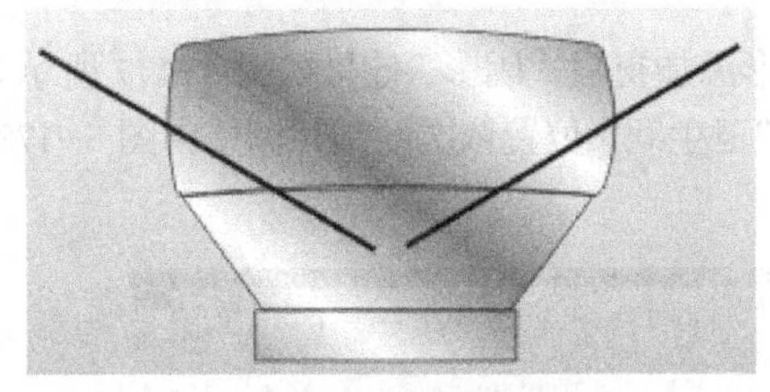

图 5-170 绘制出的“天线”

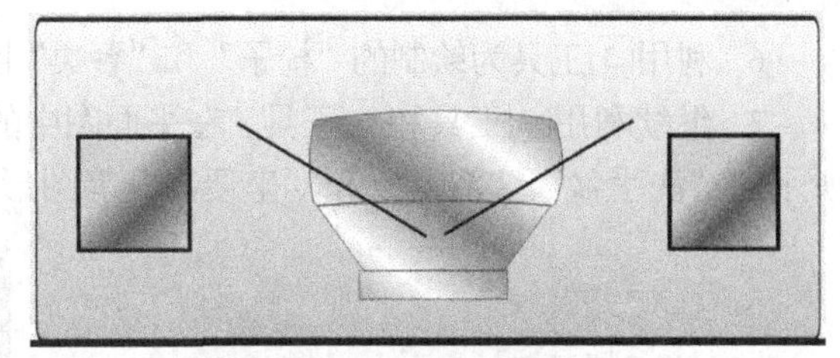

图 5-171 绘制出的“音箱”图形

25. 利用□工具分别为“电视柜”和“电视机”图形添加上阴影效果。

26. 至此，客厅中的家具及家电图形绘制完成，按Ctrl+S组合键，将此文件保存。下面为餐厅、卫生间、厨房、阳台、卧室及书房绘制各种家具。

绘制室内其他家具图形

1. 接上例。利用□工具和▢工具依次绘制出图 5-172 所示的图形，作为“椅子”。
2. 选择▢工具，在弹出的【图样填充】对话框中设置各选项及参数，如图 5-173 所示。
3. 单击 确定 按钮，填充图样后的图形效果如图 5-174 所示。

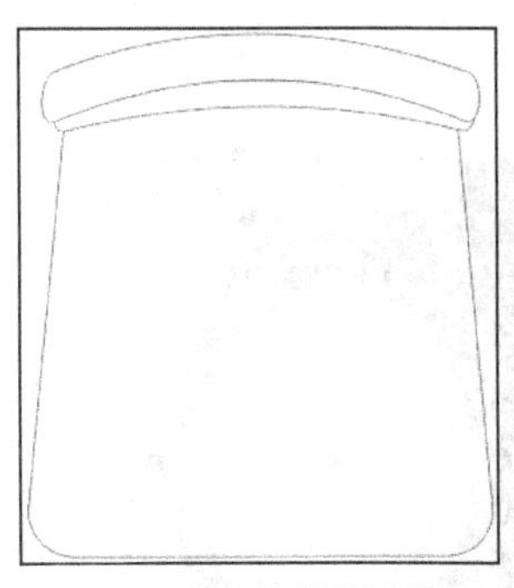

图 5-172 绘制并调整出的“椅子”

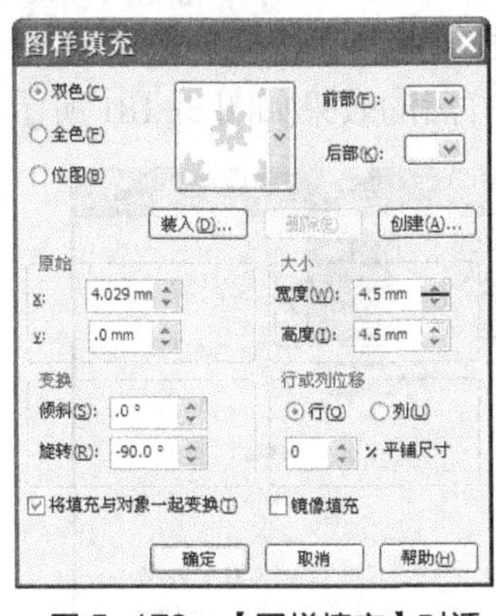

图 5-173 【图样填充】对话框参数设置

图 5-174 填充图样后的图形效果

4. 用移动复制、旋转图形和水平镜像复制图形的方法，依次对“椅子”图形进行复制，然后将复制出的“椅子”图形分别放置到图 5-175 所示的位置。

5. 利用工具在两组“椅子”图形中间绘制圆角矩形，作为“餐桌”，然后利用【编辑】/【复制属性自】命令为其复制“电视柜”图形的填充色，效果如图 5-176 所示。

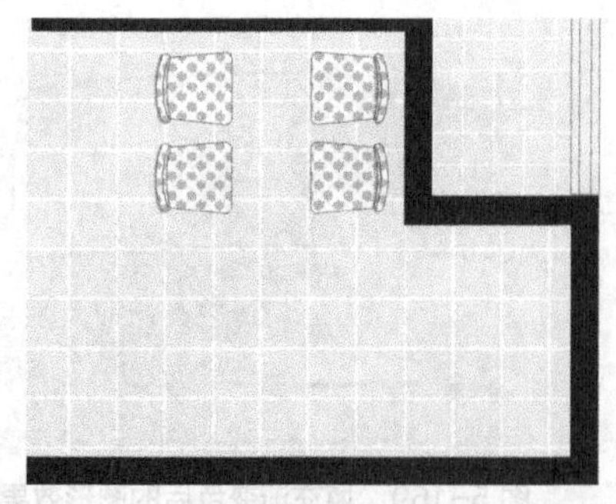
图 5-175　复制出的“椅子”放置的位置

图 5-176　复制属性后的图形效果

6. 利用工具为绘制的“椅子”和“餐桌”图形添加交互式阴影，效果如图 5-177 所示。

7. 继续利用工具和工具，在平面图中的“卫生间”位置依次绘制并调整出图 5-178 所示的“洗手盆”、“浴盆”和“坐便器”等图形。

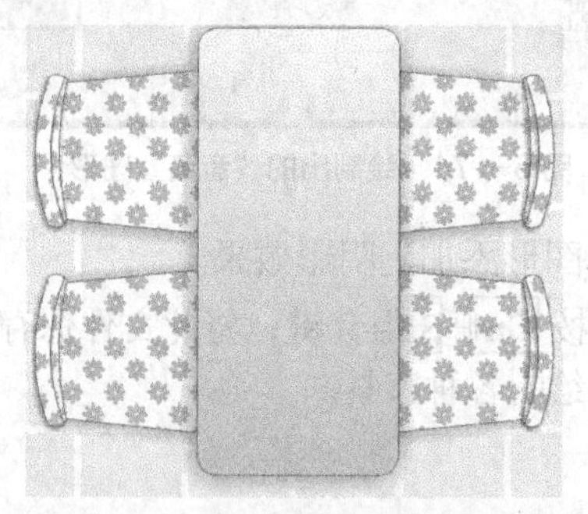
图 5-177　添加阴影后的图形效果

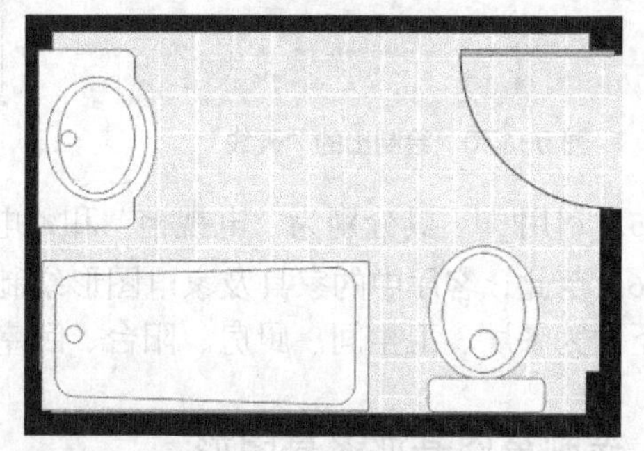
图 5-178　绘制出的图形

8. 将图 5-179 所示的“洗手盆台面”图形选择，然后选择工具，在弹出的【图样填充】对话框中点选【位图】单选项，再单击 装入(D)... 按钮，并在弹出的【导入】对话框中选择素材文件中“图库\第 05 章”目录下名为“大理石.jpg”的文件，单击 导入 按钮。

9. 设置【图样填充】对话框中的其他选项参数如图 5-180 所示，然后单击 确定 按钮，“洗手盆台面”图形填充图样后的效果如图 5-181 所示。

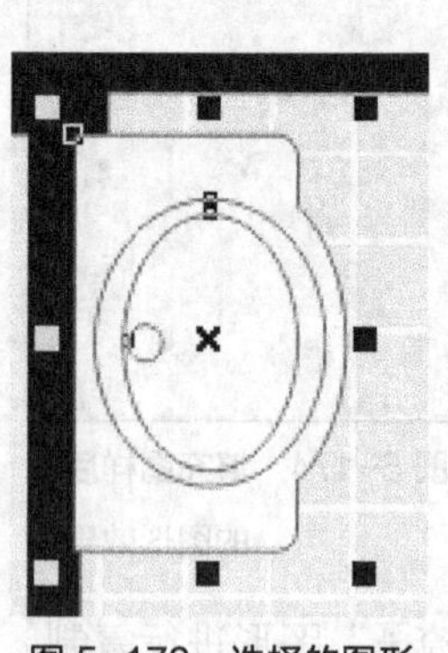
图 5-179　选择的图形

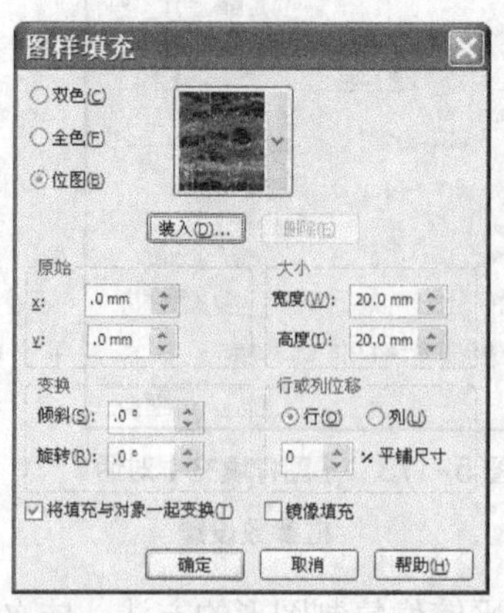

图 5-180　【图样填充】对话框参数设置

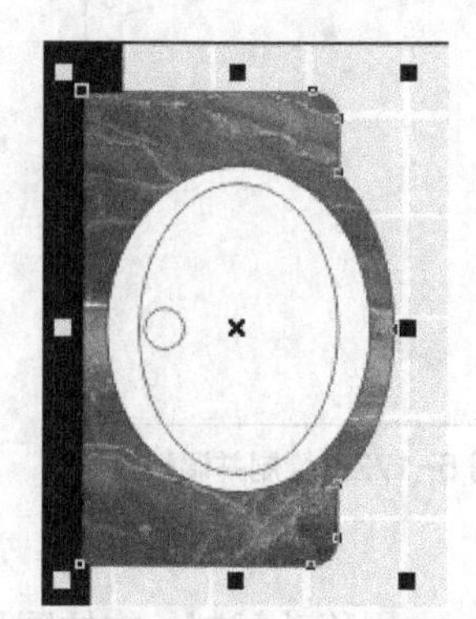
图 5-181　填充图样后的图形效果

10. 选择“洗手盆”图形，然后选择工具，弹出【渐变填充】对话框，设置各选项及参数如图5-182所示。

11. 单击 确定 按钮，然后将“洗手盆”图形中间的圆形填充为灰色（K:20），填充颜色后的“洗手盆”效果如图5-183所示。

12. 用与步骤10～步骤11相同的方法，为“浴盆”和“坐便器”图形填充颜色，效果如图5-184所示。

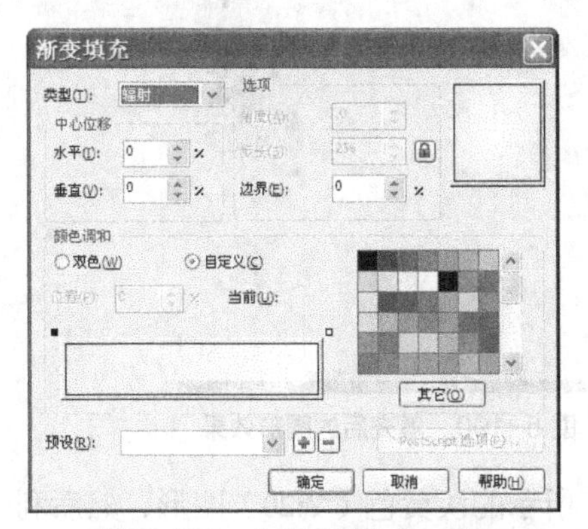

图5-182 【渐变填充】对话框

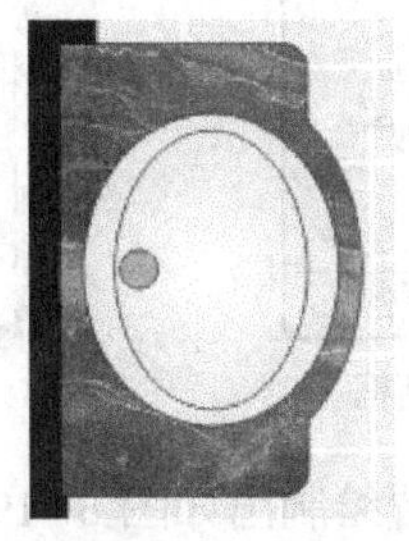

图5-183 填充效果

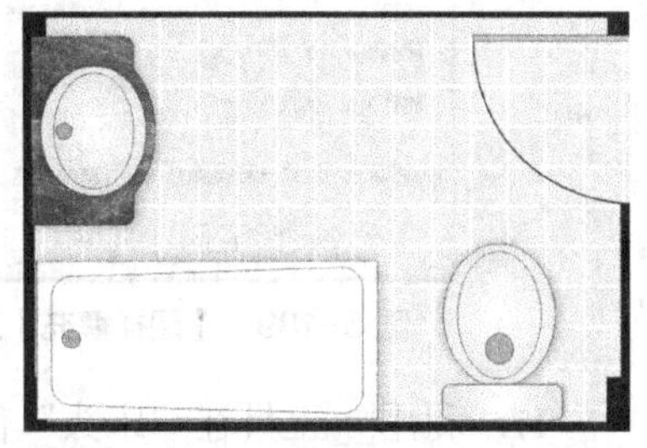

图5-184 填充颜色后的图形效果

13. 利用工具、工具和工具，在“厨房”中绘制出图5-185所示的“大理石台面”、“燃气灶”和“洗菜盆”等图形，然后在平面图中的“阳台”位置绘制并调整出图5-186所示的“洗手盆”图形。

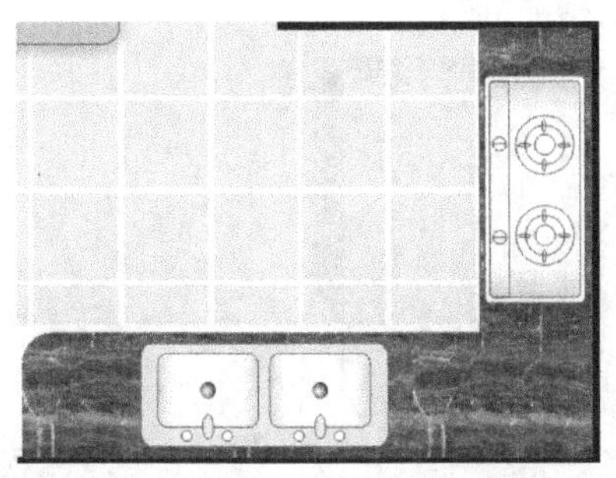

图5-185 绘制的“大理石台面”、“燃气灶”和“洗菜盆”

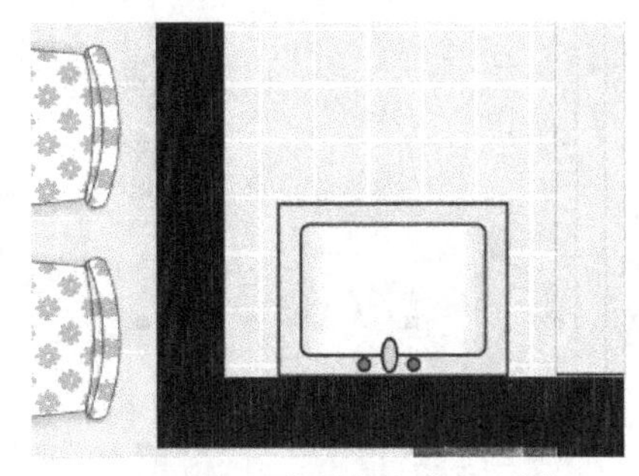

图5-186 绘制出的“洗手盆”

最后来绘制卧室和书房中摆放的各种家具。

14. 单击工具栏中的按钮，将素材文件中“图库\第05章”目录下名为“地毯02.psd”的文件导入，然后将其调整至合适的大小后放置到图5-187所示的位置。

15. 利用工具在“主卧室”内绘制出图5-188所示的矩形，作为“床”图形。

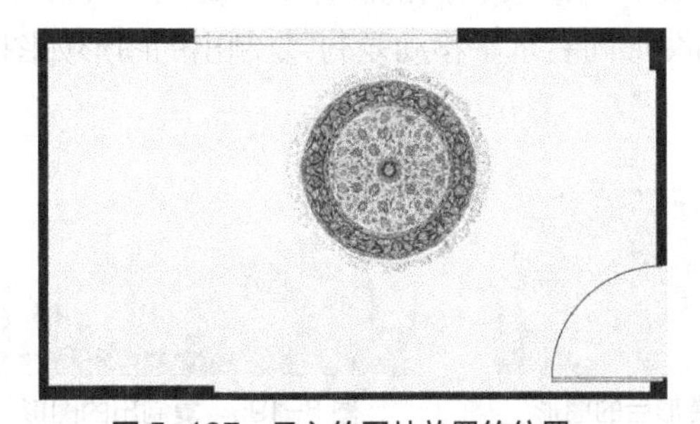

图5-187 导入的图片放置的位置

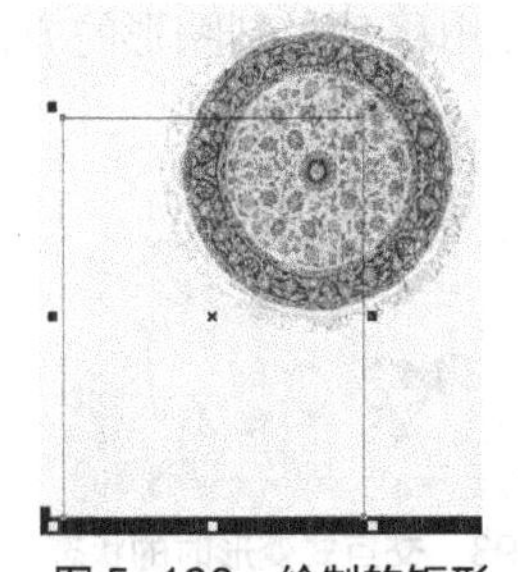

图5-188 绘制的矩形

16. 选择[图标]工具，在弹出的【图样填充】对话框中设置各选项参数如图 5-189 所示，然后单击[确定]按钮，填充图样后的图形效果如图 5-190 所示。

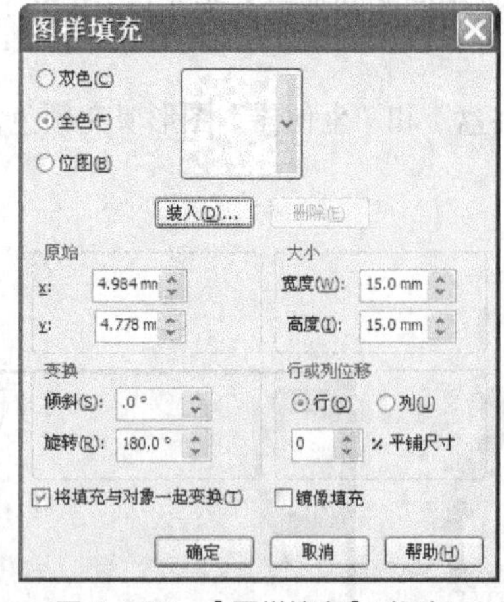

图 5-189 【图样填充】对话框

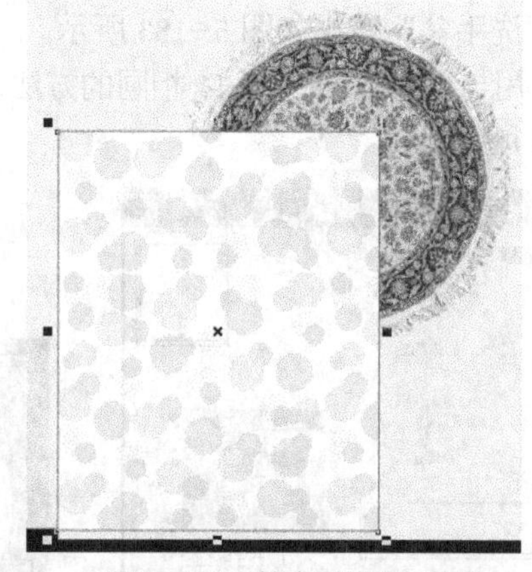
图 5-190 填充后的图形效果

17. 利用[图标]工具在"床头"位置绘制出如图 5-191 所示的淡黄色（Y:20）图形，然后利用[图标]工具依次绘制出图 5-192 所示的土黄色（M:20，Y:60，K:20）和深黄色（M:20，Y:100）圆角矩形。

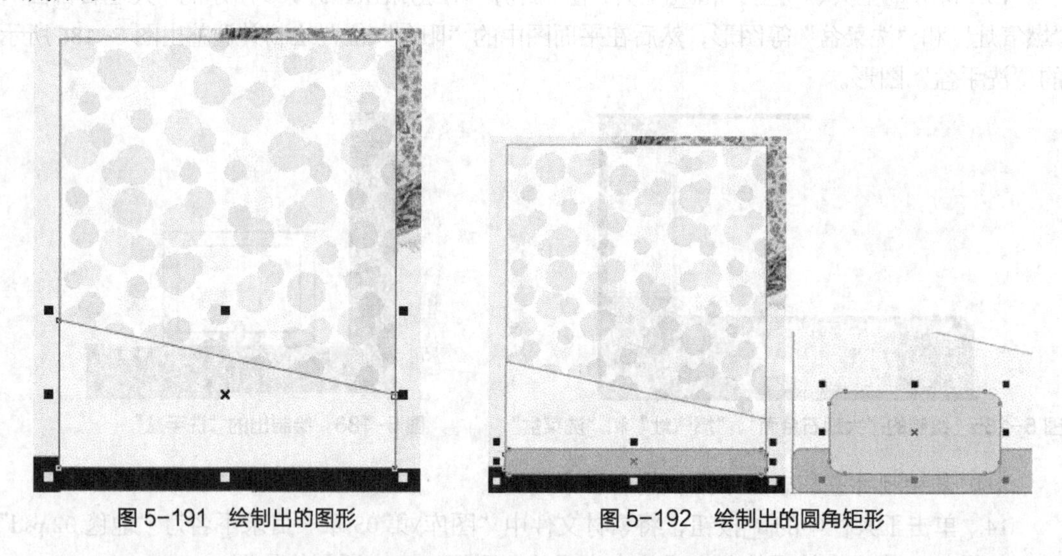
图 5-191 绘制出的图形　　图 5-192 绘制出的圆角矩形

18. 选择[图标]工具，将鼠标光标移动到深黄色圆角矩形的中心位置，按下鼠标左键并向左拖曳，对图形进行扭曲变形，状态如图 5-193 所示，变形后的图形形态如图 5-194 所示。

19. 用移动复制图形的方法，将变形后的图形向右水平移动复制，复制出的图形如图 5-195 所示。

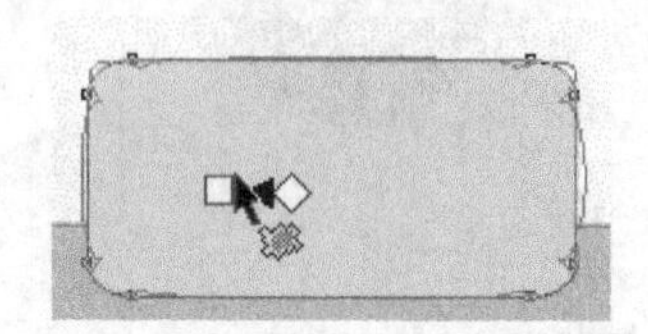
图 5-193 交互式变形时的状态

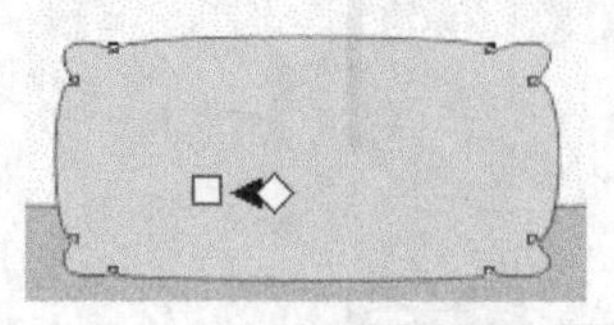
图 5-194 变形后的图形

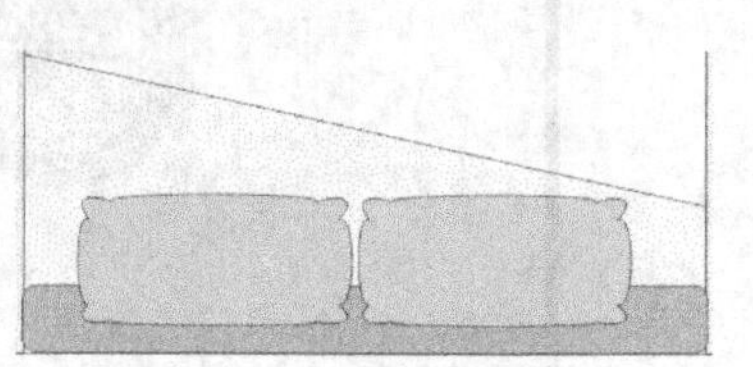
图 5-195 复制出的图形

20. 将两个变形图形同时选择，然后利用工具为其填充与“床”图形相同的图样。

21. 利用工具和工具及移动复制操作，依次在“主卧室”中绘制出窗头柜、台灯、壁橱、写字台和电视等图形，如图 5-196 所示。

22. 用与绘制“主卧室”中图形相同的方法及移动复制操作，为“次卧室”添加图形，最终效果如图 5-197 所示。在移动复制图形时，注意图形大小和角度的调整。

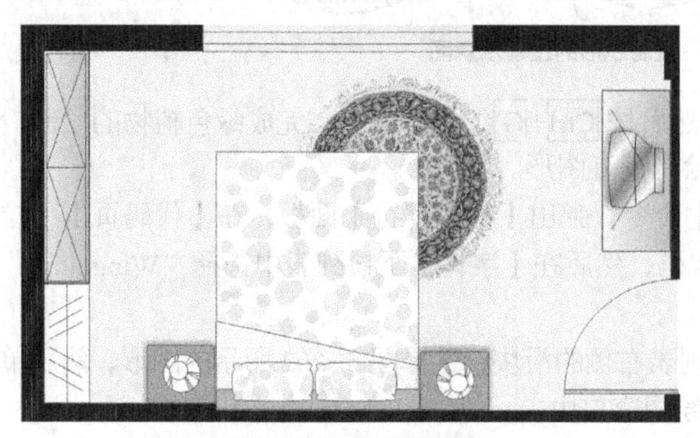

图 5-196 绘制的图形

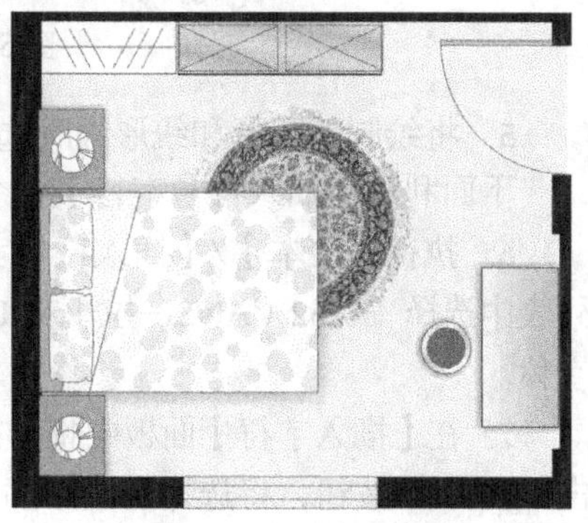

图 5-197 绘制的图形

23. 利用相同的复制及图形绘制操作，完成“书房”中的“桌子”、“椅子”以及“书橱”等图形的制作，如图 5-198 所示，然后按 Ctrl+S 组合键，将此文件保存。

最后再来绘制一些绿色植物及花卉来装饰室内空间，使绘制的平面布置图更加美观。

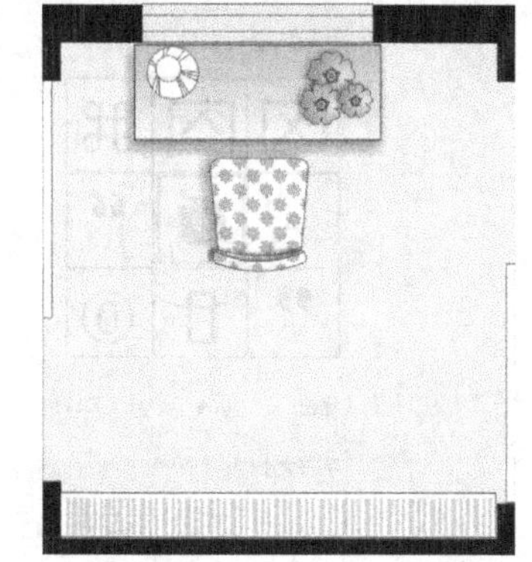

图 5-198 “书房”中的家具图形

绘制绿色植物及花卉

1. 接上例。

2. 利用工具绘制一个圆形，然后利用工具为其填充由酒绿色（C:40，Y:100）到白色的射线渐变色，再利用工具在圆形中绘制出图 5-199 所示的线形。

3. 在绘制的线形上单击，使其周围出现旋转和扭曲符号，然后将鼠标光标放置在右上角的旋转符号处，按住鼠标左键向右下方拖曳，至合适位置后，在不释放鼠标左键的情况下右击，旋转复制线形，其过程示意图如图 5-200 所示。

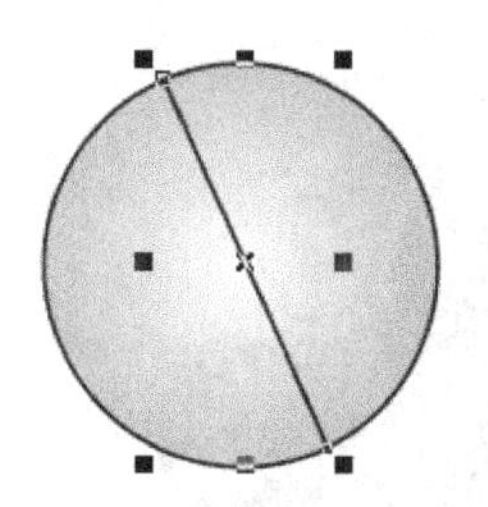

图 5-199 绘制的线形

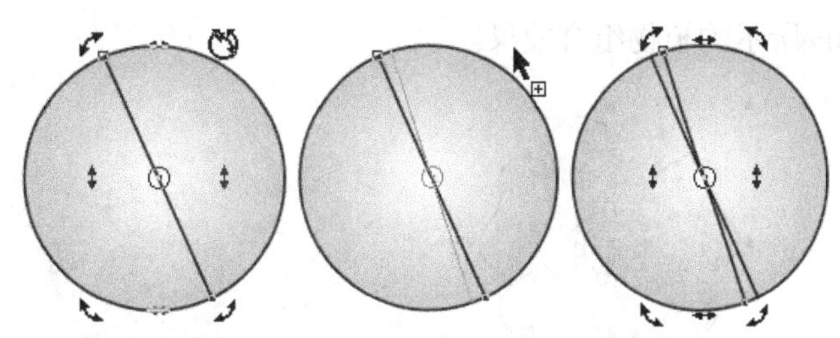

图 5-200 旋转复制图形时的过程示意图

4. 执行【编辑】/【再制】命令（快捷键为 Ctrl+D 组合键），重复旋转复制线形，然后将生成的 3 条线形同时选择，再用旋转复制图形的方法，将其旋转复制，并按两次 Ctrl+D 组合键，重复旋转复制线形，其复制线形的过程示意图如图 5-201 所示。

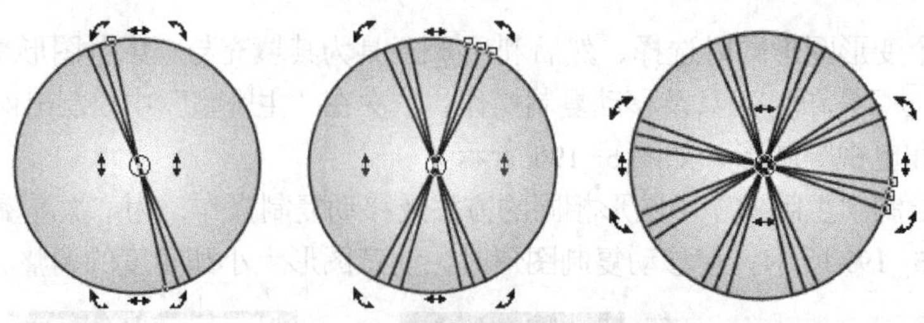

图 5-201　复制线形的过程示意图

5. 将绘制的圆形和线形同时选择，然后按 Ctrl+G 组合键群组，完成绿色植物的绘制。下面利用【插入符号字符】命令来绘制花卉图形。

6. 执行【文本】/【插入符号字符】命令，弹出【插入字符】面板，在【代码页】下拉列表中选择“1252（ANSI-拉丁文 I）”代码，然后在【字体】下拉列表中选择“Wingdings”字体。

7. 在【插入字符】面板中拖动字符列表右侧的滑块，选择图 5-202 所示的图形，然后单击 插入(I) 按钮，将选择的图形插入到绘图窗口中。

8. 选择■工具，在弹出的【渐变填充】对话框中设置各选项及参数如图 5-203 所示。

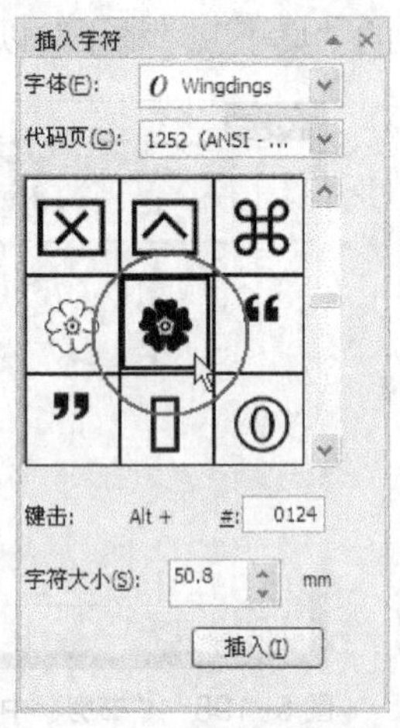

图 5-202　【插入字符】对话框

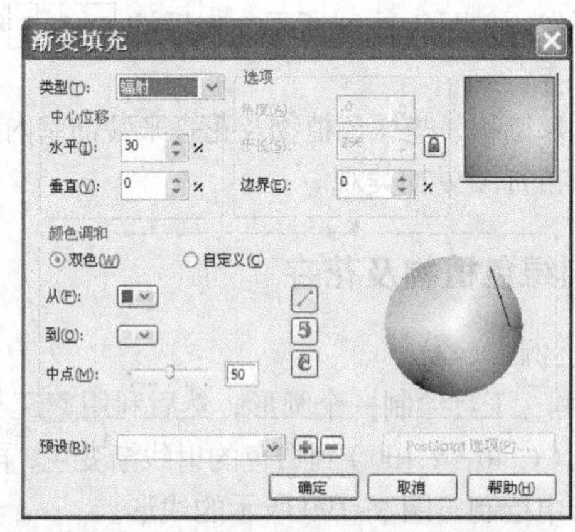

图 5-203　【渐变填充】对话框参数设置

9. 单击 确定 按钮，图形填充渐变色后的效果如图 5-204 所示。

10. 将绘制的绿色植物和花卉图形依次移动复制，分别调整大小后进行组合，制作出图 5-205 所示的植物组合效果。

图 5-204　填充渐变色后的图形效果

图 5-205　制作出的植物组合效果

11. 利用移动复制图形的方法，将绿色植物和花卉图形分别移动到平面布置图中，完成平面布置图的绘制，最终效果如图 5-206 所示。按 Ctrl+S 组合键，将此文件保存。

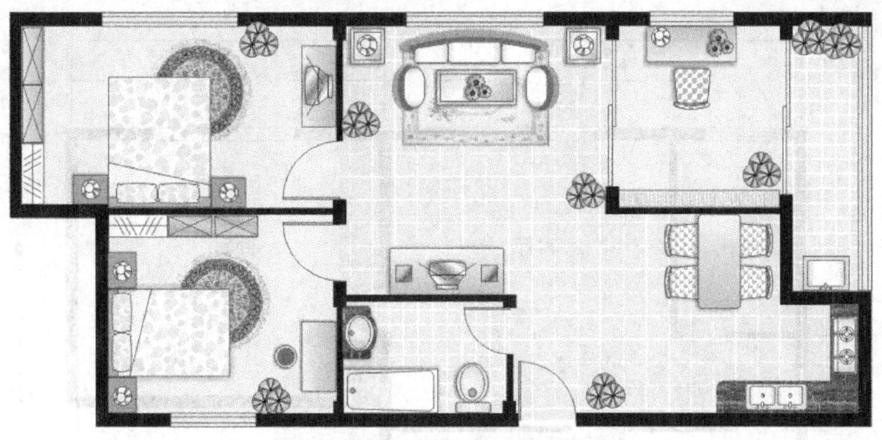

图 5-206 绘制完成的平面布置图

小结

本章主要介绍了工具箱中的填充工具、轮廓工具以及各种编辑工具的应用。这些工具都是实际工作中经常用到的，特别是各种填充工具，它可以为图形填充各种各样的图案或底纹。本章最后的综合案例，通过介绍室内平面图和室内平面布置图的绘制方法，让读者进一步练习比例尺的设置、辅助线的设置、图形轮廓线的设置及图纸尺寸的标注等方法。课下，读者要多做一些这方面的练习，进一步巩固所学的知识。

操作题

1. 利用【椭圆形】工具、【矩形】工具、【形状】工具，并结合本章所学的【渐变填充对话框】和【图样填充对话框】工具，绘制出图 5-207 所示的纸杯图形。本作品参见素材文件中“作品\第 05 章”目录下名为“操作题 05-1.cdr”的文件。

2. 利用【矩形】工具、【贝塞尔】工具、【形状】工具、【椭圆形】工具，并结合本章所学的【渐变填充对话框】工具、【底纹填充对话框】工具和【PostScript 填充对话框】工具，绘制出图 5-208 所示的少女装饰画。本作品参见素材文件中“作品\第 05 章”目录下名为“操作题 05-2.cdr”的文件。

图 5-207 绘制的纸杯图形

图 5-208 绘制的少女装饰画

3. 综合运用前面学过的工具并结合本章的案例，自己动手绘制出图 5-209 所示的室内平面图。作品参见素材文件中“作品\第 05 章”目录下名为“操作题 05-3.cdr”的文件。

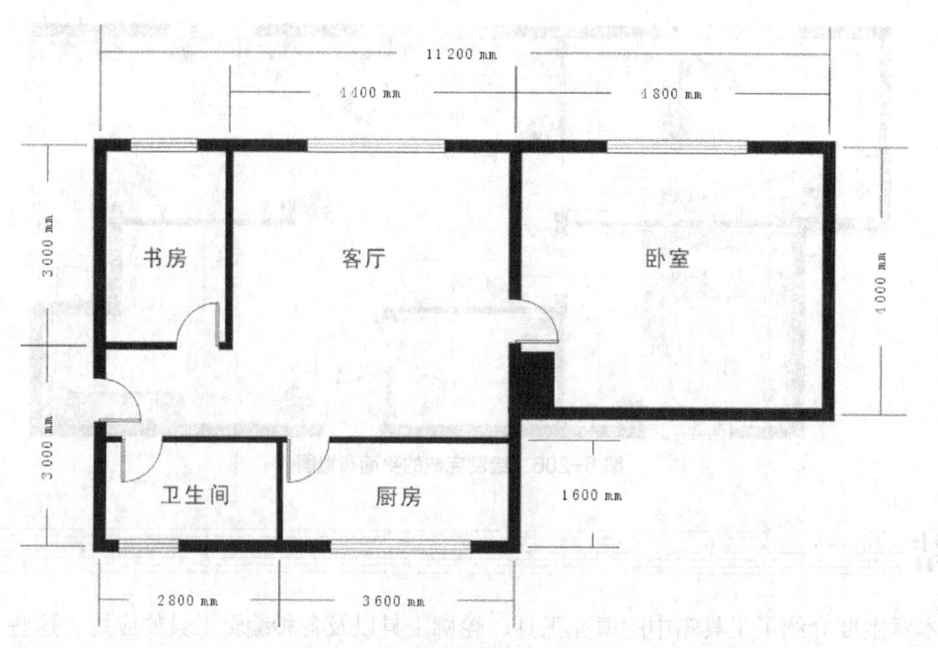

图 5-209　绘制的室内平面图

4. 综合运用前面学过的工具并结合本章的案例，自已动手绘制出图 5-210 所示的室内平面布置图。作品参见素材文件中“作品\第 05 章”目录下名为“操作题 05-4.cdr”的文件。布置图中导入的图片分别为素材文件中“图库\第 05 章”目录下名为“地毯 03.psd”和“大理石.jpg”的文件。

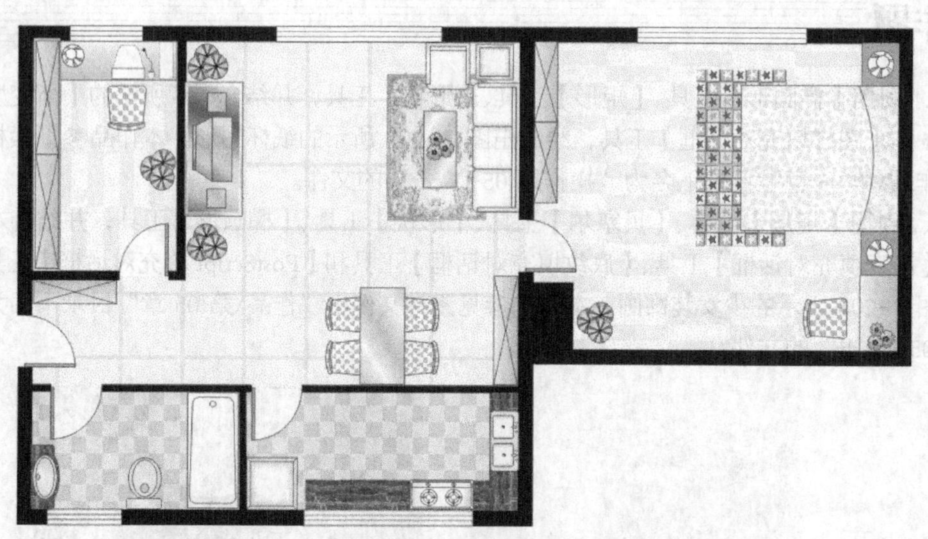

图 5-210　绘制的室内平面布置图

PART 6

第6章 效果工具

效果工具包括【调和】工具、【轮廓图】工具、【变形】工具、【阴影】工具、【封套】工具、【立体化】工具和【透明度】工具。利用这些工具可以给图形进行调和、变形或添加轮廓、立体化、阴影及透明等效果。本章将对这些效果工具的使用方法及属性设置进行详细介绍，并以实例的形式具体说明。

6.1 调和、轮廓图、变形及阴影工具

利用【调和】工具可以将一个图形经过形状、大小和颜色的渐变过渡到另一个图形上，且在这两个图形之间形成一系列的中间图形，这些中间图形显示了两个原始图形经过形状、大小和颜色调和的过程。【轮廓图】工具的工作原理与【调和】工具的相同，都是利用渐变的步数来使图形产生调和效果。但【调和】工具必须用于两个或两个以上的图形，而【轮廓图】工具只需要一个图形即可。利用【变形】工具可以给图形创建特殊的变形效果。利用【阴影】工具可以为矢量图形或位图图像添加阴影效果。

6.1.1 调和图形

【调和】工具在调和图形时有 4 种类型，分别为直接调和、手绘调和、沿路径调和以及复合调和。

一、直接调和图形的方法

绘制两个不同颜色的图形，然后选择工具，将鼠标光标移动到其中一个图形上，当鼠标光标显示为形状时，按住鼠标左键向另一个图形上拖曳，当在两个图形之间出现一系列的虚线图形时，释放鼠标左键即完成直接调和图形的操作。图 6-1 为直接调和图形的过程示意图。

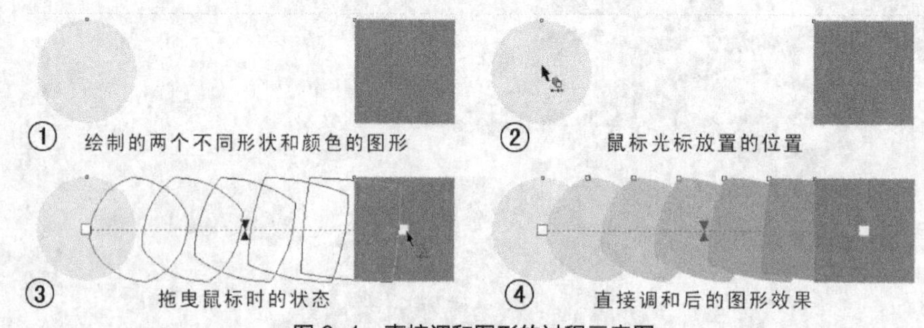

图 6-1 直接调和图形的过程示意图

二、手绘调和图形的方法

绘制两个不同颜色的图形，然后选择工具，按住 Alt 键，将鼠标光标移动到其中一个图形上，当鼠标光标显示为形状时，按住鼠标左键并随意拖曳，绘制调和图形的路径，至第二个图形上释放鼠标左键，即可完成手绘调和图形的操作。图 6-2 为手绘调和图形的过程示意图。

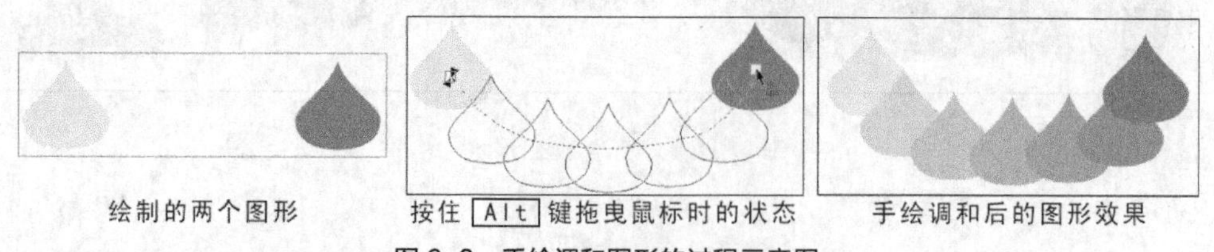

图 6-2 手绘调和图形的过程示意图

三、沿路径调和图形的方法

先制作出直接调和图形，并绘制一条路径（路径可以为任意的线形或图形），选择调和图形，单击属性栏中的【路径属性】按钮，在弹出的选项面板中选择【新路径】选项，此时

鼠标光标将显示为形状，将鼠标光标移动到绘制的路径上单击，即可创建沿路径调和的图形。创建沿路径调和图形后，单击属性栏中的【更多调和选项】按钮，在弹出的选项面板中勾选【沿全路径调和】复选项，可以将图形完全按照路径进行调和。图 6-3 为沿路径调和图形的过程示意图。

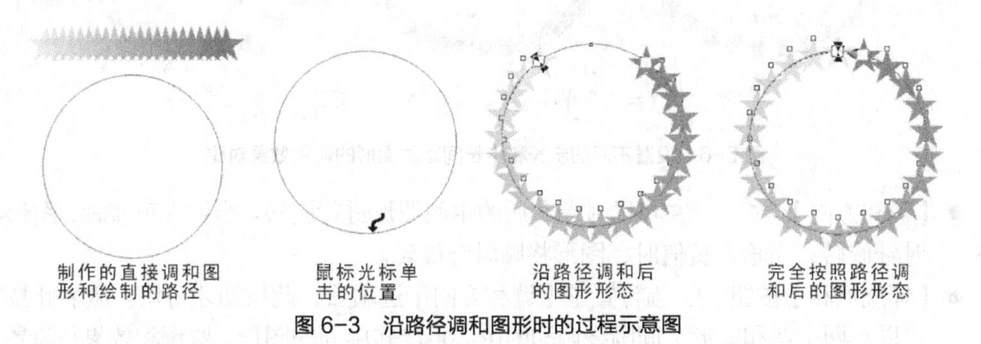

图 6-3　沿路径调和图形时的过程示意图

四、复合调和图形的使用方法

先制作出直接调和图形并绘制一个新图形，选择直接调和图形，再选择工具，然后将鼠标光标移动到直接调和图形的起始图形或结束图形上，当鼠标光标显示为形状时，按住鼠标左键并向绘制的新图形上拖曳，当图形之间出现一些虚线轮廓时，释放鼠标左键即可完成复合调和图形的操作。图 6-4 为复合调和图形的过程示意图。

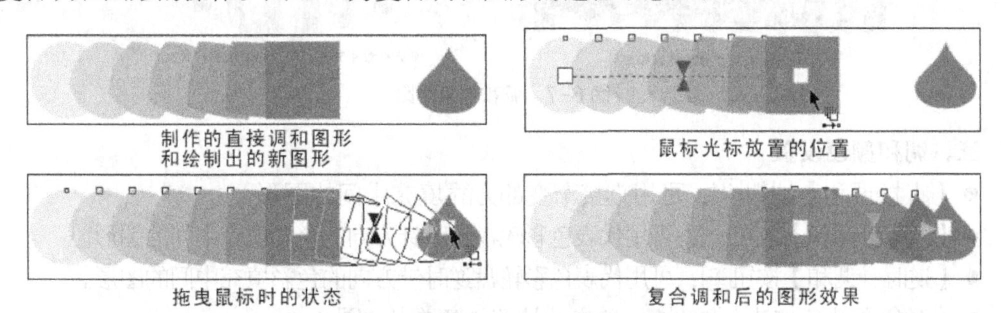

图 6-4　复合调和图形的过程示意图

【调和】工具的属性栏如图 6-5 所示。

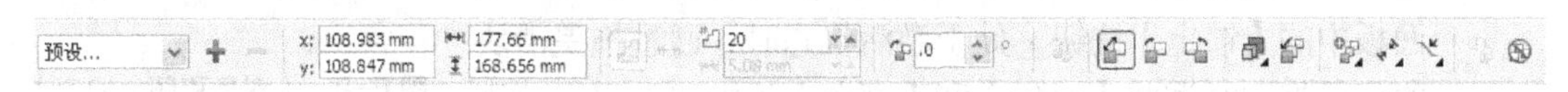

图 6-5　【调和】工具的属性栏

一、预置设置

- 【预设列表】：在此下拉列表中可选择软件预设的调和样式。
- 【添加预设】按钮：单击此按钮，可将当前制作的调和样式保存。
- 【删除预设】按钮：单击此按钮，可将当前选择的调和样式删除。

二、步数及调和设置

- 【调和步长】按钮和【调和间距】按钮：只有创建了沿路径调和的图形后，这两个按钮才可用。主要用于确定图形在路径上是按指定的步数还是固定的间距进行调和。可在右侧【调和对象】选项的文本框中设置。图 6-6 所示为设置不同调和步长数和调和间距后图形的调和效果对比。

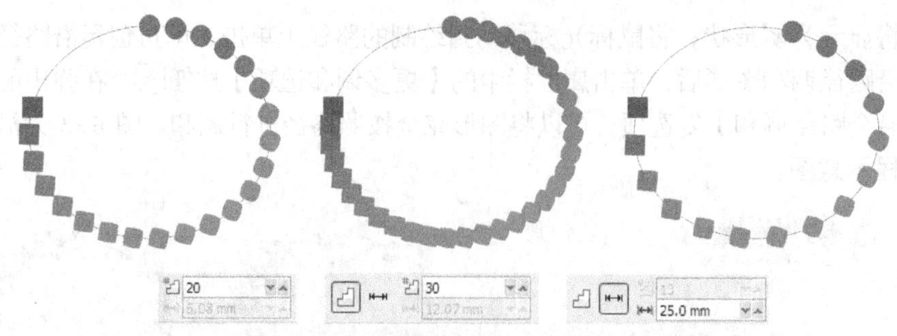

图 6-6　设置不同的步长和步长间距时图形的调和效果对比

- 【调和方向】：可以对调和后的中间图形进行旋转。当输入正值时，图形将逆时针旋转；当输入负值时，图形将顺时针旋转。
- 【环绕调和】按钮：当设置了【调和方向】选项后，此按钮才可用。激活此按钮，可以在两个调和图形之间围绕调和的中心点旋转中间的图形。原调和效果与设置【调和方向】参数及激活按钮后的调和效果对比如图 6-7 所示。

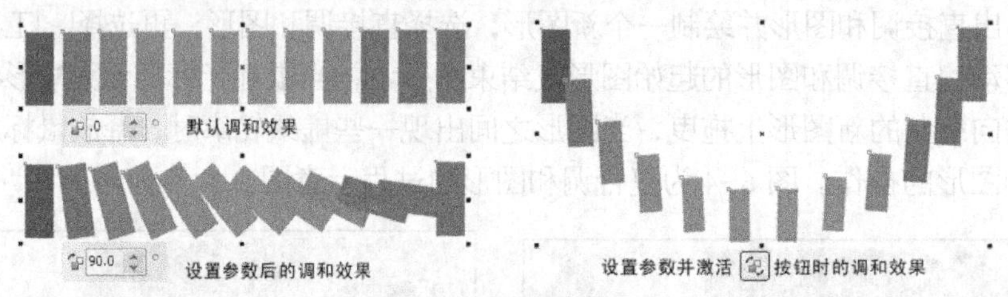

图 6-7　调和效果对比

三、调和颜色设置

- 【直接调和】按钮：可用直接渐变的方式填充中间的图形。
- 【顺时针调和】按钮：可用代表色彩轮盘顺时针方向的色彩填充中间的图形。
- 【逆时针调和】按钮：可用代表色彩轮盘逆时针方向的色彩填充中间的图形。
- 【对象和颜色加速】按钮：单击此按钮，将弹出如图 6-8 所示的【对象和颜色加速】选项面板，拖曳其中的滑块位置，可对渐变路径中的图形或颜色分布进行调整。当选项面板中的【锁定】按钮处于激活状态时，通过拖曳滑块的位置将同时调整【对象】和【颜色】的加速效果。分别调整加速后的调和效果对比如图 6-9 所示。

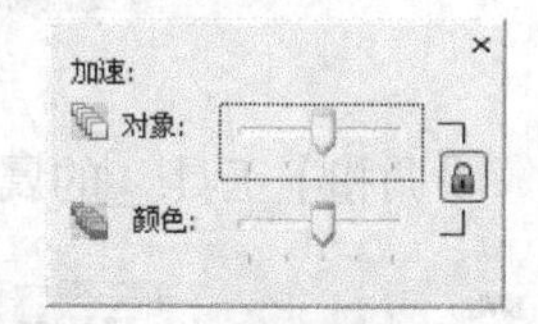

图 6-8　【对象和颜色加速】选项面板

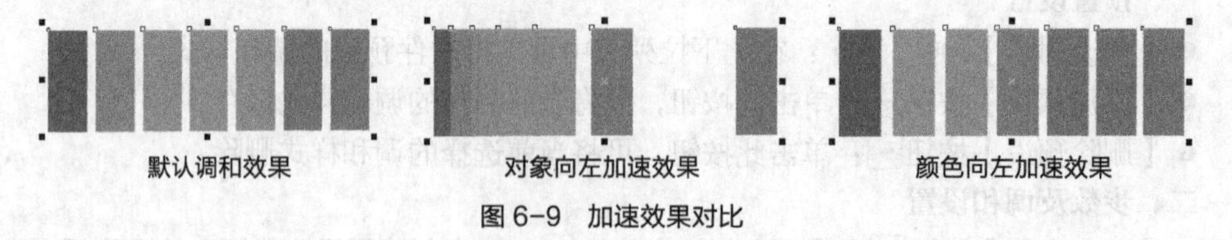

图 6-9　加速效果对比

- 【调整加速大小】按钮：激活此按钮，调和图形的对象加速时，将影响中间图形的大小。
- 【更多调和选项】按钮：单击此按钮，将弹出如图 6-10 所示的调和选项面板。

【映射节点】按钮：单击此按钮，先在起始图形的指定节点上单击，然后在结束图形上的指定节点上单击，可以调节调和图形的对齐点。

【拆分】按钮：单击此按钮，然后在要拆分的图形上单击，可将该图形从调和图形中拆分出来。此时调整该图形的位置，会发现直接调和图形变为复合调和图形。

【熔合始端】按钮和【熔合末端】按钮：按住 Ctrl 键单击复合调和图形中的某一直接调合图形，然后单击按钮或按钮，可将该段直接调和图形之前或之后的复合调和图形转换为直接调和图形。

【沿全路径调和】：当选择手绘调和或沿路径调和的图形时，此选项才可用。勾选此复选项，可将沿路径排列的调合图形跟随整个路径排列。

【旋转全部对象】：当选择手绘调和或沿路径调和的图形时，此选项才可用。勾选此复选项，沿路径排列的调和图形将跟随路径的形态旋转。不勾选与勾选该项时的调和效果对比如图 6-11 所示。

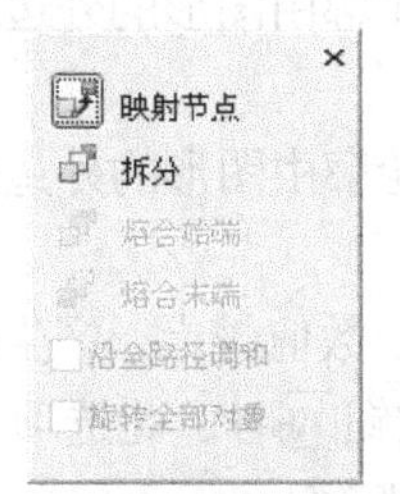

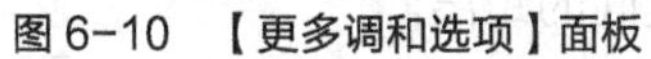

图 6-10 【更多调和选项】面板

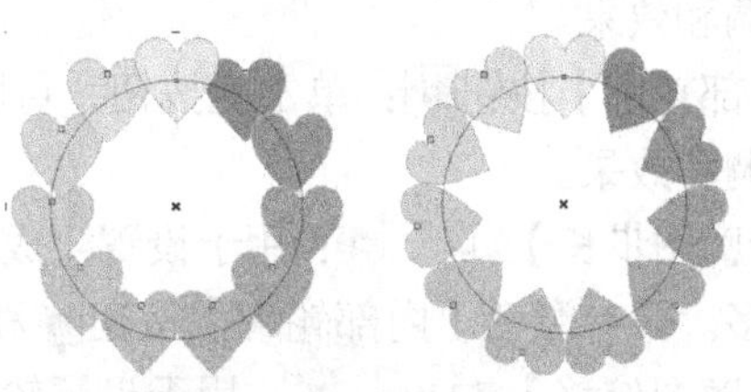

图 6-11 调和效果对比

- 【起始和结束属性】按钮：单击此按钮，将弹出【起始和结束对象属性】选项面板，在此面板中可以重新选择图形调和的起点或终点。
- 【路径属性】按钮：单击此按钮，将弹出【路径属性】选项面板。在此面板中，可以为选择的调和图形指定路径或将路径在沿路径调和的图形中分离。

四、其他按钮

- 【复制调和属性】按钮：单击此按钮，然后在其他的调和图形上单击，可以将单击的调和图形属性复制到当前选择的调和图形上。
- 【清除调和】按钮：单击此按钮，可以将当前选择调和图形的调和属性清除，恢复为原来单独的图形形态。

和按钮在其他一些效果工具的工具栏中也有，使用方法与【调和】工具的相同，在后面讲到其他效果工具的属性栏时将不再介绍。

6.1.2 设置轮廓效果

选择要添加轮廓的图形，然后选择工具，再单击属性栏中相应的轮廓图样式按钮（【到中心】、【内部轮廓】或【外部轮廓】），即可为选择的图形添加相应的轮廓图效果。选择工具后，在图形上拖曳鼠标光标，也可为图形添加轮廓图效果。使用此工具制作的轮廓图效果如图 6-12 所示。

当为图形添加轮廓图样式后，在属性栏中还可以设置轮廓图的步长、偏移量及最后一个轮廓的轮廓色、填充色或结束色。

【轮廓图】工具的属性栏如图 6-13 所示。

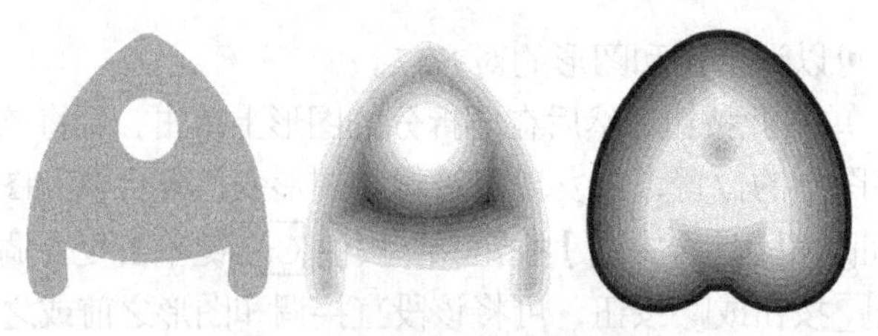

图 6-12　制作的轮廓图效果

图 6-13　【轮廓图】工具的属性栏

- 【到中心】按钮：单击此按钮，可以产生使图形的轮廓由图形的外边缘逐步缩小至图形中心的调和效果。
- 【内部轮廓】按钮：单击此按钮，可以产生使图形的轮廓由图形的外边缘向内延伸的调和效果。
- 【外部轮廓】按钮：单击此按钮，可以产生使图形的轮廓由图形的外边缘向外延伸的调和效果。
- 【轮廓图步长】：用于设置生成轮廓数目的多少。数值越大，产生的轮廓层次越多。只有激活【内部轮廓】按钮和【外部轮廓】按钮时，此选项才可用。
- 【轮廓图偏移】：用于设置轮廓与轮廓之间的距离。
- 【线性轮廓色】按钮、【顺时针轮廓色】按钮和【逆时针轮廓色】按钮：这 3 个按钮的功能与【调和】工具属性栏中的【直接调和】、【顺时针调和】及【逆时针调和】按钮的功能相同。
- 【轮廓色】按钮和【填充色】按钮：单击相应按钮，可在弹出的【颜色选项】面板中为轮廓图最后一个轮廓图形设置轮廓色或填充色。当在【颜色选项】面板中单击按钮时，可在弹出的【选择颜色】对话框中设置新的颜色。
- 【渐变填充结束色】按钮：当添加轮廓图效果的图形为渐变填充时，此按钮才可用。单击此按钮，可在弹出的【颜色选项】面板中设置最后一个轮廓图形渐变填充的结束色。
- 【对象和颜色加速】按钮：与【调和】工具属性栏中按钮的功能相同。

6.1.3　变形调整

利用【变形】工具可以给图形创建特殊的变形效果。主要包括推拉变形、拉链变形和扭曲变形 3 种方式。图 6-14 所示为使用这 3 种不同的变形方式时，对同一个图形产生的不同变形效果。

图 6-14　原图与变形后的效果

一、【推拉变形】方式

【推拉变形】方式可以通过将图形向不同的方向拖曳，从而将图形边缘推进或拉出。具体操作为选择图形，然后选择工具，激活属性栏中的按钮，再将鼠标光标移动到选择的图形上，按下鼠标左键并水平拖曳。当向左拖曳时，可以使图形边缘推向图形的中心，产生推进变形效果；当向右拖曳时，可以使图形边缘从中心拉开，产生拉出变形效果。拖曳到合适的位置后，释放鼠标左键即可完成图形的变形操作。

当激活工具属性栏中的按钮时，其对应的属性栏如图 6-15 所示。

图 6-15　激活按钮时的属性栏

- 【添加新的变形】按钮：单击此按钮，可以将当前的变形图形作为一个新的图形，从而可以再次对此图形进行变形。

因为图形最大的变形程度取决于【推拉振幅】值的大小，如果图形需要的变形程度超过了它的取值范围，则在图形的第一次变形后单击按钮，然后再对其进行第二次变形即可。

- 【推拉振幅】87：可以设置图形推拉变形的振幅大小。设置范围为“-200～200”。当参数为负值时，可将图形进行推进变形；当参数为正值时，可以对图形进行拉出变形。此数值的绝对值越大，变形越明显，图 6-16 所示为原图与设置不同参数时图形的变形效果对比。

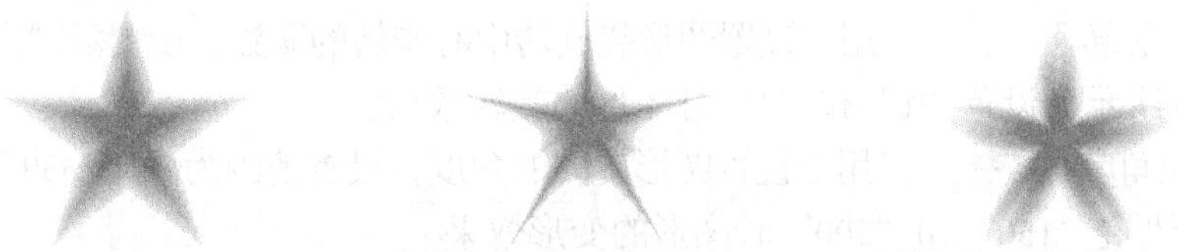

图 6-16　原图与设置不同参数时图形的变形效果对比

- 【居中变形】按钮：单击此按钮，可以确保图形变形时的中心点位于图形的中心点。

二、【拉链变形】方式

【拉链变形】方式可以将当前选择的图形边缘调整为带有尖锐的锯齿状轮廓效果。具体操作为选择图形，然后选择工具，并激活属性栏中的按钮，再将鼠标光标移动到选择的图形上按下鼠标左键并拖曳，至合适位置后释放鼠标左键即可为选择的图形添加拉链变形效果。

当激活工具属性栏中的按钮时，其相对应的属性栏如图 6-17 所示。

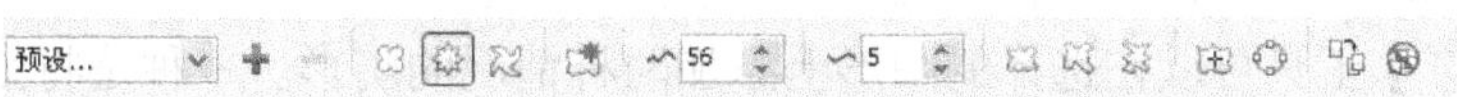

图 6-17　激活按钮时的属性栏

- 【拉链失真振幅】56：用于设置图形的变形幅度，设置范围为 0～100。
- 【拉链失真频率】5：用于设置图形的变形频率，设置范围为 0～100。
- 【随机变形】按钮：可以使当前选择的图形根据软件默认的方式进行随机性的变形。
- 【平滑变形】按钮：可以使图形在拉链变形时产生的尖角变得平滑。

- 【局部变形】按钮：可以使图形的局部产生拉链变形效果。

分别使用以上 3 种变形方式时图形的变形效果如图 6-18 所示。

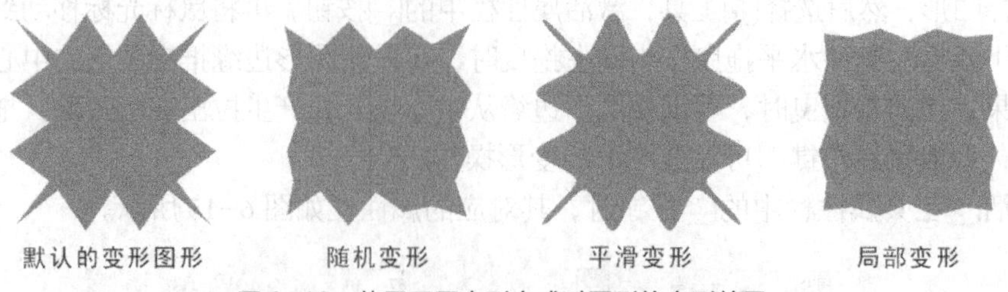

图 6-18　使用不同变形方式时图形的变形效果

三、【扭曲变形】方式

【扭曲变形】方式可以使图形绕其自身旋转，产生类似螺旋形效果。具体操作为选择图形，然后选择工具，并激活属性栏中的按钮，再将鼠标光标移动到选择的图形上，按下鼠标左键确定变形的中心，然后拖曳鼠标光标绕变形中心旋转，释放鼠标左键后即可产生扭曲变形效果。

当激活工具属性栏中的按钮时，其相对应的属性栏如图 6-19 所示。

图 6-19　激活按钮时的属性栏

- 【顺时针旋转】按钮和【逆时针旋转】按钮：设置图形变形时的旋转方向。单击按钮，可以使图形按顺时针方向旋转；单击按钮，可以使图形按逆时针方向旋转。
- 【完全旋转】：用于设置图形绕旋转中心旋转的圈数，设置范围为“0～9”。图 6-20 所示为设置“1”和“3”时图形的旋转效果。
- 【附加角度】：用于设置图形旋转的角度，设置范围为“0～359”。图 6-21 所示为设置“150”和“300”时图形的变形效果。

图 6-20　设置不同旋转圈数时图形的旋转效果　　图 6-21　设置不同旋转角度后的图形变形效果

6.1.4　图形阴影设置

利用【阴影】工具可以在选择的图形上添加两种情况的阴影。一种是将鼠标光标放置在图形的中心点上按下鼠标左键并拖曳产生的偏离阴影，另一种是将鼠标光标放置在除图形中心点以外的区域按下鼠标左键并拖曳产生的倾斜阴影。添加的阴影不同，属性栏中的可用参数也不同。应用阴影后的图形效果如图 6-22 所示。

【阴影】工具的属性栏如图 6-23 所示。

图 6-22 制作的阴影效果

图 6-23 【阴影】工具的属性栏

- 【阴影偏移】：用于设置阴影与图形之间的偏移距离。当创建偏移阴影时，此选项才可用。
- 【阴影角度】：用于调整阴影的角度，设置范围为“-360～360”。当创建倾斜阴影时，此选项才可用。
- 【阴影的不透明度】：用于调整生成阴影的不透明度，设置范围为“0～100”。当为“0”时，生成的阴影完全透明；当为“100”时，生成的阴影完全不透明。
- 【阴影羽化】：用于调整生成阴影的羽化程度。数值越大，阴影边缘越虚化。
- 【羽化方向】按钮：单击此按钮，将弹出图 6-24 所示的【羽化方向】选项面板，利用此面板可以为阴影选择羽化方向的样式。
- 【羽化边缘】按钮：当在【羽化方向】选项面板中选择除【平均】选项外的其他选项时，此按钮才可用。单击此按钮，将弹出图 6-25 所示的【羽化边缘】选项面板，利用此面板可以为阴影选择羽化边缘的样式。

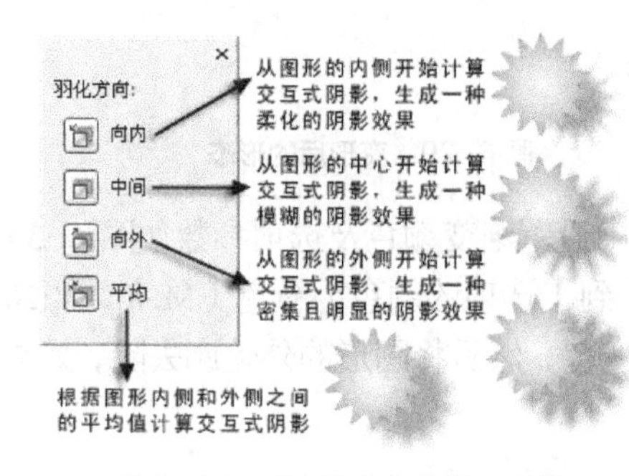

图 6-24 【羽化方向】选项面板

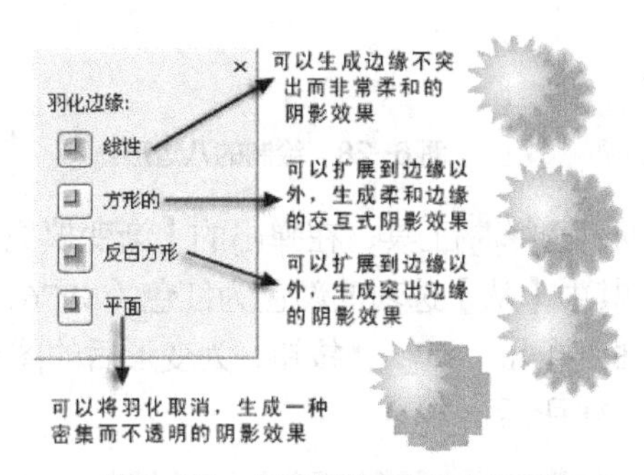

图 6-25 【羽化边缘】选项面板

- 【阴影淡出】：当创建倾斜阴影时，此选项才可用。用于设置阴影的淡出效果，设置范围为“0～100”。数值越大，阴影淡出的效果越明显。图 6-26 所示为原图与调整【淡出】参数后的阴影效果对比。
- 【阴影延展】：当创建倾斜阴影时，此选项才可用。用于设置阴影的延伸距离，设置范围为“0～100”。数值越大，阴影的延展距离越长。图 6-27 所示为原图与调整【阴影延展】参数后的阴影效果。
- 【透明度操作】：用于设置阴影的透明度样式。
- 【阴影颜色】按钮：单击此按钮，可以在弹出的【颜色】选项面板中设置阴影的颜色。

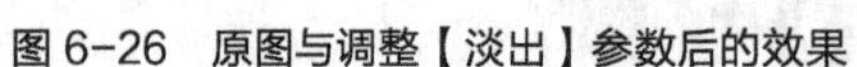

图 6-26　原图与调整【淡出】参数后的效果

图 6-27　原图与调整【阴影延展】参数后的效果

6.1.5　绘制卡通花形

下面灵活运用【变形】工具、【调和】工具、【阴影】工具，以及前面学过的工具和菜单命令来绘制一个卡通花形。

制作卡通花形

1. 新建一个图形文件。

2. 选择工具，将属性栏中 8 选项的参数设置为“8”，然后按住 Ctrl 键拖曳鼠标，绘制出图 6-28 所示的八边形。

3. 选择工具，将鼠标光标放置到八边形的中心位置按下鼠标左键并向左拖曳，对图形进行变形，使其变为花形图形，如图 6-29 所示。

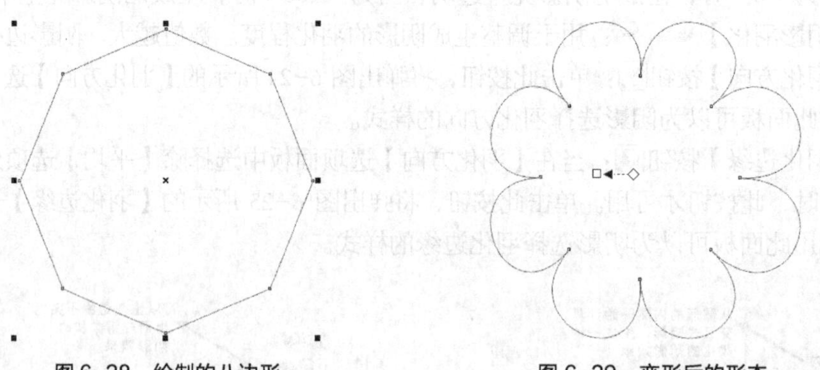

图 6-28　绘制的八边形　　　　图 6-29　变形后的形态

4. 选择工具，在弹出的【渐变填充】对话框中设置渐变颜色及选项参数如图 6-30 所示，其中【从】选项的颜色为红色（M:76，Y:50），【到】选项的颜色为粉色（M:40，Y:20）。

5. 单击 确定 按钮，为变形后的图形填充渐变色，然后将图形的外轮廓去除，效果如图 6-31 所示。

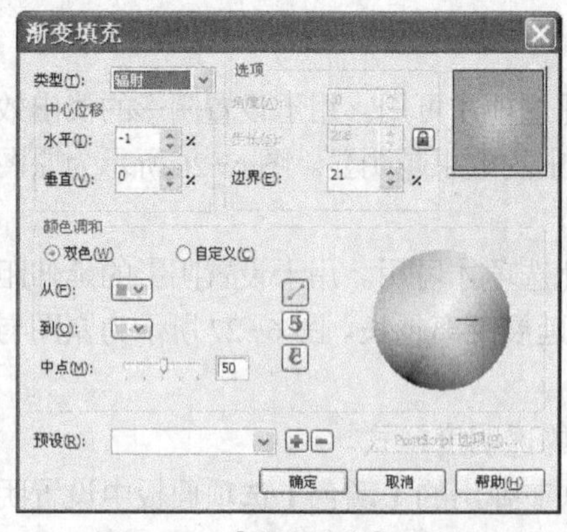

图 6-30　【渐变填充】对话框

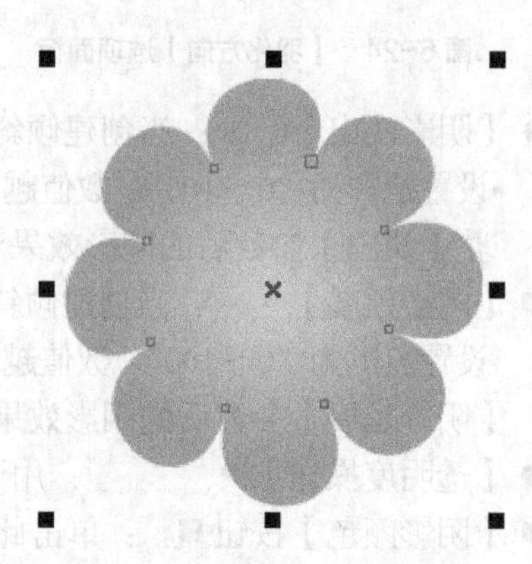

图 6-31　填充渐变色后的效果

6. 选择◯工具，在花形图形的中心位置绘制出图 6-32 所示的白色无外轮廓圆形。

7. 再次选择✿工具，并对圆形进行变形，效果如图 6-33 所示。

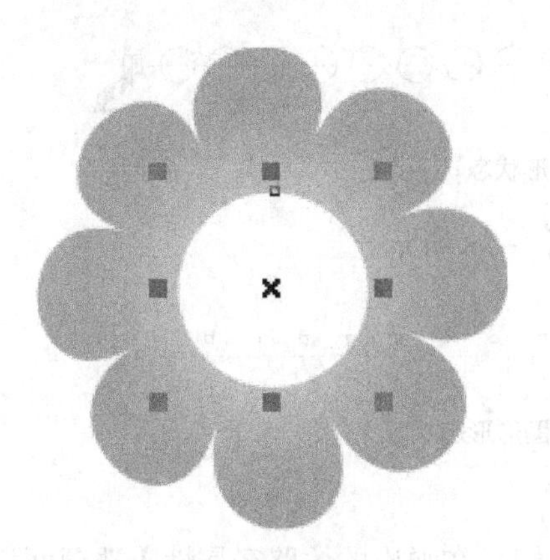
图 6-32 绘制的圆形

图 6-33 变形后的形态

8. 利用↖工具选择外侧的花形图形，然后将其以中心等比例缩小并复制，效果如图 6-34 所示。

9. 选择■工具，在弹出的【渐变填充】对话框中将【到】选项的颜色设置为白色，其他选项的参数如图 6-35 所示。

图 6-34 缩小复制出的图形

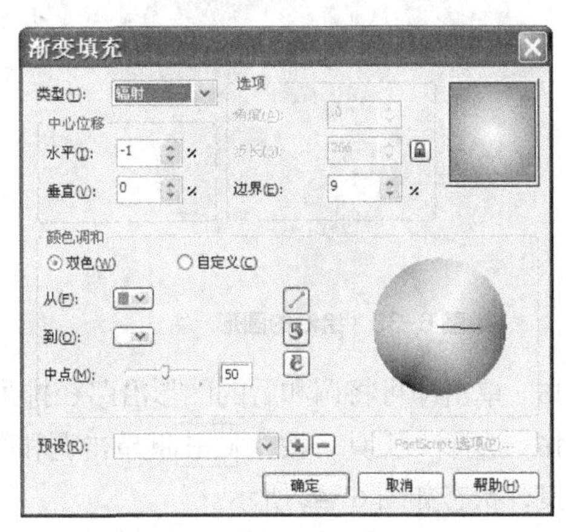

图 6-35 【渐变填充】对话框

10. 利用◯工具绘制粉色的小圆形，然后用移动复制操作来移动复制一个，效果如图 6-36 所示。

图 6-36 绘制并复制出的圆形

11. 选择[图标]工具，将鼠标光标放置到一个圆形上，然后向另一个圆形上拖曳，状态如图6-37所示。

图6-37 调和图形状态

12. 释放鼠标后，即可将两个图形调和，如图6-38所示。

图6-38 调和后的图形形态

13. 利用[图标]工具绘制出如图6-39所示的圆形。

14. 选择调和图形，然后单击属性栏中的[图标]按钮，在弹出的【路径属性】选项面板中选择【新路径】命令，并将鼠标光标移动到绘制的圆形上，状态如图6-40所示。

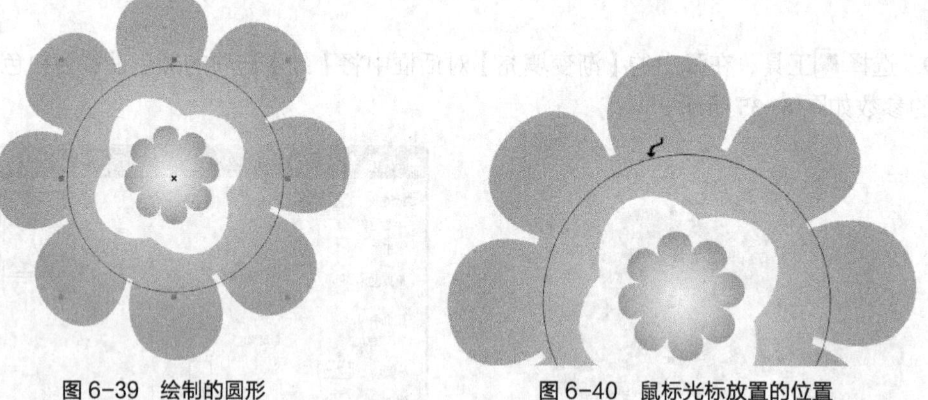

图6-39 绘制的圆形　　图6-40 鼠标光标放置的位置

15. 单击即可将调和后的图形沿路径排列，如图6-41所示。

16. 选择[图标]工具，按住Ctrl键单击调和图形中左侧最上方的圆形将其选择，然后向右上方拖曳，状态如图6-42所示。

图6-41 沿路径排列后的效果

图6-42 选择图形调整后的位置

17. 继续利用[图标]工具选择调和图形中右侧最上方的圆形，并将其调整至如图6-43所示的位置。

18. 选择调和图形，然后将属性栏中 30 的参数设置为“30”，效果如图 6-44 所示。

图 6-43 选择图形调整后的位置

图 6-44 调整调和步数后的效果

19. 选择 工具，按住 Ctrl 键单击圆形将其选择，然后将其颜色修改为白色，并将属性栏中 4.0 mm 选项的参数设置为“4.0mm”，如图 6-45 所示。

20. 选择 工具，将鼠标光标移动到圆形右侧位置，按下鼠标左键并向左拖曳，状态如图 6-46 所示。

图 6-45 圆形调整后的形态

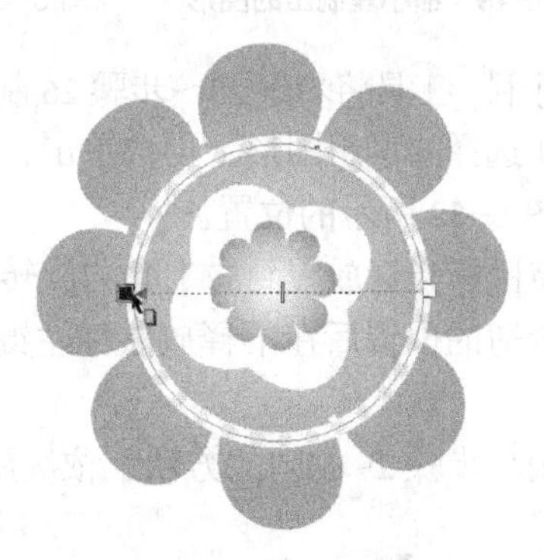

图 6-46 添加阴影时的状态

21. 释放鼠标后，即可为图形添加图 6-47 所示的阴影效果，然后在属性栏中将阴影的颜色修改为白色。

22. 选择 工具，在属性栏中将【透明度类型】设置为“标准”，然后将【开始透明度】的参数设置为“100”，效果如图 6-48 所示。

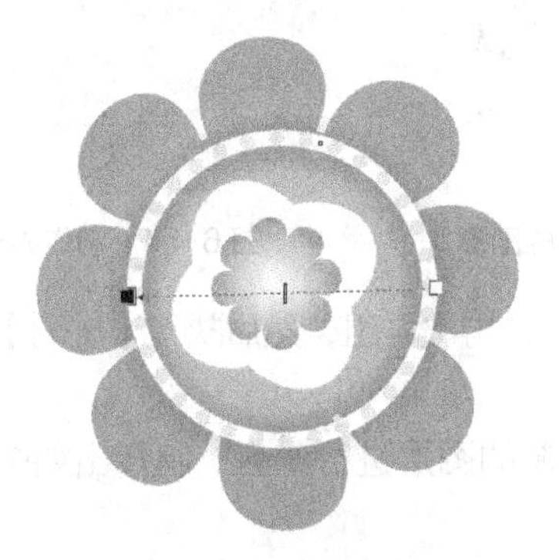

图 6-47 添加的阴影效果

图 6-48 添加透明度后效果

23. 利用工具绘制椭圆形，然后为其填充浅黄色（M:20，Y:60）并去除外轮廓。

24. 利用以中心等比例缩小复制图形的方法，将椭圆形以中心等比例缩小，然后将复制出图形的颜色修改为深黄色（M:40，Y:100），如图 6-49 所示。

25. 利用工具，将两个椭圆形进行调和，效果如图 6-50 所示。

26. 继续利用工具绘制白色的小圆形，复制一个后，利用工具进行调和，效果如图 6-51 所示。

图 6-49 缩小复制出的图形　　图 6-50 调和后的图形　　图 6-51 制作的调和图形

27. 利用工具将步骤 23～步骤 26 制作的两组调和图形框选，然后按 Ctrl+G 组合键群组。

28. 在选择的群组图形上再次单击，使其周围显示旋转和扭曲符号，然后将旋转中心向下调整至图 6-52 所示的位置。

29. 将鼠标光标放置到右上角的旋转符号上，当鼠标光标显示为旋转符号时按下并向右拖曳，至合适的位置后在不释放鼠标左键的情况下单击鼠标右键，旋转复制图形，图 6-53 所示。

30. 用与步骤 29 相同的方法，依次旋转复制图形，制作出图 6-54 所示的花形。

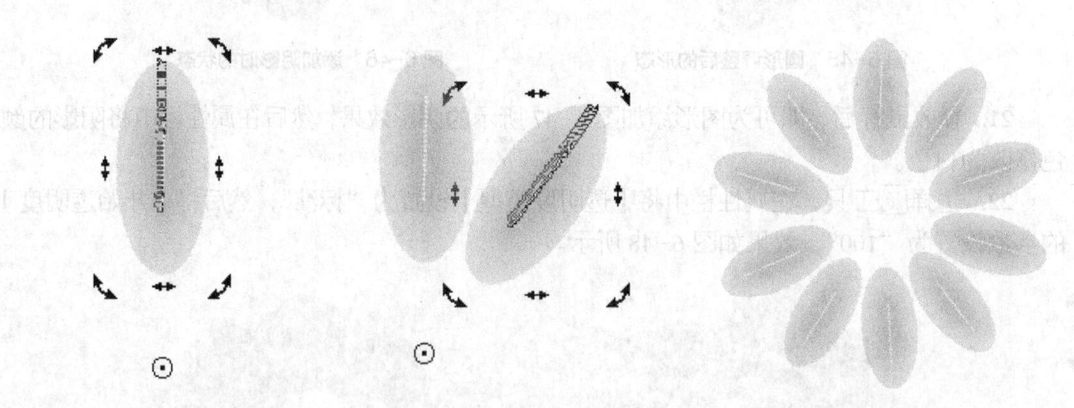

图 6-52 旋转中心调整的位置　　图 6-53 旋转复制出的图形　　图 6-54 制作的花形

31. 利用工具将旋转复制出的花形全部选择，并再次群组，然后执行【排列】/【顺序】/【到图层后面】命令，将其调整至所有图形的后面。

32. 将群组图形调整至合适的大小后与前面绘制的图形进行组合，制作出如图 6-55 所示的花形效果。

接下来，利用【调和】工具来制作花茎。

33. 灵活运用工具和工具及以中心等比例缩小复制图形的方法，绘制出图 6-56 所示的图形，大图形的颜色为绿色（C:60，Y:90），小图形的颜色为黄色（C:15，Y:95）。

34. 利用工具，将两个图形进行调和，效果如图 6-57 所示。

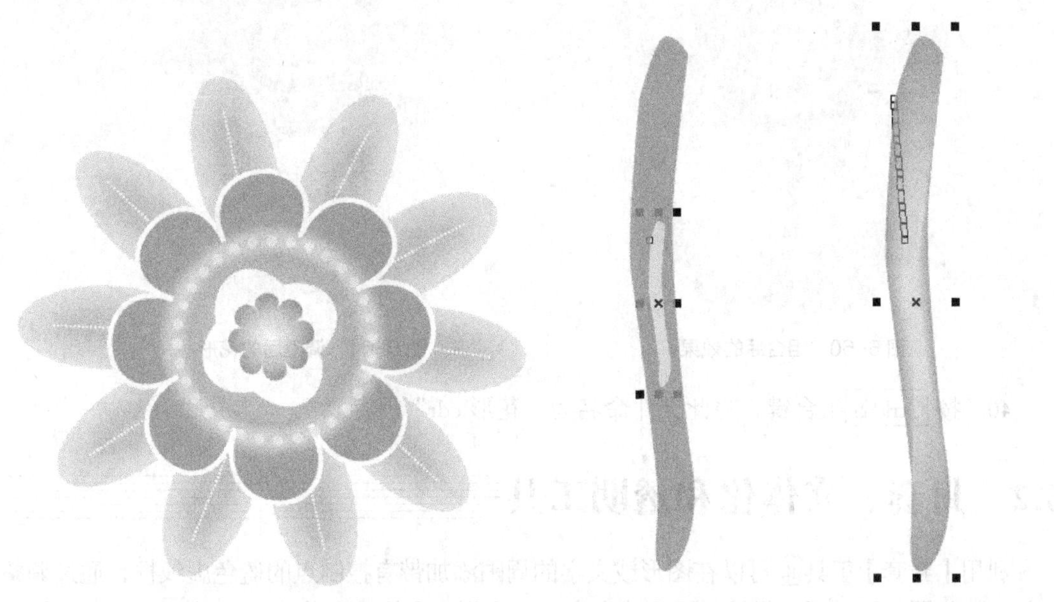

图 6-55　组合出的花形　图 6-56　绘制的图形　图 6-57　调和后的效果

35. 运用工具和工具在花茎图形的左侧绘制叶子图形，然后为其填充从绿色（C:60，Y:90）到黄色（C:15，Y:95）的辐射渐变色并去除外轮廓，如图 6-58 所示。

36. 继续利用工具和工具绘制图形，并为其填充由黄色（C:15，Y:95）到绿色（C:60，Y:90）相间的线性渐变色，去除外轮廓后的效果如图 6-59 所示。

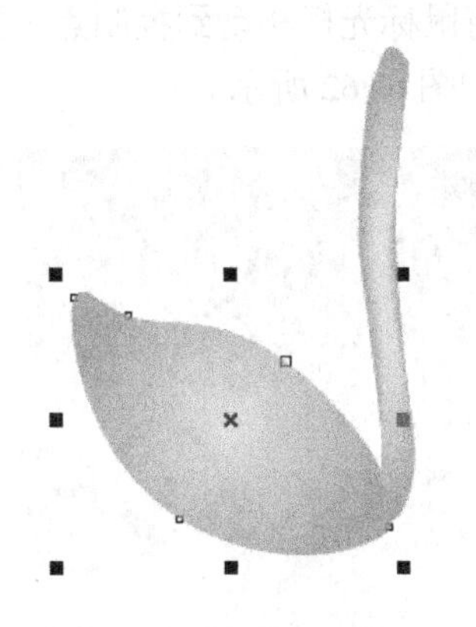

图 6-58　绘制的叶子图形

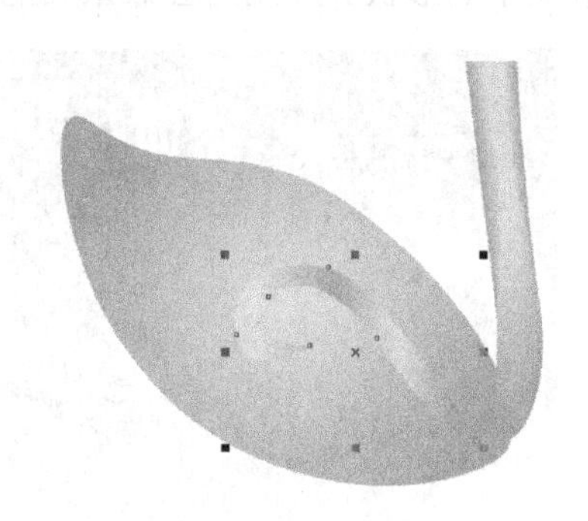

图 6-59　绘制的图形

37. 将叶子图形及上方的图形同时选择，然后用镜像复制图形的方法，将其在水平方向上向右镜像复制。

38. 将花茎及叶子图形全部选择，然后执行【排列】/【顺序】/【到图层后面】命令，将其调整至所有图形的后面，再调整至合适的大小后与花形图形组合，效果如图 6-60 所示。

39. 将所有图形选择，然后在垂直方向上稍微压缩调整，将其调整至如图 6-61 所示的形态，即可完成花形的绘制。

图 6-60　组合后的效果

图 6-61　调整后的花形

40. 按 Ctrl+S 组合键，将此文件命名为“花形.cdr”保存。

6.2　封套、立体化和透明工具

利用【封套】工具可以在图形或文字的周围添加带有控制点的蓝色虚线框，通过调整控制点的位置，可以很容易地对图形或文字进行变形。利用【立体化】工具可以通过图形的形状向设置的消失点延伸，从而使二维图形产生逼真的三维立体效果。利用【透明度】工具可以为矢量图形或位图图像添加各种各样的透明效果。

6.2.1　封套设置

选择【封套】工具，在需要为其添加封套效果的图形或文字上单击将其选择，此时在图形或文字的周围将显示带有控制点的蓝色虚线框，将鼠标光标移动到控制点上拖曳，即可调整图形或文字的形状。应用封套效果后的文字效果如图 6-62 所示。

图 6-62　应用封套效果后的文字效果

【封套】工具的属性栏如图 6-63 所示。

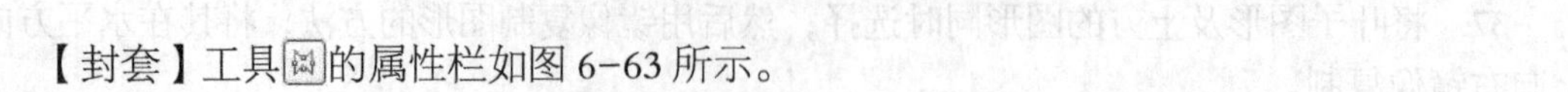

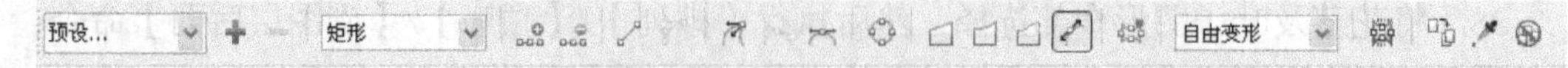

图 6-63　【封套】工具的属性栏

● 【直线模式】按钮：此模式可以制作一种基于直线形式的封套。激活此按钮，可以沿水平或垂直方向拖曳封套的控制点来调整封套的一边。此模式可以为图形添加类似于透视点的效果。

- 【单弧模式】按钮：此模式可以制作一种基于单圆弧的封套。激活此按钮，可以沿水平或垂直方向拖曳封套的控制点，在封套的一边制作弧线形状。此模式可以使图形产生凹凸不平的效果。
- 【双弧模式】按钮：此模式可以制作一种基于双弧线的封套。激活此按钮，可以沿水平或垂直方向拖曳封套的控制点，在封套的一边制作“S”形状。
- 【非强制模式】按钮：此模式可以制作出不受任何限制的封套。激活此按钮，可以任意调整选择的控制点和控制柄。

要点提示

当使用直线模式、单弧模式或双弧模式对图形进行编辑时，按住 Ctrl 键，可以对图形中相对的节点一起进行同一方向的调节；按住 Shift 键，可以对图形中相对的节点一起进行反方向的调节；按住 Ctrl+Shift 组合键，可以对图形 4 条边或 4 个角上的节点同时调节。

- 【添加新封套】按钮：当对图形使用封套变形后，单击此按钮，可以再次为图形添加新封套，并进行编辑变形操作。
- 【映射模式】自由变形：用于选择封套改变图形外观的模式。
- 【保留线条】按钮：激活此按钮，为图形添加封套变形效果时，将保持图形中的直线不被转换为曲线。
- 【创建封套自】按钮：单击此按钮，然后将鼠标光标移动到图形上单击，可将单击图形的形状添加新封套为选择的封套图形。

6.2.2 立体化设置

选择【立体化】工具，在需要添加立体化效果的图形上单击将其选择，然后拖曳鼠标光标即可为图形添加立体化效果。

【立体化】工具的属性栏如图 6-64 所示。

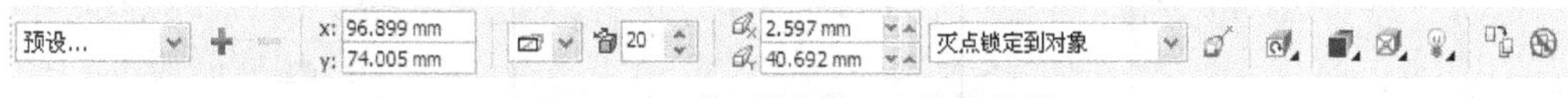

图 6-64 【立体化】工具的属性栏

- 【立体化类型】：其下拉列表中包括预设的 6 种不同的立体化样式，当选择其中任意一种时，可以将选择的立体化图形变为与选择的立体化样式相同的立体效果。
- 【深度】20：用于设置立体化的立体进深，设置范围为“1～99”。数值越大立体化深度越大。如图 6-65 所示为设置不同的【深度】参数时图形产生的立体化效果对比。
- 【灭点坐标】2.597 mm 40.692 mm：用于设置立体图形灭点的坐标位置。灭点是指图形各点延伸线向消失点处延伸的相交点，如图 6-66 所示。
- 【灭点属性】灭点锁定到对象：更改灭点的锁定位置、复制灭点或在对象间共享灭点。

选择【灭点锁定到对象】选项，图形的灭点是锁定到图形上的。当对图形进行移动时，灭点和立体效果将会随图形的移动而移动。

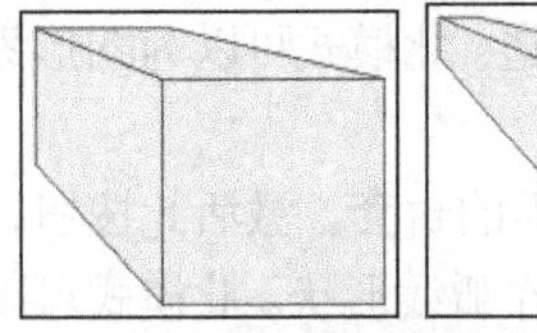
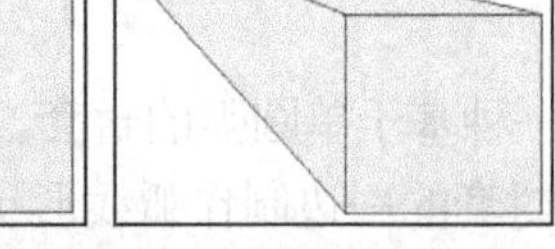

图 6-65　设置不同参数时的立体化效果对比

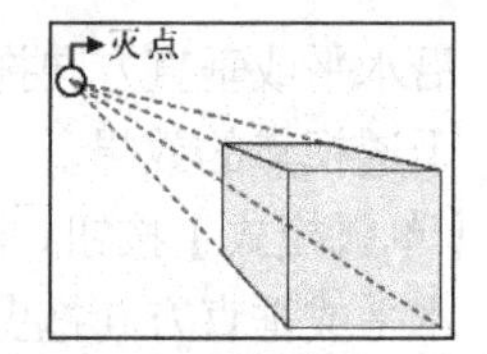

图 6-66　立体化的灭点

选择【灭点锁定到页面】选项，图形的灭点将被锁定到页面上。当对图形进行移动时，灭点的位置将保持不变。

选择【复制灭点，自…】选项，鼠标光标将变为形状，此时将鼠标光标移动到绘图窗口中的另一个立体化图形上单击，可以将该立体化图形的灭点复制到选择的立体化图形上。

选择【共享灭点】选项，鼠标光标将变为形状，此时将鼠标光标移动到绘图窗口中的另一个立体化图形上单击，可以使该立体化图形与选择的立体化图形共同使用一个灭点。

- 【页面或对象灭点】按钮：不激活此按钮时，可以将灭点以立体化图形为参考，此时【灭点坐标】中的数值是相对于图形中心的距离。激活此按钮，可以将灭点以页面为参考，此时【灭点坐标】中的数值是相对于页面坐标原点的距离。
- 【立体的方向】按钮：单击此按钮，将弹出图 6-67 所示的选项面板。将鼠标光标移动到面板中，当鼠标光标变为形状时按下鼠标左键拖曳，旋转此面板中的数字按钮，可以调节立体图形的视图角度。

按钮：单击该按钮，可以将旋转后立体图形的视图角度恢复为未旋转时的形态。

按钮：单击该按钮，【立体的方向】面板将变为【旋转值】选项面板，通过设置【旋转值】面板中的【X】、【Y】和【Z】的参数，也可以调整立体化图形的视图角度。

要点提示

在选择的立体化图形上再次单击，将出现图 6-68 所示的旋转框，在旋转框内按下鼠标左键并拖曳，也可以旋转立体图形。

- 【立体化颜色】按钮：单击此按钮，将弹出图 6-69 所示的【颜色】选项面板。

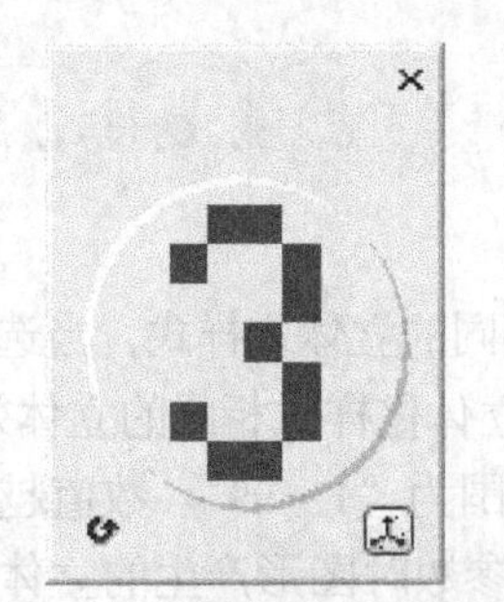

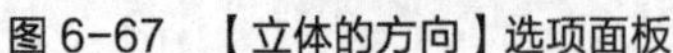

图 6-67　【立体的方向】选项面板

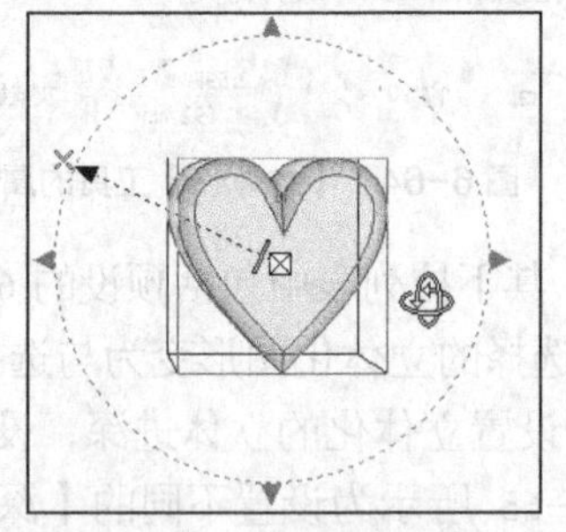

图 6-68　出现的旋转框

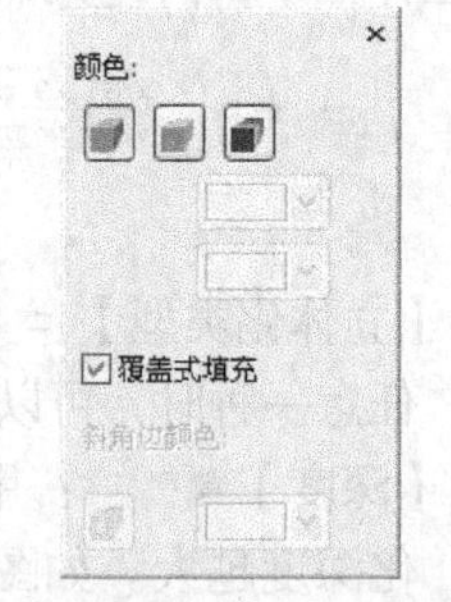

图 6-69　【颜色】选项面板

【使用对象填充】按钮：激活该按钮，可用当前选择图形的填充色应用到整个立体化图形上。

【使用纯色】按钮：激活该按钮，可以通过单击下方的颜色色块，在弹出的【颜色】面板中设置任意的单色填充到立体化面上。

【使用递减的颜色】按钮：激活该按钮，可以分别设置下方颜色块的颜色，从而使立体化的面应用这两个颜色的渐变效果。

分别激活以上 3 种按钮时，设置立体化颜色后的效果如图 6-70 所示。

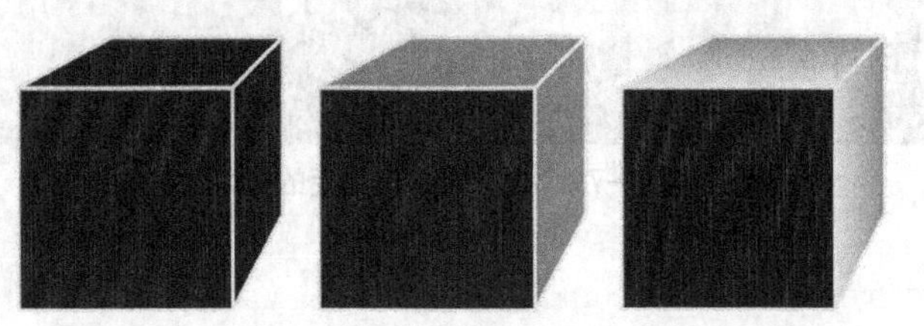

图 6-70　使用不同的颜色按钮时图形的立体化效果

- 【立体化倾斜】按钮：单击此按钮，将弹出图 6-71 所示的【斜角修饰边】选项面板。利用此面板可以将立体变形后的图形边缘制作成斜角效果，使其具有更光滑的外观。
  勾选【使用斜角修饰边】复选项后，此对话框中的选项才可以使用。

【只显示斜角修饰边】：勾选此复选项，将只显示立体化图形的斜角修饰边，不显示立体化效果。

【斜角修饰边深度】 2.0 mm ：用于设置图形边缘的斜角深度。

【斜角修饰边角度】 45.0 ° ：用于设置图形边缘与斜角相切的角度。数值越大，生成的倾斜角就越大。

- 【立体化照明】按钮：单击此按钮，将弹出图 6-72 所示的【立体化照明】选项面板。在此面板中，可以为立体化图形添加光照效果和阴影，从而使立体化图形产生的立体效果更强。

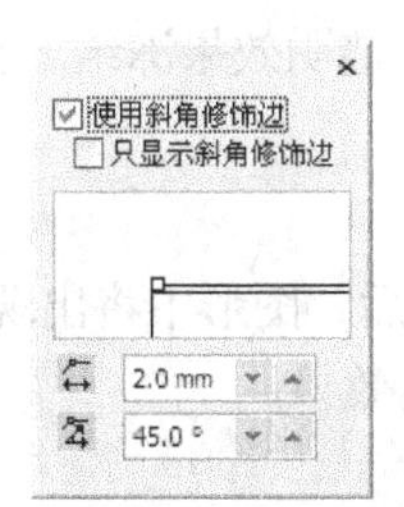

图 6-71　【斜角修饰边】选项面板

图 6-72　【立体化照明】选项面板

单击面板中的、或按钮，可以在当前选择的立体化图形中应用 1 个、2 个或 3 个光源。再次单击光源按钮，可以将其去除。另外，在预览窗口中拖曳光源按钮可以移动其位置。

拖曳【强度】选项下方的滑块，可以调整光源的强度。向左拖曳滑块，可以使光源的强度减弱，使立体化图形变暗；向右拖曳滑块，可以增加光源的光照强度，使立体化图形变亮。注意，每个光源是单独调整的，在调整之前应先在预览窗口中选择好光源。

勾选【使用全色范围】复选项，可以使阴影看起来更加逼真。

6.2.3　为图形添加透明效果

选择工具，在需要为其添加透明效果的图形上单击将其选择，然后在属性栏【透明度类型】中选择需要的透明度类型，即可为选择的图形添加透明效果。为文字添加的线性透明效果如图 6-73 所示。

【透明度】工具的属性栏，根据选择不同的透明度类型而显示不同的选项。默认状态下的属性栏如图 6-74 所示。

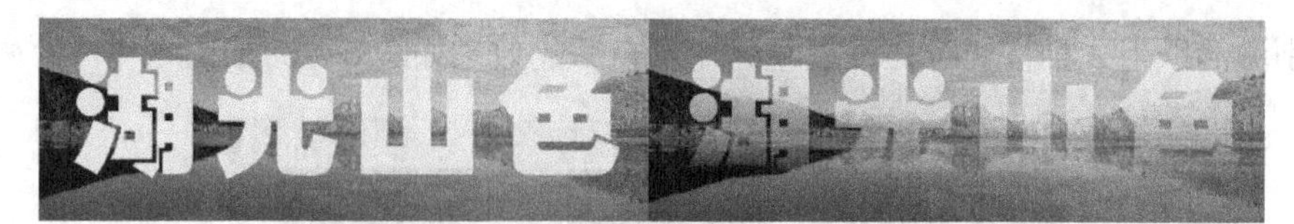

图 6-73　文字添加透明后的效果

图 6-74　【透明度】工具的属性栏

- 【透明度类型】：在此下拉列表中包括前面学过的各种填充效果，如“标准”、“线性”、“辐射”、“圆锥”、“正方形”、“双色图样”、“全色图样”、“位图图样”和“底纹”等。

要点提示　在【透明度类型】选项中选择除“无”以外的其他选项时，属性栏中的参数才可用。需要注意的是，选择不同的选项弹出的选项参数也各不相同。

- 【编辑透明度】按钮：单击此按钮，将弹出相应的填充对话框，通过设置对话框中的选项和参数，可以制作出各种类型的透明效果。
- 【透明度目标】：决定透明度应用到对象的填充、对象轮廓还是同时应用到两者。
- 【冻结透明度】按钮：激活此按钮，可以将图形的透明效果冻结。当移动该图形时，图形之间叠加产生的效果将不会发生改变。

要点提示　利用【透明度】工具为图形添加透明效果后，图形中将出现透明调整杆，通过调整其大小或位置，可以改变图形的透明效果。

6.2.4　制作透明泡泡效果

下面利用【透明度】工具来制作透明泡泡效果。

制作透明泡泡效果

1. 新建一个图形文件。

2. 单击工具栏中的按钮，将素材文件中“图库\第 06 章”目录下名为“沙漠与水.jpg”的文件导入，如图 6-75 所示。

3. 利用工具在画面的右上角绘制出图 6-76 所示的白色无外轮廓线的椭圆形。

4. 选择工具，将属性栏中的【透明度类型】选项设置为“辐射”，为圆形添加透明效果，如图 6-77 所示。

5. 将鼠标光标移动到透明效果的结束控制点（白色矩形）处，向左拖曳鼠标光标调整图形透明效果，如图 6-78 所示。

6. 选择工具，结束透明效果的调整。然后利用缩小复制图形的方法，将添加透明效果后的图形缩小复制，并将复制出的图形调整至图 6-79 所示的位置。

图 6-75　导入的图片

图 6-76　绘制的椭圆形

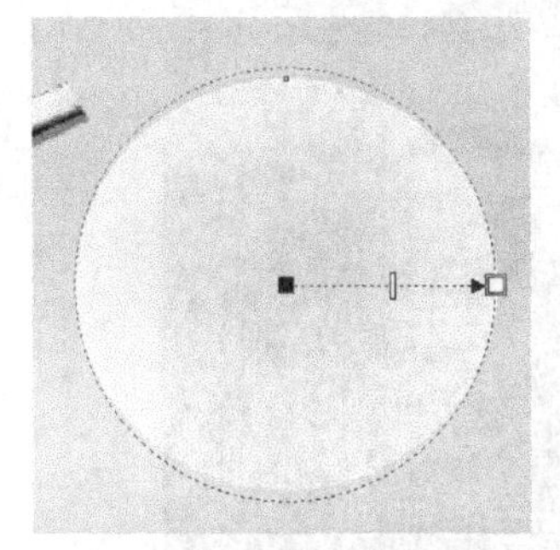

图 6-77　添加的透明效果

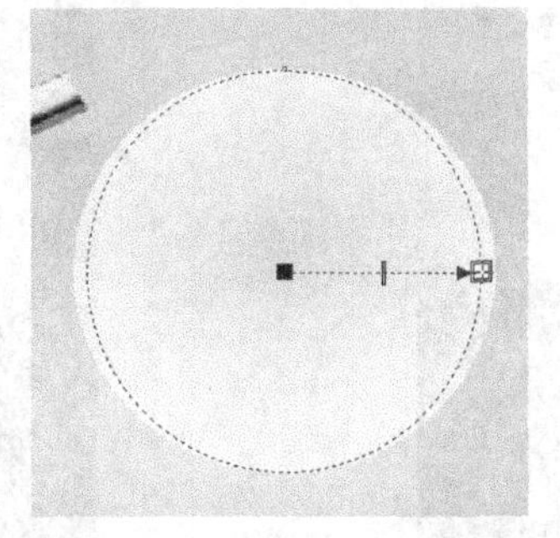

图 6-78　调整透明效果时的状态

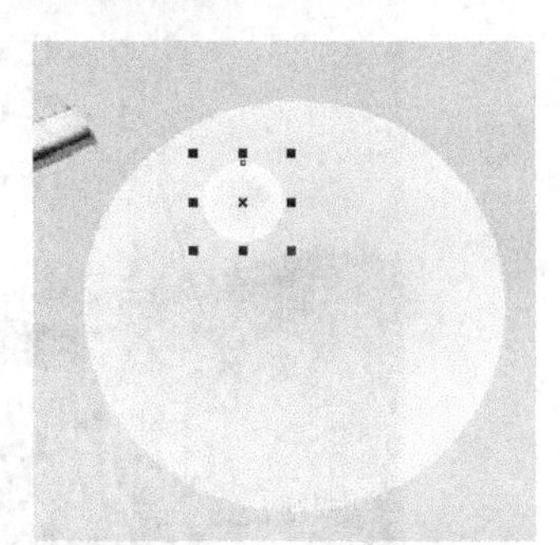

图 6-79　复制图形的大小及位置

7. 选择工具，并单击属性栏中的按钮，弹出【渐变透明度】对话框，重新设置调和颜色，如图 6-80 所示，然后单击 确定 按钮，编辑后的图形透明效果如图 6-81 所示。

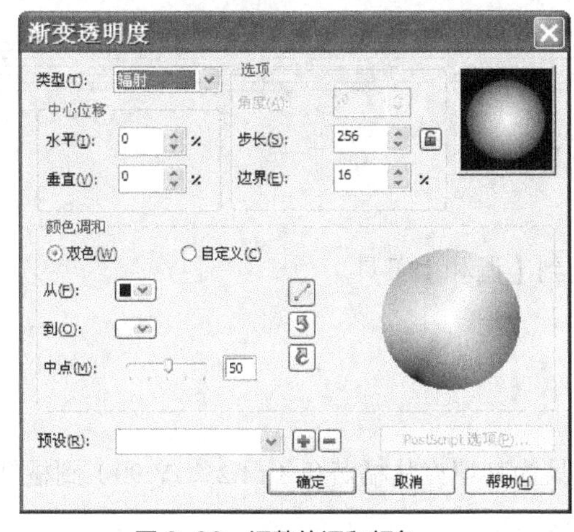

图 6-80　调整的调和颜色

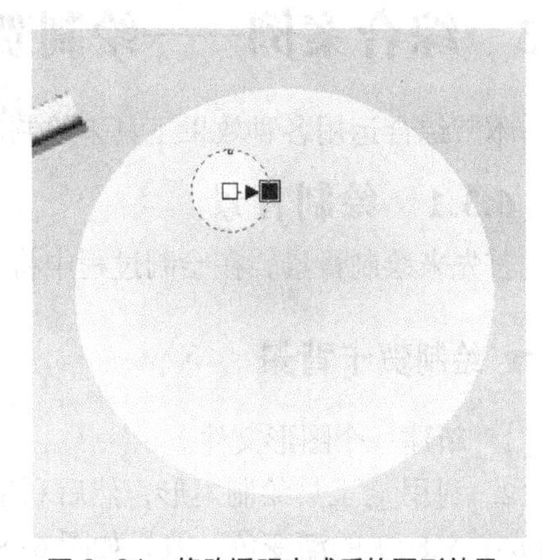

图 6-81　修改透明方式后的图形效果

8. 再次将鼠标光标移动到透明效果的结束控制点（黑色矩形）处，向左拖曳鼠标光标调整图形的透明效果，调整前后的效果对比如图 6-82 所示。

9. 选择工具，然后用移动复制和缩放操作，在画面中复制出图 6-83 所示的透明图形。

10. 将 3 个透明图形全部选择，单击属性栏中的按钮将其群组，然后将其调整至合适的大小后放置到图 6-84 所示的位置。

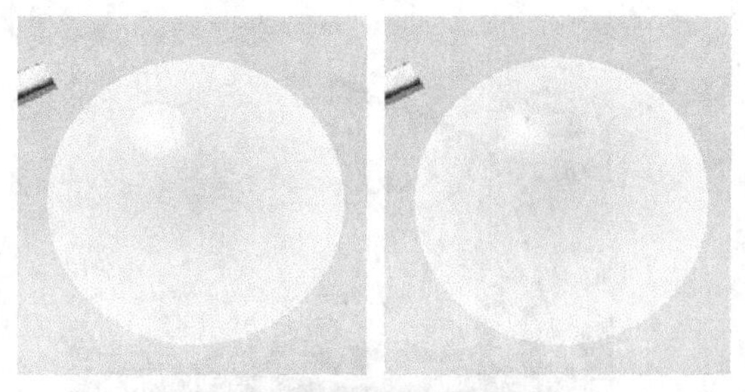

图 6-82　调整透明后的效果对比

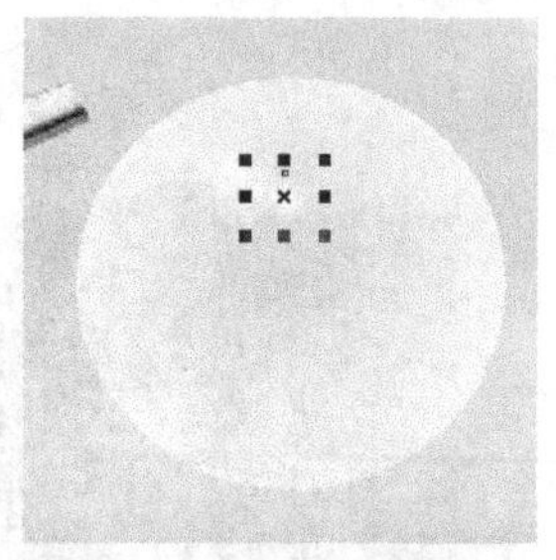

图 6-83　复制出的图形

11. 利用移动复制及缩放操作，在画面中依次复制多个透明的泡泡图形，最终效果如图 6-85 所示。

图 6-84　群组图形调整后的大小及位置

图 6-85　复制出的透明泡泡图形

12. 按 Ctrl+S 组合键，将此文件命名为"透明泡泡.cdr"保存。

6.3　综合案例——绘制贺卡

本节综合运用各种效果工具来绘制新年贺卡。

6.3.1　绘制背景

首先来绘制背景，在绘制过程中将主要用到【调和】工具。

绘制贺卡背景

1. 新建一个图形文件。

2. 利用□工具绘制矩形，然后利用■工具为其填充从橘黄色（M:25，Y:90）到橘红色（M:65，Y:80）的渐变色，效果如图 6-86 所示。

3. 利用工具和工具在矩形的下方绘制出图 6-87 所示的白色无外轮廓图形。

4. 继续利用工具和工具在白色图形上绘制出图 6-88 所示的灰色（K:10）无外轮廓图形。

5. 选择工具，将灰色图形与下方的白色图形调和，效果如图 6-89 所示，然后将属性栏中 50 的参数设置为"50"。

6. 利用○工具，依次绘制出图 6-90 所示的白色和灰色无外轮廓椭圆形，然后利用工具将两个椭圆形调和，效果如图 6-91 所示。

图 6-86 填充渐变色后的矩形效果

图 6-87 绘制的图形

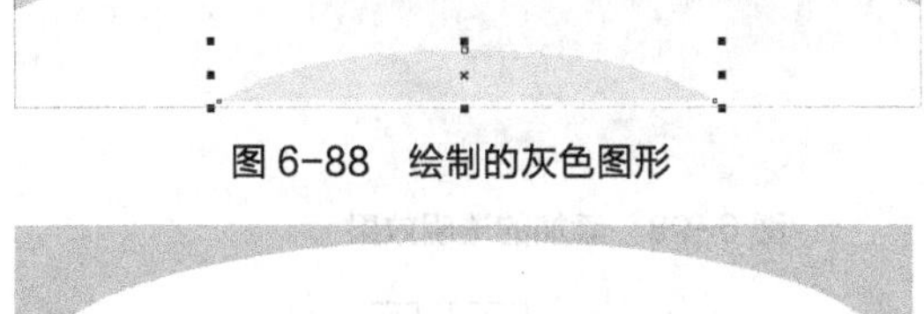
图 6-88 绘制的灰色图形

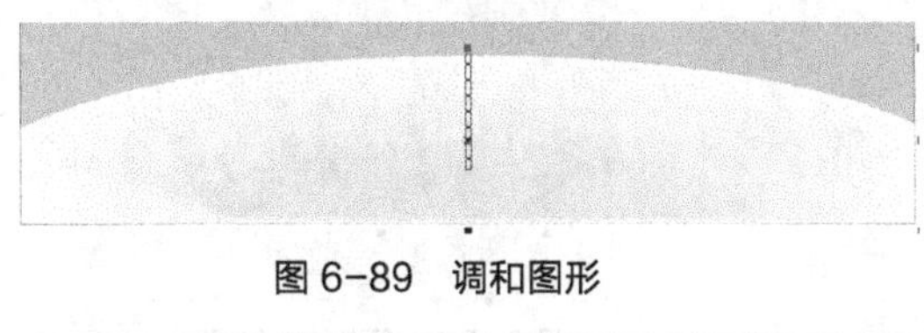
图 6-89 调和图形

图 6-90 绘制的椭圆形

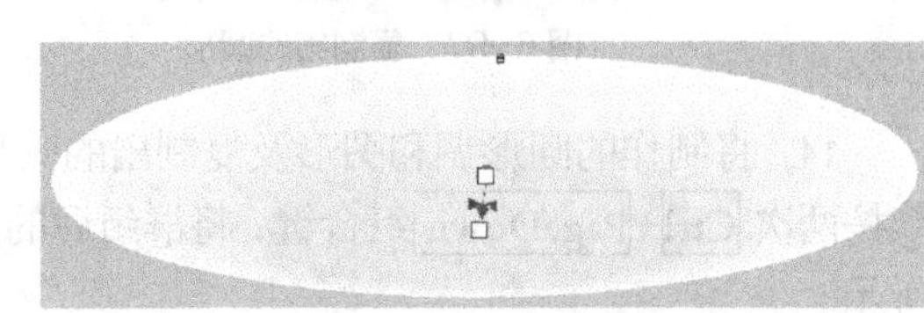
图 6-91 调和后的效果

7. 利用工具将调和后的椭圆形调整至合适的大小，然后将其放置到第一个调和图形的右上角，如图 6-92 所示。

8. 执行【排列】/【顺序】/【向后一层】命令（快捷键为 Ctrl+PageDown 组合键），将椭圆形调和图形调整至第一个调和图形的下方，效果如图 6-93 所示。

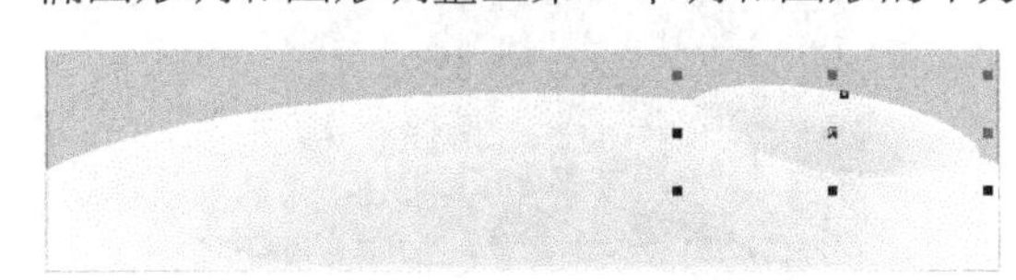
图 6-92 调和图形放置的位置

图 6-93 调整堆叠顺序后的效果

9. 继续利用工具绘制出图 6-94 所示的橘红色（M:60，Y:100）无外轮廓的圆形，然后利用以中心等比例缩小复制图形的方法，将其以中心等比例缩小复制，并将复制图形的颜色修改为淡黄色（Y:20），如图 6-95 所示。

10. 利用工具将两个圆形调和，然后将属性栏中的参数设置为"3"，效果如图 6-96 所示。

图 6-94 绘制的圆形

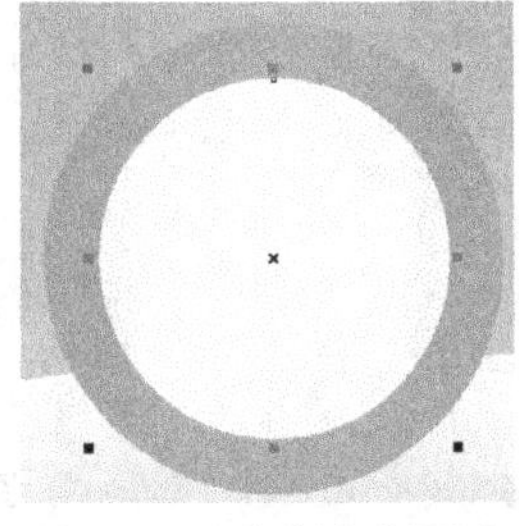
图 6-95 复制出的圆形

图 6-96 调和后的效果

11. 利用[]工具选择淡黄色圆形，然后将其以中心等比例缩小复制，再将复制出图形的颜色修改为深黄色（M:20，Y:100），如图 6-97 所示。

12. 按键盘数字区中的+键，将深黄色图形在原位置复制，然后将复制出图形的颜色修改为红色（M:100，Y:100）。

13. 选择[]工具，将鼠标光标移动到红色圆形的右上角，按下鼠标左键并向左下方拖曳，为其添加图 6-98 所示的透明效果。

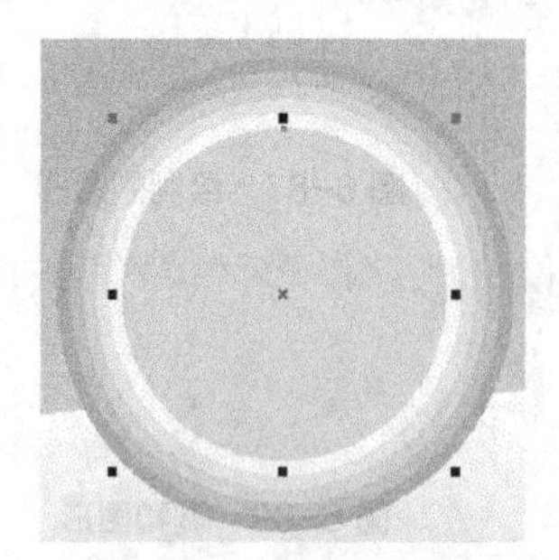
图 6-97 复制出的圆形

图 6-98 添加的透明效果

14. 将制作的圆形调和图形及复制出的圆形全部选择，然后按 Ctrl+G 组合键群组，再连续按两次 Ctrl+PageDown 组合键，将群组后的图形调整至前两个调和图形的后面，如图 6-99 所示。

15. 利用[]工具和[]工具及以等比例缩小复制图形操作，绘制出图 6-100 所示的绿色（C:60，Y:60，K:20）和浅橘红色（M:40，Y:80）图形。

图 6-99 调整堆叠顺序后的效果

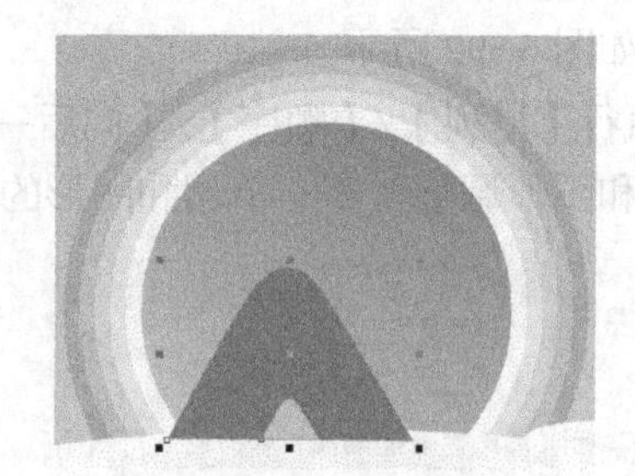
图 6-100 绘制出的图形

16. 利用[]工具将两个图形进行调和，作为“山”，然后将属性栏中[]的参数设置为“2”，效果如图 6-101 所示。

17. 选择[]工具，然后用移动复制图形操作，将调和后的“山”图形依次向右移动复制两组，如图 6-102 所示。

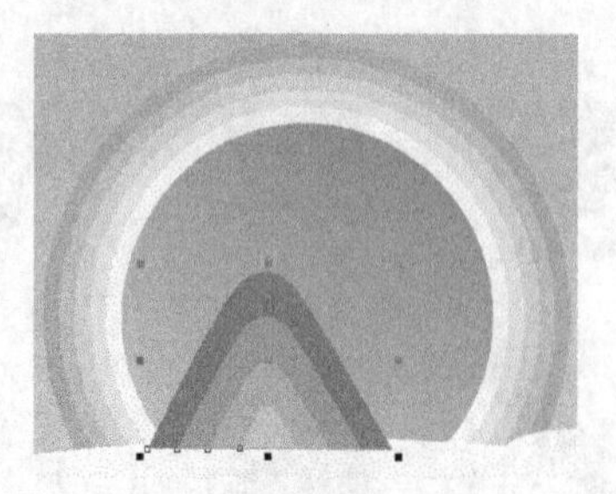
图 6-101 调和后的图形

图 6-102 移动复制出的图形

18. 将3组“山”图形全部选择，然后执行【排列】/【顺序】/【置于此对象前】命令，此时鼠标光标将显示为➡形状。

19. 将鼠标光标移动到图6-103所示的位置单击，即可将选择的“山”图形调整至圆形群组图形的前面、白色调和图形的后面，效果如图6-104所示。

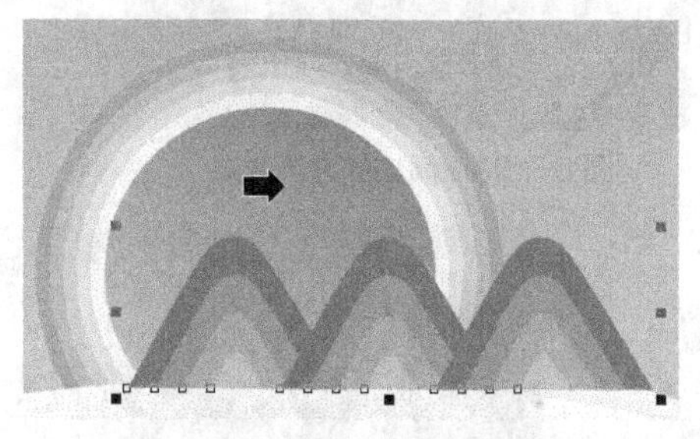
图6-103　鼠标光标单击的位置

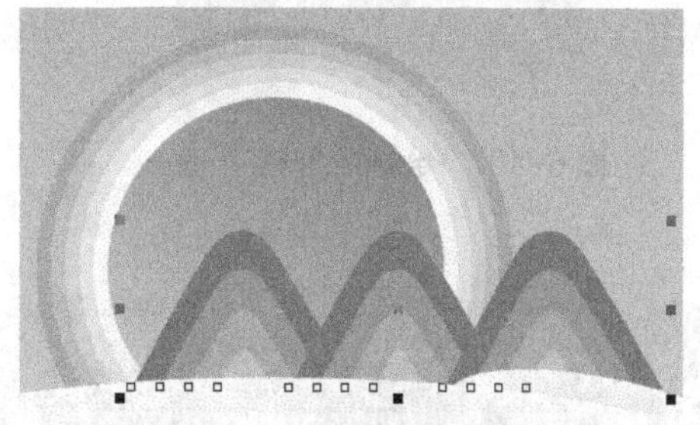
图6-104　调整堆叠顺序后的效果

6.3.2　绘制松树及梅花

下面来学习绘制松树及梅花图形，在绘制过程中主要用到【轮廓图】工具和【透明度】工具。

绘制松树及梅花

1. 接上例。利用工具和工具绘制出图6-105所示的红褐色（C:50，M:85，Y:100）无外轮廓“树干”图形。

2. 选择工具，然后设置属性栏中各选项参数及生成的轮廓效果，如图6-106所示。

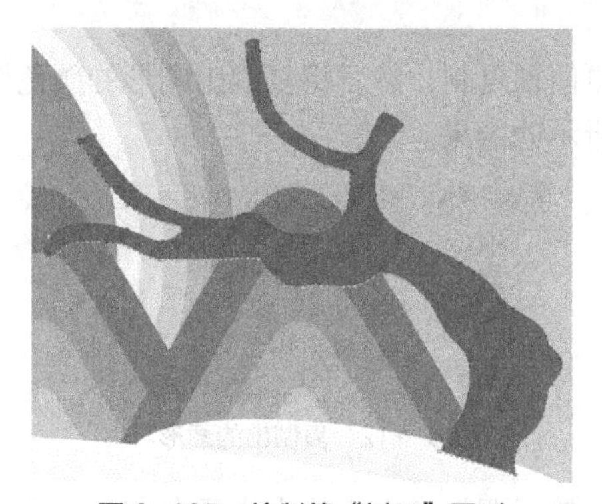
图6-105　绘制的“树干”图形

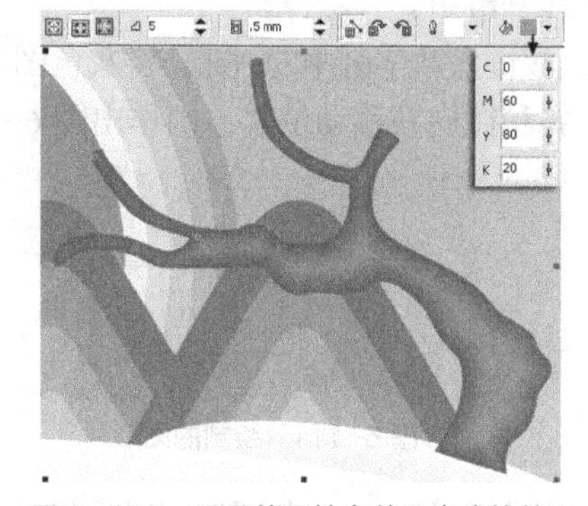
图6-106　设置的属性参数及生成的效果

3. 利用【排列】/【顺序】/【置于此对象前】命令将“树干”图形调整至“山”图形的前面。然后利用和工具绘制出图6-107所示的“叶子”图形，其填充色为绿色（C:100，Y:100），轮廓色为深绿色（C:90，M:40，Y:100，K:10）。

4. 按键盘数字区中的+键，将“叶子”图形在原位置复制，然后将复制出图形的颜色修改为酒绿色（C:40，Y:100），并利用工具为其添加图6-108所示的透明效果。

5. 利用工具依次绘制出图6-109所示的深绿色（C:90，M:40，Y:100，K:5）无外轮廓椭圆形。

6. 将绘制的“叶子”图形全部选择并群组，然后用移动复制图形的操作，依次移动复制并调整复制图形的大小及颜色，最终效果如图6-110所示。

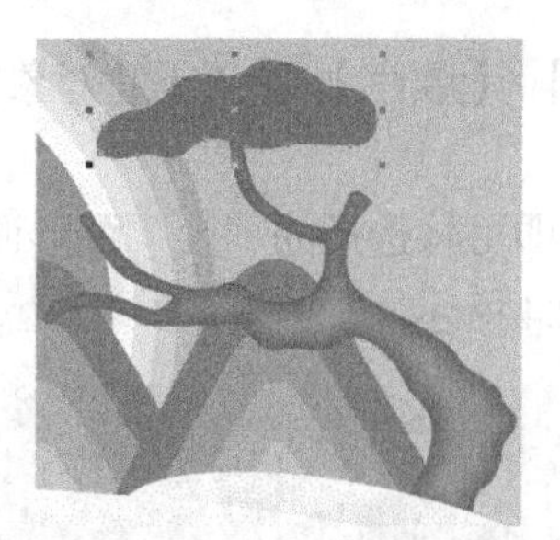

图 6-107 绘制的"叶子"图形

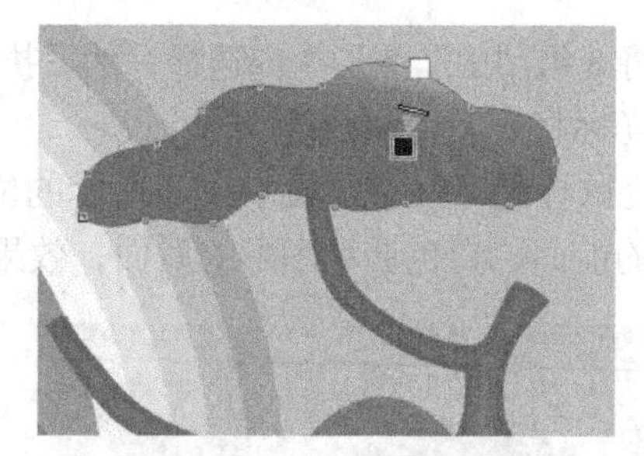

图 6-108 添加的透明效果

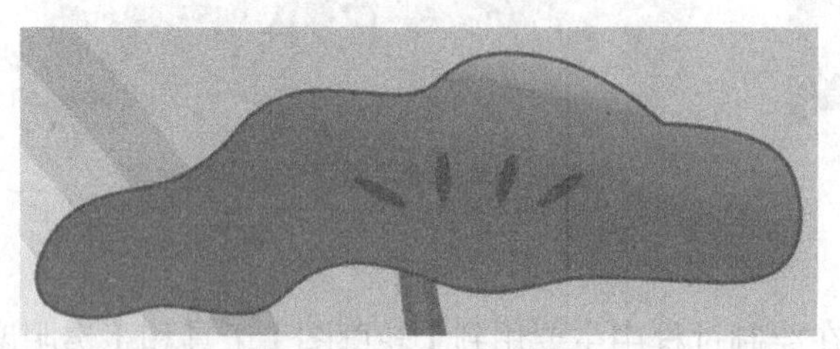

图 6-109 绘制的椭圆形

图 6-110 复制出的"叶子"图形

要点提示 根据各个部位"叶子"的受光情况不同，复制出的"叶子"的颜色也各不相同，具体颜色参数可参见作品。

7. 利用工具和工具绘制出图 6-111 所示的灰色（K:50）无外轮廓图形，然后将其同时选择并群组。

8. 按键盘数字区中的+键，将灰色图形在原位置复制，然后将复制出图形的颜色修改为白色，并稍微向右移动位置，制作出图 6-112 所示的效果。

图 6-111 绘制的图形

图 6-112 复制出的图形

9. 将灰色图形和白色图形同时选择并群组，然后调整至合适的大小及角度后放置到画面的左下角。

10. 依次复制群组图形并分别调整角度及位置，最终效果如图 6-113 所示。

图 6-113 复制出的图形

下面来绘制梅花图形，其绘制过程示意图如图 6-114 所示。

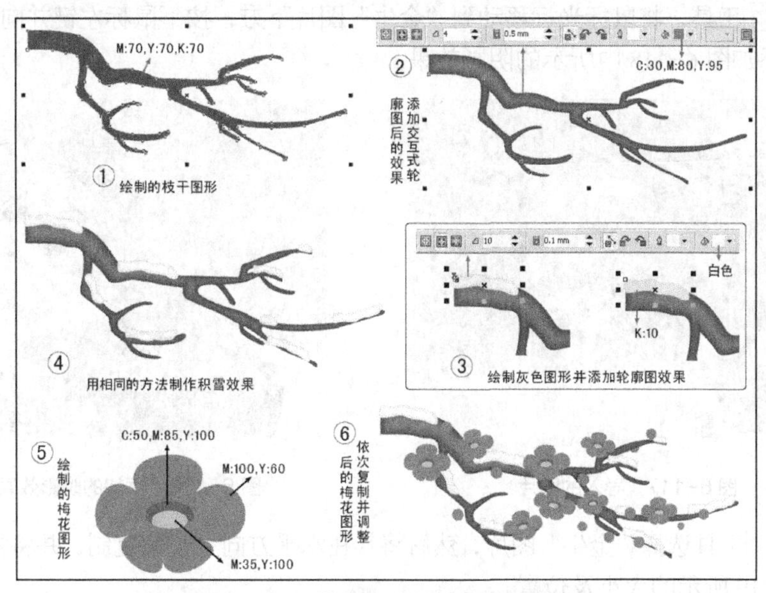

图 6-114　梅花图形的绘制过程示意图

11. 将绘制的“梅花”图形全部选择并群组，然后调整至合适的大小后放置到图 6-115 所示的位置。

12. 利用工具和工具及移动复制图形的操作方法，依次绘制出图 6-116 所示的白色无外轮廓“云”图形。

图 6-115　“梅花”图形放置的位置

图 6-116　绘制的“云”图形

要点提示

在上面的绘制图形过程中，灵活运用了【排列】/【顺序】命令对图形的堆叠顺序进行调整，通过此例的讲解，希望读者能将此命令熟练掌握。

6.3.3　导入图形并添加文字

下面导入“金牛”图形并为贺卡添加文字。在此小节中主要用到【阴影】工具。

导入图形并添加文字

1. 接上例。按 Ctrl+I 组合键，将素材文件中“图库\第 06 章”目录下名为“金牛.psd”

的文件导入，调整至合适的大小后放置到图 6-117 所示的位置。

2. 选择工具，将鼠标光标移动到“金牛”图片下方，按下鼠标左键并向右上方拖曳，为“金牛”添加图 6-118 中所示的阴影效果。

图 6-117　导入的图片

图 6-118　添加的阴影效果

3. 利用工具选择“金牛”图片，然后将其在水平方向上镜像复制，并将复制出的图片调整至图 6-119 所示的大小及位置。

4. 按住 Ctrl 键单击复制图片中的“福”字，将其选择，然后单击属性栏中的按钮，将其水平翻转。

5. 利用工具选择复制出的“金牛”图片，然后利用工具为其添加图 6-120 所示的阴影效果。

图 6-119　复制图片调整后的大小及位置

图 6-120　添加的阴影效果

6. 将复制出的“金牛”图片及其阴影同时选择，然后依次复制并缩小调整，效果如图 6-121 所示。

图 6-121　复制出的“金牛”图片

要点提示

如要移动“金牛”图片，可直接单击“金牛”图片，此时添加的阴影效果会随其一同移动。如要移动复制“金牛”图片，直接单击将其选择，然后移动复制，将只会复制“金牛”图片，其阴影效果不会被复制。如想将阴影效果一同复制，在选择图片时，可单击阴影区域，当属性栏中显示的是【阴影】工具的属性栏时，即表明图片和阴影效果一同选择了，再移动复制图片，即可将阴影效果一同复制。

最后在画面的右上角添加文字。

7. 利用工具及移动复制操作，绘制并复制出图 6-122 所示的红褐色（M:100，Y:100，K:40）无外轮廓的圆形。

8. 选择字工具，依次在绘制的圆形中输入图 6-123 中所示的白色文字。

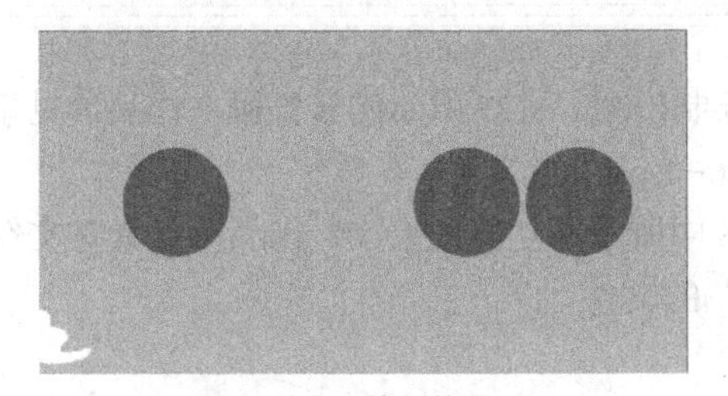

图 6-122　绘制的圆形

图 6-123　输入的文字

9. 按 Ctrl+I 组合键，将素材文件中“图库\第 06 章”目录下名为“艺术字.cdr”的文件导入，调整至合适的大小后放置到图 6-124 所示的位置。

10. 选择工具，将鼠标光标移动到“贺”字的中心位置，按下鼠标左键并向右拖曳，为其添加图 6-125 中所示的阴影效果。

图 6-124　文字调整后的大小及位置

图 6-125　添加的阴影效果

11. 继续利用字工具在文字的下方输入黄色（Y:100）的“金牛送福 万事大吉”文字，完成贺卡的设计，整体效果如图 6-126 所示。

12. 按 Ctrl+S 组合键，将此文件命名为“新年贺卡.cdr”保存。

小结

本章主要讲述了各种效果工具的应用，包括各工具的使用方法、属性设置及在实例中的实际运用。通过本章的学习，希望读者对效果工具能够熟练掌握，并能独立完成课后实例的制作。也希望读者能充分发挥自己的想象力，运用这些工具绘制出更有创意的作品来。

图 6-126　设计完成的贺卡效果

操作题

1. 利用基本绘图工具并结合【变形】工具绘制出图 6-127 所示的装饰画。作品参见素材文件中“作品\第 06 章”目录下名为“操作题 06-1.cdr”的文件。

2. 灵活运用【立体化】工具制作出图 6-128 中所示的立体效果字。作品参见素材文件中“作品\第 06 章”目录下名为“操作题 06-2.cdr”的文件。

图 6-127　绘制完成的装饰画

图 6-128　制作的立体效果字

3. 综合运用本章学习的各种效果工具，绘制出图 6-129 所示的儿童画。作品参见素材文件中“作品\第 06 章”目录下名为“操作题 06-3.cdr”的文件，导入的素材图片为素材文件中“图库\第 06 章”目录下名为“风车.cdr”的文件。

图 6-129　绘制的儿童画

PART 7

第7章 文本和表格工具

作品的设计，除了要重点考虑创意、构图、色彩和图形的选择等要素之外，还要注意文字的应用和编排。本章将详细讲解【文本】工具的使用方法，包括文本的输入、文本属性设置、文本转换、文本适配路径以及其他各种编辑操作等。另外，还将对【表格】工具进行讲解，表格工具主要是用来绘制和编辑表格的。

7.1 输入文本

在 CorelDRAW 中，文本分为美术文本、段落文本和路径文本等几种基本类型，本节分别讲解它们的输入方法。

7.1.1 输入美术文本

美术文本适合于文字应用较少或需要制作特殊文字效果的文件。输入美术文本的方法为：选择字工具（快捷键为F8键），在绘图窗口中的任意位置单击插入文本输入光标，然后选择一种自己习惯使用的系统输入方法，即可输入文本。当需要另起一行输入文本时，按Enter键就可以开始新的一行文本输入了。

7.1.2 输入段落文本

段落文本适合于在某一个区域内应用文字较多的文件。输入段落文本的方法为：选择字工具，将鼠标光标移动到绘图窗口中，按住鼠标左键拖曳，绘制一个段落文本框，然后选择一种合适的输入法，即可在绘制的段落文本框中输入段落文本了。在输入文本过程中，当输入的文本至文本框的边界时会自行换行，无须手动调整。

输入段落文本与输入美术文本最大的不同点就是段落文本是在文本框中输入，即在输入文本之前，首先根据要输入文字的多少先绘制一个文本框，然后才可以输入文字。

7.1.3 美术文本与段落文本转换

在 CorelDRAW 中，美术文本与段落文本是可以相互转换的，具体操作为：利用工具选择要转换的文本，然后执行【文本】/【转换到段落文本】(【转换到美术字】) 命令，也可以直接按Ctrl+F8组合键，即可将选择的文本进行相互转换。

将段落文本转换为美术文本时，段落文本框中的文字必须全部显示，否则无法使用此命令。

7.1.4 输入路径文本

沿路径输入文本时，文本会根据路径的形状自动排列，使用的路径可以是闭合的图形也可以是未闭合的线。路径文本的特点在于文本可以按任意形状排列，并且可以轻松地制作各种文本排列的艺术效果。

输入沿路径文本的具体方法为：首先利用绘图工具绘制出排列文本的图形或线等作为路径，然后选择字工具，将鼠标光标移动到路径上，当鼠标光标显示为形状时，单击插入文本输入光标，依次输入文本，此时输入的文本即可沿路径排列，如图 7-1 所示。

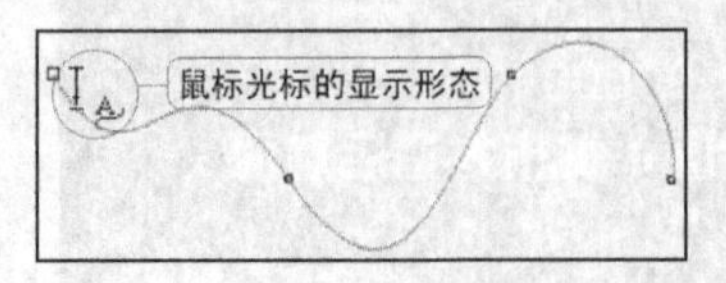

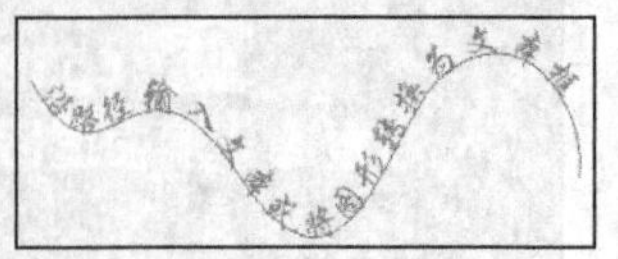

图 7-1 沿路径输入文本

如果把鼠标光标放置在闭合图形的内部，当鼠标光标显示为I形状时单击，此时图形内部将根据闭合图形的形状出现虚线框，并显示插入文本光标，此时所输入的文本是限定在图形内进行排列的，如图 7-2 所示。

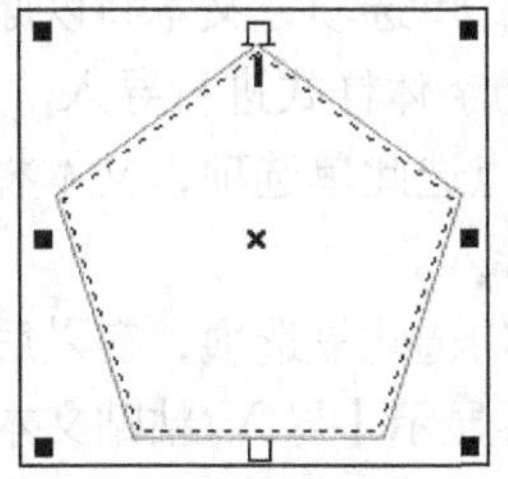

图 7-2　在图形轮廓内输入的文本

除了以上沿路径输入文本的方法外，还可以利用【使文本适合路径】命令来制作沿路径排列的文本效果，具体操作为：先绘制路径，然后在绘图窗口的任意位置输入文本，利用工具将文本选择，执行【文本】/【使文本适合路径】命令，此时鼠标光标将变为➡形状。将鼠标光标移动到路径上单击，选择的文本即可适配到指定的路径上。文本适配路径的过程示意图如图 7-3 所示。

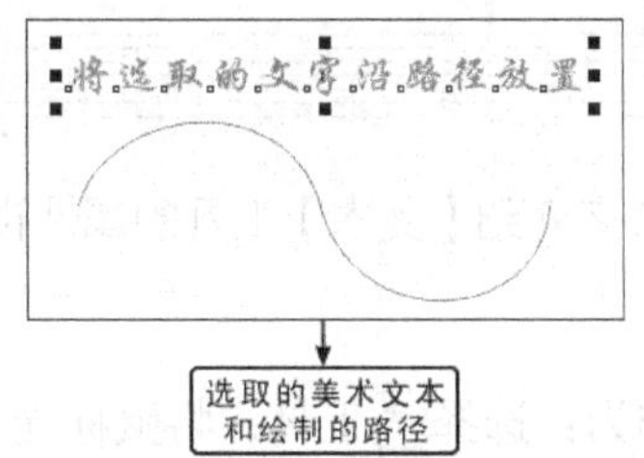

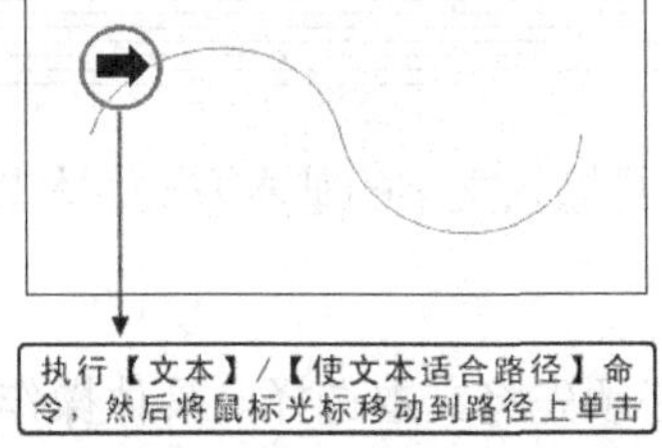

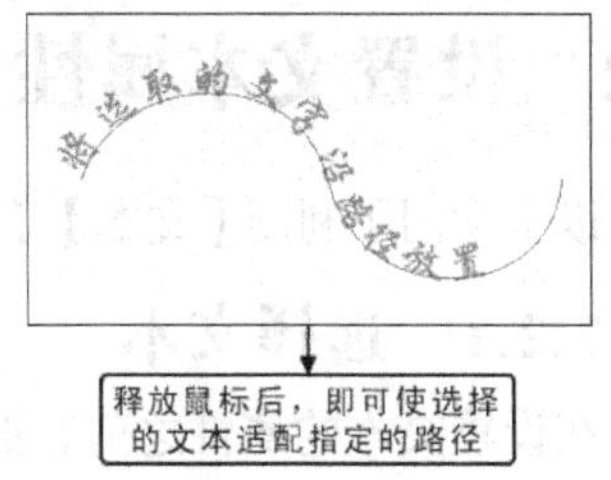

图 7-3　文本适配路径的过程示意图

在选择文字时，如果将文本与路径一起选择，执行【文本】/【使文本适合路径】命令，文本将自动适配选择的路径。

当文本适配路径后，确认文本和路径同时处于选择状态，执行【排列】/【拆分】命令，可以将文本和路径分离。此时，再执行【文本】/【矫正文本】命令，可以使文本还原到没有适配路径时的形态。执行【文本】/【对齐基线】命令，可以使文本按当前的文本基线对齐。

7.1.5　导入和粘贴文本

无论在输入美术文本、段落文本或是沿路径的文本时，利用导入和粘贴文本的方法可以大大节省作图时间。

（1）选择菜单栏中的【文件】/【导入】命令，或按 Ctrl+I 组合键，或单击工具栏中的按钮，在弹出的【导入】对话框中选择需要的文本文件，然后单击 导入 按钮即可导入文本。

（2）在其他的应用程序中（如 Word）复制需要的文本，再在 CorelDRAW 中激活字工具，并在绘图窗口中确定文本插入符，然后选择菜单栏中的【编辑】/【粘贴】命令（快捷键为 Ctrl+V 组合键），即可粘贴文本。

执行以上任一操作后，系统将弹出如图 7-4 所示的【导入/粘贴文本】对话框。

- 【保持字体和格式】选项：点选此单选项，文本将以原系统的设置样式进行导入。
- 【仅保持格式】选项：点选此单选项，文本将以原系统的文字大小，当前系统的字体样式进行导入。
- 【放弃字体和格式】选项：点选此单选项，文本将以当前系统的设置样式进行导入。
- 【不再显示该警告】选项：勾选此复选项，在以后导入文本文件时，系统将不再显示【导入/粘贴文本】对话框。若需要显示，可选择菜单栏中的【工具】/【选项】命令，在弹出的【选项】对话框中，单击【工作空间】下的【警告】选项，然后在右侧窗口中勾选【粘贴并导入文本】复选项即可。

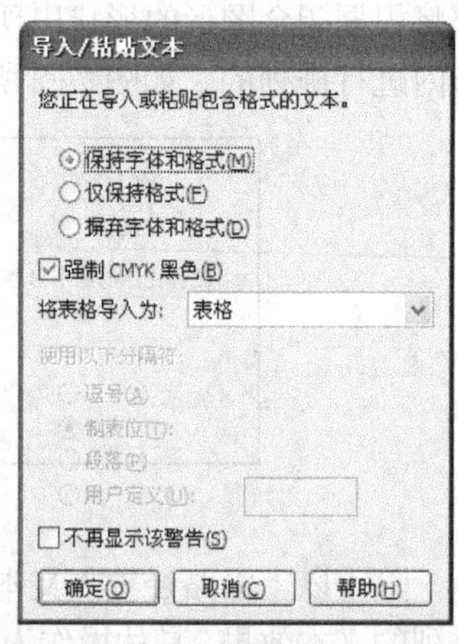

图 7-4 【导入/粘贴文本】对话框

在【导入/粘贴文本】对话框中点选需要的选项后，单击 确定(O) 按钮，即可将选择的文本导入。

7.2 设置文本属性

以上学习了利用【文本】工具输入文字的基本方法，本节来介绍【文本】工具的属性设置。

7.2.1 选择文本

在设置文本的属性之前，必须先将文本选择。具体操作为：选择字工具，将鼠标光标移动到要选择的文字前面单击，定位插入点，然后在插入点位置按下鼠标左键并将其拖曳至要选择文字的右侧后释放，即可选择一个或多个文字。

除以上选择文字的方法外，还有以下几种方法。

（1）按住 Shift 键或 Shift+Ctrl 组合键的同时，再按键盘上的→（右箭头）键或←（左箭头）键。

（2）在文本中要选择文字的起点位置单击，然后按住 Shift 键并移动鼠标光标至要选择文字的终点位置单击，可选择某个范围内的文字。

（3）在段落文本的任意段落中双击，可以将段落文本中的某一段选择。

（4）利用工具单击输入的文本可将该文本中的所有文字选择。

7.2.2 设置文本属性

【文本】工具字的属性栏如图 7-5 所示。

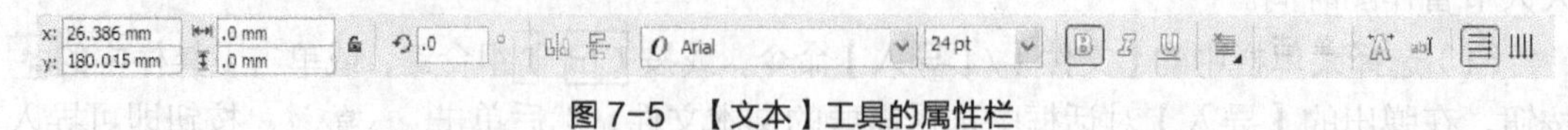

图 7-5 【文本】工具的属性栏

- 【字体列表】选项 Arial：单击此选项，可以在弹出的下拉列表中选择需要的文字字体。
- 【字体大小列表】选项 24pt：单击此选项，可以在弹出的下拉列表中选择需要的文字字号。当列表中没有需要的文字大小时，在文本框中直接输入需要的文字大小即可。

- 【粗体】按钮B：激活此按钮，可以将选择的文本加粗显示。
- 【斜体】按钮I：激活此按钮，可以将选择的文本倾斜显示。

要点提示

【粗体】按钮B和【斜体】按钮I只适用于部分英文字体，即只有选择支持加粗和倾斜字体的文本时，这两个按钮才可用。

- 【下画线】按钮U：激活此按钮，可以在选择的横排文字下方或竖排文字左侧添加下画线，线的颜色与文字的相同。
- 【水平对齐】按钮：单击此按钮，可在弹出的【对齐】选项面板中设置文字的对齐方式，包括左对齐、居中对齐、右对齐、两端对齐和强制对齐。选择不同的对齐方式时，文字显示的对齐效果如图 7-6 所示。

图 7-6 选择不同的对齐方式时文字显示的对齐效果

- 【显示/隐藏项目符号】按钮：当选择段落文本时此按钮才可用。激活此按钮（快捷键为 Ctrl+M 组合键），可以在当前鼠标光标所在的段落或选择的所有段落前面添加默认的项目符号。再次单击此按钮，即可将添加的项目符号隐藏。
- 【显示/隐藏首字下沉】按钮：当选择段落文本时此按钮才可用。激活此按钮（快捷键为 Ctrl+Shift+D 组合键），可以将当前鼠标光标所在段落中的第一个字设置为下沉效果。如同时选择了多个段落，可将每个段落前面的第一个字设置为下沉效果。再次单击此按钮，可以取消首字下沉。

要点提示

【显示/隐藏项目符号】按钮和【显示/隐藏首字下沉】按钮是相对于段落文字设置的，如果选择美术文本，这两个按钮不可用。具体设置可参见第 7.3 节。

- 【字符格式化】按钮：单击此按钮（快捷键为 Ctrl+T 组合键），将弹出【字符格式化】对话框，在此对话框中可以对文本的字体、字号、对齐方式、字符效果和字符偏移等选项进行设置。
- 【编辑文本】按钮：单击此按钮（快捷键为 Ctrl+Shift+T 组合键），将弹出【编辑文本】对话框，在此对话框中对文本进行编辑，包括字体、字号、对齐方式、文本格式、查找替换和拼写检查等。
- 【水平排列文本】按钮和【垂直排列文本】按钮：用于改变文本的排列方向。单击按钮，可将垂直排列的文本变为水平排列；单击按钮，可将水平排列的文本变为垂直排列。

7.2.3 利用【形状】工具调整文本

利用【形状】工具调整文本，可以让用户在修改文字属性的同时看到文字的变化，且【字符格式化】和【段落格式化】面板的调整方法更方便、更直接。

一、调整文本间距

下面来讲解利用【形状】工具调整文本字距及行距的方法。

（1）选择要进行调整的文字，然后选择工具，此时文字的下方将出现调整字距和调整行距的箭头，如图 7-7 所示。

利用形状工具不仅可以调
整图形的形状，而且可以
用来调整文本的字距以及行距
调整行距箭头
调整字距箭头

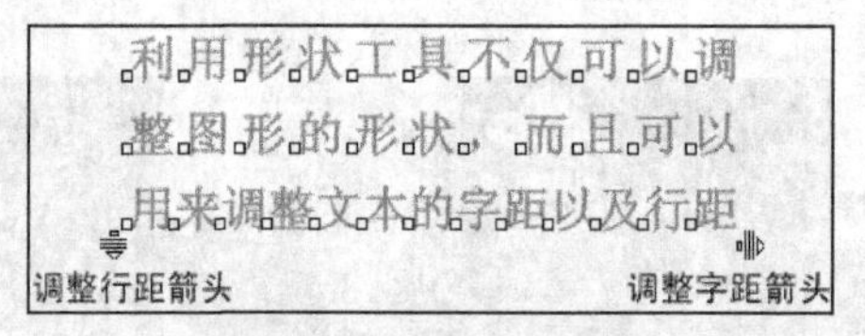

图 7-7 出现的调整箭头

（2）将鼠标光标移动到调整字距箭头上，按住鼠标左键拖曳，即可调整文本的字距。向左拖动调整字距箭头可以缩小字距；向右拖动调整字距箭头可以增加字距。增加字距后的效果如图 7-8 所示。

（3）将鼠标光标移动到调整行距箭头上，按住鼠标左键拖曳，即可调整文本的行与行之间的距离。向上拖曳鼠标光标调整行距箭头可以缩小行距；向下拖曳鼠标光标调整行距箭头可以增加行距。增加行距后的效果如图 7-9 所示。

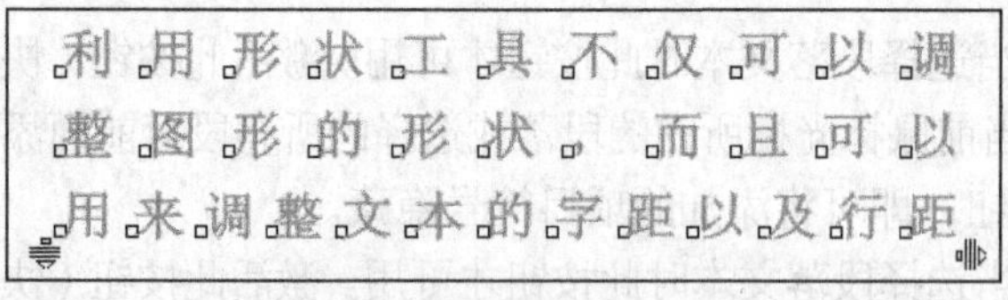

利用形状工具不仅可以调
整图形的形状，而且可以
用来调整文本的字距以及行距

图 7-8 增加字距后的文本效果

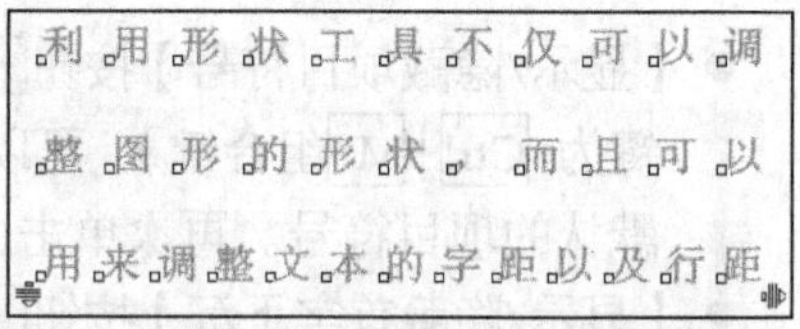

利用形状工具不仅可以调
整图形的形状，而且可以
用来调整文本的字距以及行距

图 7-9 增加行距后的文本效果

二、调整单个文字

利用【形状】工具可以很容易地选择整个文本中的某一个文字，当文字被选择后，就可以对所选择的文字进行一些属性设置。

（1）选择输入的文本，然后选择工具，此时文本中每个字符的左下角会出现一个白色的小方形，如图 7-10 所示。

（2）单击相应的白色小方形，即可选择相应的文字；如按住 Shift 键单击相应的白色小方

形，可以增加选择的文字。另外，利用框选的方法也可以选择多个文字。文字选择后，下方的白色小方形将变为黑色小方形，如图 7-11 所示。

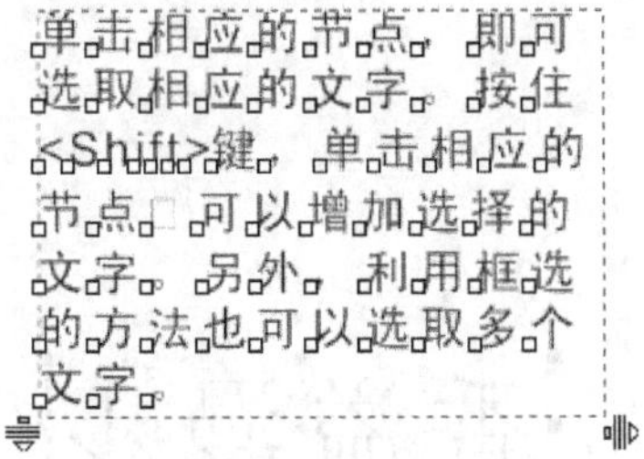

单击相应的节点，即可选取相应的文字。按住<Shift>键，单击相应的节点，可以增加选择的文字。另外，利用框选的方法也可以选取多个文字。

图 7-10　出现的白色小方形

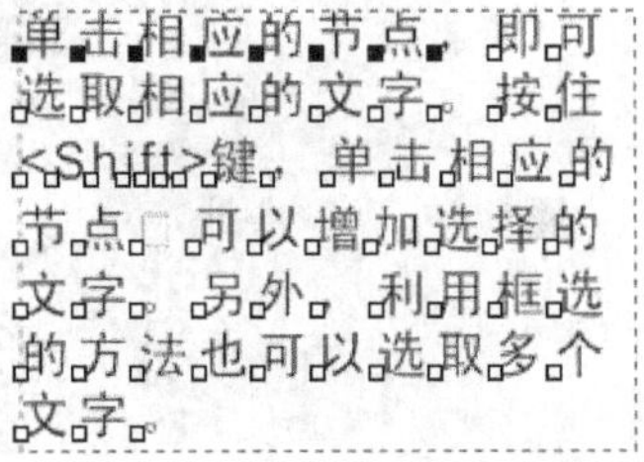

单击相应的节点，即可选取相应的文字。按住<Shift>键，单击相应的节点，可以增加选择的文字。另外，利用框选的方法也可以选取多个文字。

图 7-11　选择文字后的形态

利用【形状】工具选择单个文字后，其属性栏如图 7-12 所示。

图 7-12　选择文字后【形状】工具的属性栏

该属性栏中的各选项分别与【文本】的属性栏、【字符格式化】和【段落格式化】面板中相对应的选项和按钮的功能相同，在此不再赘述。

7.3　美术文本应用

美术文本适合于制作标题、图片说明和其他需要少量文字的作品设计中。

7.3.1　设计门头广告

下面主要利用【文本】工具输入美术文字，并通过修改个别文字的字体、字号及颜色来设计门头广告。

设计门头广告

1. 新建一个图形文件，然后利用□工具绘制出图 7-13 所示的填充色为浅黄色（C:2，M:2，Y:10）的矩形。

2. 按 Ctrl+I 组合键，将素材文件中“图库\第 07 章”目录下名为“甜品.jpg”的文件导入，调整大小后放置到图 7-14 所示的位置。

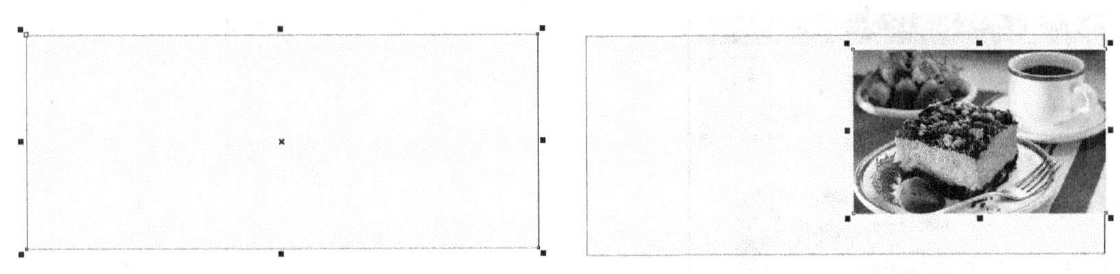

图 7-13　绘制的矩形　　图 7-14　导入的图像

3. 选择□工具，将鼠标光标移动到图像的右侧按下鼠标左键并向左拖曳，为图像添加如图 7-15 所示的透明效果。

4. 选择字工具，选择合适的输入法，输入图 7-16 所示的“香溢漫步”文字。

图 7-15　添加的透明效果

香溢漫步

图 7-16　输入的文字

5. 输入后，选择工具即可完成文字的输入，然后在属性栏中将文字的【字体】设置为“方正粗活意简体”，【字号】设置为“65 pt”，修改字体及字号后的文字效果如图 7-17 所示。

如果读者的计算机中没有安装“方正粗活意简体”字体，可以采用其他字体代替，以下类同。如果读者是从事平面设计工作的，会经常用到 Windows 系统以外的其他字体，读者可以安装一些特殊字体，以备后用。另外，读者可根据自己绘制图形的大小来自行设置文字的大小。

6. 选择工具，将鼠标光标放置到右下角的调整字距箭头上，按下鼠标左键并向右拖曳，调整字距，效果如图 7-18 所示。

香溢漫步

图 7-17　修改字体及字号后的效果

香 溢 漫 步

图 7-18　调整字距后的效果

7. 按F11键，弹出【渐变填充】对话框，设置渐变颜色及选项参数如图 7-19 所示，颜色条中第一、第三和最右侧色标的颜色为橘红色（M:60，Y:100）；第二和第四个色标的颜色为黄色（Y:100）。

8. 单击 确定 按钮，文字填充渐变色后的效果如图 7-20 所示。

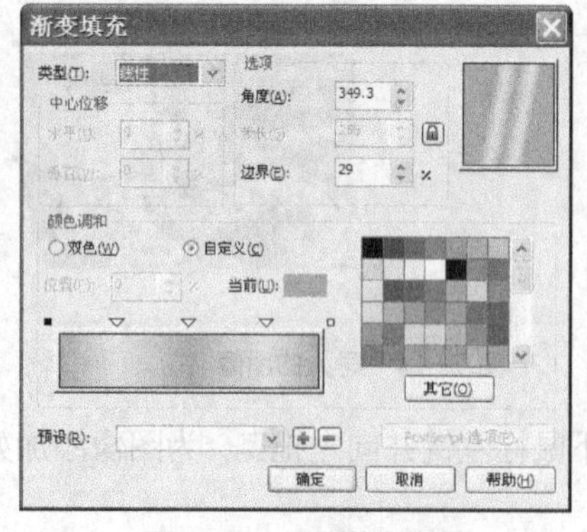

图 7-19　设置的渐变色

图 7-20　填充渐变色后的效果

9. 按F12键，调出【轮廓笔】对话框，设置轮廓颜色为深红色（M:60，Y:60，K:40），其他选项及参数如图 7-21 所示。

10. 单击 确定 按钮，文字添加外轮廓后的效果如图 7-22 所示。

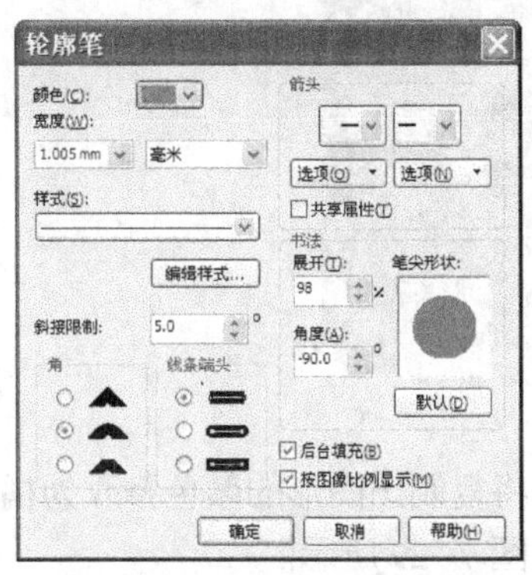

图 7-21 【轮廓笔】对话框

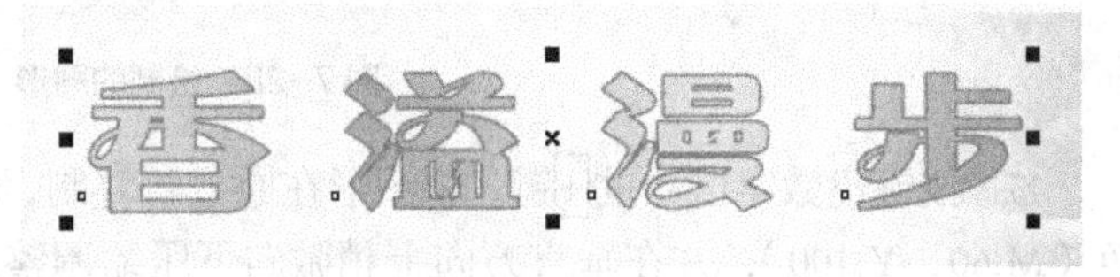

图 7-22 添加外轮廓后的效果

11. 选择工具，将鼠标光标移动到文字的中心位置按下鼠标左键并向左下方拖曳，为文字添加如图 7-23 所示的阴影效果。

12. 继续选择字工具，在文字的下方依次输入图 7-24 中所示的字母。

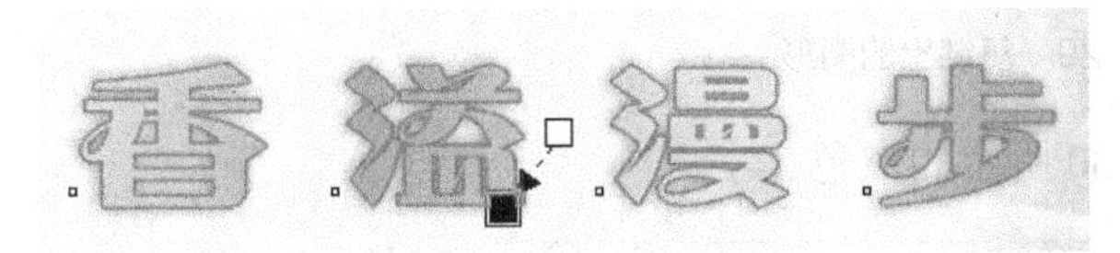

图 7-23 添加的阴影效果

图 7-24 输入的字母

13. 利用工具对字母的字距进行调整，使其与上方的文字对齐，效果如图 7-25 所示。

图 7-25 调整字距后的效果

14. 再次选择字工具，利用与上面输入文字并修改字体、字号和字距相同的方法，输入图 7-26 中所示的文字，选用的字体为“方正大标宋简体”。

15. 选择工具，在黑色文字的左侧绘制深红色（C:35，M:80，Y:100）的无外轮廓小正方形图形，然后用移动复制图形的方法将其依次移动复制，如图 7-27 所示。

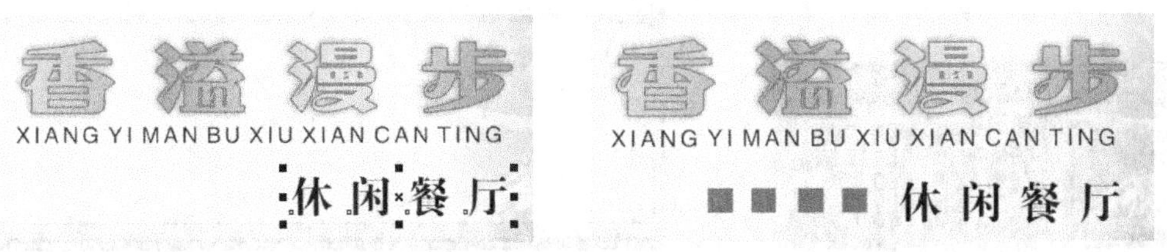

图 7-26 输入的文字

图 7-27 移动复制出的图形

16. 利用工具和工具，在矩形的下方绘制出图 7-28 所示的灰色（C:30，M:35，Y:33）无外轮廓图形。

图 7-28 绘制的图形

17. 按键盘数字区中的+键，将图形在原位置复制，然后将复制出图形的颜色修改为橘红色（M:60，Y:100），并在垂直方向上稍微向下压缩调整，如图 7-29 所示。

图 7-29 复制出的图形

18. 继续利用字工具，输入如图 7-30 所示的白色文字。

图 7-30 输入的文字

19. 按 Ctrl+I 组合键，将素材文件中“图库\第 07 章”目录下名为“门面.jpg”的文件导入，如图 7-31 所示。

20. 利用工具和工具根据图片上方的空白区域，绘制出如图 7-32 所示的图形。

图 7-31 导入的图片

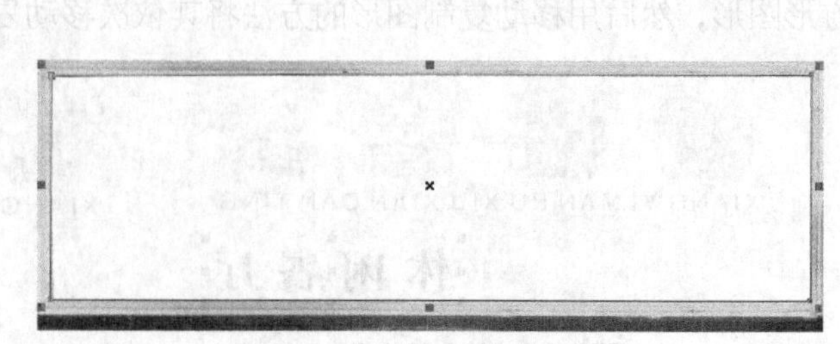

图 7-32 绘制的图形

21. 利用[选择]工具，将除导入的图片和步骤 20 所绘图形以外的所有图形同时选择，并按 Ctrl+G 组合键群组。

22. 执行【效果】/【图框精确剪裁】/【放置在容器中】命令，此时鼠标光标将显示为➡图标。

23. 将鼠标光标放置在步骤 20 绘制的图形上单击，释放鼠标后，即可将群组图形置入绘制的图形中。

24. 执行【效果】/【图框精确剪裁】/【编辑内容】命令，图框精确剪裁容器内的图形将显示在绘图窗口中，其他图形将在绘图窗口中隐藏，然后调整图形在容器中的大小和位置，效果如图 7-33 所示。

图 7-33 调整后的形态

25. 单击页面左下角的 完成编辑对象 按钮，完成置入图形的编辑，效果如图 7-34 所示。

图 7-34 制作的门面效果

26. 至此，门面设计完成，按 Ctrl+S 组合键，将此文件命名为“门面设计.cdr”保存。

7.3.2 将美术文本转换为曲线

如果作品中使用了不是系统自带的字体，且将编排完成的作品文件保存后复制到其他计算机中打开时，经常会出现【替换字体】提示对话框，也就是这台计算机并没有安装与当前文件所选用的相匹配的系统外字体，系统将用最相似的字体替换掉作品中使用的系统外字体。如果在作品保存之前先将文本转换为曲线后，就可以避免文件复制过程中字体被替换的情况了。另外，在编辑文字时，虽然系统中提供的字体非常多，但都是规范的系统自带字体，有时候不能满足用户的创意需要，但将文本转换为曲线性质后，就可以任意地调整改变文字形状，使创意得到最大的发挥了。

文本转换曲线的具体操作为首先将文本选择，然后执行【排列】/【转换为曲线】命令（快捷键为 Ctrl+Q 组合键），此时选择的文字就被转换成了曲线，也就是将文本转换成了曲线性质。

要点提示

文本转换成曲线后，就不再具有文本的属性了，一般将文字转换为曲线之前要将原文件保存，将文字转换为曲线后再进行另存。这样保存一个备份文件，就可以避免因为出错再重新输入文字的麻烦。

7.3.3 设计艺术字

下面来学习将美术文本转换为曲线后再调整制作成艺术字的操作方法。

设计艺术字

1. 新建一个图形文件。
2. 利用字工具输入图 7-35 中所示的文字，选用的字体为“方正粗圆简体”。
3. 选择工具，然后框选如图 7-36 所示的白色小方形，将“时”字选择。

幸福时光

图 7-35　输入的文字

幸福时光

图 7-36　选择时的状态

4. 将“时”字的字号改小，然后执行【排列】/【拆分美术字】命令，将文字拆分为单个字。
5. 利用工具依次选择单个文字进行位置调整，效果如图 7-37 所示。
6. 选择“幸”字，执行【排列】/【转换为曲线】命令，将文字转换为曲线图形，然后利用工具框选图 7-38 中所示的节点。

幸福时光

图 7-37　调整位置后的形态

图 7-38　框选节点状态

7. 将选择的节点向上移动至图 7-39 所示的位置，然后利用工具，选择与“福”字相临的节点，并将其向右调整至图 7-40 所示的位置，使“幸”字与“福”字相连。

图 7-39　节点调整后的位置

幸福

图 7-40　节点调整后的位置

8. 选择“福”字，执行【排列】/【转换为曲线】命令，将文字转换为曲线图形，然后利用工具框选图 7-41 所示的节点，即将“福”字中的“田”字部选择。

9. 按Delete键，删除选择的节点，然后利用工具将剩余的图形调整至图 7-42 所示的形态。

图 7-41 选择的节点

图 7-42 调整后的文字形态

10. 用相同的调整方法，分别将"时"字和"光"字转换为曲线图形，并调整至图 7-43 所示的形态。

11. 双击工具，将所有图形同时选择，然后将其颜色修改为红色，并利用工具和工具绘制出图 7-44 所示的图形。

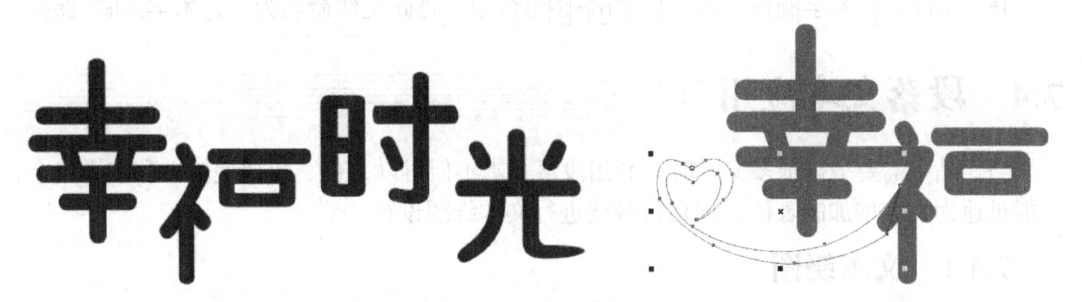

图 7-43 调整后的文字形态

图 7-44 绘制的图形

12. 为绘制的图形填充红色并去除外轮廓，效果如图 7-45 所示，然后再依次绘制出图 7-46 所示的图形。

图 7-45 填充颜色后的效果

图 7-46 绘制的图形

13. 继续利用工具和工具绘制装饰图形，效果如图 7-47 所示。

图 7-47 绘制的装饰图形

14. 选择工具，将属性栏中4的参数设置为“4”，60的参数设置为“60”，然后在“福”字的右下方绘制星形，并为其填充红色，再去除外轮廓，如图 7-48 所示。

15. 用移动复制并调整大小和旋转的方法，依次将星形复制并进行调整，效果如图 7-49 所示。

图 7-48　绘制的星形　　　　图 7-49　复制出的星形

16. 至此，艺术字制作完成，按 Ctrl+S 组合键，将此文件命名为“艺术字.cdr”保存。

7.4 段落文本应用

当作品中需要编排很多文本时，利用段落文本不但可以方便、快捷地输入和编排文字，还能迅速为文字增加制表位、项目符号或进行文本绕图设置。

7.4.1 文本绕图

在 CorelDRAW 中可以将段落文本围绕图形进行排列，使画面更加美观。段落文本围绕图形排列称为文本绕图。

设置文本绕图的具体操作为：利用字工具输入段落文本，然后绘制任意图形或导入位图图像，将图形或图像放置在段落文本上，使其与段落文本有重叠的区域，然后单击属性栏中的按钮，系统将弹出如图 7-50 所示的【换行样式】选项面板。

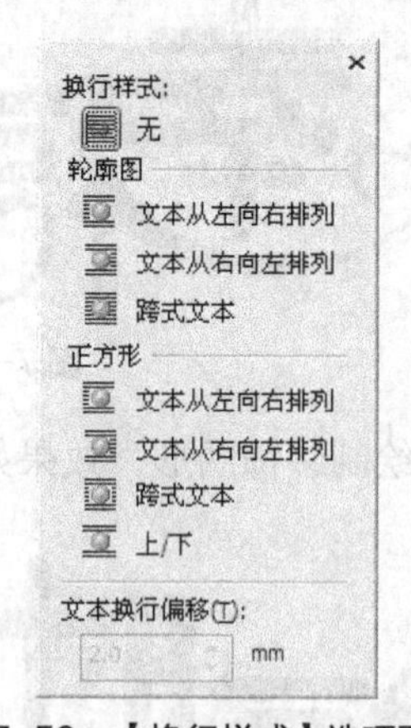

图 7-50　【换行样式】选项面板

- 文本绕图主要有两种方式，一种是围绕图形的轮廓进行排列；另一种是围绕图形的边界框进行排列。在【轮廓图】和【正方形】选项中单击任一选项，即可设置文本绕图效果。

- 在【文本换行偏移】选项下方的文本框中输入数值，可以设置段落文本与图形之间的间距。
- 如要取消文本绕图，可单击【换行样式】选项面板中的【无】选项。

选择不同文本绕图样式后的效果如图 7-51 所示。

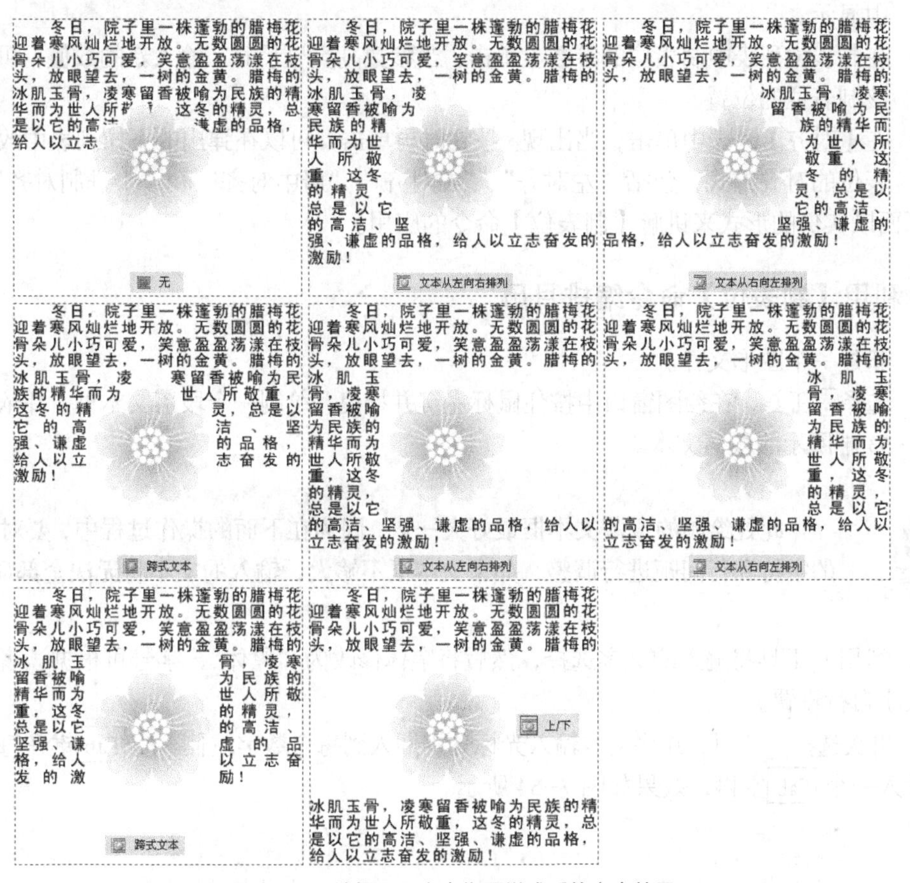

图 7-51　选择不同文本绕图样式后的文本效果

7.4.2　设置制表位

利用制表位可以确保段落文本按照某种方式进行对齐，此功能主要用于设置类似月历中的日期、表格中的数据及索引目录的排列对齐等。注意，要使用此功能进行对齐的文本，每个对象之间必须先使用 Tab 键进行分隔，即在每个对象之前加入 Tab 空格。

执行【文本】/【制表位】命令，弹出如图 7-52 所示的【制表位设置】对话框。

图 7-52　【制表位设置】对话框

- 【制表位位置】选项：用于设置添加制表位的位置。此数值是在最后一个制表位的基础上设置的。单击右侧的 添加(A) 按钮，可将此位置添加至制表位窗口的底部。
- 移除(R) 按钮：单击此按钮，可以将选择的制表位删除。

- 全部移除(E) 按钮：单击此按钮，可以删除制表位列表中的全部制表位。
- 前导符选项(L)... 按钮：单击此按钮，将弹出【前导符设置】对话框，在此对话框中可选择制表位间显示的符号，并能设置各符号间的距离。
- 【预览】选项：勾选此复选项，在【制表位设置】对话框中的设置可随时在绘图窗口中显示。
- 在制表位列表中制表位的参数上单击，当参数高亮显示时，输入新的数值，可以改变该制表位的位置。
- 在【对齐】列表中单击，当出现按钮时再单击，可以在弹出的下拉列表中改变该制表位的对齐方式，包括“左对齐”、“右对齐”、“居中对齐”和“十进制对齐”。

下面以实例的形式来讲解【制表位】命令的应用。

利用【制表位】命令编排月历

1. 新建一个图形文件。

2. 选择字工具，在绘图窗口中按住鼠标左键并拖曳，绘制一个段落文本框，并依次输入如图 7-53 中所示的段落文本。

此处绘制的段落文本框最好大一点，因为在下面的操作过程中，要对文字的字符和行间距进行调整，如果文本框不够大，输入的文本将无法全部显示。

3. 利用工具将输入的文字选择，然后将字体修改为“黑体”，字号可根据读者绘制的文本大小自行设置。

4. 再次选择字工具，并将文字输入光标分别插入到每个数字左侧，按 Tab 键在每个数字左侧输入一个 Tab 空格，效果如图 7-54 所示。

图 7-53 输入的段落文本

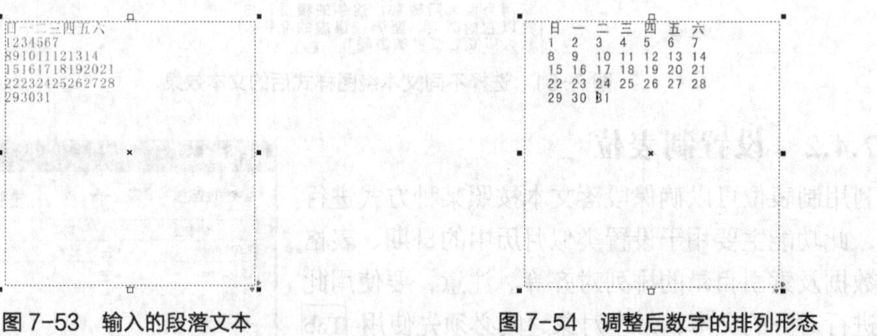

图 7-54 调整后数字的排列形态

5. 选择工具，确认 Tab 空格的设置，然后执行【文本】/【制表位】命令，在弹出的【制表位设置】对话框中单击 全部移除(E) 按钮，将默认的所有制表位删除。

6. 在【制表位位置】文本框中输入数值“15 mm”，然后连续单击 7 次 添加(A) 按钮，此时的形态如图 7-55 所示。

7. 在“15 mm”制表位右侧的【对齐】栏中单击，将出现按钮，单击此按钮，在弹出的对齐选项列表中选择【中】选项，然后用相同的方法将其他位置的对齐方式均设置为居中对齐，如图 7-56 所示。

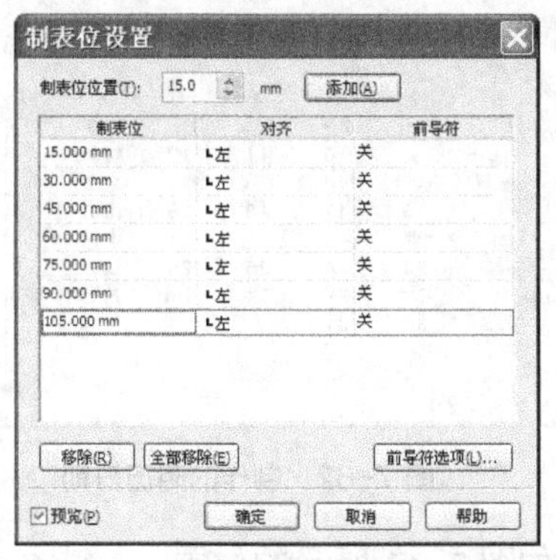

图 7-55 设置制表位位置后的对话框形态

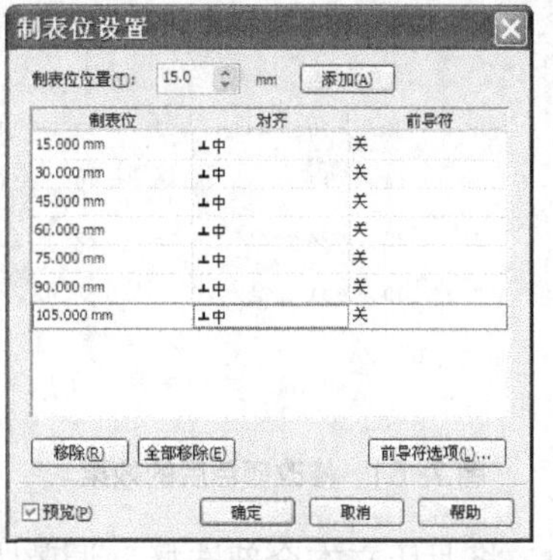

图 7-56 将对齐方式设置为"中对齐"

8. 单击 确定 按钮，设置制表位后的段落文本如图 7-57 所示。

如设置的文本框的宽度不够大，单击 确定 按钮后，文本框中将出现拥挤的效果，如图 7-58 所示，此时将文本框的宽度调大即可。

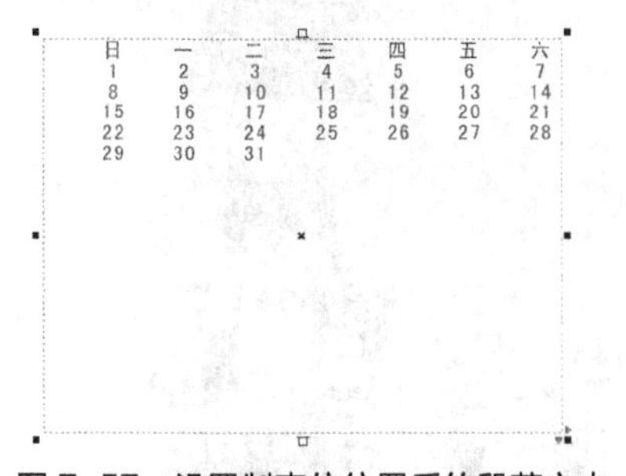

图 7-57 设置制表位位置后的段落文本

图 7-58 出现的拥挤现象

设置制表位后，下面来调整行距。

9. 选择工具，然后在文本框左下方的符号上按下鼠标左键并向下拖曳，增大文字之间的行间距，效果如图 7-59 所示。

10. 继续利用工具选择图 7-60 所示的文字和数字，然后将其颜色修改为红色（M:100，Y:100）。

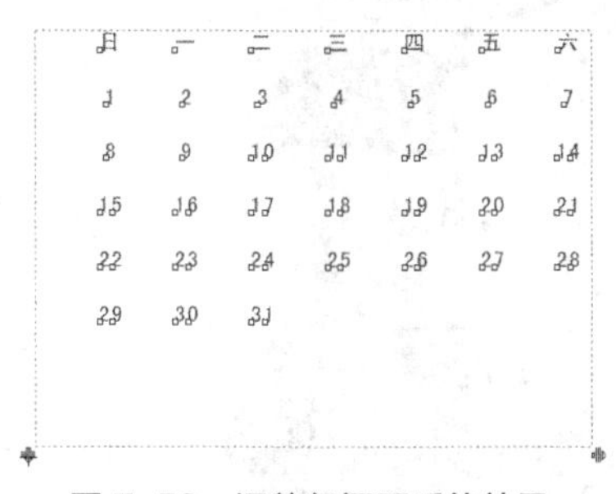

图 7-59 调整行间距后的效果

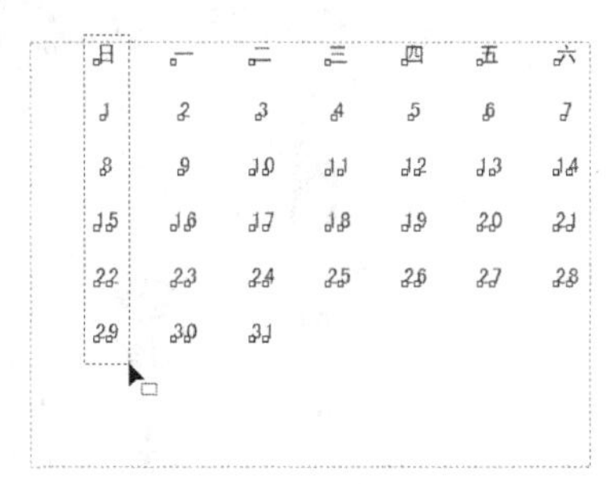

图 7-60 选择第一行文字

11. 用与步骤 10 相同的方法，将最右侧文字及数字的颜色修改为青色（C:100），效果如图 7-61 所示。

12. 用与步骤 2～步骤 11 相同的方法，制作出月历中的阴历日期，如图 7-62 所示。

13. 按 Ctrl+I 组合键，将素材文件中"图库\第 07 章"目录下名为"桌面壁纸.jpg"的文件导入，然后按 Ctrl+End 组合键，将其调整至文字的下方。

日	一	二	三	四	五	六
1	2	3	4	5	6	7
8	9	10	11	12	13	14
15	16	17	18	19	20	21
22	23	24	25	26	27	28
29	30	31				

图 7-61　修改颜色后的效果

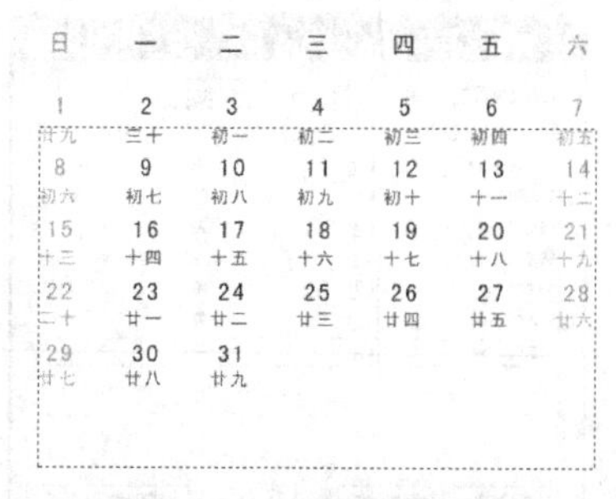

图 7-62　制作的阴历日期

14. 将月历文本全部选择，调整大小后，移动到如图 7-63 所示的位置。

图 7-63　调整大小后放置的位置

15. 利用字工具在月历的右上方输入图7-64所示的红色字母和数字，字体为 Adobe Gothic Std B 。

图 7-64　制作出的桌面月历效果

16. 将画面中的文字全部选择，执行【排列】/【转换为曲线】命令，将其转为曲线。

17. 按Ctrl+S组合键，将此文件命名为“桌面日历.cdr”保存。

7.4.3 设置栏

对类似报纸、产品说明书等具有大量文字的作品排版时，【栏】命令是经常要使用的，通过对【栏】命令的设置，可以使排列的文字更容易阅读，看起来也更美观。执行【文本】/【栏】命令，将弹出如图 7-65 所示的【栏设置】对话框。

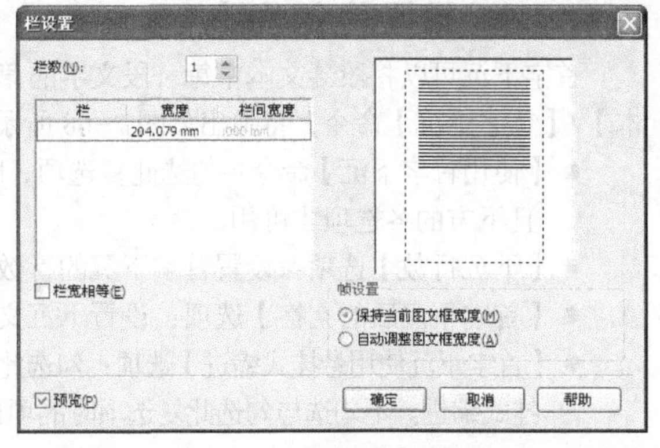

图 7-65 【栏设置】对话框

- 【栏数】选项：设置段落文本的分栏数目。在下方的列表中显示了分栏后的栏宽和栏间距。当【栏宽相等】复选项不被勾选时，在【宽度】和【栏间宽度】中单击，可以设置不同的栏宽和栏间宽度。
- 【栏宽相等】选项：勾选此复选项，可以使分栏后的栏和栏之间的距离相同。
- 【保持当前图文框宽度】选项：点选此单选项，可以保持分栏后文本框的宽度不变。
- 【自动调整图文框宽度】选项：点选此单选项，当对段落文本进行分栏时，系统可以根据设置的栏宽自动调整文本框宽度。

7.4.4 设置项目符号

在段落文本中添加项目符号，可以将一些没有顺序的段落文本内容排成统一的风格，使版面的排列井然有序。执行【文本】/【项目符号】命令，将弹出如图 7-66 所示的【项目符号】对话框。

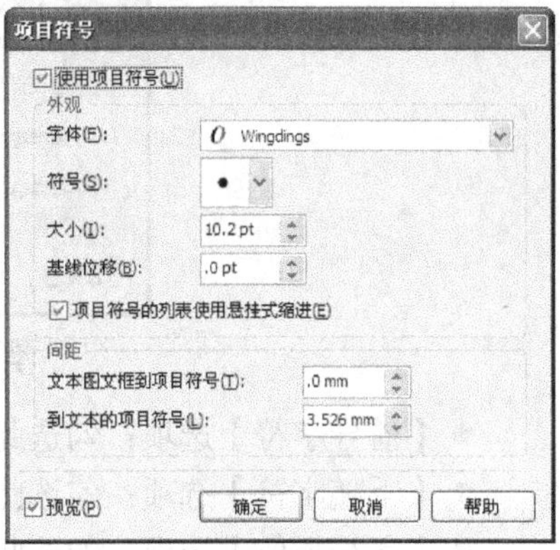

- 【使用项目符号】命令：勾选此复选项，即可在选择的段落文本中添加项目符号，且下方的各选项才可用。
- 【字体】选项：设置选择项目符号的字体。随着字体的改变，当前选择的项目符号也将随之改变。
- 【符号】选项：单击右侧的倒三角按钮，可以在弹出的【项目符号】选项面板中选择想要添加的项目符号。
- 【大小】选项：设置选择项目符号的大小。
- 【基线位移】选项：设置项目符号在垂直方向上的偏移量。参数为正值时，项目符号向上偏移；参数为负值时，项目符号向下偏移。
- 【项目符号的列表使用悬挂式缩进】选项：勾选此复选项，添加的项目符号将在整个段落文本中悬挂式缩进。不勾选与勾选此复选项时的项目符号如图 7-67 所示。

图 7-66 【项目符号】对话框

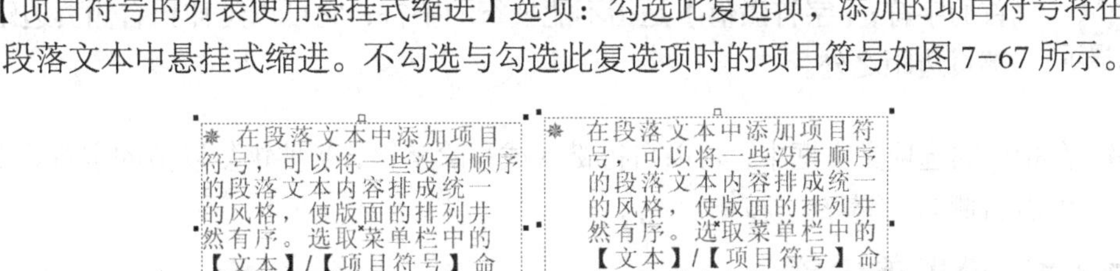

图 7-67 不勾选与勾选【项目符号的列表使用悬挂式缩进】复选项时的效果对比

7.4.5 设置首字下沉

首字下沉可以将段落文本中每一段文字的第一个字母或文字放大并嵌入文本。执行【文本】/【首字下沉】命令，将弹出如图 7-68 所示的【首字下沉】对话框。

- 【使用首字下沉】命令：勾选此复选项，即可在选择的段落文本中添加首字下沉效果，且下方的各选项才可用。
- 【下沉行数】选项：设置首字下沉的行数，设置范围为“2～10”。
- 【首字下沉后的空格】选项：设置下沉文字与主体文字之间的距离。
- 【首字下沉使用悬挂式缩进】选项：勾选此复选项，首字下沉效果将在整个段落文本中悬挂式缩进。不勾选与勾选此复选项时的项目符号如图 7-69 所示。

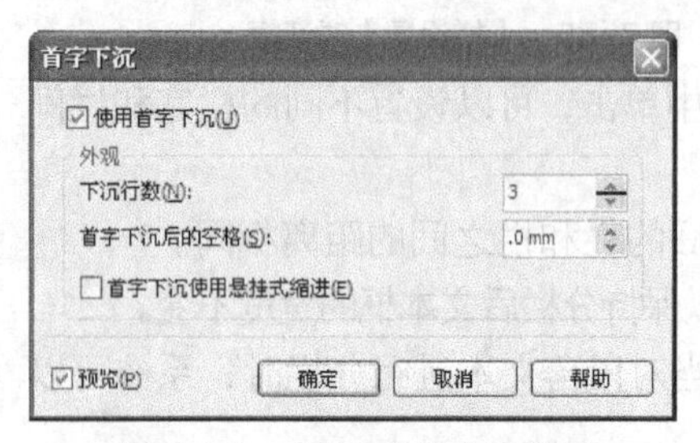

图 7-68 【首字下沉】对话框

图 7-69 不勾选与勾选【首字下沉使用悬挂式缩进】时的效果对比

7.4.6 设置断行规则

执行【文本】/【断行规则】命令，弹出的【亚洲断行规则】对话框如图 7-70 所示。

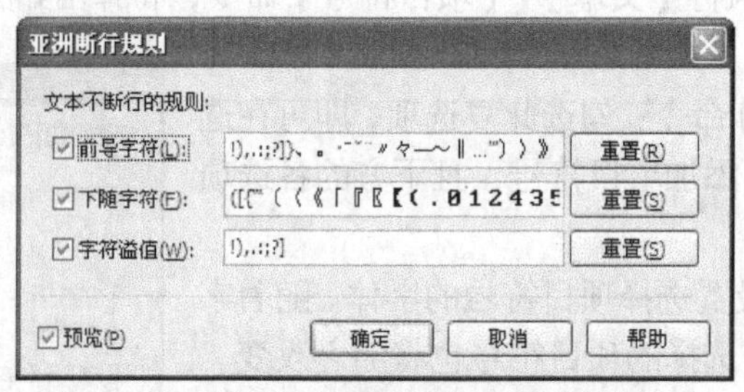

图 7-70 【亚洲断行规则】对话框

- 【前导字符】选项：勾选此复选项，将确保不在选项文本框中的任何字符之后断行。
- 【下随字符】选项：勾选此复选项，将确保不在选项文本框中的任何字符之前断行。
- 【字符溢值】选项：勾选此复选项，将允许选项文本框中的字符延伸到行边距之外。

要点提示

【前导字符】是指不能出现在行尾的字符；【下随字符】是指不能出现在行首的字符；【字符溢值】是指不能换行的字符，它可以延伸到右侧页边距或底部页边距之外。

- 在相应的选项文本框中，可以自行键入或移除字符，当要恢复以前的字符设置时，可单击右侧的 重置(R) 按钮。

7.4.7 设置连字符

通常情况下，连字处理是为了使大篇幅的英文在版面上更加协调、更加美观地排列，尤其在选择对齐方式为“全部对齐”且需要左右两侧进行对齐时，若想取得理想的单词及字母间距，一般都要用到连字处理。

执行【文本】/【使用断字】命令，即启用了连字处理功能。当执行【文本】/【断字设置】命令时，在弹出的如图 7-71 所示的【断字设置】对话框中还可对连字符进行设置。

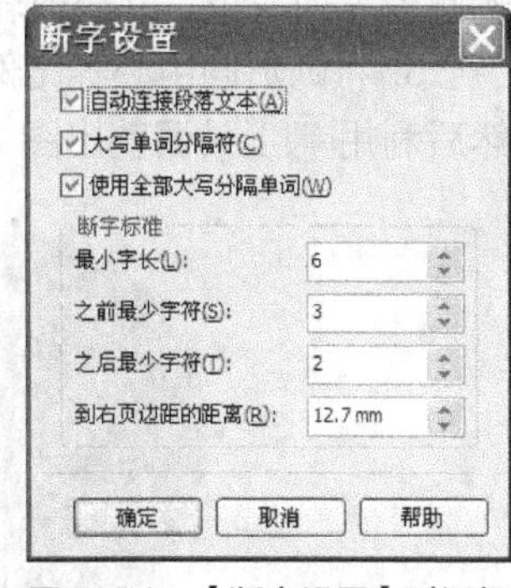

图 7-71 【断字设置】对话框

- 【自动连接段落文本】: 勾选此复选项，即在段落文字中启用连字处理功能，且下方的选项才可用。
- 【大写单词分隔符】: 决定是否对首字母为大写的单词进行连字处理。
- 【使用全部大写分隔单词】: 决定是否对全部大写的单词进行连字处理。
- 【最小字长】: 设置进行连字处理的单词所包含的最少字符数。
- 【之前最少字符】: 设置连字处理时，连字符前面包含的最少字符数。
- 【之后最少字符】: 设置连字处理时，连字符后面包含的最少字符数。
- 【到右页边距的距离】: 设置连字区域的范围，由文字区域的右侧为起点向左侧计算。

7.5 沿路径文本的应用

沿路径输入的文本适合于需要制作艺术效果的作品或在不规则的区域中输入文字的作品。

7.5.1 设置沿路径文本属性

文本适配路径后，此时的属性栏如图 7-72 所示。

图 7-72 文本适配路径时的属性栏

- 【文本方向】选项：可在下拉列表中设置适配路径后的文字相对于路径的方向。
- 【与路径的距离】选项：设置文本与路径之间的距离。参数为正值时，文本向外扩展；参数为负值时，文本向内收缩。
- 【偏移】选项：设置文本在路径上偏移的位置。数值为正值时，文本按顺时针方向旋转偏移；数值为负值时，文本按逆时针方向旋转偏移。
- 【镜像文本】选项：对文本进行镜像设置，单击按钮，可使文本在水平方向上镜像；单击按钮，可使文本在垂直方向上镜像。
- 贴齐标记按钮：单击此按钮，将弹出贴齐标记选项面板。点选【打开贴齐标记】单选项，在调整路径中的文本与路径之间的距离时，会按照设置的【记号间距】参数自动捕捉文本与路径之间的距离。点选【关闭贴齐标记】单选项，将关闭该功能。

7.5.2 制作标贴

下面通过标贴设计来详细学习沿路径输入文字及进行编辑的方法。

制作标贴

1. 新建一个图形文件。
2. 选择工具，按住 Ctrl 键绘制一个深绿色（C:50，Y:30，K:50）的圆形，然后将其外轮廓设置为灰色，并修改轮廓宽度，如图 7-73 所示。

3. 将圆形向中心等比例缩小复制，并将复制出图形的填充色修改为蓝色（C:100，M:100），然后利用工具调整出图 7-74 所示的填充效果。

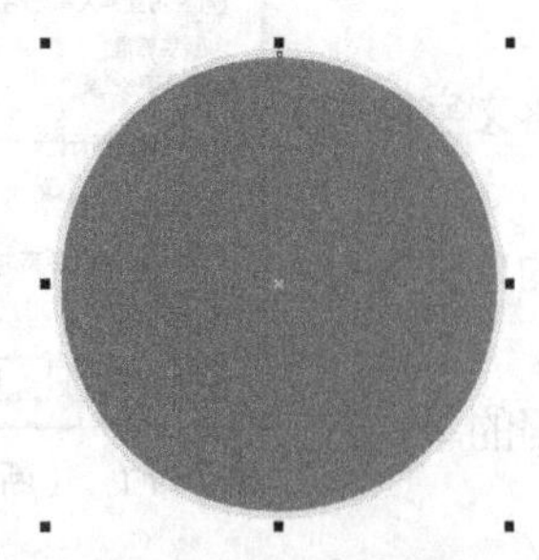

图 7-73　绘制的圆形

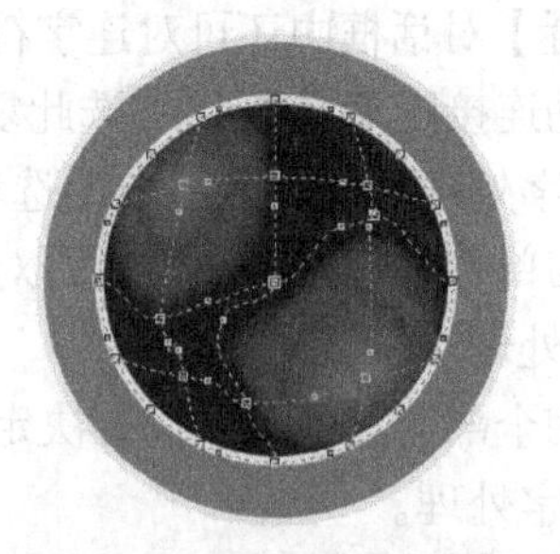

图 7-74　调整填充色后的效果

4. 利用字工具，输入图 7-75 所示的黑色文字。

始建于1802年. 2006年中国营养保健专利产品. 享誉全球200年

图 7-75　输入的黑色文字

5. 执行【文本】/【使文本适合路径】命令，将鼠标光标移动到外侧的圆形上，这时输入的文字会自动吸附在路径上，上下移动鼠标光标还可调整文字的位置，状态如图 7-76 所示。

6. 单击即可使文字适配到路径，形态如图 7-77 所示。

7. 将文字的颜色修改为白色，然后利用字工具依次输入图 7-78 中所示的白色文字。

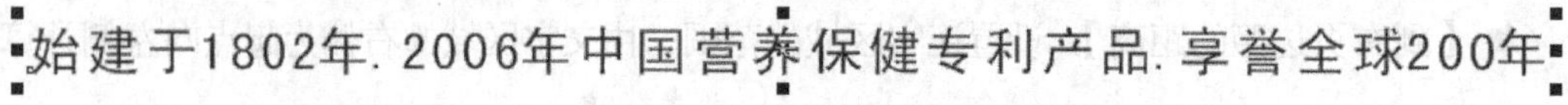

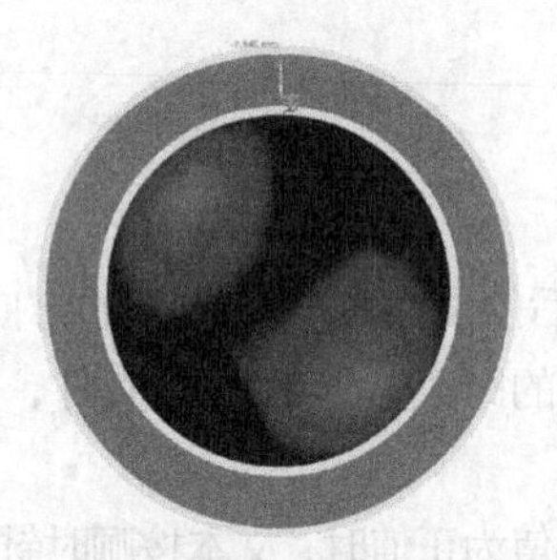

图 7-76　使文字适合路径时的状态

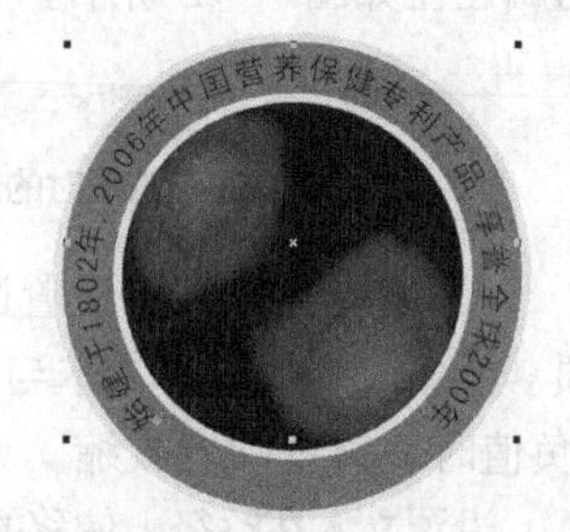

始建于1802年 2006年中国营养保健专利产品 享誉全球200年

图 7-77　文字适配到路径后的形态

始建于1802年 2006年中国营养保健专利产品 享誉全球200年
YIKANG
益康
YINGYANG
营养

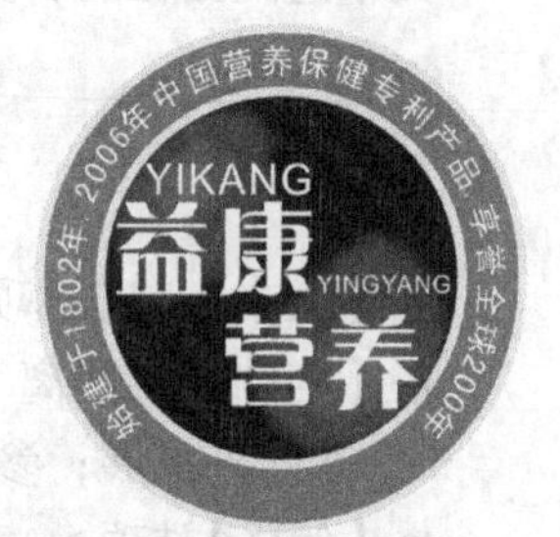

图 7-78　输入的白色文字

8. 选择工具，将属性栏中 5 35 的参数分别设置为“5”和“35”，然后在标贴的下方位置绘制出图 7-79 所示的白色五角星图形。

9. 在五角星图形上单击使其周围出现旋转和扭曲符号，将旋转中心移动到圆形的中心位置，然后依次旋转复制出图 7-80 所示的五角星图形。

始建于1802年 2006年中国营养保健专利产品 享誉全球200年
YIKANG
益康
YINGYANG
营养

图 7-79　绘制的五角星图形

始建于1802年 2006年中国营养保健专利产品 享誉全球200年
YIKANG
益康
YINGYANG
营养

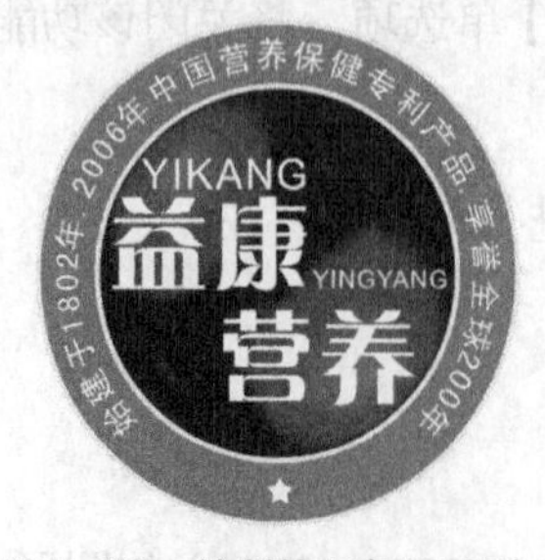

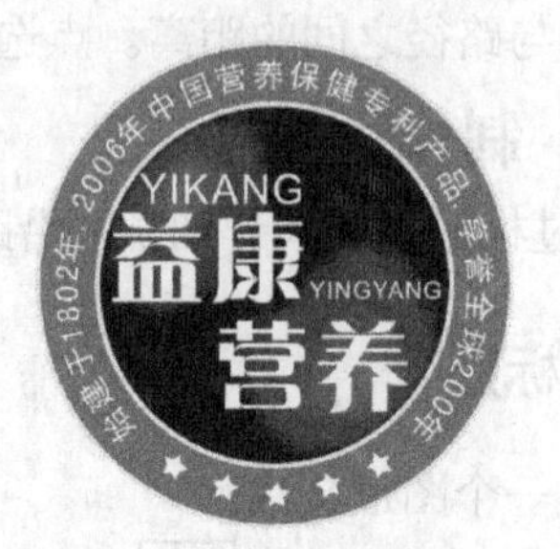

图 7-80　复制的五角星图形

10. 至此，标贴制作完成，按Ctrl+S组合键，将此文件命名为“标贴.cdr”保存。

7.6 插入符号字符

利用【插入符号字符】命令可以将系统已经定义好的符号或图形插入当前文件中。

执行【文本】/【插入符号字符】命令（快捷键为Ctrl+F11组合键），弹出如图7-81所示的【插入字符】泊坞窗，选择好【代码页】及【字体】选项，然后拖曳下方符号选项窗口右侧的滑块，当出现需要的符号时释放鼠标，单击需要的符号，并在【字符大小】文本框中设置插入符号的大小，单击 插入(I) 按钮或在选择的符号上双击，即可将选择的符号插入绘图窗口的中心位置。

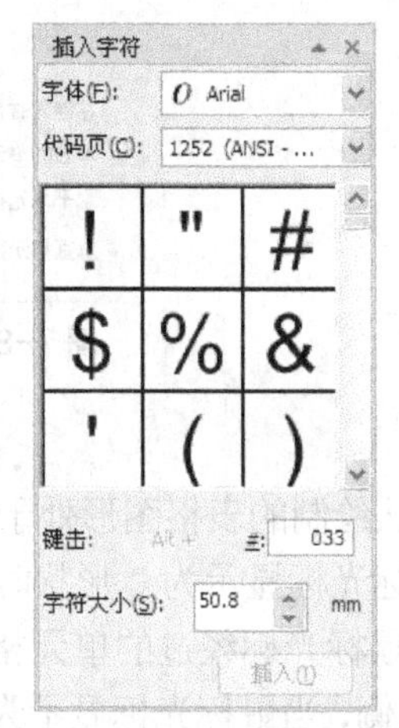

图7-81 【插入字符】泊坞窗

在【键击】文本框中直接输入符号的序号，也可选择指定的符号。在选择的符号上按下鼠标左键并向绘图窗口中拖曳，可将选择的符号插入绘图窗口中的任意位置。

7.7 表格工具

【表格】工具主要用于在图像文件中添加表格图形。其使用方法非常简单，选择工具后，在绘图窗口中拖曳鼠标光标即可绘制出表格。绘制后还可在属性栏中修改表格的行数、列数并能进行单元格的合并和拆分等。

7.7.1 属性栏

【表格】工具的属性栏如图7-82所示。

图7-82 【表格】工具的属性栏

- 【行数和列数】：用于设置绘制表格的行数和列数。
- 【背景色】背景: ：单击该按钮，可在弹出的列表中选择颜色，为选择的表格添加背景色。当选择左上角的图标时，将取消背景色。

● 【编辑填充】按钮：当为表格添加背景色后，此按钮才可用，单击此按钮，可在弹出的【均匀填充】对话框中编辑颜色。
● 【边框】按钮：单击此按钮，将弹出如图 7-83 所示的边框选项，用于选择表格的边框。
● 【轮廓宽度】.2mm：用于设置边框的宽度。
● 【边框颜色】：单击该色块，可在弹出的颜色列表中选择边框的颜色。
● 【轮廓笔】按钮：单击此按钮，将弹出【轮廓笔】对话框，用于设置边框轮廓的其他属性，如将边框设置为虚线等。
● 选项按钮：单击此按钮将弹出如图 7-84 所示的【选项】面板，用于设置单元格的属性。

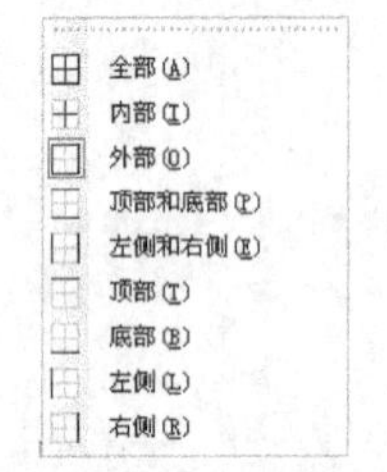

图 7-83 边框选项

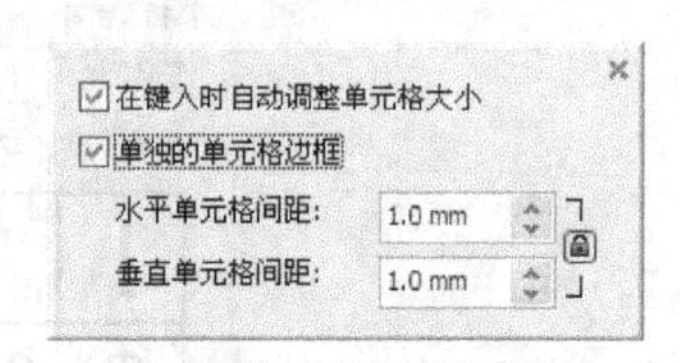

图 7-84 【选项】面板

7.7.2 选择单元格

选择单元格的具体操作为：确认绘制的表格图形处于选择状态且选择工具，将鼠标光标移动到要选择的单元格中，当鼠标光标显示为形状时单击，即可将该单元格选择，如显示为形状时拖曳鼠标光标，可将鼠标光标经过的单元格按行、按列选择。

● 将鼠标光标移动到表格的左侧，当鼠标光标显示为➡图标时单击可将当前行选择，如按下鼠标左键拖曳，可将相临的行选择。
● 将鼠标光标移动到表格的上方，当鼠标光标显示为⬇图标时单击可将当前列选择，如按下鼠标左键拖曳，可将相临的列选择。

要点提示

将鼠标光标放置到表格图形的任意边线上，当鼠标光标显示为↕或↔形状时按下鼠标左键并拖曳，可调整整行或整列单元格的高度或宽度。

当选择单元格后，【表格】工具的属性栏如图 7-85 所示。

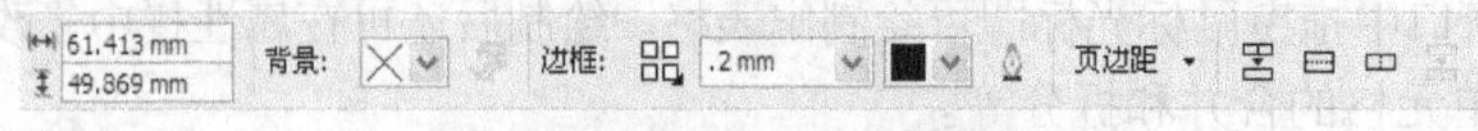

图 7-85 【表格】工具的属性栏

● 页边距按钮：单击此按钮将弹出如图 7-86 所示的设置页边距面板，用于设置表格中文字距当前单元格的距离。单击其中的按钮使其显示为状态，可分别在各文本框中输入不同的数值，以设置不同的页边距。

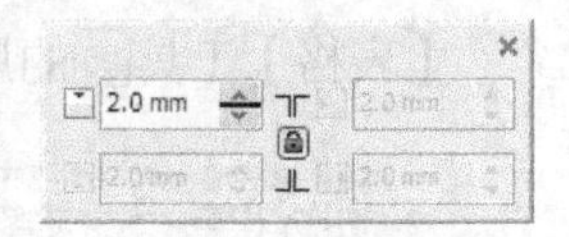

图 7-86 设置页边距面板

● 【合并单元格】按钮：单击此按钮，可将选择的单元格合并为一个单元格。
● 【水平拆分单元格】按钮：单击此按钮，可弹出【拆分单元格】对话框，设置数值后单击 确定 按钮，可将选择的单元格按设置的行数拆分。

- 【垂直拆分单元格】按钮：单击此按钮，可弹出【拆分单元格】对话框，设置数值后单击 确定 按钮，可将选择的单元格按设置的列数拆分。
- 【撤销合并】按钮：只有选择利用按钮合并过的单元格，此按钮才可用。单击此按钮，可将当前单元格还原为没合并之前的状态。

7.7.3 【表格】菜单

【表格】菜单如图 7-87 所示。

- 【创建新表格】命令：弹出新表格对话框，设置好要创建表格的行数、列数、行高和列宽后，单击 确定 按钮，即可按照设置的参数新建表格。
- 【将文本转换为表格】命令：可将当前选择的文本创建为表格，在创建时可选择以“逗号”、“制表位”或“段落”等分隔列。
- 【插入】命令：利用工具选择表格中的行、列或单元格后，执行此命令，可在表格中的指定位置插入行、列或单元格。
- 【选择】命令：在任意单元格中插入文本输入光标，然后执行此命令，可选择该光标所在的单元格、行、列或整个网格。

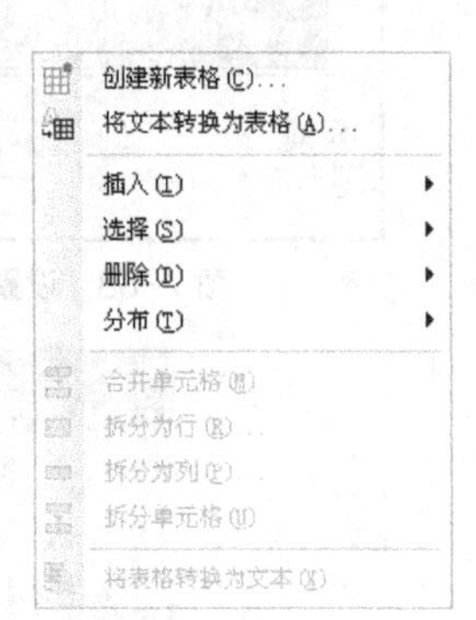

图 7-87 【表格】菜单

- 【删除】命令：可删除表格中的指定行、列或整个网格。
- 【分布】命令：用于平均分布表格中的各行或各列。
- 【合并单元格】命令：选择连续的多个单元格后，执行此命令，可将选择的单元格合并。
- 【拆分为行】命令：可将当前选择的单元格拆分为多行。
- 【拆分为列】命令：可将当前选择的单元格拆分为多列。
- 【拆分单元格】命令：可将当前选择的单元格拆分。
- 【将表格转换为文本】命令：选择有文字内容的表格图形，执行此命令，可将表格转换为段落文本。

7.8 综合案例——设计电影海报

本节综合运用本章学过的【文本】工具来设计一个电影海报。通过本例的学习，希望读者能熟练掌握【文本】工具的使用。

设计电影海报

1. 新建一个图形文件，然后将其页面大小设置为 600.0 mm / 1,000.0 mm。
2. 利用工具，根据页面的高度绘制一个大体为正方形的矩形，然后为其添加图 7-88 中所示的渐变色，去除外轮廓后的效果如图 7-89 所示。
3. 双击工具，创建一个与页面相同大小的矩形，然后选择步骤 2 中绘制的图形，执行【效果】/【图框精确剪裁】/【放置在容器中】命令，再将鼠标光标移动到刚绘制的矩形上单击，将填充渐变色后的图形置入矩形中，如图 7-90 所示。
4. 利用工具，输入白色的“穿越时空”文字，然后为其添加深蓝色（C:95，M:60，Y:40，K:5）的外轮廓，如图 7-91 所示。

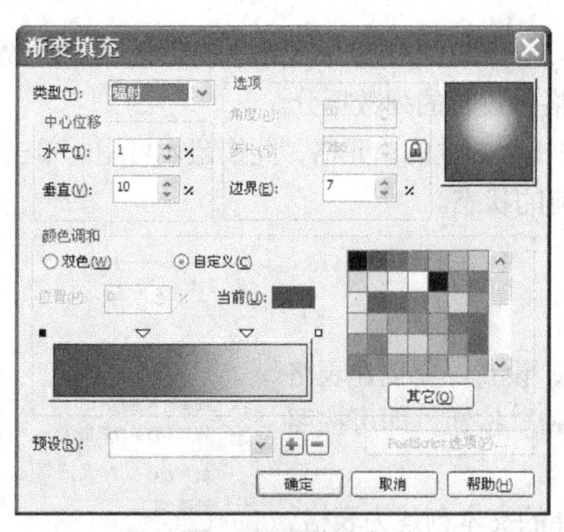

图 7-88　设置的渐变色

图 7-89　绘制的图形

图 7-90　置入图形后的效果

图 7-91　输入的文字

5. 利用[图标]工具，绘制出如图 7-92 所示的图形。

图 7-92　绘制的图形

6. 利用[图标]工具将文字和绘制的曲线图形同时选择，再单击属性栏中的[图标]按钮，制作出相交图形。

7. 选择曲线图形，按 Delete 键删除，然后选择相交运算生成的新图形，为其填充渐变色并去除外轮廓，效果如图 7-93 所示。

图 7-93　相交图形填充渐变色后的效果

8. 利用[图标]工具在文字的下方依次输入图 7-94 中所示的美术文字和段落文字。

9. 执行【文本】/【插入符号字符】命令，在弹出的【插入字符】泊坞窗中，单击【字体】选项右侧的选项窗口，然后选择“Webdings”字体，再在弹出的字符列表中选择图 7-95 中所示的图形。

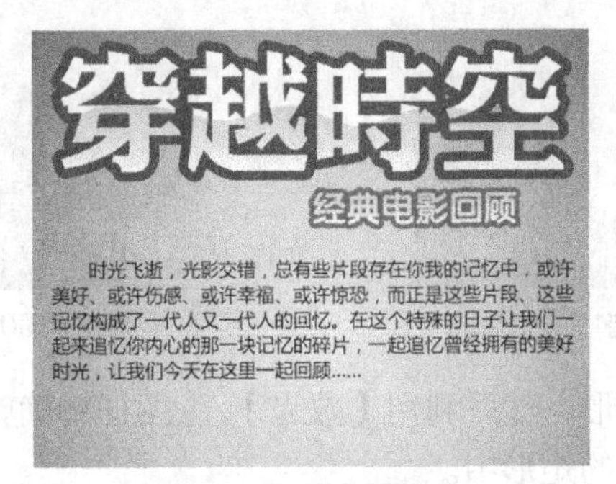

图 7-94　输入的文字

10. 单击 插入(I) 按钮，将选择的图形插入页面中，然后为其填充黄色，并去除外轮廓，再调整至合适的大小后移动到画面的左上方位置，如图 7-96 所示。

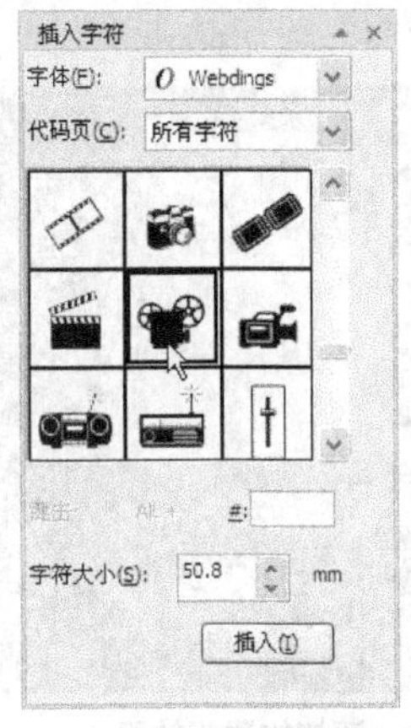

图 7-95　选择的图形

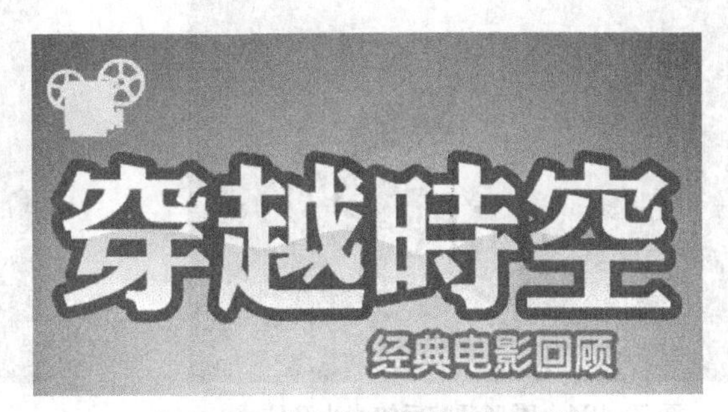

图 7-96　图形调整后的大小及位置

11. 继续利用字工具在图形的右侧输入图 7-97 中所示的黄色数字。

12. 选择□工具，在画面的下方绘制矩形，然后将属性栏中 的参数都设置为“15”，效果如图 7-98 所示。

图 7-97　输入的数字

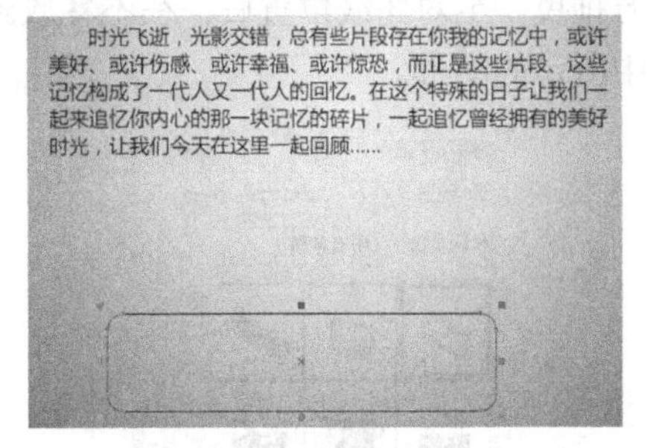

图 7-98　绘制的矩形

13. 将圆角矩形的外轮廓宽度设置为“3.0mm”，颜色设置为浅绿色（C:40，Y:40），然后依次输入图 7-99 中所示的文字。

14. 按 Ctrl+I 组合键，将素材文件中“图库\第 07 章”目录下名为“胶片.cdr”的文件导入，然后按 Ctrl+U 组合键，取消图形的群组。

15. 选择下方的图形，调整大小后移动到图 7-100 所示的位置。

图 7-99 输入的文字

图 7-100 图形调整后的大小及位置

16. 选择导入的上方图形，然后利用【效果】/【图框精确剪裁】/【放置在容器中】命令，将其置入步骤 3 中绘制的矩形中。

17. 执行【效果】/【图框精确剪裁】/【编辑内容】命令，图框精确剪裁容器内的图形将显示在绘图窗口中，其他图形将在绘图窗口中隐藏，然后调整图形在容器中的大小和位置，如图 7-101 所示。

18. 选择工具，然后为图形添加图 7-102 所示的透明效果。

图 7-101 图形调整后的大小及位置

图 7-102 添加的透明效果

19. 在【插入字符】泊坞窗中再选择图 7-103 中所示的图形，然后单击 插入(I) 按钮将其插入页面中。

20. 按住 Ctrl 键，将鼠标光标移动到选择框右上角的控制点上，按下鼠标左键并向左下方拖曳，至对角线位置后，在不释放鼠标左键的情况下单击鼠标右键，镜像复制出图 7-104 中所示的图形。

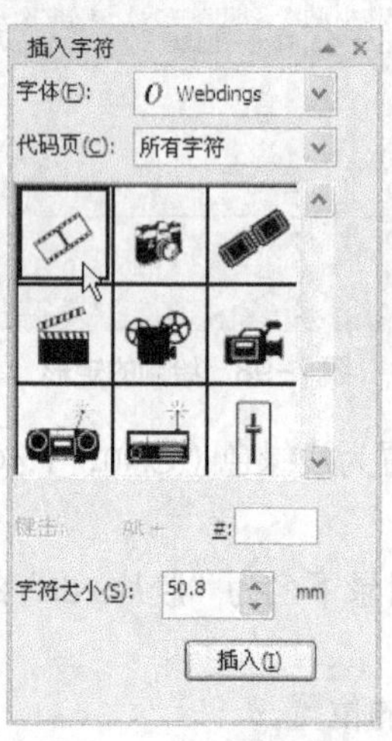

图 7-103 选择的图形

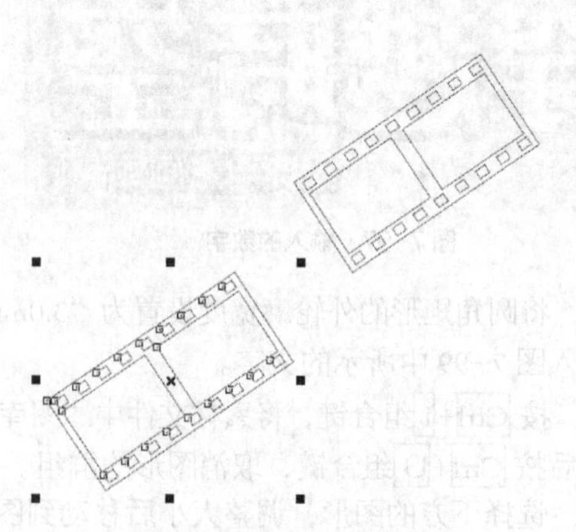

图 7-104 镜像复制出的图形

21. 利用[选择]工具调整复制出图形的位置，使其与原图形相接，如图 7-105 所示。

22. 将两个图形同时选择并群组，然后填充深蓝色（C:100，M:80，Y:45，K:40），并调整至图 7-106 所示的大小、角度及位置。

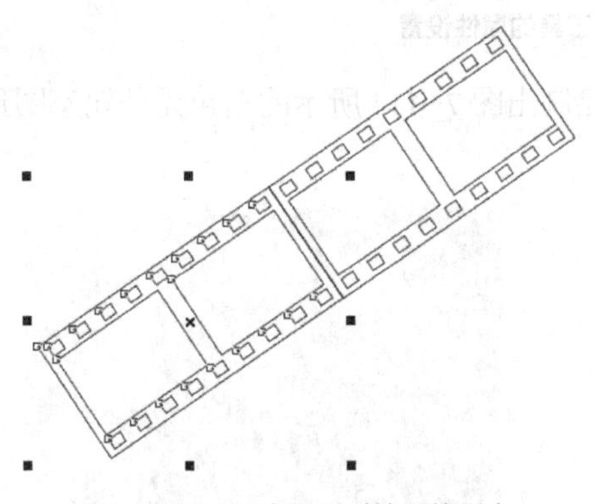

图 7-105 两个图形对接后的形态

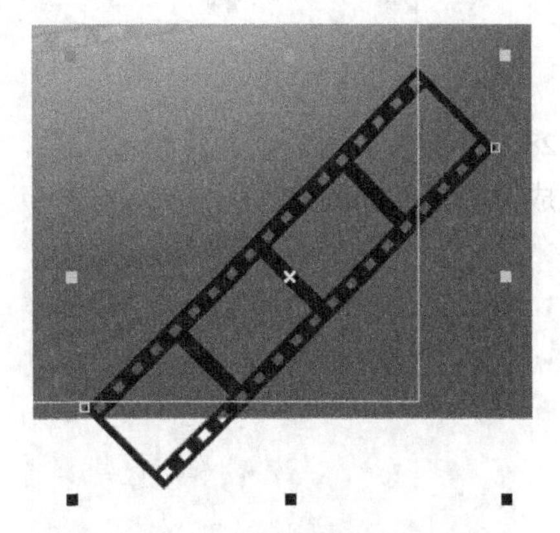

图 7-106 图形调整后的形态及位置

23. 将图形移动复制一组，然后调整大小后移动到图 7-107 中所示的位置。

24. 单击[完成编辑对象]按钮，完成编辑操作，此时的画面效果如图 7-108 所示。

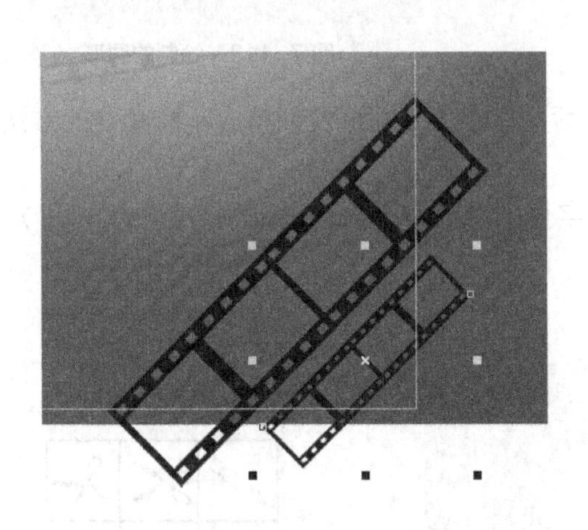

图 7-107 复制图形调整大小后放置的位置

图 7-108 置入图形后的效果

25. 利用[字]工具再依次输入图 7-109 中所示的黄色文字。

接下来我们来制作透明气泡效果。

26. 利用[椭圆]工具绘制白色的外轮廓圆形，然后利用[网状填充]工具为其添加图 7-110 中所示的网状填充效果。

图 7-109 输入的文字

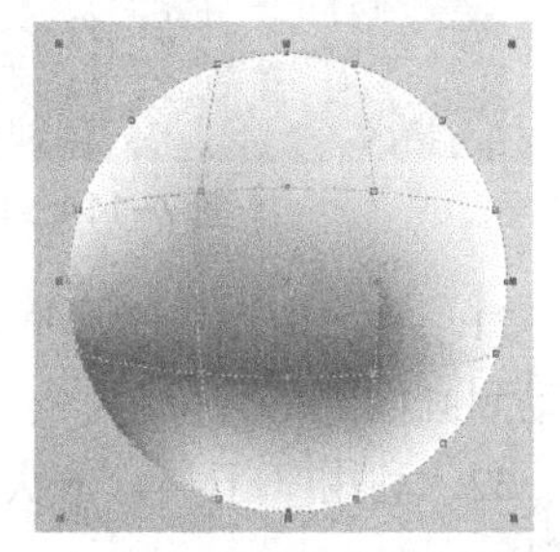

图 7-110 设置的网状填充效果

27. 选择工具，然后设置属性栏中的选项及参数，如图 7-111 所示，圆形添加透明后的效果如图 7-112 所示。

图 7-111　透明度工具的属性设置

28. 利用工具、工具和工具，依次绘制出图 7-113 所示的白色无外轮廓图形，即可完成透明泡泡的制作。

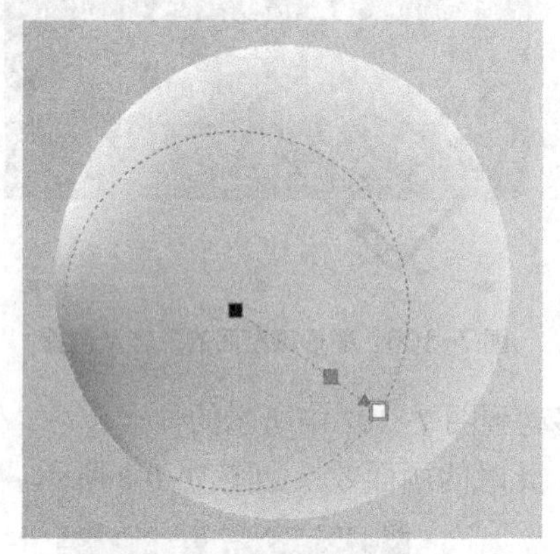

图 7-112　添加的透明效果

图 7-113　绘制的图形

29. 将透明泡泡图形选择并群组，然后用移动复制图形及调整大小和角度的方法，依次复制出图 7-114 所示的泡泡图形。

30. 在【插入字符】泊坞窗中，将【字体】设置为"Wingdings"，然后选择图 7-115 中所示的"电话"图形。

图 7-114　复制出的泡泡图形

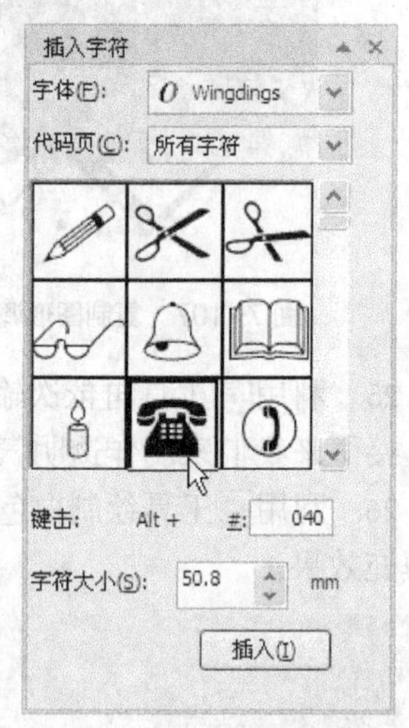

图 7-115　选择的图形

31. 将"电话"图形插入页面中，然后为其填充白色并去除外轮廓，再将其调整大小后移动到画面的下方位置。

32. 利用字工具，依次输入图 7-116 中所示的电话号码及文字，即可完成电影海报的设计。

图 7-116 输入的文字

电影海报的整体效果如图 7-117 所示。

图 7-117 设计的电影海报

33. 按Ctrl+S组合键，将此文件命名为“电影海报.cdr”保存。

小结

本章主要介绍了【文本】工具的使用，包括美术文本、段落文本、沿路径排列文本的输入方法及文本的属性设置和各种文本的实际应用。在本章的最后，还通过“设计电影海报”实例对学习的内容进行了综合练习，通过本章的学习，希望读者能熟练掌握【文本】工具的有关内容，并能灵活运用文本适配路径和文本绕图等特殊命令来进行作品设计。

操作题

1. 根据本章所学的【文本】工具的应用，自己动手设计出图 7-118 所示的杂志封面。本作品参见素材文件中“作品\第 07 章”目录下名为“操作题 07-1.cdr”的文件，导入的素材图片为素材文件中“图库\第 07 章”目录名为“美女.jpg”的文件。

2. 根据本章所学的【文本】工具的应用，自己动手编排出如图 7-119 所示的食品杂志内页。本作品参见素材文件中“作品\第 07 章”目录下名为“操作题 07-2.cdr”的文件，导入的素材图片分别为素材文件中“图库\第 07 章”目录名为“菜肴 01.jpg”、“菜肴 02.jpg”和“菜肴 03.jpg”的文件。

图 7-118　设计出的杂志封面

图 7-119　编排的食品杂志内页

3. 根据本章所学的沿路径排列文本内容，自己动手设计出如图 7-120 所示的月历作品。本作品参见素材文件中“作品\第 07 章”目录下名为“操作题 07-3.cdr”的文件，导入的素材图片为素材文件中“图库\第 07 章”目录下名为“月历背景.jpg”的文件。

图 7-120　设计的月历

PART 8

第 8 章 常用菜单命令

本章主要讲解 CorelDRAW X5 中一些常用菜单命令的应用，包括对象操作命令和效果菜单下的【调整】、【透镜】、【添加透视】及【图框精确剪裁】等命令。这些命令是工作过程中最基本、最常用的，将这些命令熟练掌握也是进行图形绘制及效果制作的关键。

8.1 对象操作命令

撤销、复制与删除是常用的编辑菜单命令，下面来具体讲解。

8.1.1 撤销和恢复操作

撤销和恢复操作主要是对绘制图形过程中出现的错误操作进行撤销，或将多次撤销的操作再进行恢复的命令。

一、【撤销】命令

当在绘图窗口中进行了第一步操作后，【编辑】菜单中的【撤销】命令即可使用。例如利用【矩形】工具绘制了一个矩形，但绘制后又不想要矩形了，而想绘制一个椭圆形，这时，就可以执行【编辑】/【撤销】命令（或按 Ctrl+Z 快捷键），将前面的操作撤销，然后再绘制椭圆形。

二、【重做】命令

当执行了【撤销】命令后，【重做】命令就变为可用的了，执行【编辑】/【重做】命令（或按 Ctrl+Shift+Z 组合键），即可将刚才撤销的操作恢复回来。

【撤销】命令的撤销步数可以根据需要自行设置，具体方法为：执行【工具】/【选项】命令（或按 Ctrl+J 快捷键），弹出【选项】对话框，在左侧的区域中选择【工作区】/【常规】选项，此时其右侧的参数设置区中将显示为图 8-1 所示的形态。在右侧参数设置区中的【普通】文本框中输入相应的数值，即可设置撤销操作相应的步数。

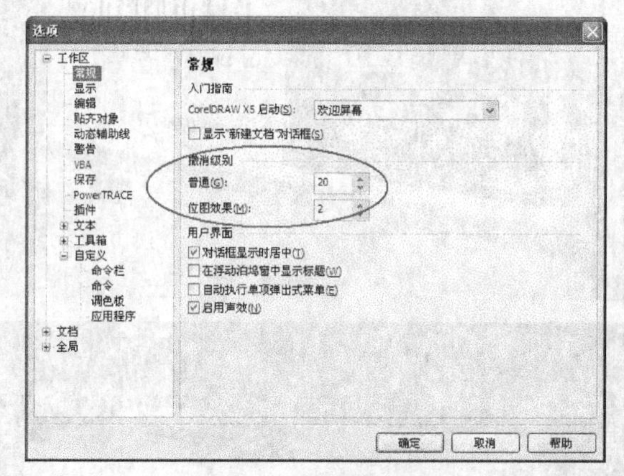

图 8-1 【选项】对话框

8.1.2 复制图形

复制图形的命令主要包括【剪切】、【复制】和【粘贴】命令。在实际工作过程中这些命令一般要配合使用。其操作过程为：首先选择要复制的图形，再通过执行【剪切】或【复制】命令将图形暂时保存到剪贴板中，然后再通过执行【粘贴】命令，将剪贴板中的图形粘贴到指定的位置。

要点提示

剪贴板是剪切或复制图形后计算机内虚拟的临时存储区域，每次剪切或复制都是将选择的对象转移到剪贴板中，此对象将会覆盖剪贴板中原有的内容，即剪贴板中只能保存最后一次剪切或复制的内容。

- 执行【编辑】/【剪切】命令（或按 Ctrl+X 快捷键），可以将当前选择的图形剪切到系统的剪贴板中，绘图窗口中的原图形将被删除。
- 执行【编辑】/【复制】命令（或按 Ctrl+C 快捷键），可以将当前选择的图形复制到系统的剪贴板中，此时原图形仍保持原来的状态。
- 执行【编辑】/【粘贴】命令（或按 Ctrl+V 快捷键），可以将剪切或复制到剪贴板中的内容粘贴到当前的图形文件中。多次执行此命令，可将剪贴板中的内容进行多次粘贴。

【剪切】命令和【复制】命令的功能相同，只是复制图像的方法不同。【剪切】命令是将选择的图形在绘图窗口中剪掉后复制到剪贴板中，当前图形在绘图窗口中消失；而【复制】命令是在当前图形仍保持原来状态的情况下，将选择的图形复制到剪贴板中。

8.1.3 删除对象

在实际工作过程中，经常会将不需要的图形或文字清除，在 CorelDRAW 中删除图形或文字的方法主要有以下两种。

- 利用工具选择需要删除的图形或文字，然后执行【编辑】/【删除】命令（或按 Delete 键），即可将选择的图形或文字清除。
- 在需要删除的图形或文字上单击鼠标右键，在弹出的右键菜单中选择【删除】命令，也可将选择的图形或文字删除。

8.1.4 变换命令应用

下面主要来讲解利用【变换】泊坞窗对图形进行变换操作的方法。

前面对图形进行移动、旋转、缩放和倾斜等操作时，一般都是通过拖曳鼠标光标来实现，但这种方法不能准确地控制图形的位置、大小及角度，调整出的结果不够精确。使用菜单栏中的【排列】/【变换】命令则可以精确地对图形进行上述操作。

（1）变换图形的位置。

利用【排列】/【变换】/【位置】命令，可以将图形相对于页面可打印区域的原点（0，0）位置移动，还可以相对于图形的当前位置来移动。（0，0）坐标的默认位置是绘图页面的左下角。执行【排列】/【变换】/【位置】命令（或按 Alt+F7 快捷键），将弹出如图 8-2 所示的【转换】泊坞窗。

设置好相应的参数及选项后，单击 应用 按钮，即可将选择的图形移动至设置的位置。当在【副本】选项窗口中设置要复制的份数后，单击 应用 按钮，可以将其按照设置的距离进行复制。

如未勾选【相对位置】复选项，【位置】栏下的文本框中将显示选择图形的中心点位置。

（2）旋转图形。

利用【排列】/【变换】/【旋转】命令，可以精确地旋转图形的角度。在默认状态下，图形是围绕中心来旋转的，但也可以将其设置为围绕特定的坐标或围绕图形的相关点来进行旋转。执行【排列】/【变换】/【旋转】命令（或按 Alt+F8 快捷键），弹出如图 8-3 所示的【转换】泊坞窗。

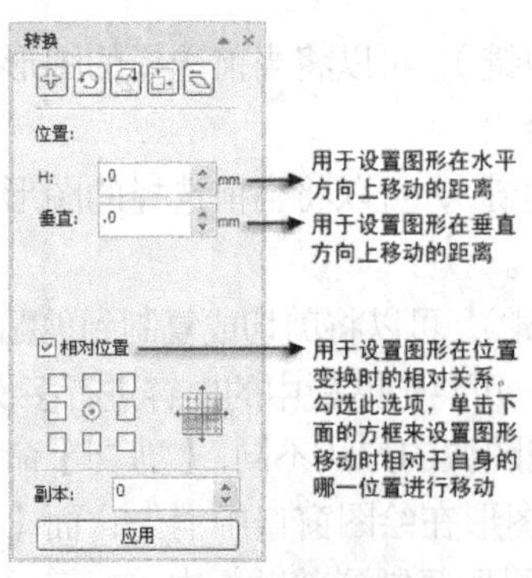

图 8-2 【转换】泊坞窗（1）

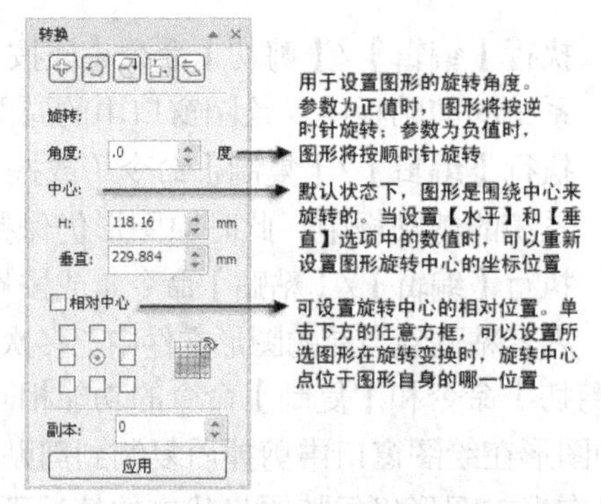

图 8-3 【转换】泊坞窗（2）

（3）缩放和镜像图形。

利用【排列】/【变换】/【比例】命令，可以对选择的图形进行缩放或镜像操作。图形的缩放可以按照设置的比例值来改变大小。图形的镜像可以是水平、垂直或同时在两个方向上来颠倒其外观。执行【排列】/【变换】/【比例】命令（或按 Alt+F9 快捷键），弹出如图 8-4 所示的【转换】泊坞窗。

（4）调整图形的大小。

菜单栏中的【排列】/【变换】/【大小】命令相当于【排列】/【变换】/【比例】命令，这两种命令都能调整图形的大小。但【比例】命令是利用百分比来调整图形大小的，而【大小】命令是利用特定的度量值来改变图形大小的。执行【排列】/【变换】/【大小】命令（或按 Alt+F10 快捷键），弹出如图 8-5 所示的【转换】泊坞窗。

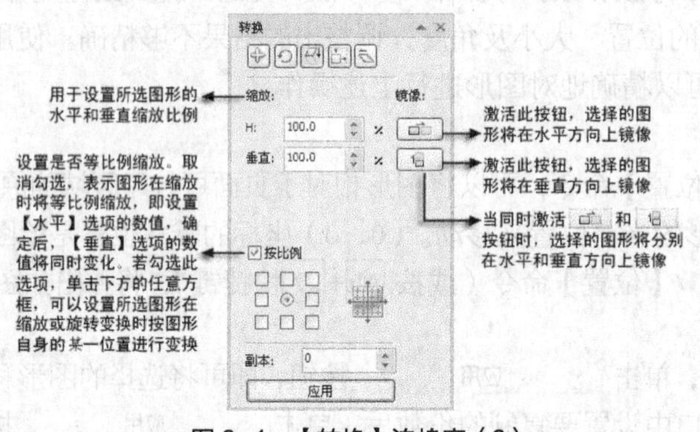

图 8-4 【转换】泊坞窗（3）

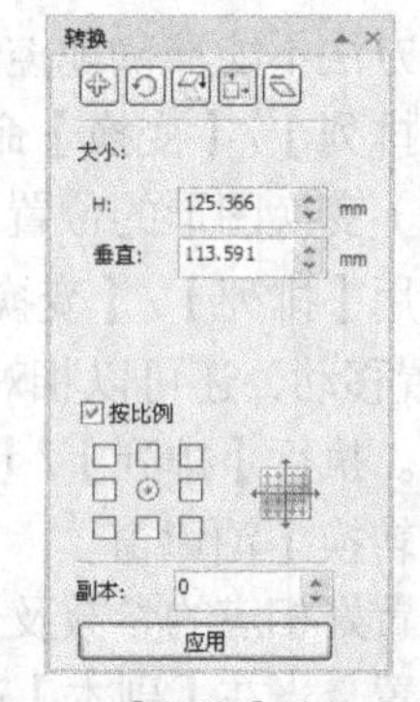

图 8-5 【转换】泊坞窗（4）

在【水平】和【垂直】文本框中输入数值，可以设置所选图形缩放后的宽度和高度。

（5）倾斜图形。

利用【排列】/【变换】/【倾斜】命令，可以把选择的图形按照设置的度数倾斜。倾斜图形后可以使其产生景深感和速度感。执行【排列】/【变换】/【倾斜】命令，弹出如图 8-6 所示的【转换】泊坞窗。

在【转换】泊坞窗中，分别单击上方的、、、或按钮，可以切换至各个相应的对话框中。另外，当为选择的图形应用了除【位置】变换外的其他变换后，执行【排列】/

【清除变换】命令，可以清除图形应用的所有变形，使其恢复为原来的外观。

8.1.5 修整图形

利用菜单栏中的【排列】/【造形】命令，可以将选择的多个图形进行合并或修剪等运算，从而生成新的图形。其子菜单中包括【合并】、【修剪】、【相交】、【简化】、【移除后面对象】、【移除前面对象】、【创建边界】和【造形】8 种命令。

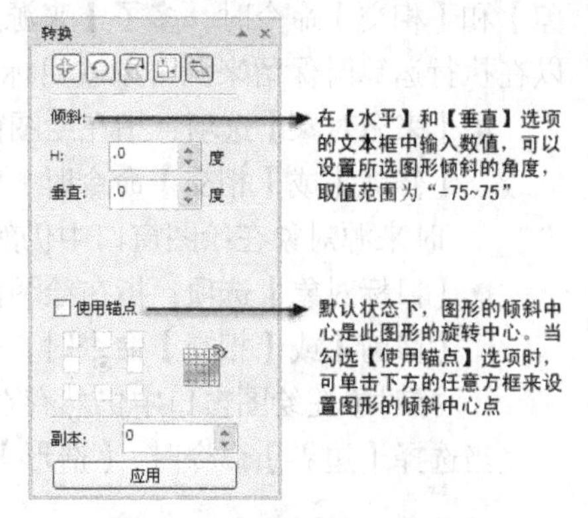

图 8-6 【转换】泊坞窗（5）

（1）【合并】命令：利用此命令可以将选择的多个图形合并为一个整体，相当于多个图形相加运算后得到的图形形态。选择两个或两个以上的图形，然后执行【排列】/【造形】/【合并】命令或单击属性栏中的【合并】按钮，即可将选择的图形合并为一个整体图形。

（2）【修剪】命令：利用此命令可以将选择的多个图形进行修剪运算，生成相减后的形态。选择两个或两个以上的图形，然后执行【排列】/【造形】/【修剪】命令或单击属性栏中的【修剪】按钮，即可对选择的图形进行修剪运算，产生一个修剪后的图形形状。

（3）【相交】命令：利用此命令可以将选择的多个图形中未重叠的部分删除，以生成新的图形形状。选择两个或两个以上的图形，然后执行【排列】/【造形】/【相交】命令或单击属性栏中的【相交】按钮，即可对选择的图形进行相交运算，产生一个相交后的图形形状。

利用【合并】、【修剪】和【相交】命令对选择的图形进行修整处理时，最终图形的属性与选择图形的方式有关。当按住 Shift 键依次单击选择图形时，新图形的属性将与最后选择图形的属性相同；当用框选的方式选择图形时，新图形的属性将与最下面图形的属性相同。

（4）【简化】命令：此命令的功能与【修剪】命令的功能相似，但此命令可以同时作用于多个重叠的图形。选择两个或两个以上的图形，然后执行【排列】/【造形】/【简化】命令或单击属性栏中的【简化】按钮，即可对选择的图形简化。

（5）【移除后面对象】命令：利用此命令可以减去后面的图形以及前、后图形重叠的部分，只保留前面图形剩下的部分。新图形的属性与上方图形的属性相同。选择两个或两个以上的图形，然后执行【排列】/【造形】/【移除后面对象】命令或单击属性栏中的【移除后面对象】按钮，即可对选择的图形进行修剪，以生成新的图形形状。

（6）【移除前面对象】命令：利用此命令可以减去前面的图形以及前、后图形重叠的部分，只保留后面图形剩下的部分。新图形的属性与下方图形的属性相同。选择两个或两个以上的图形，然后执行【排列】/【造形】/【移除前面对象】命令或单击属性栏中的【移除前面对象】按钮，即可对选择的图形进行修剪，以生成新的图形形状。

（7）【创建边界】命令：利用此命令可以快速的从选取的单个、多个或是群组对象边缘创建外轮廓。此命令与【合并】工具相似，但【创建边界】命令在生成新图形轮廓的同时不会破坏原图形。执行【排列】/【造形】/【边界】命令或单击属性栏中的【创建边界】按钮，即可对选择的图形进行描绘边缘，以生成新的图形。

（8）【造形】命令：执行【排列】/【造形】/【造形】命令，将弹出图 8-7 所示的【造形】

泊坞窗。此泊坞窗中的选项与上面讲解的命令相同，只是在利用此泊坞窗执行【合并】、【修剪】和【相交】命令时，多了【来源对象】和【目标对象】两个选项，设置这两个选项，可以在执行运算时保留来源对象或目标对象。

- 【来源对象】选项：指在绘图窗口中先选择的图形。勾选此复选项，在执行【合并】、【修剪】或【相交】命令时，来源对象将与目标对象运算生成一个新的图形形状，同时来源对象在绘图窗口中仍然存在。
- 【目标对象】选项：指在绘图窗口中后选择的图形。勾选此复选项，在执行【合并】、【修剪】或【相交】命令时，来源对象将与目标对象运算生成一个新的图形，同时目标对象在绘图窗口中仍然存在。

当选择【边界】命令时，【造形】泊坞窗如图 8-8 所示。

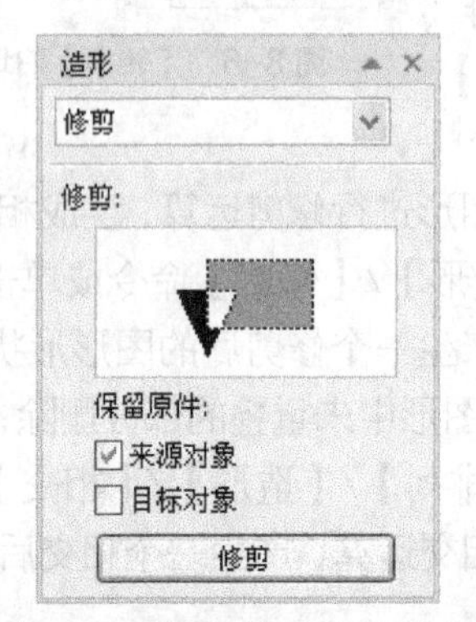

图 8-7 【造形】泊坞窗（1）

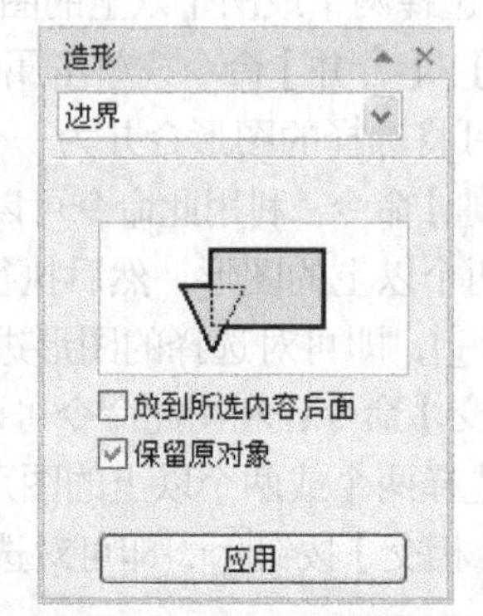

图 8-8 【造形】泊坞窗（2）

- 【放到所选内容后面】选项：勾选此复选项，生成的边界图形将位于选择图形的后面；否则将位于选择图形的前面。
- 【保留原对象】选项：勾选此复选项，选择图形生成边界图形后，原图形将保留；否则原图形将删除。

8.1.6 绘制太阳花

下面灵活运用【变换】命令来制作太阳花效果。

绘制太阳花

1. 新建一个图形文件，利用工具绘制圆形，并为其填充深黄色（M:20，Y:100）。

2. 将圆形缩小复制，然后将复制出图形的颜色修改为黄色（Y:100），再去除外轮廓，如图 8-9 所示。

3. 利用工具选择大圆形，将其轮廓修改为“2.0mm”，然后执行【排列】/【将轮廓转换为对象】命令，将轮廓转换为对象图形，使轮廓和填充图形分离。

4. 利用工具再选择黑色的轮廓图形，然后按 F11 键，调出【渐变填充】对话框，如图 8-10 所示设置渐变颜色及参数。

5. 单击 确定 按钮，为轮廓图形填充设置的渐变色，如图 8-11 所示。

6. 选择工具，将鼠标光标移动到小圆形上按下鼠标左键并向大圆形上拖曳，将两个图形进行调和，效果如图 8-12 所示。

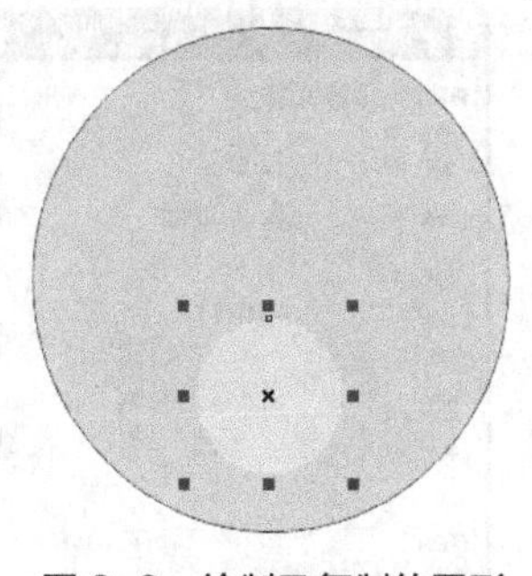

图 8-9　绘制及复制的圆形

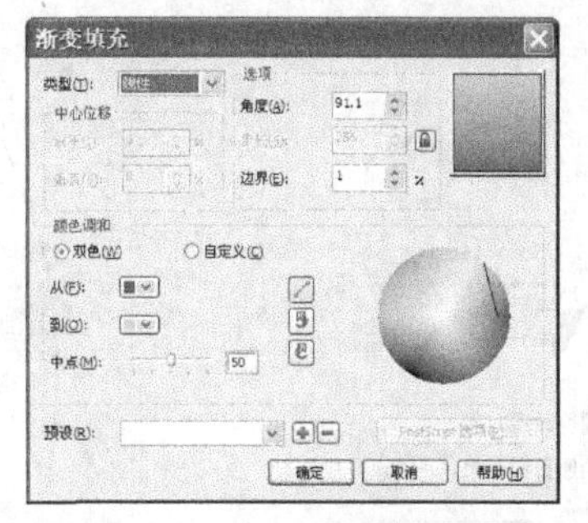

图 8-10　【渐变填充】对话框

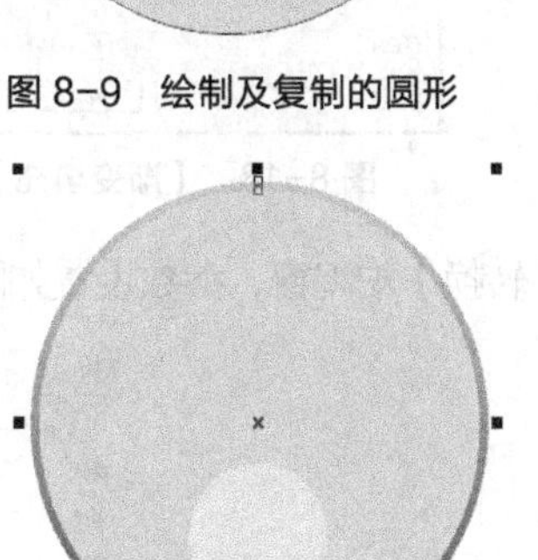

图 8-11　轮廓图形填充渐变色后的效果

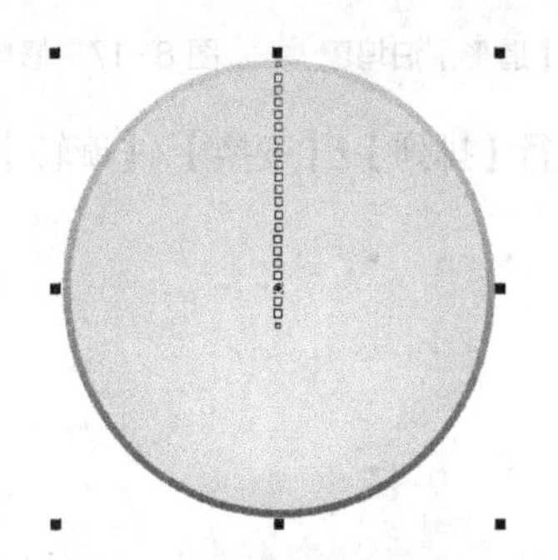

图 8-12　调和后的图形效果

7. 继续利用工具绘制图 8-13 所示的椭圆形，然后单击按钮，将其转换为曲线图形。

8. 选择工具，将上方的节点选择，然后单击属性栏中的按钮，并将图形调整至如图 8-14 所示的形态。

9. 利用工具，在调整后的图形下方绘制出图 8-15 所示的矩形。

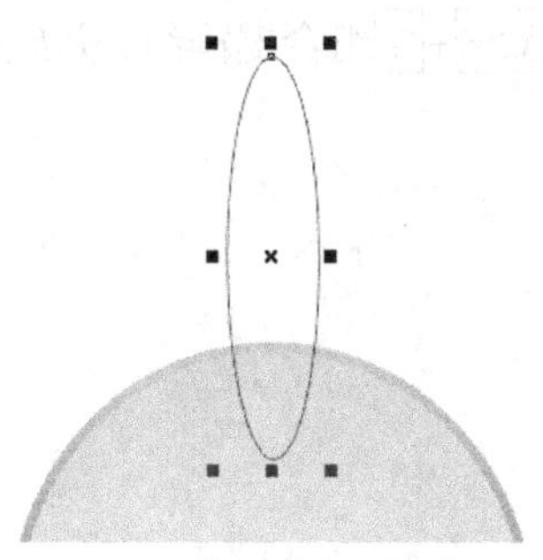

图 8-13　绘制的椭圆形

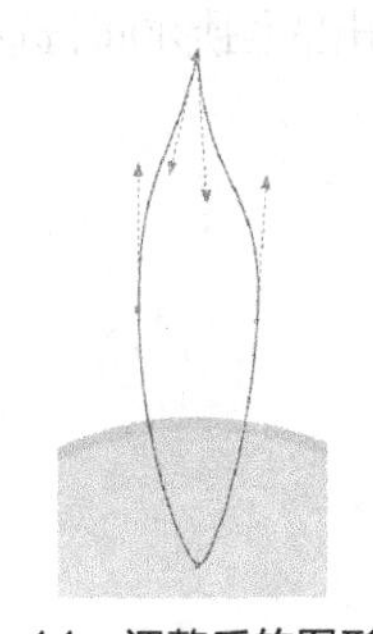

图 8-14　调整后的图形形态

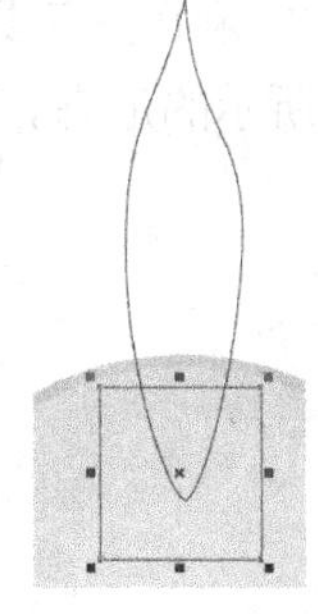

图 8-15　绘制的矩形

10. 执行【排列】/【造形】/【造形】命令，调出【造形】泊坞窗，按图 8-16 中所示设置各选项。

11. 单击 修剪 按钮，将鼠标光标移动到矩形上方的图形上单击，利用矩形对其进行修剪，修剪后的效果如图 8-17 所示。

12. 按 F11 键，调出【渐变填充】对话框，设置渐变颜色及参数如图 8-18 所示。

13. 单击 确定 按钮，为修剪后的图形填充渐变色，然后将图形的外轮廓去除，并将其调整至圆形的后面，如图 8-19 所示。

14. 在填充渐变色后的图形上再次单击，使其周围显示旋转和扭曲符号，然后将旋转中心向下调整至图 8-20 中所示的位置。

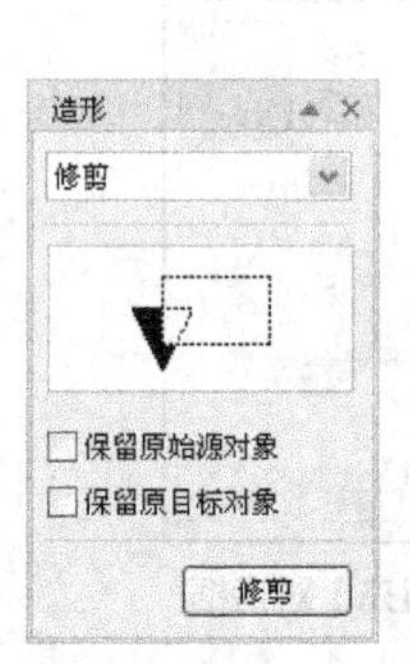

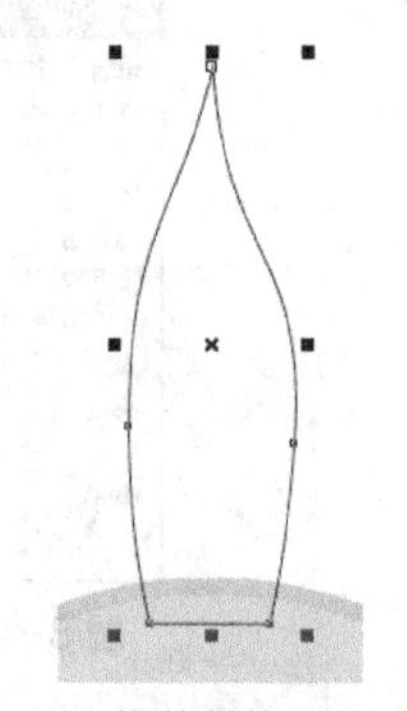

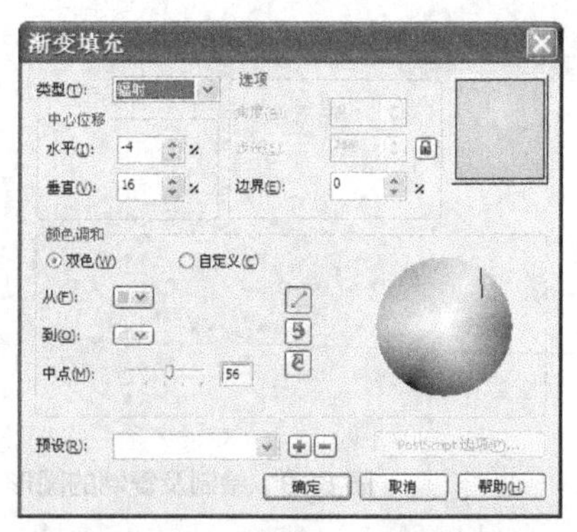

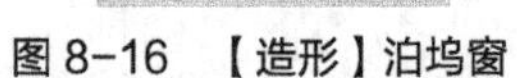

图 8-16 【造形】泊坞窗　　图 8-17 修剪后的图形形态　　图 8-18 【渐变填充】对话框

15. 执行【排列】/【变换】/【旋转】命令，调出【转换】泊坞窗，参数设置如图 8-21 所示。

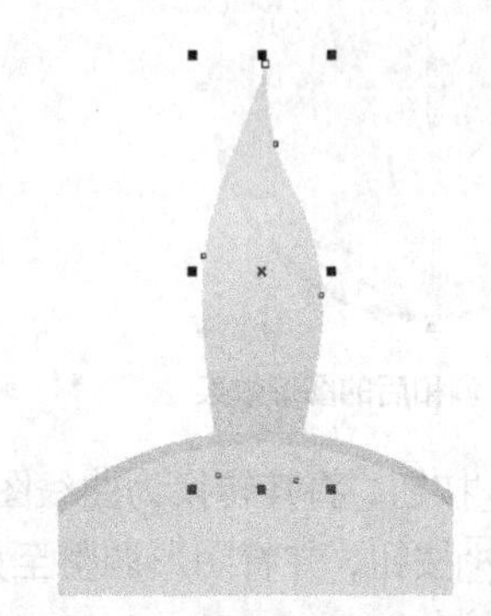

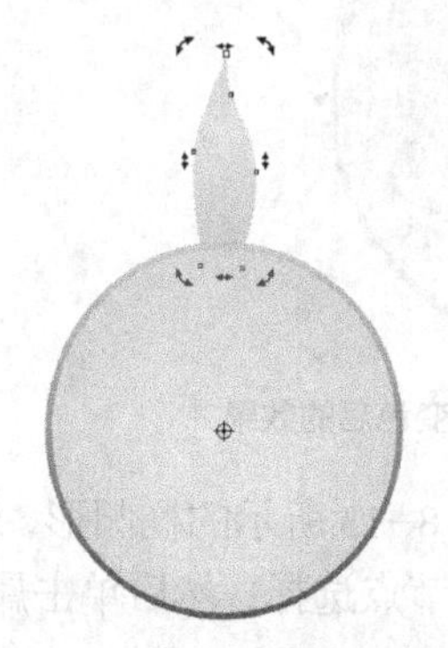

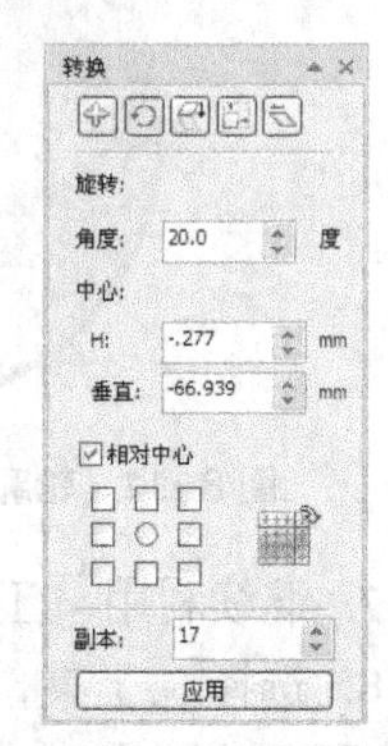

图 8-19 填充渐变色后的效果　　图 8-20 旋转中心调整后的位置　　图 8-21 【转换】泊坞窗

16. 单击 应用 按钮，旋转并复制出的图形形态如图 8-22 所示。

17. 利用工具将旋转复制出的图形同时选择，然后按 Ctrl+G 组合键群组，并旋转至图 8-23 所示的形态。

图 8-22 旋转复制出的图形　　图 8-23 旋转角度后的形态

18. 利用工具、工具及工具，绘制出图 8-24 所示的图形，然后将其调整至圆形的后面。

19. 利用与步骤 14～步骤 16 相同的旋转复制方法，将图形旋转复制，效果如图 8-25 所示。

20. 再次利用工具绘制出图 8-26 所示的白色无外轮廓椭圆形。

21. 选择工具，在属性栏中将【透明度类型】设置为“线性”，然后将 100 的参数设置为“100”，效果如图 8-27 所示。

图 8-24　绘制的图形

图 8-25　旋转复制出的图形

图 8-26　绘制的白色椭圆形

图 8-27　设置透明后的效果

22. 至此，太阳花绘制完成，按 Ctrl+S 组合键，将此文件命名为“太阳花.cdr”保存。

8.2　颜色调整命令

利用颜色调整命令可以对图形或图像调整颜色。注意，当选择矢量图形时，【调整】命令的子菜单中只有【亮度/对比度/强度】、【颜色平衡】、【伽马值】和【色度/饱和度/亮度】命令可用。

8.2.1　【调整】命令

首先来讲解【效果】菜单栏中的【调整】命令。

一、【高反差】命令

【高反差】命令可以将图像的颜色从最暗区到最亮区重新分布，以此来调整图像的阴影、中间色和高光区域的明度对比。图像原图和执行【效果】/【调整】/【高反差】命令后的效果如图 8-28 所示。

图 8-28　原图和执行【高反差】命令后的效果

二、【局部平衡】命令

【局部平衡】命令可以提高图像边缘颜色的对比度，使图像产生高亮对比的线描效果。图像原图和执行【效果】/【调整】/【局部平衡】命令后的效果如图 8-29 所示。

图 8-29　原图和执行【局部平衡】命令后的效果

三、【取样/目标平衡】命令

【取样/目标平衡】命令可以用提取的颜色样本来重新调整图像中的颜色值。图像原图和执行【效果】/【调整】/【取样/目标平衡】命令后的效果如图 8-30 所示。

图 8-30　原图和执行【取样/目标平衡】命令后的效果

四、【调合曲线】命令

【调合曲线】命令可以改变图像中单个像素的值，以此来精确修改图像局部的颜色。图像原图和执行【效果】/【调整】/【调合曲线】命令后的效果如图 8-31 所示。

图 8-31　原图和执行【调合曲线】命令后的效果

五、【亮度/对比度/强度】命令

【亮度/对比度/强度】命令可以均等地调整选择图形或图像中的所有颜色。图像原图和执行【效果】/【调整】/【亮度/对比度/强度】命令后的效果如图 8-32 所示。

六、【颜色平衡】命令

【颜色平衡】命令可以改变多个图形或图像的总体平衡。当图形或图像上有太多的颜色时，使用此命令可以校正图形或图像的色彩浓度以及色彩平衡，是从整体上快速改变颜色的一种方法。图像原图和执行【效果】/【调整】/【颜色平衡】命令后的效果如图 8–33 所示。

图 8–32 原图和执行【亮度/对比度/强度】命令后的效果

图 8–33 原图和执行【颜色平衡】命令后的效果

七、【伽马值】命令

【伽马值】命令可以在对图形或图像阴影、高光等区域影响不太明显的情况下，改变对比度较低的图像细节。图像原图与执行【效果】/【调整】/【伽马值】命令后的效果，如图 8–34 所示。

图 8–34 原图和执行【伽马值】命令后的效果

八、【色度/饱和度/亮度】命令

【色度/饱和度/亮度】命令，可以通过改变所选图形或图像的色度、饱和度和亮度值，来改变图形或图像的色调、饱和度和亮度。图像原图和执行【效果】/【调整】/【色度/饱和度/亮度】命令后的效果如图 8–35 所示。

九、【所选颜色】命令

选择【所选颜色】命令，可以在色谱范围内按照选定的颜色来调整组成图像颜色的百分比，从而改变图像的颜色。图像原图和执行【效果】/【调整】/【所选颜色】命令后的效果如图 8-36 所示。

图 8-35 原图和执行【色度/饱和度/亮度】命令后的效果

图 8-36 原图和执行【所选颜色】命令后的效果

十、【替换颜色】命令

【替换颜色】命令可以将一种新的颜色替换图像中所选的颜色，对于选择的新颜色还可以通过【色度】、【饱和度】和【亮度】选项进行进一步的设置。图像原图和执行【效果】/【调整】/【替换颜色】命令后的效果如图 8-37 所示。

图 8-37 原图和执行【替换颜色】命令后的效果

十一、【取消饱和】命令

【取消饱和】命令可以自动去除图像的颜色，转成灰度效果。图像原图和执行【效果】/【调整】/【取消饱和】命令后的效果如图 8-38 所示。

十二、【通道混合器】命令

【通道混合器】命令可以通过改变不同颜色通道的数值来改变图像的色调。图像原图和执行【效果】/【调整】/【通道混合器】命令后的效果如图 8-39 所示。

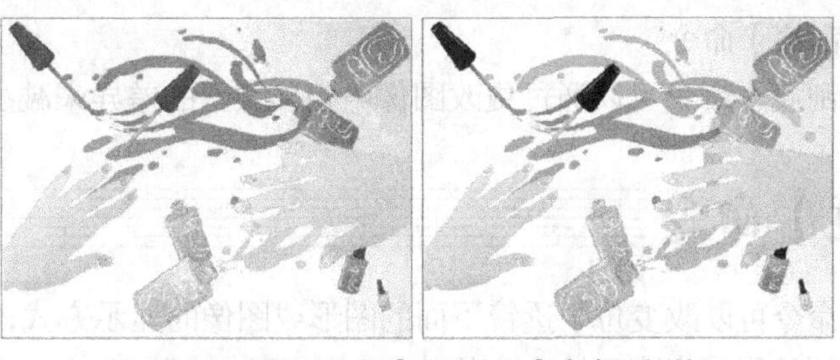

图 8-38 原图和执行【取消饱和】命令后的效果

图 8-39 原图和执行【通道混合器】命令后的效果

8.2.2 图像颜色的变换与校正

接下来讲解【效果】菜单栏中的【变换】和【校正】命令。在【变换】命令的子菜单中包括【去交错】、【反显】和【极色化】命令；【校正】命令的子菜单中包括【尘埃与刮痕】命令。

一、【去交错】命令

利用【去交错】命令可以把利用扫描仪在扫描图像过程中产生的网点消除，从而使图像更加清晰。

二、【反显】命令

利用【反显】命令可以把图像的颜色转换为与其相对的颜色，从而生成图像的负片效果。图像原图和执行【效果】/【变换】/【反显】命令后的效果如图 8-40 所示。

图 8-40 原图和执行【反显】命令后的效果

三、【极色化】命令

利用【极色化】命令可以将把图像颜色简单化处理，得到色块化效果。图像原图和执行【效果】/【变换】/【极色化】命令后的效果如图 8-41 所示。

图 8-41 原图和执行【极色化】命令后的效果

四、【尘埃与刮痕】命令

利用【尘埃与刮痕】命令可以通过更改图像中相异像素的差异来减少杂色。

8.3 【透镜】命令

利用【透镜】命令可以改变位于透镜下面的图形或图像的显示方式，而不会改变其原有的属性。下面以实例的形式来介绍该命令的使用方法。

制作放大镜效果

1. 新建一个图形文件，然后将素材文件中“图库\第 08 章”目录下名为“花.jpg”的文件导入，如图 8-42 所示。

2. 再次按 Ctrl+I 组合键，将素材文件中“图库\第 08 章”目录下名为“放大镜.cdr”的文件导入，调整大小后放置到图 8-43 中所示的位置。

图 8-42　导入的图像

图 8-43　放大镜调整后的大小及位置

3. 单击属性栏中的按钮，将放大镜的群组取消，然后利用工具将放大镜中的蓝色“镜片”图形选中，移动到画面中的“花”位置，如图 8-44 所示。

4. 执行【效果】/【透镜】命令，弹出【透镜】泊坞窗，在无透镜效果下拉列表中选择【放大】选项，并设置【数量】的参数，如图 8-45 所示。

图 8-44　移动图形位置

图 8-45　【透镜】泊坞窗设置

5. 此时画面中出现的放大效果如图 8-46 所示。

6. 勾选【透镜】泊坞窗中的【冻结】复选项，固定透镜中显示的内容，然后将添加透镜效果后的图形移动到放大镜的原位置，完成放大镜效果的制作，如图 8-47 所示。

图 8-46 出现的放大效果

图 8-47 制作完成的放大镜效果

7. 按 Ctrl+S 组合键，将此文件命名为“放大镜效果.cdr”另存。

在 CorelDRAW X5 中，共提供了 11 种透镜效果。图形应用不同的透镜样式时，产生的特殊效果如图 8-48 所示。

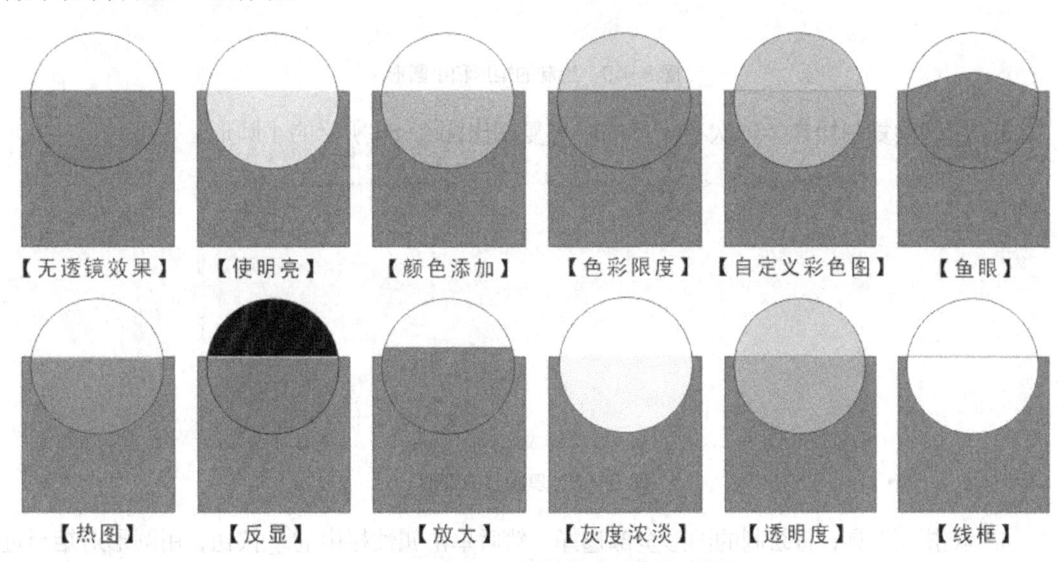

图 8-48 应用不同透镜样式后的图形效果

【透镜】泊坞窗中选项和按钮的含义分别如下。

- 【冻结】：可以固定透镜中当前的内容。当再移动透镜图形时，不会改变其显示的内容。
- 【视点】：可以在不移动透镜的前提下只显示透镜下面图形的一部分。
- 【移除表面】：透镜只显示它覆盖其他图形的区域，而不显示透镜所覆盖的空白区域。
- 应用 按钮，当该按钮右侧显示为🔓按钮时，单击 应用 按钮，可将设置的透镜效果添加到图形中。当单击🔓按钮使其显示为🔒按钮时，所设置的透镜效果将直接添加到图形或图像中，此时 应用 按钮将变为不可用。

8.4 【添加透视】命令

利用【效果】/【添加透视】命令，可以给矢量图形制作各种形式的透视效果。注意，此命令只能应用于矢量图形，对于位图图像必须先将其转换为矢量图。

下面以实例的形式来讲解该命令的具体使用方法。

设计候车亭广告

1. 新建一个图形文件。

2. 利用工具绘制一个矩形，并为其填充浅黄色（Y:10），然后利用工具，在矩形左上角绘制一个小的圆形，如图 8-49 所示。

图 8-49 绘制的矩形和小圆形

3. 用移动复制操作，依次在矩形的四边复制出图 8-50 所示的小圆形。

图 8-50 复制出的圆形

4. 双击工具，将绘制的图形全部选择，然后单击属性栏中的按钮，用圆形对矩形进行修剪，效果如图 8-51 所示。

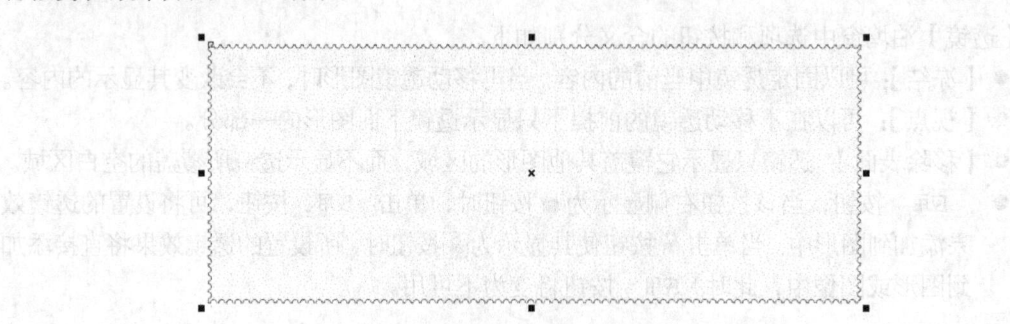

图 8-51 图形修剪后的效果

5. 继续利用□工具，沿修剪图形的外侧绘制出图 8-52 所示的矩形，然后为其填充深红色（M:60，Y:20，K:50），并去除外轮廓。

图 8-52 绘制的矩形

6. 执行【排列】/【顺序】/【向后一层】命令，将绘制的矩形调整至修剪图形的后面，然后将修剪图形的外轮廓去除，效果如图 8-53 所示。

图 8-53 调整堆叠顺序后的效果

7. 按 Ctrl+I 组合键，将素材文件中“图库\第 08 章”目录下名为“效果图.jpg”的图片导入，然后调整大小后放置到图 8-54 中所示的位置。

图 8-54 导入图像调整后的大小及位置

8. 灵活运用字工具，输入图 8-55 中所示的文字。

图 8-55 输入的文字

9. 至此，广告画面制作完成，按 Ctrl+S 组合键，将此文件命名为“广告.cdr”保存。

下面利用【添加透视】命令来制作实景效果。由于要使用【添加透视】命令，因此首先要将画面中的位图图片转换为矢量图。

10. 利用工具，将导入的效果图选择，然后执行【位图】/【轮廓描摹】/【高质量图像】命令，弹出的【PowerTRACE】对话框如图 8-56 所示。

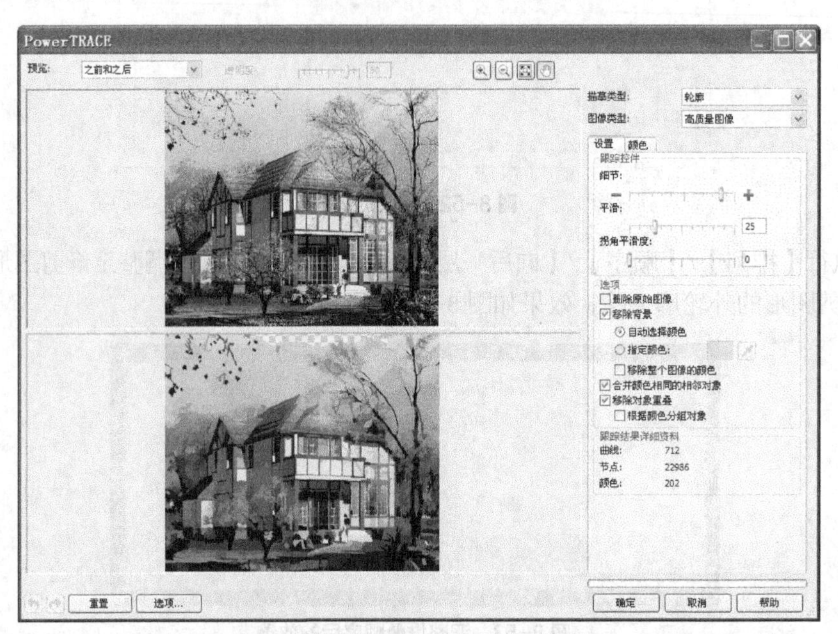

图 8-56 【PowerTRACE】对话框

11. 单击【PowerTRACE】对话框左上角【预览】选项右侧的选项窗口，在弹出的选项列表中选择【较大预览】选项，然后将【平滑】选项的值设置到最大，以保留更多的细节，再设置其他选项，如图 8-57 所示。

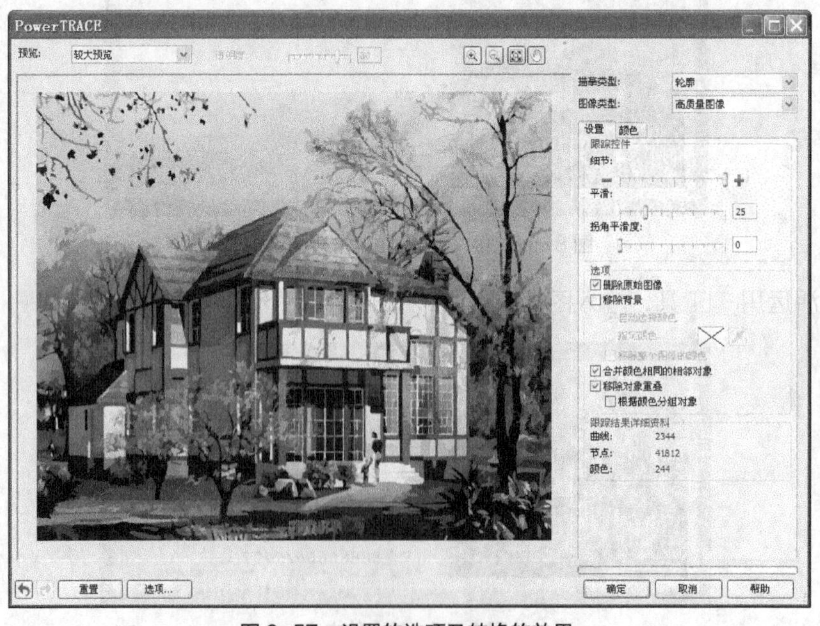

图 8-57 设置的选项及转换的效果

12. 单击 确定 按钮，将位图转换为矢量图，然后双击工具，将所有图形及文字选择，再按Ctrl+G组合键群组。

13. 按Ctrl+I组合键，将素材文件中“图库\第08章”目录下名为“候车亭.jpg”的图片导入，如图8-58所示。

14. 按Shift+PageDown组合键，将导入的图像调整至广告画面的后面，然后将广告画面调整大小后移动到图8-59中所示的位置。

图8-58 导入的图像

图8-59 广告画面调整后的大小及位置

15. 执行【效果】/【添加透视】命令，图像的周围即显示红色的调整框，将鼠标光标放置到左上角的控制点上按下鼠标左键并向上拖曳，即可对群组后的图形进行变形调整，状态如图8-60所示。

16. 用相同的方法，依次对右上角和右下角的控制点进行调整，使其符合候车亭的透视角度，如图8-61所示。

图8-60 调整时的状态

图8-61 调整后的透视形态

17. 选择工具，即可完成图形的透视变形调整，然后按Shift+Ctrl+S组合键，将此文件另命名为“候车亭广告.cdr”保存。

8.5 【图框精确剪裁】命令

利用【图框精确剪裁】命令可以将图形或图像置于指定的图形或文字中，使其产生蒙版效果，并可以对置入的图形或图像进行提取和编辑。

8.5.1 创建精确剪裁效果

利用工具选择要置入的图片，然后执行【效果】/【图框精确剪裁】/【放置在容器中】命令，此时鼠标光标将显示为➡形状。将鼠标光标移动到要置入的图形上单击，即可将选择的图片置于单击的图形中。

在想要放置到容器内的图像上按下鼠标右键，并向作为容器的图形上拖曳，当鼠标光标显示为⊕形状时释放，在弹出的右键菜单中选择【图框精确剪裁内部】命令，也可将图像放置到指定的容器内。如果容器是文字，鼠标光标会显示为A。

8.5.2 编辑精确剪裁的内容

默认状态下，系统会将选择的图像放置在容器的中心位置。当选择的图像比容器小时，图像将不能完全覆盖容器；当选择的图像比容器大时，在容器内只能显示图像中心的局部位置。如果需要进行调整，可以利用【编辑内容】命令对其进行编辑，具体操作为利用工具选择需要编辑的精确剪裁图形，然后执行【效果】/【图框精确剪裁】/【编辑内容】命令，或在要编辑的图形上单击鼠标右键，在弹出的右键菜单中选择【编辑内容】命令。此时，精确剪裁容器内的图形将显示在绘图窗口中，其他图形将隐藏。按照需要来调整容器内图片的大小、位置或角度等，调整完成后，执行【效果】/【图框精确剪裁】/【结束编辑】命令，或在图像上单击鼠标右键，在弹出的右键菜单中选择【结束编辑】命令，也可以单击绘图窗口左下角的完成编辑对象按钮，即可完成图像的编辑。

如果需要将放置到容器中的内容与容器分离，可以执行【效果】/【图框精确剪裁】/【提取内容】命令，或在精确剪裁的图形上右击，在弹出的右键菜单中选择【提取内容】命令，使容器和图像恢复为未置入以前的形态。

8.5.3 锁定与解锁精确剪裁内容

默认情况下，系统会自动将内容锁定到容器上，这样可以保证在移动容器时内容也能随容器同时移动。将鼠标光标移动到精确剪裁图形上右击，在弹出的右键菜单中选择【锁定图框精确剪裁的内容】命令，即可将精确剪裁内容解锁，再次选择此命令，即可锁定。当精确剪裁的内容为非锁定状态时，移动精确剪裁图形，则只能移动容器的位置，而不能移动内容的位置。

8.5.4 制作公司年会背景效果

下面灵活运用【图框精确剪裁】命令来制作一个公司的年会背景。

制作年会背景

1. 新建一个图形文件，然后单击属性栏中的按钮，将页面方向设置为横向。

2. 利用工具，绘制一个矩形，然后为其自上向下填充由红色（C:10，M:100，Y:100）到黄色（C:5，M:25，Y:100）的线性渐变色，并去除外轮廓，如图 8-62 所示。

3. 选择工具，按住Ctrl键拖曳鼠标绘制出图 8-63 所示的圆形。

4. 为绘制的圆形填充从深红色（C:35，M:100，Y:100，K:5）到橘红色（C:10，M:85，Y:100）的辐射渐变色，并去除外轮廓，效果如图 8-64 所示。

图 8-62　绘制的矩形

图 8-63　绘制的圆形

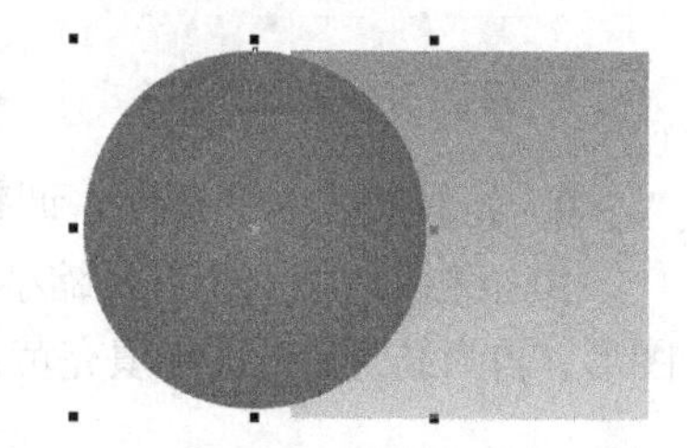

图 8-64　填充的渐变色

5. 将圆形缩小复制，然后对复制图形的填充色进行修改，修改的渐变颜色及效果如图 8-65 所示，颜色条中前两个色标的颜色为黑红色（C:40，M:90，Y:100，K:10），第三个色标的颜色为红色（C:10，M:100，Y:80），最右侧色标的颜色为红色（C:10，M:100，Y:50）。

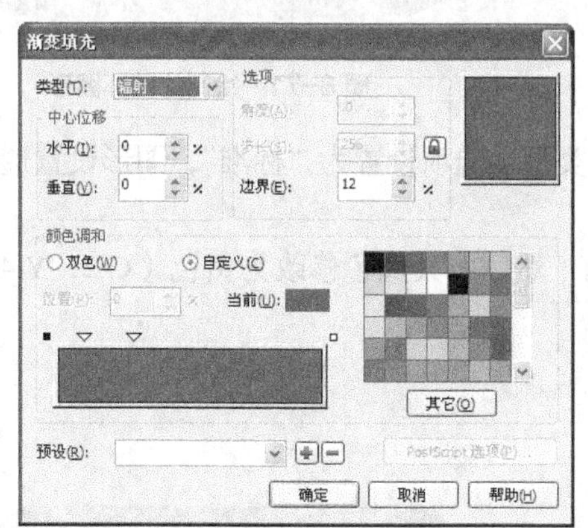

图 8-65　修改的渐变颜色及填充后的效果

6. 继续利用工具及缩小复制操作，绘制并复制出图 8-66 所示的圆形。

7. 将刚绘制的两个圆形选择，并单击属性栏中的按钮进行结合，然后为结合图形填充黄色（Y:100），并去除外轮廓，如图 8-67 所示。

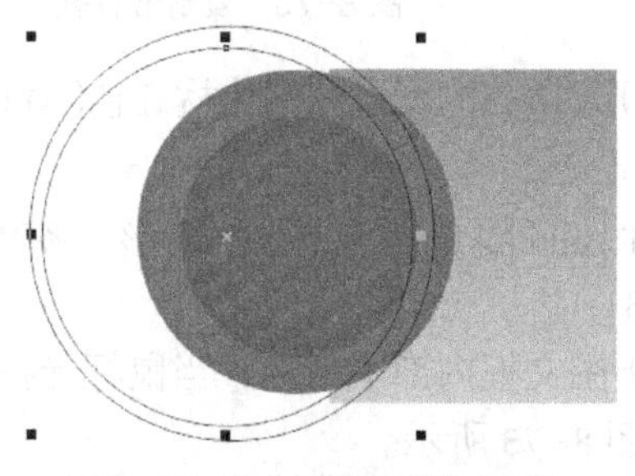

图 8-66　绘制及复制出的圆形

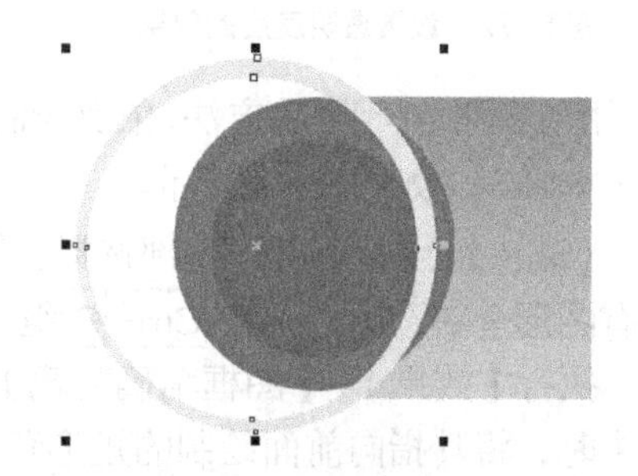

图 8-67　结合后的图形

8. 利用[选择]工具将图 8–68 所示的图形框选，然后按 Ctrl+G 组合键进行群组，再利用镜像复制图形的方法，将其在水平方向上向右镜像复制，效果如图 8–69 所示。

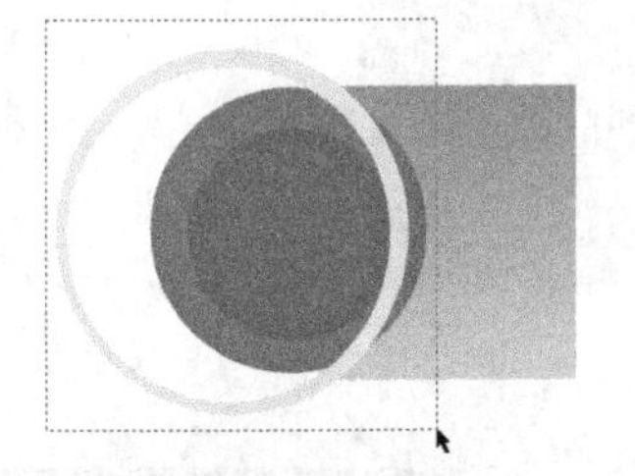

图 8–68 框选的图形

图 8–69 镜像复制出的图形

9. 将复制出的图形向右调整至矩形的右侧，如图 8–70 所示。

10. 继续利用[椭圆]工具及缩小复制操作绘制圆形，然后将两个圆形选择并进行结合制作圆环图形，再为结合后的图形填充黄色（C:7，M:27，Y:97），去除外轮廓后的效果如图 8–71 所示。

图 8–70 复制图形移动后的位置

图 8–71 绘制的圆环图形

11. 选择[透明度]工具，在属性栏中将【透明度类型】选项设置为“标准”，图形设置透明度后的效果如图 8–72 所示。

12. 将添加透明效果的圆形向下移动复制，然后将其颜色修改为黄色（C:2，Y:40），再调整至图 8–73 所示的大小及位置。

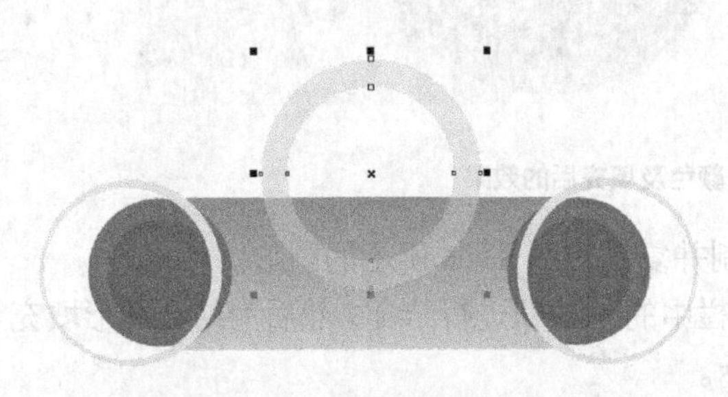

图 8–72 设置透明度后的效果

图 8–73 复制出的图形

13. 用与步骤 10 相同的方法，依次绘制圆环图形，填充的颜色分别为橘红色（M:60，Y:100）和黄色（Y:100），如图 8–74 所示。

14. 双击[选择]工具，将图形全部选择，然后按住 Shift 键单击最下方的矩形，将除矩形背景外的所有图形全部选中，并按 Ctrl+G 组合键群组。

15. 执行【效果】/【图框精确剪裁】/【置于图文框内部】命令，当鼠标光标变成一个黑色箭头时，将其指向前面绘制的矩形背景，如图 8–75 所示。

16. 单击鼠标左键，图形置入矩形的效果如图 8–76 所示，默认为置入居中位置。

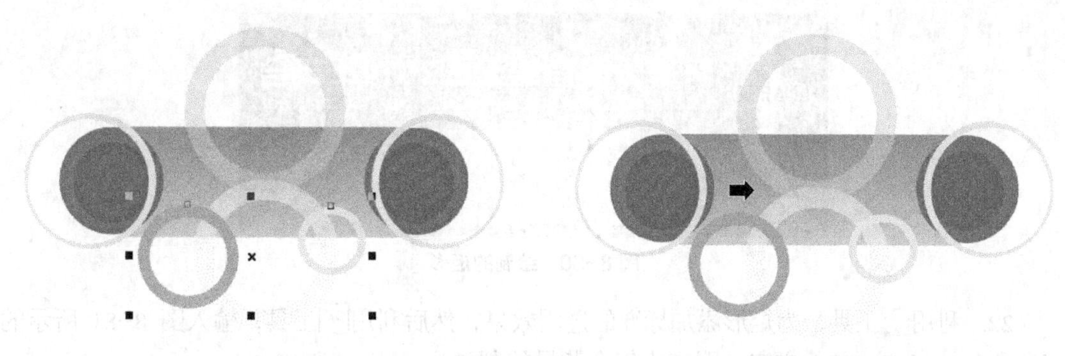

图 8-74　绘制的图形　　　　图 8-75　黑色箭头指向矩形时的形态

17. 按Ctrl+I组合键，将素材文件中“图库\第 08 章”目录下名为“馨冬采暖标识.cdr”的文件导入。

18. 利用工具将导入的标识图形调整大小后，移动到背景矩形的左上角位置，如图 8-77 所示。

图 8-76　置入矩形后的效果　　　　图 8-77　导入的标识图形

19. 选择字工具，在标识图形的右侧输入图 8-78 中所示的白色文字及字母，选用的字体为“方正综艺简体”。

图 8-78　输入的文字及字母

20. 选择工具，依次为文字及字母添加如图 8-79 所示的阴影效果。

图 8-79　添加的阴影效果

21. 利用工具在文字的下方绘制矩形，然后为其填充白色并去除外轮廓，如图 8-80 所示。

图 8-80　绘制的矩形

22. 利用工具，为矩形添加标准的透明效果，然后利用工具，输入图 8-81 所示的红色（M:100，Y:100）文字，即完成年会背景的制作。

图 8-81　制作的年会背景

23. 按 Ctrl+S 组合键，将此文件命名为“年会背景.cdr”保存。

8.6　综合案例——设计香皂包装

本节综合利用前面学过的工具和菜单命令来设计“润肤佳香皂”的包装。

8.6.1　设计图标

首先来设计香皂包装中的两个图标。

设计图标

1. 新建一个图形文件，然后利用工具和工具绘制出图 8-82 所示的图形。

2. 选择工具，弹出【渐变填充】对话框，设置渐变颜色及选项参数，如图 8-83 所示。颜色条中第一个色标的颜色为蓝色（C:100，M:100）；第二个色标的颜色为天蓝色（C:100，M:20）；最右侧色标的颜色为蓝绿色（C:60，Y:20）。

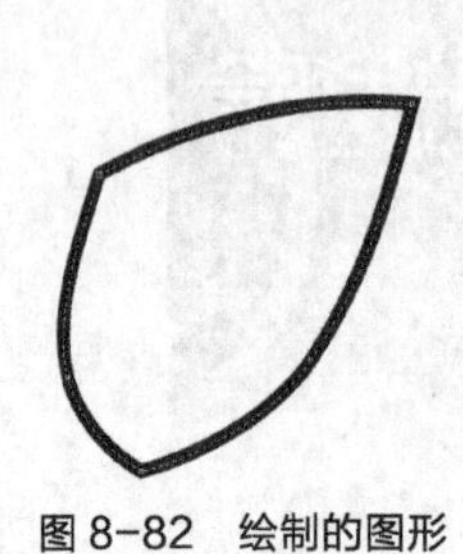

图 8-82　绘制的图形

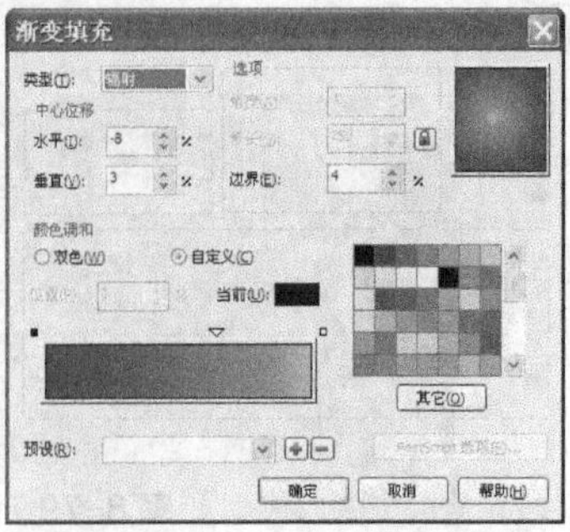

图 8-83　【渐变填充】对话框

3. 选择工具，按住 Ctrl 键，在图形上绘制一个白色无外轮廓的圆形，如图 8-84 所示。

4. 选择[工具图标]工具，将鼠标光标移动到圆形的中心位置，按下鼠标左键并向右拖曳，为图形添加透明效果，然后将属性栏中的[射线]设置为“射线”，添加透明后的效果如图 8-85 所示。

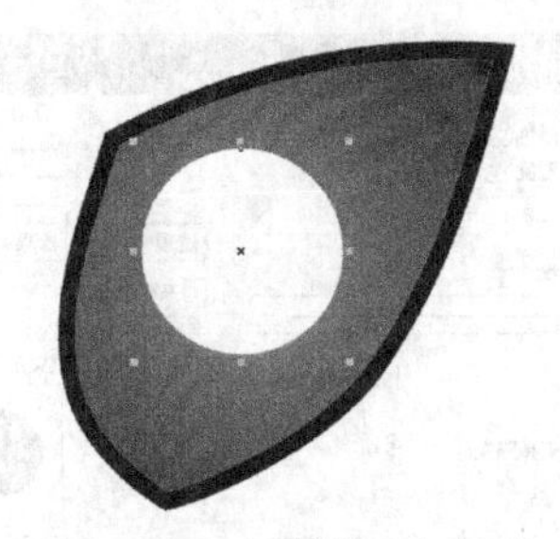

图 8-84 绘制的白色圆形

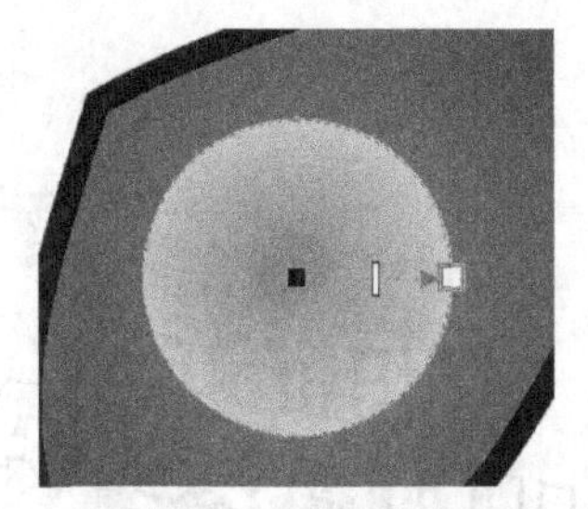

图 8-85 透明效果

5. 利用[工具图标]工具并结合移动复制及缩放图形的操作，依次复制出图 8-86 所示的图形。

6. 将所有圆形同时选择，然后利用【效果】/【图框精确剪裁】/【放置在容器中】命令，将其放置到不规则图形中，效果如图 8-87 所示。

7. 利用[工具图标]工具和[工具图标]工具，在不规则图形的下方绘制并调整出图 8-88 所示的红色（M:100，Y:100）图形。

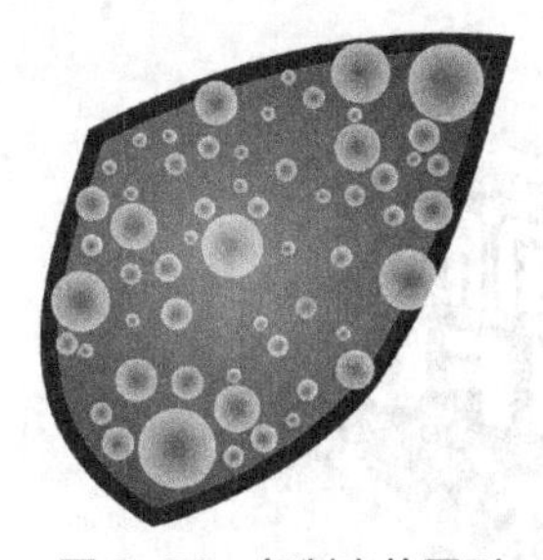

图 8-86 复制出的图形

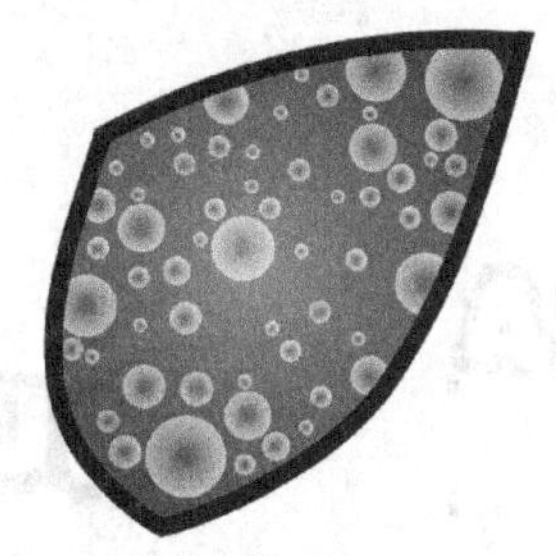

图 8-87 放置在容器中的效果

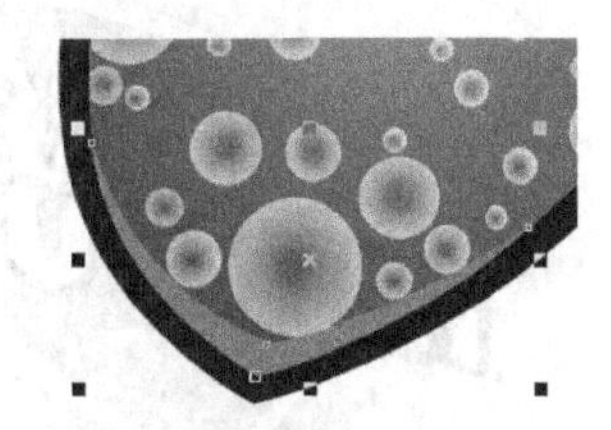

图 8-88 绘制的红色图形

8. 利用[工具图标]工具将最先绘制的不规则图形选择，并将其外轮廓颜色设置为白色，然后利用[工具图标]工具为其添加阴影效果，其属性栏中各参数及添加阴影后的图形效果如图 8-89 所示。

9. 选择[字]工具，在图形上面依次输入图 8-90 中所示的白色文字和英文字母，其轮廓颜色为蓝色（C:100，M:100）。

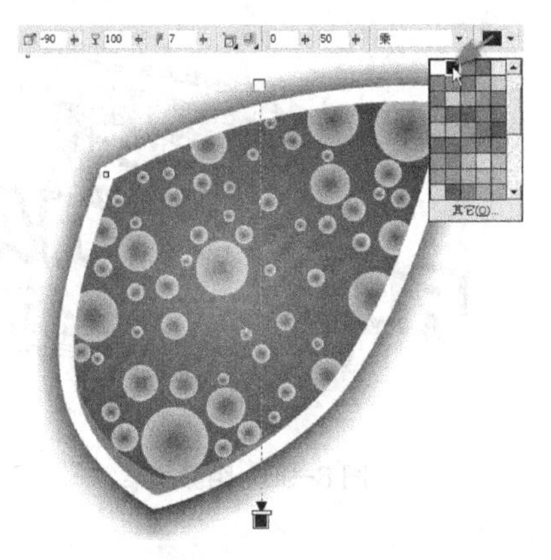

图 8-89 阴影效果

图 8-90 输入的文字

10. 利用工具分别将文字调整至图 8-91 所示的倾斜形态。

11. 确认英文字母处于选择状态，选择工具，弹出【轮廓笔】对话框，设置各选项及参数如图 8-92 所示。

图 8-91　倾斜形态

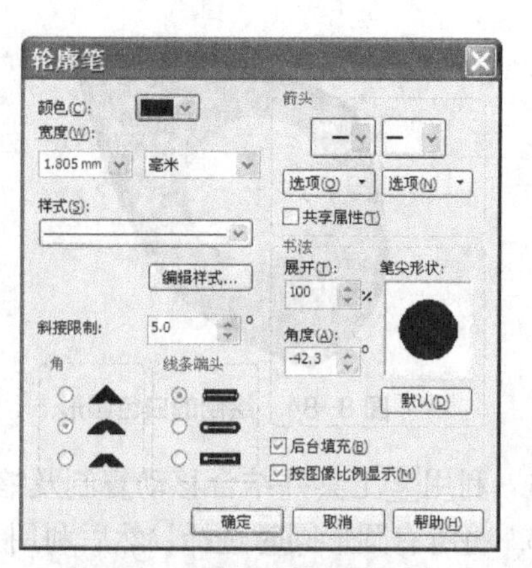

图 8-92　【轮廓笔】对话框

12. 单击 确定 按钮，设置轮廓属性后的文字效果如图 8-93 所示。

13. 利用工具为文字添加图 8-94 所示的阴影效果。

图 8-93　轮廓效果

图 8-94　阴影效果

14. 利用工具和工具依次输入并调整出图 8-95 所示的文字。

15. 利用工具为“专业保护健康全家”文字添加阴影，效果如图 8-96 所示，阴影颜色为蓝色（C:100，M:100）。

图 8-95　输入的文字

图 8-96　阴影效果

下面来设计另一种图标。

16. 利用工具和工具，绘制出图 8-97 所示的浅绿色（C:60，Y:40，K:20）无外轮廓的不规则图形。

17. 选择工具，在浅绿色图形的下方按住鼠标左键并向下拖曳，为其添加如图 8-98 所示的透明效果。

18. 在选择的图形上单击，然后在出现的旋转符号上按住鼠标左键并拖曳，从而使图形旋转，状态如图 8-99 所示。

图 8-97 绘制的图形

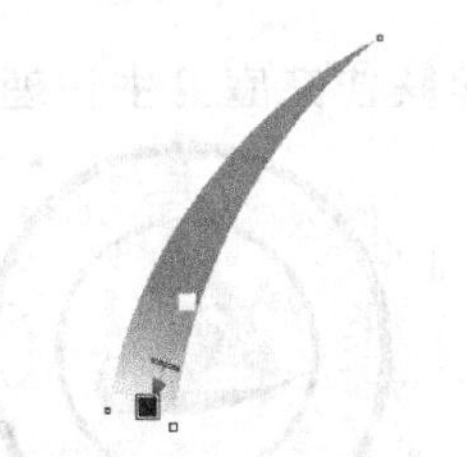
图 8-98 添加的透明效果

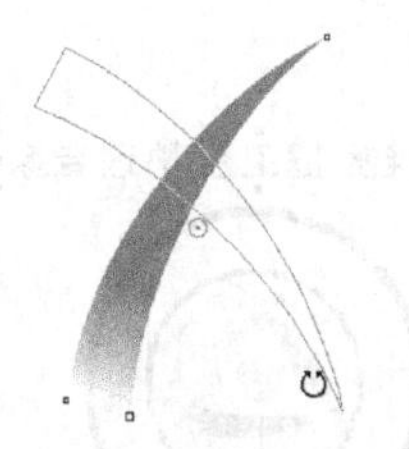
图 8-99 旋转图形

19. 在不释放鼠标左键的情况下按下鼠标右键，旋转复制出图 8-100 所示的图形。

20. 使用相同的旋转复制操作，再复制出图 8-101 所示的图形。

21. 调整 3 个图形的位置后，再分别为其填充黄色（M:30，Y:100）和蓝色（C:100，M:100），效果如图 8-102 所示。

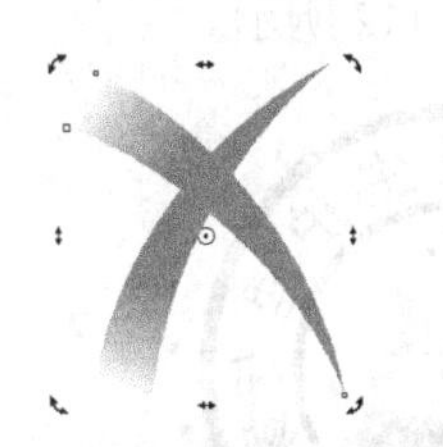
图 8-100 复制出的图形

图 8-101 再次复制出的图形

图 8-102 填充颜色效果

22. 选择工具，单击属性栏中的按钮，在弹出的选项面板中选择图 8-103 所示的形状，然后绘制出图 8-104 所示的红色（M:100，Y:100）心形。

23. 利用工具在图形的左侧再绘制出图 8-105 所示的圆形。

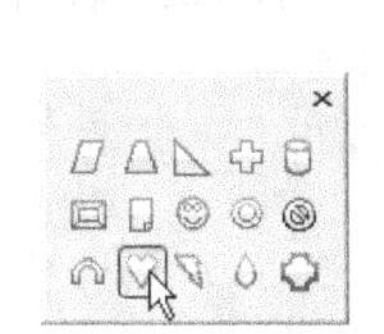
图 8-103 形状面板

图 8-104 绘制的图形

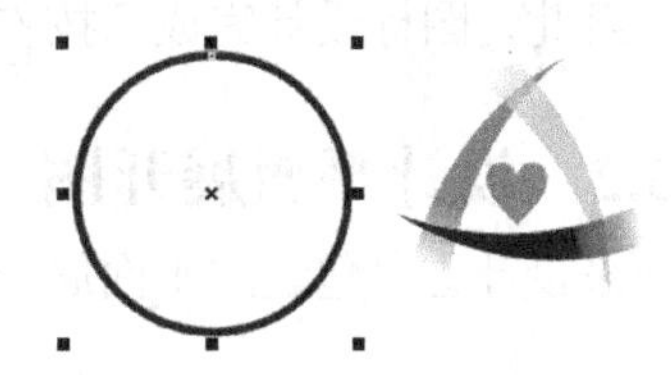
图 8-105 绘制的圆形

24. 将右侧的图形选择，按住鼠标右键向左侧的圆形上拖曳，状态如图 8-106 所示。

25. 释放鼠标右键后，在弹出的右键菜单中选择【图框精确剪裁内部】命令，将图形放置到圆形的内部，然后再绘制一个大一些的圆形，如图 8-107 所示。

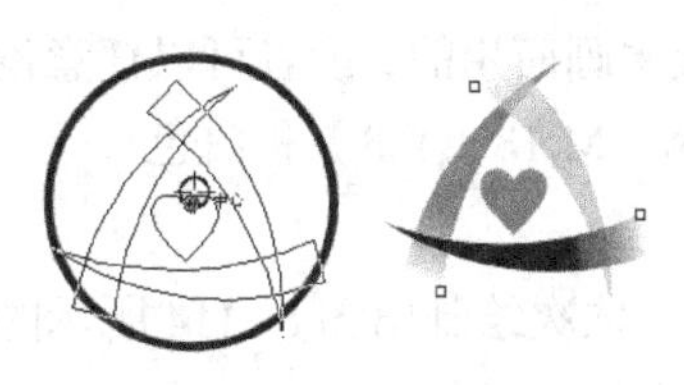
图 8-106 移动图形

图 8-107 图形放置到圆形的内部

26. 利用字工具输入图 8-108 中所示的文字，然后执行【文本】/【使文本适合路径】命令，并将鼠标光标移动到大的圆形位置，状态如图 8-109 所示。

27. 移动鼠标光标来确定文字在路径上的位置，然后单击确定。再将属性栏中 -3.0 mm 的参数设置为“-3.0mm”，按 Enter 键确认。

28. 利用字工具在图形的下面再输入“勤洗手 防疾病”文字，如图 8-110 所示。

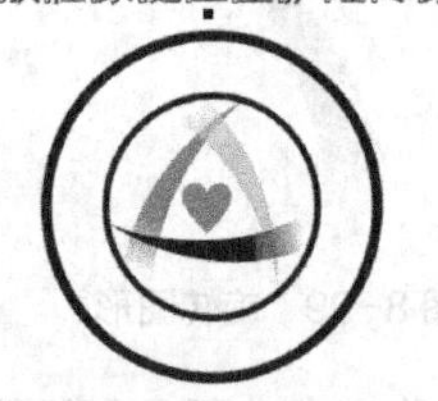

图 8-108 输入的文字

图 8-109 鼠标光标位置

图 8-110 输入的文字

29. 使用【文本】/【使文本适合路径】命令，将文字沿圆形路径排列，如图 8-111 所示。

30. 分别单击属性栏中的和按钮，再设置 -1.5 mm 30.0 mm 的参数分别为“-1.5 mm”和“30.0 mm”，按 Enter 键确认，调整后的文字效果如图 8-112 所示。

图 8-111 制作的路径文字

图 8-112 调整文字位置

31. 至此，图标设计完成，按 Ctrl+S 组合键，将此文件命名为“图标.cdr”保存。

8.6.2 设计平面展开图

下面来设计香皂包装的平面展开图。

设计平面展开图

1. 新建一个横向的图形文件，根据包装展开面的尺寸添加辅助线，再利用基本绘图工具绘制出香皂包装平面展开的结构图形，如图 8-113 所示。

要点提示

后面的蓝色图形只是衬托包装主画面用的，读者可以任意设置颜色，包装的结构图形颜色为浅粉红色（C:10，M:13，Y:3）和白色。

2. 利用工具和工具，在包装的主展面上依次绘制出图 8-114 所示的白色无外轮廓不规则图形。

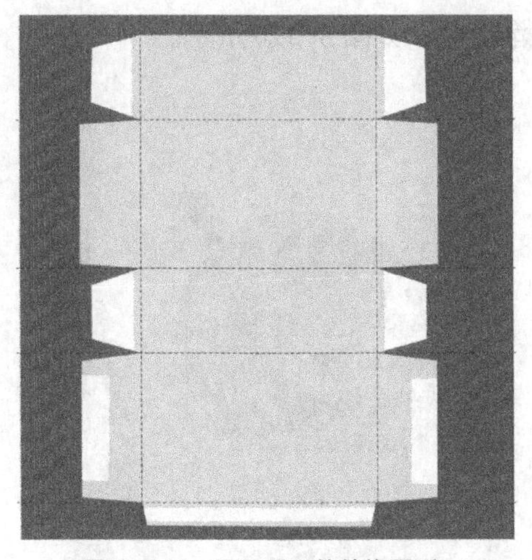

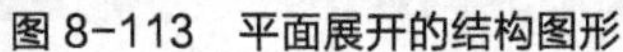

图 8-113 平面展开的结构图形

图 8-114 绘制的白色图形

3. 利用工具为大的白色图形添加图 8-115 所示的透明效果。

4. 选择小白色图形，并选择工具，然后在属性栏中将【透明度类型】设置为“标准”，生成的效果如图 8-116 所示。

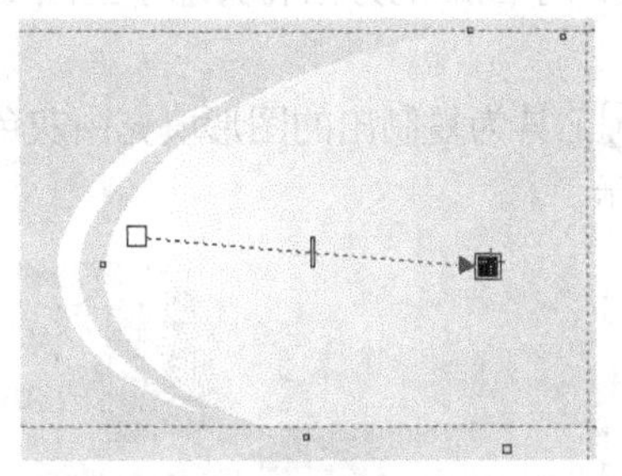

图 8-115 添加的透明效果

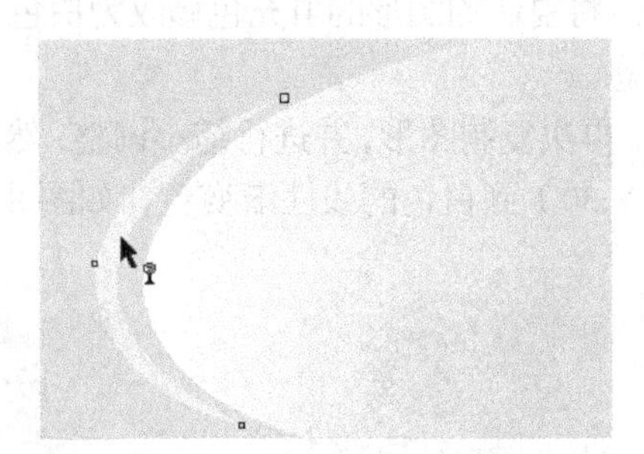

图 8-116 添加的透明效果

5. 将调整后的两个白色图形同时选择并群组，然后移动复制，并利用调整图形大小的操作将复制出的图形调整至图 8-117 所示的大小及位置。

6. 选择工具，为调整后的群组图形添加图 8-118 所示的阴影效果。

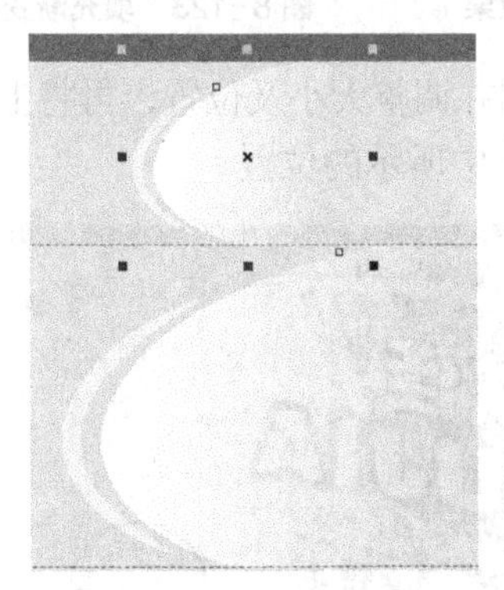

图 8-117 复制出的图形

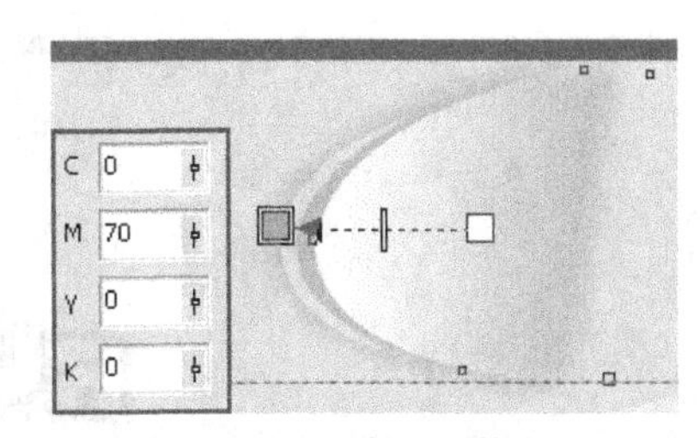

图 8-118 添加阴影效果

7. 用移动复制图形的操作方法，将添加阴影后的群组图形向下移动复制，效果如图 8-119 所示。

8. 利用工具和工具绘制不规则图形，然后利用工具为其填充由深黄色（C:13，

M:35，Y:90）到深褐色（M:20，Y:20，K:60）的线性渐变色，如图 8-120 所示。

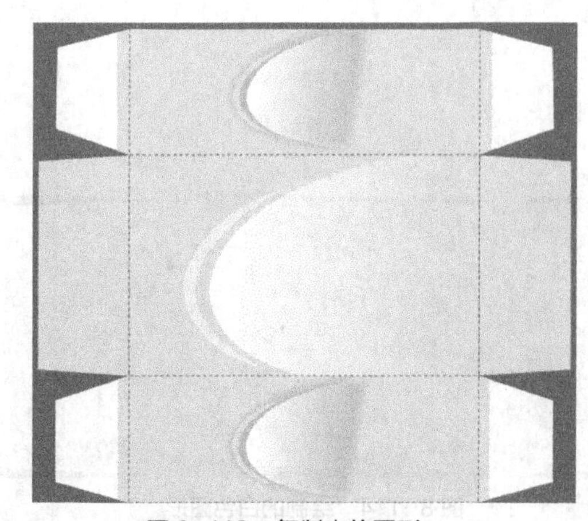
图 8-119　复制出的图形

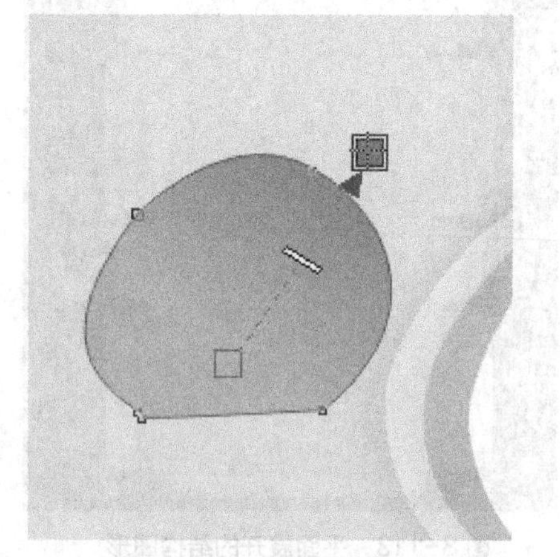
图 8-120　填充渐变色

9. 利用工具绘制出图 8-121 中所示的深黄色（C:13，M:35，Y:90）无外轮廓椭圆形，然后按键盘数字区中的+键将其在原位置复制。

10. 将复制的图形的填充色修改为白色，然后用缩小图形的方法将其缩小至图 8-122 所示的形态。

11. 再次复制图形，并进行缩小调整，然后利用工具为复制出的图形填充由灰色（C:15，M:10，Y:30）到白色的线性渐变色，如图 8-123 所示。

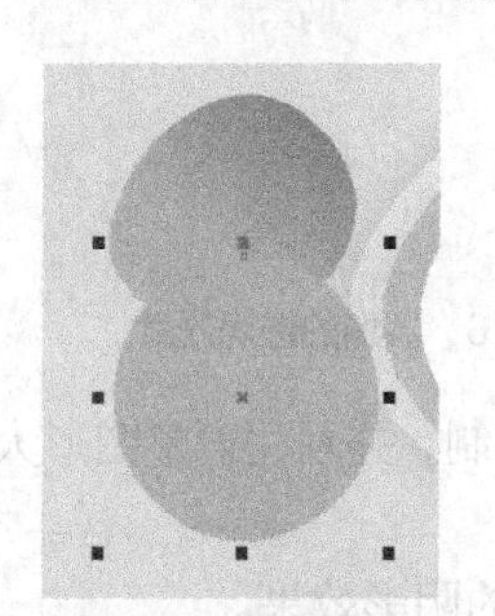
图 8-121　绘制的图形

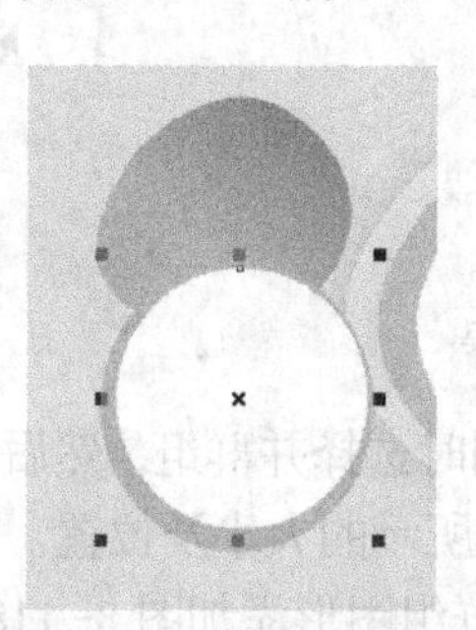
图 8-122　填充白色效果

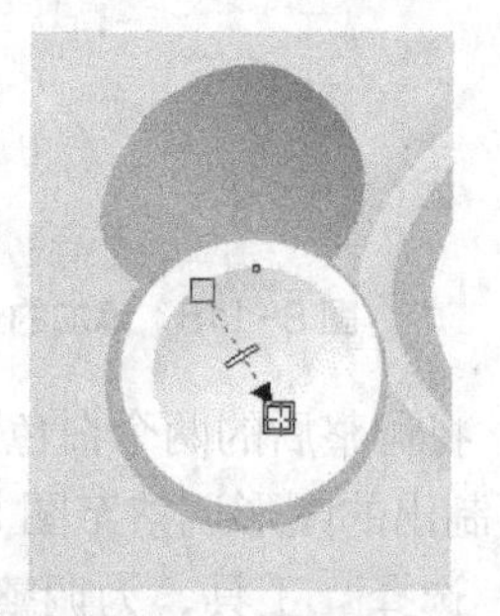
图 8-123　填充渐变色

12. 将椭圆形同时选择并群组，然后分别移动复制并调整大小及位置，再将上一节设计的图标导入，调整至合适的大小后分别放置到图 8-124 中所示的位置。

图 8-124　导入的图标

13. 用与步骤 11 相同的方法，为主展面添加图形和图标，效果如图 8-125 所示。

14. 选择工具，根据辅助线绘制矩形，然后将其与下方的图形同时选择，如图 8-126 所示。

15. 单击属性栏中的按钮，用矩形将下方的圆形修剪，效果如图 8-127 所示。

图 8-125　添加的图标

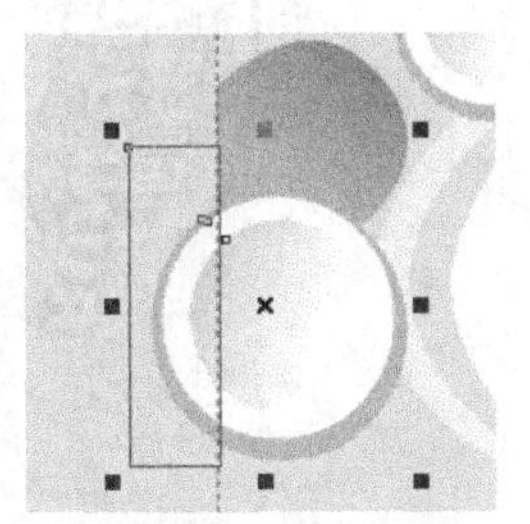

图 8-126　绘制的图形

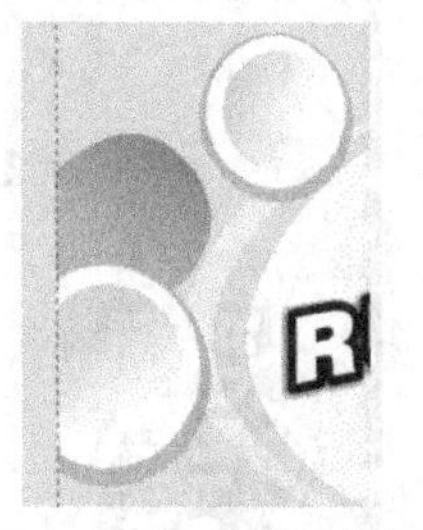

图 8-127　修剪后的形态

16. 灵活运用移动复制操作、调整图形大小和旋转图形等操作，在包装展开面中复制图形，并利用工具输入文字，效果如图 8-128 所示。

图 8-128　复制的图形及输入的文字

17. 利用沿路径排列文字的方法，在包装盒的侧面制作出图 8-129 所示的标签效果。然后用移动复制图形的方法将其移动复制，并调整至图 8-130 中所示的位置。

要点提示

制作标签的方法是先绘制圆形作为路径，然后输入文字，并将文字适配至圆形路径，再执行【排列】/【拆分】命令，将圆形路径和文字拆分为单独的整体，最后选择圆形删除即可。

最后来制作底面。

18. 利用工具绘制填充色为白色，外轮廓线为洋红色（M:100）的矩形，然后执行【效果】/【透镜】命令，在弹出的【透镜】面板中选择【透明度】选项，并将【比率】的参数设置为“40%”。

19. 利用工具将矩形调整至图 8-131 所示的圆角矩形形态。

图 8-129　绘制的标签

图 8-130　复制的标签

图 8-131　绘制的图形

20. 利用工具在圆角矩形中绘制出图 8-132 所示的圆形，颜色为洋红色（M:100）。

21. 选择工具，弹出【轮廓笔】对话框，参数设置如图 8-133 所示。单击确定按钮，生成的圆形效果如图 8-134 所示。

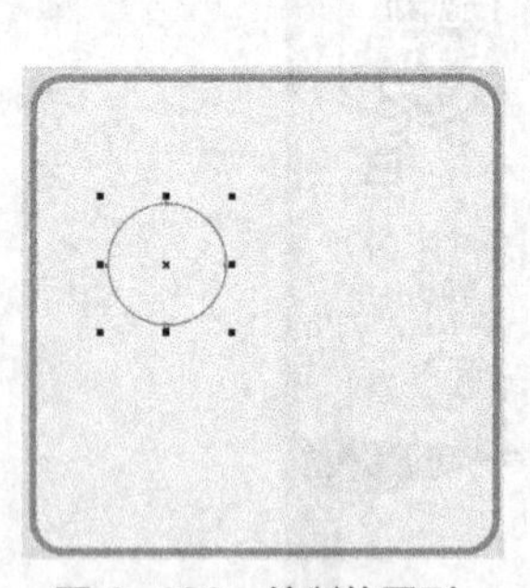
图 8-132　绘制的圆形

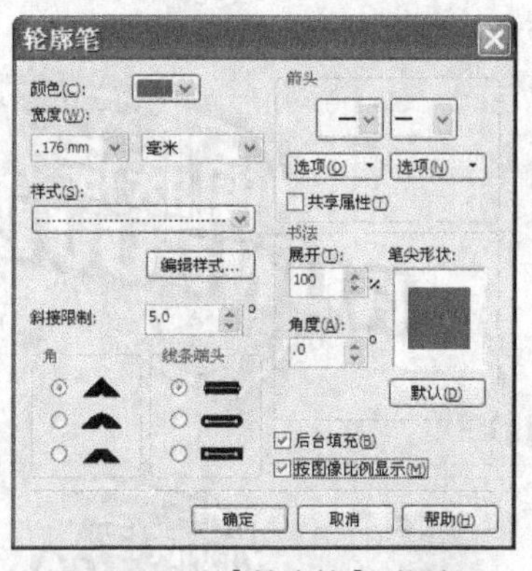

图 8-133　【轮廓笔】对话框

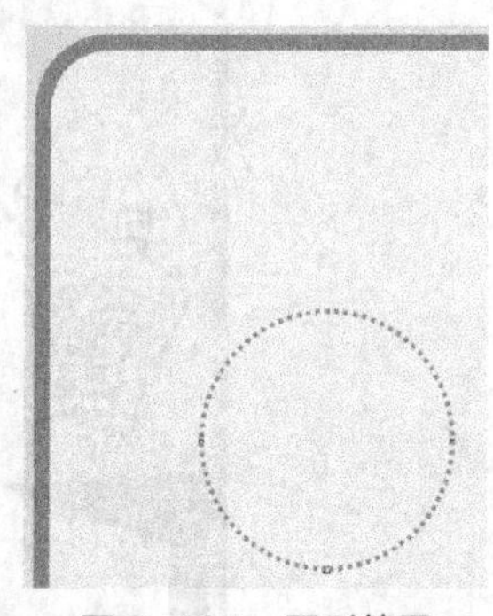
图 8-134　圆形效果

22. 利用工具和工具及移动复制操作，依次制作出图 8-135 所示的图形效果，其渐变颜色参数设置如图 8-136 所示，【从】颜色为天蓝色（C:100，M:20），【到】颜色为紫色（C:20，M:20）。

23. 将虚线边框的圆形向右水平移动复制，然后利用工具、工具和工具，并结合移动复制、缩放和旋转图形的操作，制作出图 8-137 所示的图形，其填充色为由蓝色到白色的线性渐变色。

24. 选择工具，在圆角矩形内依次输入图 8-138 所示的红色（M:100，Y:100）和黑色文字。

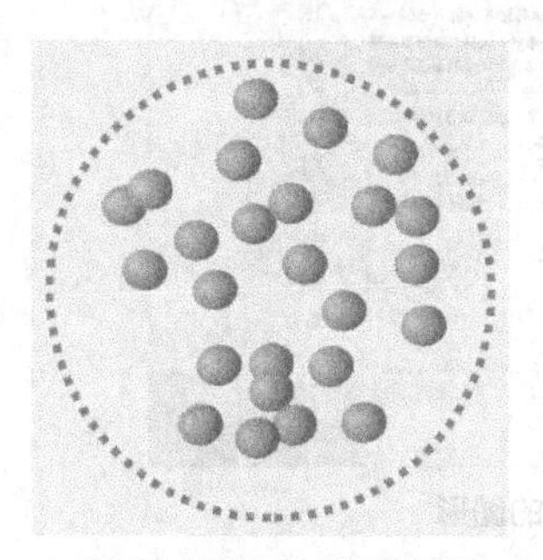

图 8-135 绘制的图形

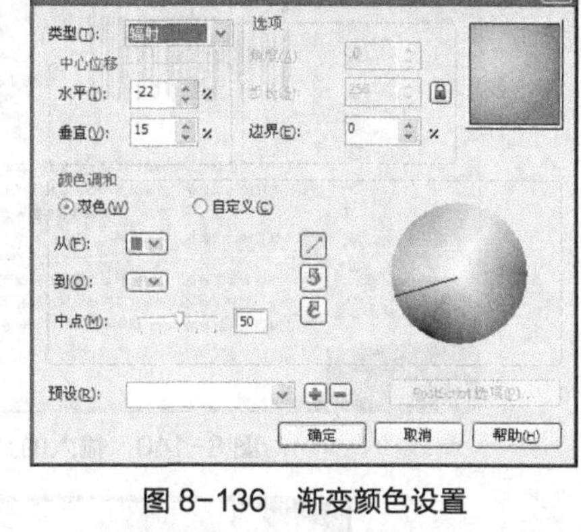

图 8-136 渐变颜色设置

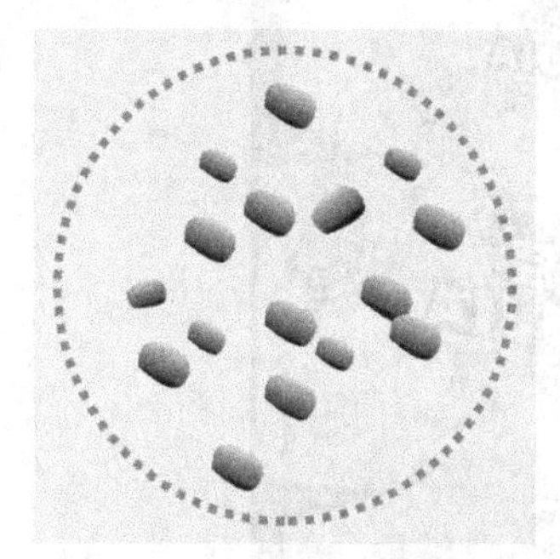

图 8-137 绘制的图形

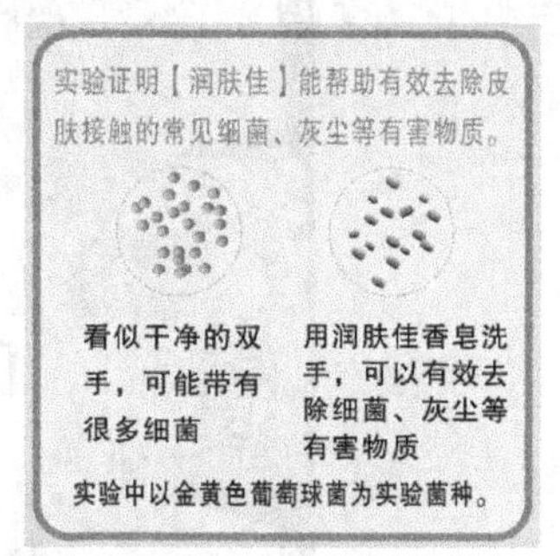

图 8-138 输入的文字

25. 利用字工具、工具和工具，在背面图形上依次输入并制作出图 8-139 中所示的文字和条形码。

图 8-139 输入的文字

26. 将背面上的文字及图形全部选择，然后将属性栏中 180.0 °的参数设置为“180”，将图形及文字旋转角度。再利用字工具、工具和工具，并结合旋转和移动复制操作，在背面图形两侧输入文字并绘制图形，如图 8-140 所示。

27. 至此，香皂包装的平面展开图就设计完成了，其整体效果如图 8-141 所示。按 Ctrl+S 组合键，将此文件命名为“香皂包装.cdr”保存。

图 8-140　输入的文字及绘制的图形

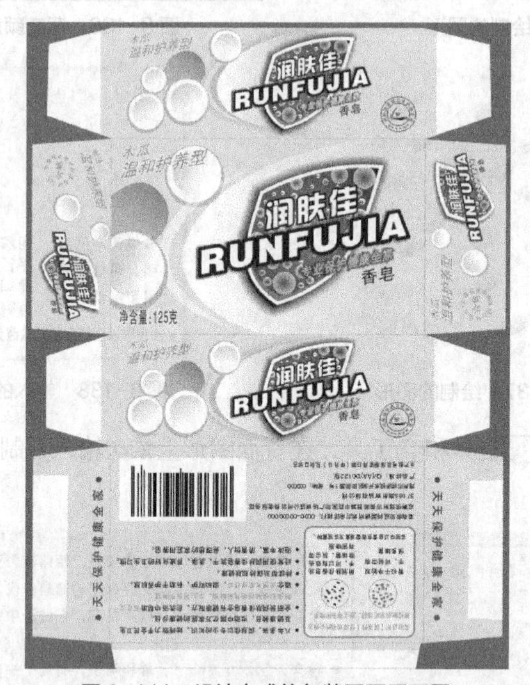

图 8-141　设计完成的包装平面展开图

将香皂包装平面展开图导出为“香皂包装.jpg”文件，再利用 Photoshop 制作出香皂包装的立体效果，如图 8-142 所示，然后将其命名为“香皂包装立体图.psd”保存。

图 8-142　制作的立体效果图

小结

本章讲解了【效果】菜单中的常用命令，包括图形图像的色彩调整、变换、透镜设置、添加透视以及图框精确剪裁等。对于【透镜】、【添加透视】和【图框精确剪裁】命令，读者要重点学习并熟练掌握，因为这几个命令在实际绘图中的作用很大，使用频率也非常高。

操作题

1. 利用【添加透视】命令对输入的文字进行透视变形，设计出图 8-143 所示的房地产广告。本作品参见素材文件中“作品\第 08 章”目录下名为“操作题 08-1.cdr”的文件，导入的图像分别为素材文件中“图库\第 08 章”目录下名为“效果图 01.jpg”和“常青嘉园.cdr”的文件。

2. 利用【图框精确剪裁】命令并结合基本绘图工具和【文字】工具设计出图 8-144 所示的房地产广告。本作品参见素材文件中“作品\第 08 章”目录下名为“操作题 08-2.cdr”的文件，导入的图像分别为素材文件中“图库\第 08 章”目录下名为“蝴蝶.ai”、“室内效果图 01.jpg”、“室内效果图 02.jpg”和“效果图 02.jpg”的文件。

图 8-143　设计完成的房地产广告

图 8-144　设计完成的房地产广告

3. 根据对本章“香皂包装”案例的学习，设计出图 8-145 和图 8-146 所示的节能灯包装的平面展开图和立体效果图。本作品参见素材文件中“作品\第 08 章”目录下名为“操作题 08-3.cdr”和“操作题 08-3.psd”的文件，导入的图像为素材文件中“图库\第 08 章”目录下名为“节能灯.psd”和“灯具图标.cdr”的文件。

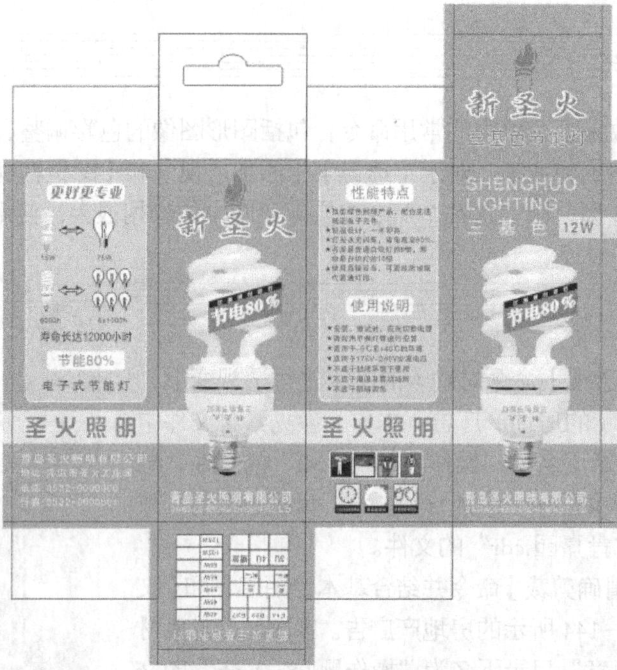

图 8-145　包装平面展开图

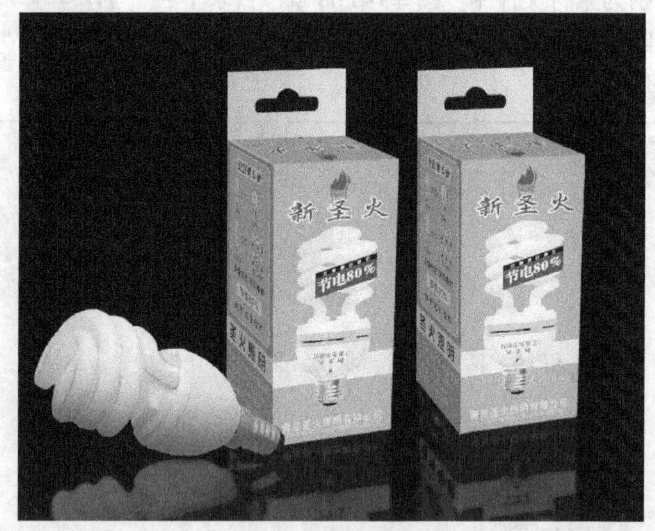

图 8-146　包装立体效果图

PART 9

第 9 章 位图效果应用

【位图】菜单是 CorelDRAW 图像效果处理中非常精彩的一部分内容，利用其中的命令制作出的艺术效果可以与 Photoshop 中的【滤镜】命令相媲美。本章来讲解【位图】菜单命令，并通过给出的效果来说明每一个命令的功能，需要注意的是，【位图】菜单下的大多数命令只能应用于位图，要想应用于矢量图形，则需要先将矢量图形转换成位图。

9.1 矢量图形与位图图像的转换

在 CorelDRAW 中可以将矢量图形与位图图像互相转换。通过把含有图样填充背景的矢量图转化为位图，图像的复杂程度就会显著降低，且可以运用各种位图效果。通过将位图图像转化为矢量图，就可以对其进行所有矢量性质的形状调整和颜色填充。

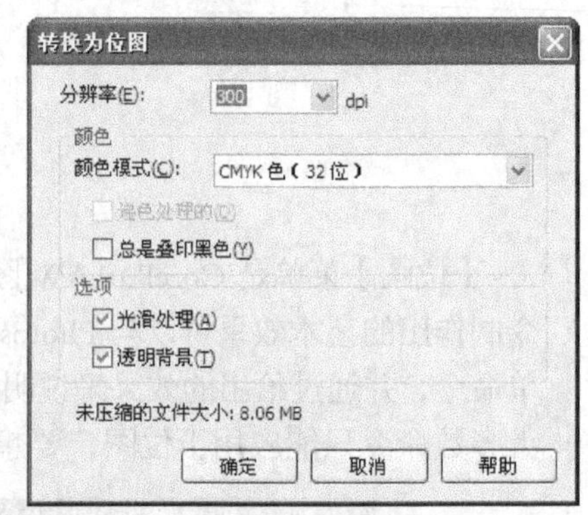

图 9-1 【转换为位图】对话框

一、转换位图

选择需要转换为位图的矢量图形，然后执行【位图】/【转换为位图】命令，弹出的【转换为位图】对话框如图 9-1 所示。

- 【分辨率】选项：设置矢量图转换为位图后的清晰程度。在此下拉列表中选择转换成位图的分辨率，也可直接输入。
- 【颜色模式】选项：设置矢量图转换成位图后的颜色模式。
- 【递色处理的】选项：模拟数目比可用颜色更多的颜色。此选项可用于使用 256 色或更少颜色的图像。
- 【总是叠印黑色】选项：勾选此复选项，矢量图中的黑色转换成位图后，黑色就被设置了叠印。当印刷输出后，图像或文字的边缘就不会因为套版不准而有露白或显露其他颜色的现象发生。
- 【光滑处理】选项：可以去除图像边缘的锯齿，使图像边缘变得平滑。
- 【透明背景】选项：可以使转换为位图后的图像背景透明。

在【转换为位图】对话框中设置选项后，单击 确定 按钮，即可将矢量图转换为位图。当将矢量图转换成位图后，使用【位图】菜单中的命令，可以为其添加各种类型的艺术效果，但不能再对其形状进行编辑调整，针对矢量图使用的各种填充功能也不可再用。

二、描摹位图

描摹位图的命令主要有 3 种，一是【快速描摹】命令，该命令可用系统预设的选项及参数快速对位图图像进行描摹，适用于要求不高的位图描摹；二是【中心线描摹】命令，该命令可用未填充的封闭和开放曲线（笔触）描摹位图，适用于描摹技术图解、地图、线条画、拼版等；三是【轮廓描摹】命令，该命令使用无轮廓的曲线对象进行描摹图像，适用于描摹剪贴画、徽标和相片图像。

选择要矢量化的位图图像后，执行【位图】/【轮廓描摹】/【高质量图像】命令，将弹出图 9-2 所示的【Power TRACE】对话框。

在【Power TRACE】对话框中，左边是效果预览区，右边是选项及参数设置区。

- 【描摹类型】选项：用于设置图像的描摹方式。
- 【图像类型】选项：用于设置图像的描摹品质。
- 【细节】选项：设置保留原图像细节的程度。数值越大，图形失真越小，质量越高。
- 【平滑】选项：设置生成图形的平滑程度。数值越大，图形边缘越光滑。
- 【拐角平滑度】选项：该滑块与平滑滑块一起使用可以控制拐角的外观。 值越小，则保留拐角外观；值越大，则平滑拐角。

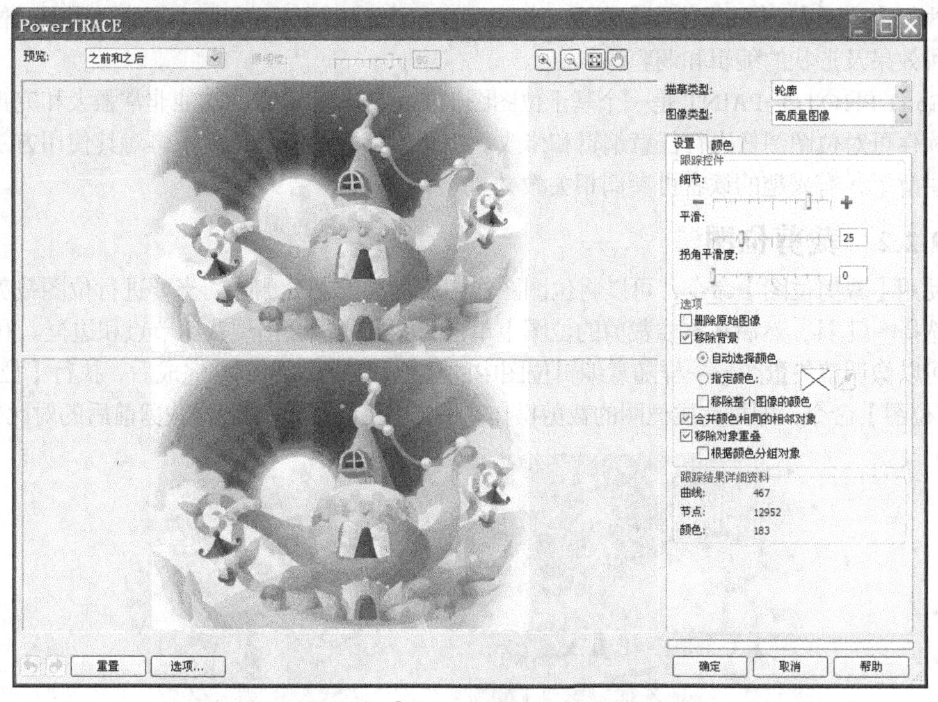

图 9-2 【Power TRACE】对话框

- 【删除原始图像】选项：勾选此复选项，系统会将原始图像矢量化；反之会将原始图像复制然后进行矢量化。
- 【移除背景】选项：用于设置移除背景颜色的方式和设置移除的背景颜色。
- 【移除整个图像的颜色】选项：从整个图像中移除背景颜色。
- 【合并颜色相同的相邻对象】选项：勾选此复选项，将合并颜色相同的相邻像素。
- 【移除对象重叠】选项：勾选此复选项，将保留通过重叠对象隐藏的对象区域。
- 【根据颜色分组对象】选项：当【移除对象重叠】复选框处于选择状态时，该复选框才可用，可根据颜色分组对象。
- 【跟踪结果详细资料】栏：显示描绘成矢量图形后的细节报告。
- 【颜色】选项卡：其下显示矢量化后图形的所有颜色及颜色值。其中的【颜色模式】选项，用于设置生成图形的颜色模式，包括“CMYK”、“RGB”、“灰度”和“黑白”等模式；【颜色数】选项，用于设置生成图形的颜色数量，数值越大，图形越细腻。

将位图矢量化后，图像即具有矢量图的所有特性，可以对其形状进行调整，或填充渐变色、图案及添加透视点等。

9.2 位图的编辑、裁剪和重新取样

在 CorelDRAW 中可以对位图进行编辑、裁剪和重新取样。利用【编辑位图】命令可以对位图图像进行编辑；利用【裁剪位图】命令可以对位图图像进行裁剪，根据编辑情况有效地控制图像的最终显示效果；利用【重新取样】命令，可以在保持图像质量不变的情况下改变图像的大小。

9.2.1 编辑位图

执行【位图】/【编辑位图】命令，将启动 Corel PHOTO-PAINT 软件，用于对位图进行各种效果及形状的编辑和调整。

Corel PHOTO-PAINT 是一个基于位图图像的编辑程序，它的功能非常强大和完善，利用此软件可对位图图像进行任意编辑和修改。由于本书版面所限，就不再对其使用方法做详细的讲解了，有兴趣的读者可参阅相关教材。

9.2.2 裁剪位图

使用【裁剪位图】命令，可以将位图图像中不需要的部分删除。当要进行位图裁剪时，首先选择工具，然后在需要裁剪的位图上单击，图像周围会出现裁剪节点和边框。利用工具可以像调整矢量图形一样随意编辑位图中的边框和节点。当调整完成后，执行【位图】/【裁剪位图】命令，即可完成位图的裁剪操作。图 9-3 所示为位图图像裁剪前后的对比效果。

图 9-3　位图图像裁剪前后的对比效果

裁剪位图生成的最终效果与置于容器中相似，但两者的本质是不同的。利用【精确剪裁】命令将位图图像置于指定的图形中，图像的尺寸将保持不变；而利用工具对位图图像调整完成后，再利用【裁剪位图】命令对其裁剪，最终得到的位图将比实际尺寸小，会减小文件的大小。

9.2.3 位图的重新取样

利用【重新取样】命令，可以在保持图像质量不变的情况下改变图像的大小。当在手动调整位图的大小时，放大图像会使其变得模糊，因为图像变大而像素数目没有跟着相应的增多，位图的像素扩散在了更大的区域之中。而利用【重新取样】命令就可以在放大图像的同时，通过增加像素的数量来保留原始图像中的细节。

在编辑位图时，如果需要将选择的位图重新取样，可以按照下面的步骤进行操作。

（1）利用工具选择需要重新取样的位图，然后执行【位图】/【重新取样】命令，弹出图 9-4 所示的【重新取样】对话框。

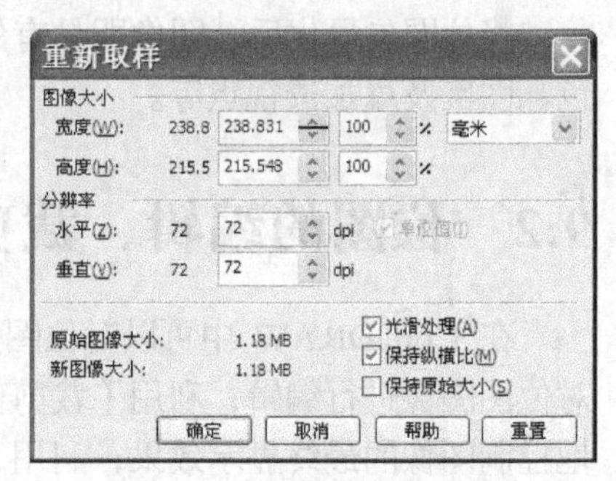

图 9-4　【重新取样】对话框

（2）在【宽度】和【高度】选项的文本框中输入数值，可以改变位图的尺寸大小。当勾选【保持纵横比】复选项时，在【宽度】或【高度】选项的文本框中输入一个数值，则另一个文本框中的数值也会按照比例随之改变。

（3）在【水平】和【垂直】选项右侧的文本框中输入数值，可以改变位图的解析度。勾选【保持原始大小】复选项，在设置位图解析度时，图像的尺寸大小也会随之改变。

（4）在重新取样时，勾选【光滑处理】复选项，可以生成较高的图像质量，但是处理的时间比较长。

（5）单击 重置 按钮，可以将设置的参数恢复为位图原始的参数设置；单击 确定 按钮，即可将设置的参数应用于当前选择的位图。

9.3 位图的颜色遮罩

利用【位图颜色遮罩】命令可以根据位图颜色的色性给位图设置颜色遮罩，将位图中不需要的颜色隐藏。利用此命令可以在位图中隐藏或显示多达10种选择的颜色。位图中被隐藏的颜色并没有在位图中删除，而是变为完全透明。此外，将位图中的颜色隐藏，可以加快屏幕上渲染对象的速度。

9.3.1 【位图颜色遮罩】泊坞窗

执行【位图】/【位图颜色遮罩】命令，将弹出图9-5所示的【位图颜色遮罩】泊坞窗。

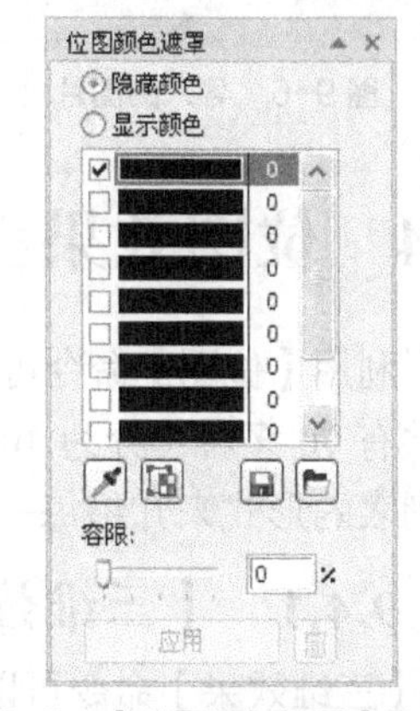

图9-5 【位图颜色遮罩】泊坞窗

- 【隐藏颜色】选项：可以隐藏位图中选择的颜色。
- 【显示颜色】选项：可以显示位图中选择的颜色，并将其他所有未选择的颜色隐藏。
- 【颜色选择】按钮：勾选一个颜色选择框，然后单击此按钮，将鼠标光标移动到位图中的目标颜色上单击，可以吸取需要隐藏或显示的颜色。选择的颜色将显示在选择的颜色框中。
- 【编辑颜色】按钮：单击此按钮，可在弹出的【选择颜色】对话框中设置要隐藏或显示的颜色。
- 【保存遮罩】按钮：单击此按钮，可在弹出的【另存为】对话框中将当前设置的颜色遮罩保存，以备后用。
- 【打开遮罩】按钮：单击此按钮，可在弹出的【打开】对话框中打开已经保存在磁盘中的遮罩。
- 【容限】选项：用于设置吸取颜色时的颜色范围。
- 【移除遮罩】按钮：单击此按钮，可以将当前位图中添加的颜色遮罩删除，使其恢复为原来的图像显示效果。
- 单击 应用 按钮，可将设置的颜色在位图中显示或隐藏。

9.3.2 【位图颜色遮罩】命令运用

下面以实例的形式来讲解【位图颜色遮罩】命令的使用。

【位图颜色遮罩】命令运用

1. 新建一个图形文件。

2. 利用【文件】/【导入】命令将素材文件中“图库\第09章”目录下名为“卡通女孩.jpg”的文件导入，如图9-6所示。

3. 执行【位图】/【位图颜色遮罩】命令，弹出【位图颜色遮罩】泊坞窗，单击按钮，然后将鼠标光标移动到图片任意角的粉色位置单击吸取颜色。

4. 在【位图颜色遮罩】泊坞窗中调整【容限】选项的参数，如图 9-7 所示。

5. 单击 应用 按钮，即可将吸取的颜色范围隐藏，如图 9-8 所示。

6. 按 Ctrl+S 组合键，将此文件命名为“位图颜色遮罩练习.cdr”保存。

图 9-6 导入的图片

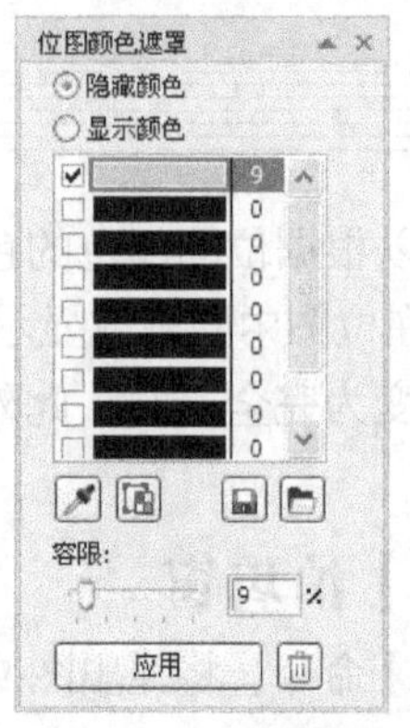

图 9-7 设置的容限值

图 9-8 隐藏颜色后的效果

9.4 位图效果

利用【位图】命令可对位图图像进行特效艺术化处理。CorelDRAW X5 的【位图】菜单中共有 70 多种（分为 10 类）位图命令，每个命令都可以使图像产生不同的艺术效果，下面以列表的形式来介绍每一个命令的功能。

9.4.1 【三维效果】命令

【三维效果】命令可以使选择的位图产生不同类型的立体效果。其下包括 7 个菜单命令，每一种滤镜所产生的效果如图 9-9 所示。

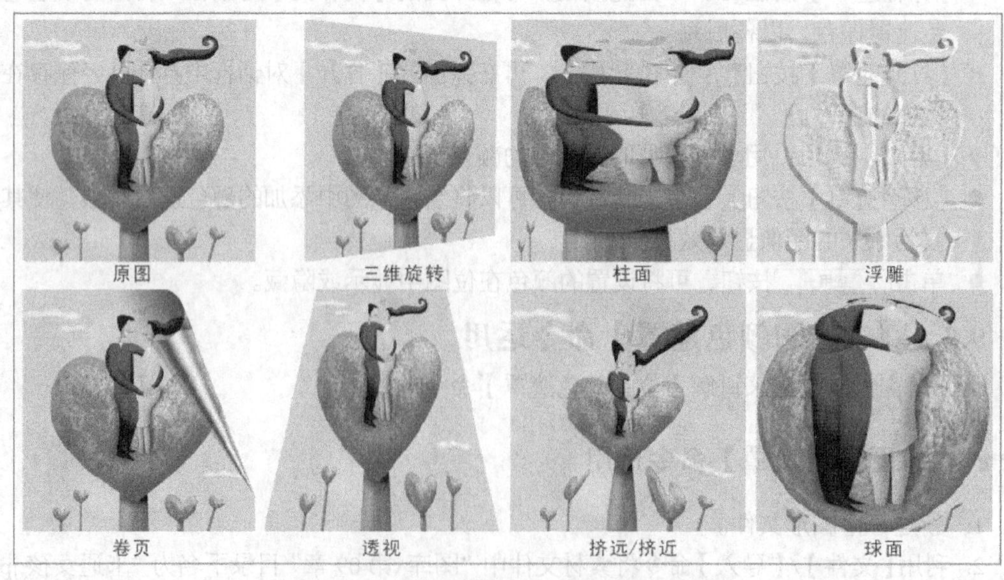

图 9-9 执行【三维效果】命令产生的各种效果

【三维效果】菜单中每一种滤镜的功能如表 9-1 所示。

表 9-1

滤镜名称	功能
【三维旋转】	可以使图像产生一种景深效果
【柱面】	可以使图像产生一种好像环绕在圆柱体上的突出效果，或贴附在一个凹陷曲面中的凹陷效果
【浮雕】	可以使图像产生一种浮雕效果。通过控制光源的方向和浮雕的深度还可以控制图像的光照区和阴影区
【卷页】	可以使图像产生有一角卷起的卷页效果
【透视】	可以使图像产生三维的透视效果
【挤远/挤近】	可以从图像的中心开始弯曲整个图像
【球面】	可以使图像产生一种环绕球体的效果

9.4.2 【艺术笔触】命令

【艺术笔触】命令是一种模仿传统绘画效果的特效滤镜，可以使图像产生类似于画笔绘制的艺术特效。其下包括 14 个菜单命令，每一种滤镜所产生的效果如图 9-10 所示。

图 9-10 执行【艺术笔触】命令产生的各种效果

【艺术笔触】菜单中的每一种滤镜的功能如表 9-2 所示。

表 9-2

滤镜名称	功能
【炭笔画】	使用此命令就好像是用炭笔在画板上画图一样，它可以将图像转化为黑白颜色
【单色蜡笔画】	可以使图像产生一种柔和的发散效果，软化位图的细节，产生一种雾蒙蒙的感觉
【蜡笔画】	可以使图像产生一种熔化效果。通过调整画笔的大小和图像轮廓线的粗细来反映蜡笔效果的强烈程度，轮廓线设置得越大，效果表现越强烈，在细节不多的位图上效果最明显
【立体派】	可以分裂图像，使其产生网印和压印的效果
【印象派】	可以使图像产生一种类似于绘画中的印象派画法绘制的彩画效果
【调色刀】	可以为图像添加类似于使用油画调色刀绘制的画面效果
【彩色蜡笔画】	可以使图像产生类似于粉性蜡笔绘制出的斑点艺术效果
【钢笔画】	可以产生类似使用墨水绘制的图像效果，此命令比较适合图像内部与边缘对比比较强烈的图像
【点彩派】	可以使图像产生看起来好像由大量的色点组成的效果
【木版画】	可以在图像的彩色或黑白色之间生成一个明显的对照点，使图像产生刮涂绘画的效果
【素描】	可以使图像生成一种类似于素描的效果
【水彩画】	此命令类似于【彩色蜡笔画】命令，可以为图像添加发散效果
【水印画】	可以使图像产生斑点效果，使图像中的微小细节隐藏
【波纹纸画】	可以为图像添加细微的颗粒效果

9.4.3 【模糊】命令

【模糊】命令是通过不同的方式柔化图像中的像素，使图像得到平滑的模糊效果。其下包括 9 个菜单命令，图 9-11 所示为部分模糊命令制作的模糊效果。

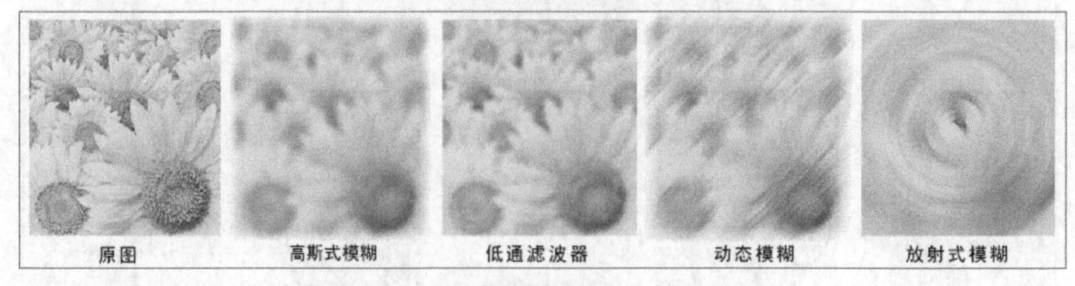

图 9-11 执行【模糊】命令产生的各种效果

【模糊】菜单中的每一种滤镜的功能如表 9-3 所示。

表 9-3

滤镜名称	功能
【定向平滑】	可以为图像添加少量的模糊，使图像产生非常细微的变化，主要适合于平滑人物皮肤和校正图像中细微粗糙的部位
【高斯式模糊】	此命令是经常使用的一种命令，主要通过高斯分布来操作位图的像素信息，从而为图像添加模糊变形的效果
【锯齿状模糊】	可以为图像添加模糊效果，从而减少经过调整或重新取样后生成的参差不齐的边缘，还可以最大限度地减少扫描图像时的蒙尘和刮痕
【低通滤波器】	可以抵消由于调整图像的大小而产生的细微狭缝，从而使图像柔化
【动态模糊】	可以使图像产生动态速度的幻觉效果，还可以使图像产生风雷般的动感
【放射式模糊】	可以使图像产生向四周发散的放射效果，离放射中心越远放射模糊效果越明显
【平滑】	可以使图像中每个像素之间的色调变得平滑，从而产生一种柔软的效果
【柔和】	此命令对图像的作用很微小，几乎看不出变化，但是使用【柔和】命令可以在不改变原图像的情况下再给图像添加轻微的模糊效果
【缩放】	此命令与【放射式模糊】命令有些相似，都是从图形的中心开始向外扩散放射。但使用【缩放】命令可以给图像添加逐渐增强的模糊效果，并且可以突出图像中的某个部分

9.4.4 【相机】命令

【相机】命令下只有【扩散】一个子命令，主要是通过扩散图像的像素来填充空白区域消除杂点，类似于给图像添加模糊的效果，但效果不太明显。

9.4.5 【颜色转换】命令

【颜色转换】命令类似于位图的色彩转换器，可以给图像转换不同的色彩效果。其下包括4个菜单命令，每一种滤镜所产生的效果如图 9-12 所示。

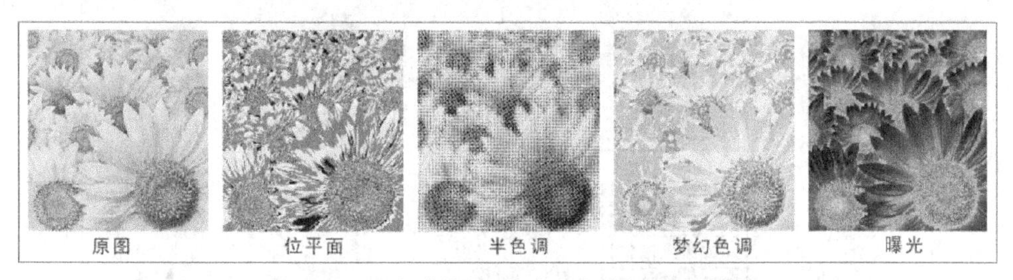

图 9-12 执行【颜色转换】命令产生的各种效果

【颜色变换】菜单中的每一种滤镜的功能如表 9-4 所示。

表 9-4

滤镜名称	功能
【位平面】	可以将图像中的色彩变为基本的 RGB 色彩，并使用纯色将图像显示出来
【半色调】	可以使图像变得粗糙，生成半色调网屏效果

续表

滤镜名称	功能
【梦幻色调】	可以将图像中的色彩转换为明亮的色彩
【曝光】	可以将图像的色彩转化为近似于照片底色的色彩

9.4.6 【轮廓图】命令

【轮廓图】命令是在图像中按照图像的亮区或暗区边缘来探测、寻找勾画轮廓线。其下包括 3 个菜单命令，每一种滤镜所产生的效果如图 9-13 所示。

图 9-13 执行【轮廓图】命令产生的各种效果

【轮廓图】菜单中每种滤镜的功能如表 9-5 所示。

表 9-5

滤镜名称	功能
【边缘检测】	可以对图像的边缘进行检测显示
【查找边缘】	可以使图像中的边缘彻底地显现出来
【描摹轮廓】	可以对图像的轮廓进行描绘

9.4.7 【创造性】命令

【创造性】命令可以给位图图像添加各种各样的创造性底纹艺术效果。其下包括 14 个菜单命令，每种滤镜所产生的效果如图 9-14 所示。

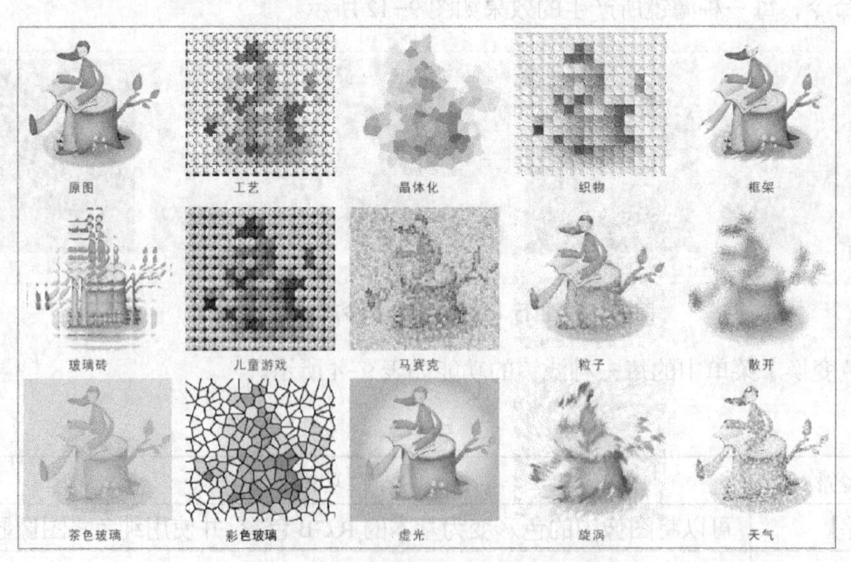

图 9-14 执行【创造性】命令产生的各种效果

【创造性】菜单中每种滤镜的功能如表 9-6 所示。

表 9-6

滤镜名称	功能
【工艺】	可以为图像添加多种样式的纹理效果
【晶体化】	可以将图像分裂为许多不规则的碎片
【织物】	此命令与【工艺】命令有些相似，它可以为图像添加编织特效
【框架】	可以为图像添加艺术性的边框
【玻璃砖】	可以使图像产生一种玻璃纹理效果
【儿童游戏】	可以使图像产生很多意想不到的艺术效果
【马赛克】	可以将图像分割成类似于陶瓷碎片的效果
【粒子】	可以为图像添加星状或泡沫效果
【散开】	可以使图像在水平和垂直方向上扩散像素，使图像产生一种变形的特殊效果
【茶色玻璃】	可以使图像产生一种透过雾玻璃或有色玻璃看图像的效果
【彩色玻璃】	可以使图像产生彩色玻璃效果，类似于用彩色的碎玻璃拼贴在一起的艺术效果
【虚光】	可以使图像产生一种边框效果，还可以改变边框的形状、颜色、大小等内容
【旋涡】	可以使图像产生旋涡效果
【天气】	可以给图像添加如下雪、下雨或雾等天气效果

9.4.8 【扭曲】命令

【扭曲】命令可以对图像进行扭曲变形，从而改变图像的外观，但在改变的同时不会增加图像的深度。其下包括 10 个菜单命令，每种滤镜所产生的效果如图 9-15 所示。

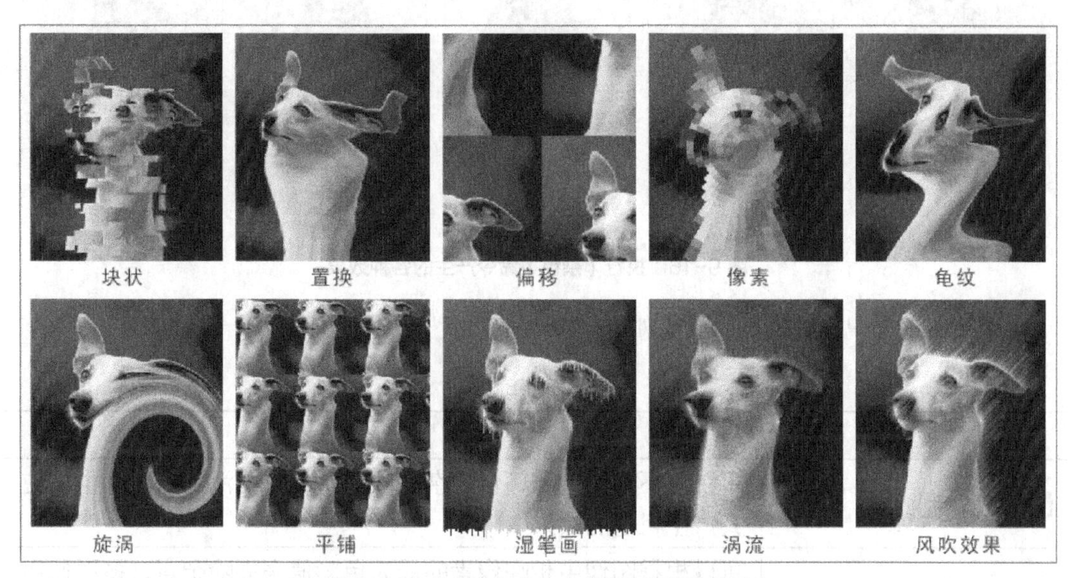

图 9-15 执行【扭曲】命令产生的各种效果

【扭曲】菜单中每种滤镜的功能如表 9-7 所示。

表 9-7

滤镜名称	功能
【块状】	可以将图像分为多个区域，并且可以调节各区域的大小以及偏移量
【置换】	可以将预设的图样均匀置换到图像上
【偏移】	可以按照设置的数值偏移整个图像，并按照指定的方法填充偏移后留下的空白区域
【像素】	可以按照像素模式使图像像素化，并产生一种放大的位图效果
【龟纹】	可以使图像产生扭曲的波浪变形效果，还可以对波浪的大小、幅度、频率等进行调节
【旋涡】	可以使图像按照设置的方向和角度产生变形，生成顺时针或逆时针旋转旋涡的效果
【平铺】	可以将原图像作为单个元素，在整个图像范围内按照设置的个数进行平铺排列
【湿笔画】	可以使图像生成一种尚未干透的水彩画效果
【涡流】	此命令类似于【旋涡】命令，可以为图像添加流动的旋涡图案
【风吹效果】	可以使图像产生起风的效果，还可以调节风的大小以及风的方向

9.4.9 【杂点】命令

【杂点】命令不仅可以给图像添加杂点效果，而且还可以校正图像在扫描或过渡混合时所产生的缝隙。其下包括 6 个菜单命令，部分滤镜所产生的效果如图 9–16 所示。

图 9–16　执行【杂色】命令产生的各种效果

【杂点】菜单中每种滤镜的功能如表 9–8 所示。

表 9-8

滤镜名称	功能
【添加杂点】	可以将不同类型和颜色的杂点以随机的方式添加到图像中，使其产生粗糙的效果
【最大值】	可以根据图像中相临像素的最大色彩值来去除杂点，多次使用此命令会使图像产生一种模糊效果
【中值】	通过平均图像中的像素色彩来去除杂点

续表

滤镜名称	功能
【最小】	通过使图像中的像素变暗来去除杂点，此命令主要用于亮度较大和过度曝光的图像
【去除龟纹】	可以将图像扫描过程中产生的网纹去除
【去除杂点】	可以降低图像扫描时产生的网纹和斑纹强度

9.4.10 【鲜明化】命令

【鲜明化】命令可以使图像的边缘变得更清晰。其下包括5个菜单命令，部分滤镜所产生的效果如图9-17所示。

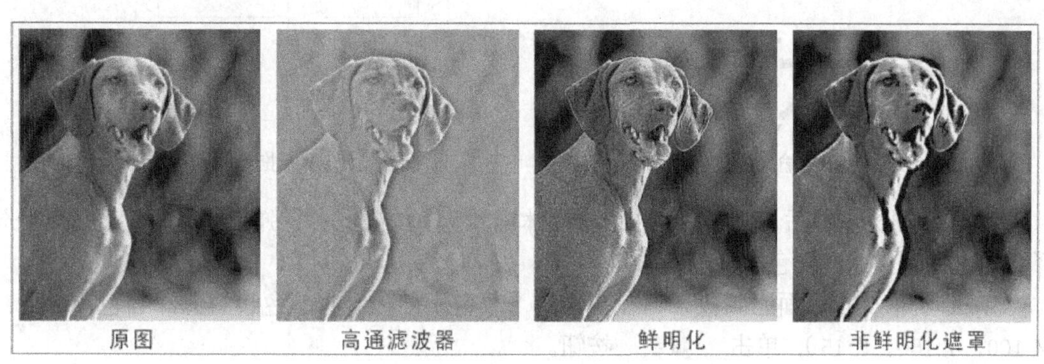

图9-17 执行【鲜明化】命令产生的各种效果

【鲜明化】菜单中的每一种滤镜的功能如表9-9所示。

表9-9

滤镜名称	功能
【适应非鲜明化】	可以通过分析图像中相临像素的值来加强位图中的细节，但图像的变化极小
【定向柔化】	可以根据图像边缘像素的发光度来使图像变得更清晰
【高通滤波器】	通过改变图像的高光区和发光区的亮度及色彩度，从而去除图像中的某些细节
【鲜明化】	可以使图像中各像素的边缘对比度增强
【非鲜明化遮罩】	通过提高图像的清晰度来加强图像的边缘

9.5 综合案例——设计开盘海报

本节综合运用基本绘图工具、【文本】工具、【导入】命令及【位图】菜单下的部分命令来设计开盘海报。

9.5.1 制作主题文字及图形

下面首先利用【文本】工具、【椭圆形】工具、【星形】工具及【立体】工具来制作主题文字和图形。

制作主题文字及图形

1. 新建一个图形文件。

2. 选择字工具，在页面中输入“盛大开盘”文字，并在属性栏中将【字体】设置为“方正综艺简体”，如图 9-18 所示。

3. 选择工具，按住 Ctrl 键，在文字上面按下鼠标左键垂直向下拖曳鼠标，状态如图 9-19 所示。

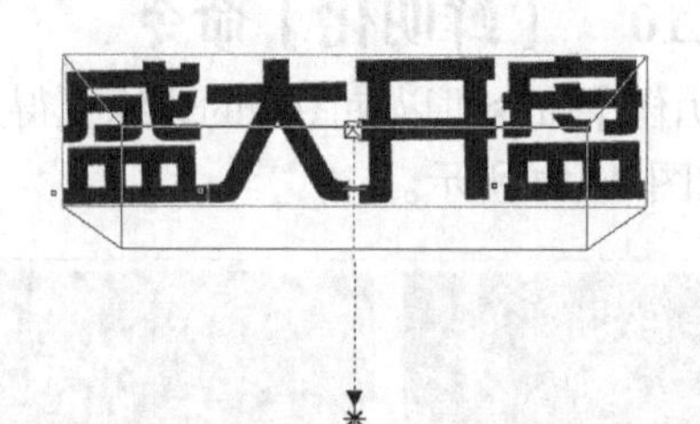

图 9-18 输入的文字

图 9-19 鼠标拖曳时的状态

4. 释放鼠标左键后，单击属性中的【立体化颜色】按钮，在弹出的【颜色】面板中选择激活【使用递减的颜色】按钮。

5. 单击【从】后面的颜色条，在弹出的【颜色】面板中将颜色设置为深红色（C:45，M:100，Y:100，K:15），单击 确定 按钮。

6. 再单击【到】后面的颜色条，在弹出的【颜色】面板中将颜色设置为黑红色（C:70，M:95，Y:85，K:70），单击 确定 按钮，设置立体化颜色后的文字效果如图 9-20 所示。

7. 在属性栏中将【深度】选项设置为“55”，并按 Enter 键确认，效果如图 9-21 所示。

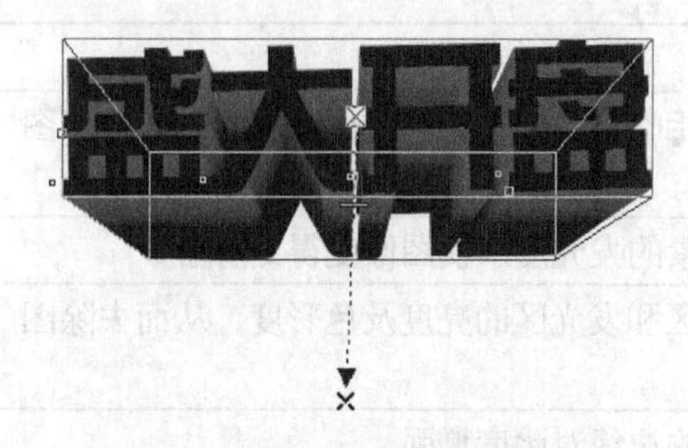

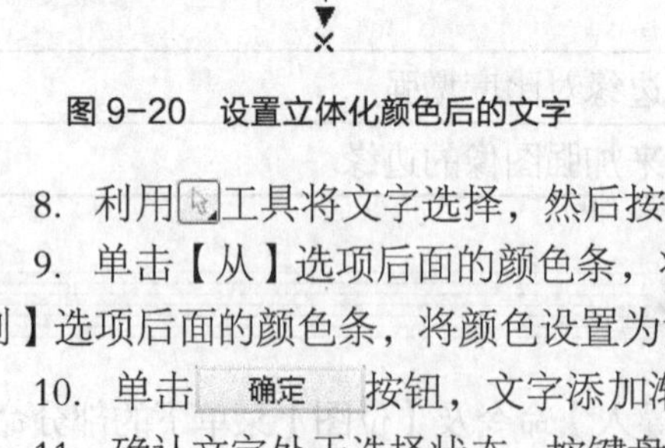

图 9-20 设置立体化颜色后的文字

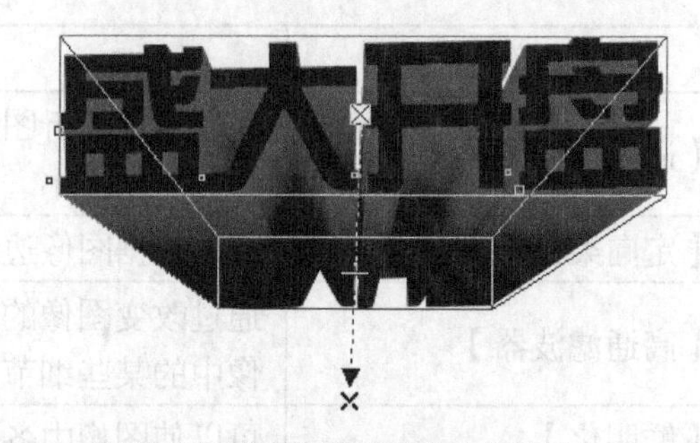

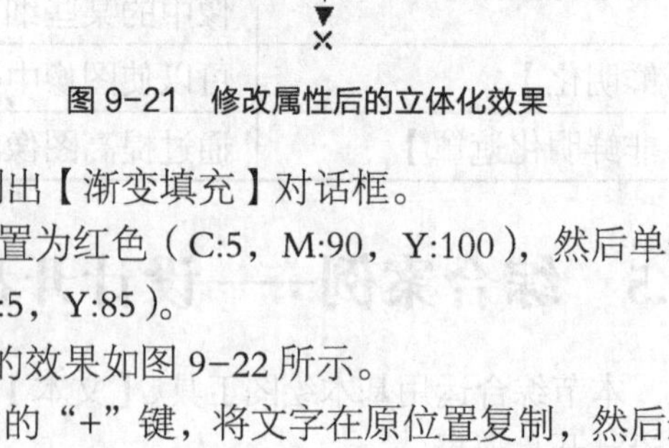

图 9-21 修改属性后的立体化效果

8. 利用工具将文字选择，然后按 F11 键调出【渐变填充】对话框。

9. 单击【从】选项后面的颜色条，将颜色设置为红色（C:5，M:90，Y:100），然后单击【到】选项后面的颜色条，将颜色设置为黄色（M:5，Y:85）。

10. 单击 确定 按钮，文字添加渐变色后的效果如图 9-22 所示。

11. 确认文字处于选择状态，按键盘数字区中的“+”键，将文字在原位置复制，然后选择工具，绘制出图 9-23 所示的图形。

12. 按住 Shift 键，利用工具点选前面复制出的文字，将复制出的文字与绘制的图形同时选择，然后单击属性栏中的按钮，用图形将文字修剪。

13. 将修剪后的文字选择，按 F11 键调出【渐变填充】对话框，选项及参数设置如图 9-24

所示，【从】的颜色参数为（C:5，M:50，Y:100），【到】的颜色参数为（Y:100）。单击 确定 按钮，添加的渐变色效果如图 9-25 所示。

图 9-22 添加的渐变色效果

图 9-23 绘制的图形

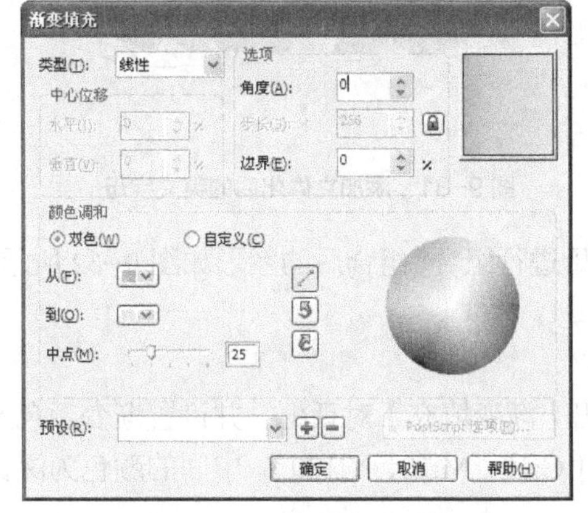

图 9-24 【渐变填充】对话框

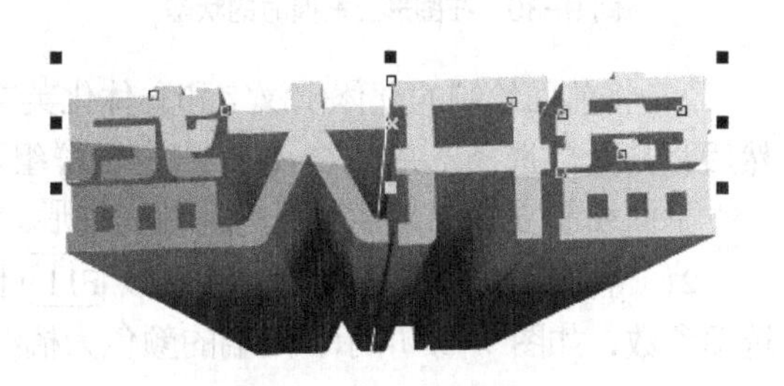

图 9-25 添加的渐变色效果

14. 利用字工具在页面空白位置输入图 9-26 中所示的英文单词，字体为“Stencil Std”。

15. 执行【编辑】/【复制属性自】命令，弹出【复制属性】对话框，其选项设置如图 9-27 所示。

图 9-26 输入的文字

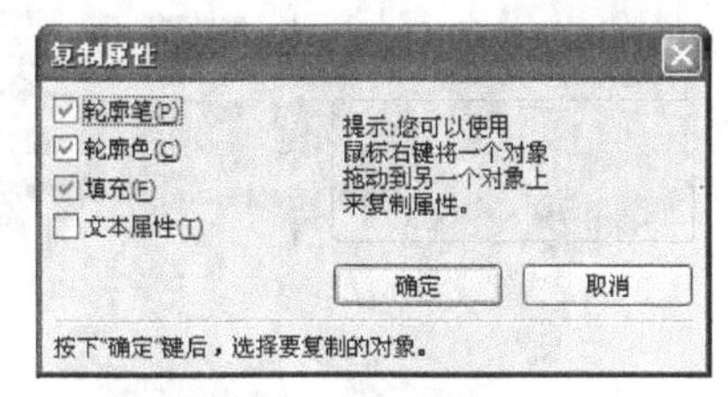

图 9-27 【复制属性】对话框

16. 单击 确定 按钮，此时鼠标光标变成一个黑色实心箭头，将箭头指向前面制作的立体化文字，如图 9-28 所示。

17. 单击鼠标左键，将汉字“盛大开盘”的属性复制到当前的英文字母上，效果如图 9-29 所示。

18. 用与之前为汉字“盛大开盘”添加立体化效果的相同方法，给英文字母添加立体化效果，状态如图 9-30 所示。

19. 在属性栏中将 35 的参数设置为“35”，在【颜色】面板中将【从】颜色设置为红色（C:5，M:95，Y:100），【到】颜色设置为黑红色（C:60，M:100，Y:100，K:50），添加立体化后的英文字母效果如图 9-31 所示。

图 9-28　箭头指向的文字

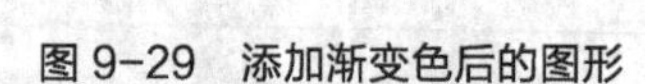

图 9-29　添加渐变色后的图形

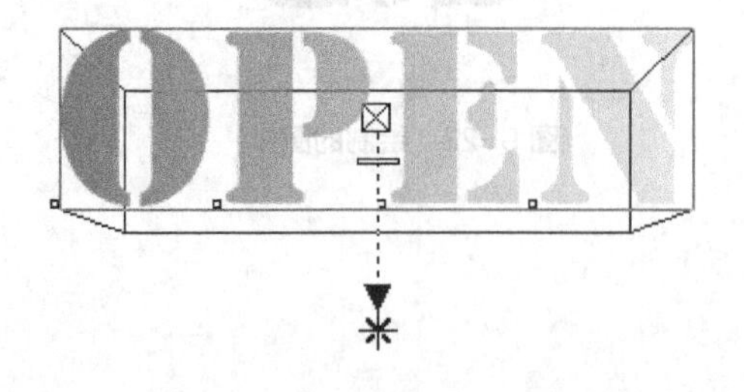

图 9-30　在图形上拖拽时的状态

图 9-31　添加立体化后的英文字母

20. 将前面绘制的立体化汉字和立体化英文字母进行组合，组合后的图形如图 9-32 所示，然后将其全部选择，并按 Ctrl+G 组合键群组。

下面绘制立体化文字后面的圆形和星形。

21. 利用工具绘制圆形，然后按 F11 键调出【渐变填充】对话框，并设置渐变颜色及选项参数，如图 9-33 所示，两端的颜色为橘红色（C:10，M:70，Y:100），中间的颜色为深黄色（M:20，Y:100）。

图 9-32　组合后的图形

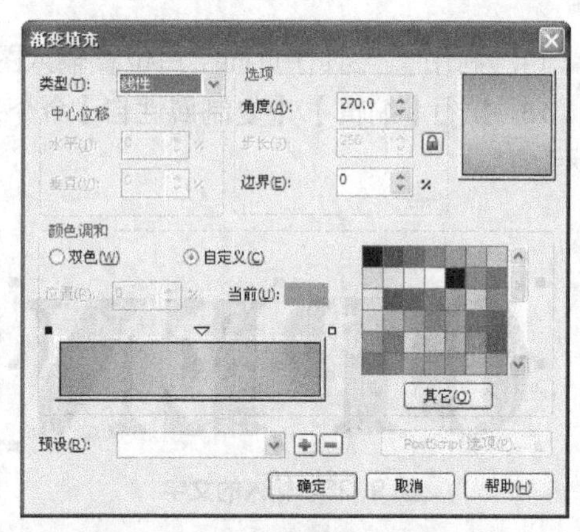

图 9-33　设置的渐变颜色及选项参数

22. 单击 确定 按钮，并去除圆形的外轮廓，效果如图 9-34 所示。

23. 选择工具，在圆形上按下鼠标左键并向右下方拖曳，状态如图 9-35 所示。

24. 至合适位置后释放鼠标左键，然后在属性栏中将【阴影的不透明度】的参数设置为“90”，【阴影羽化】的参数设置为“8”，修改后的阴影效果如图 9-36 所示。

25. 选择工具，在属性栏中将 6 的参数设置为“6”，42 的参数设置为“42”，然后按住 Ctrl 键拖曳鼠标光标，绘制星形。

26. 在星形上再次单击，使其周围显示旋转和扭曲符号，然后将其旋转至图 9-37 中所示的形态。

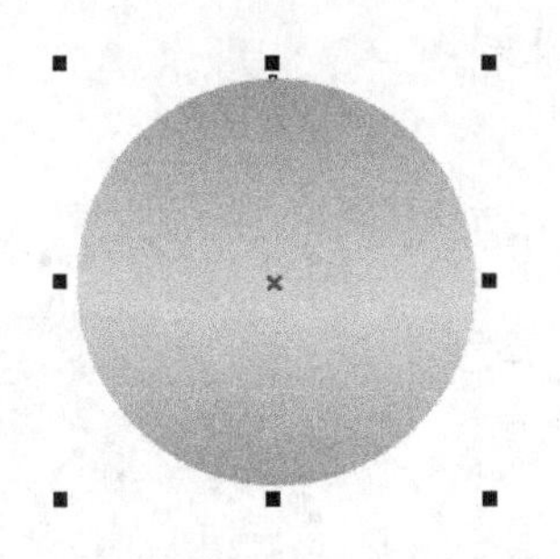
图 9-34　设置填充和轮廓后的图形

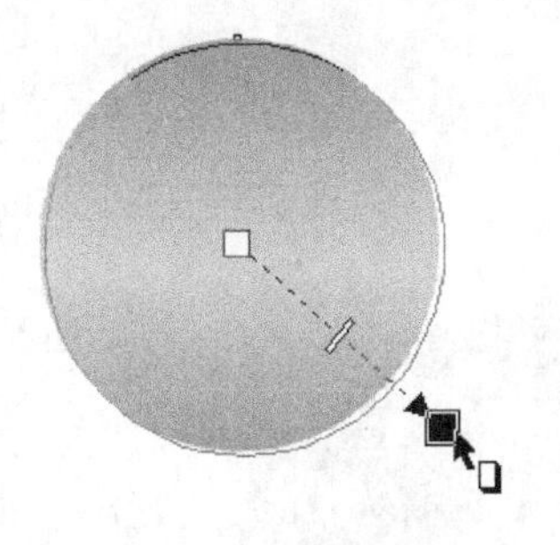
图 9-35　在图形上拖曳时的状态

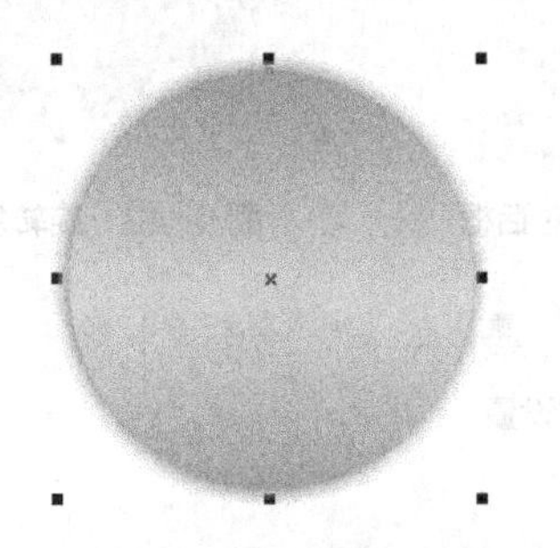
图 9-36　添加的阴影效果

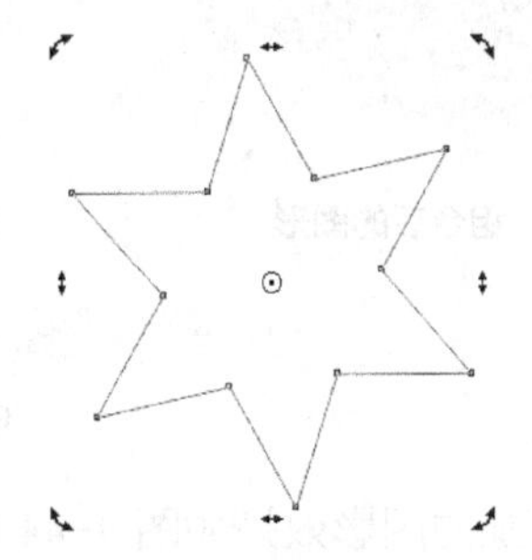
图 9-37　绘制的星形

27. 按 Shift+F11 组合键，调出【均匀填充】对话框，然后将颜色设置为橘红色（M:60，Y:100），并单击 确定 按钮。

28. 将星形的外轮廓去除，然后选择工具，并在属性栏中将【填充色】选项设置为黄色（Y:100），此时的星形如图 9-38 所示。

29. 在属性栏中将【轮廓图偏移】设置为“2mm”，并单击【到中心】按钮，使轮廓图效果向中心变化，效果如图 9-39 所示。

图 9-38　添加轮廓化后的图形

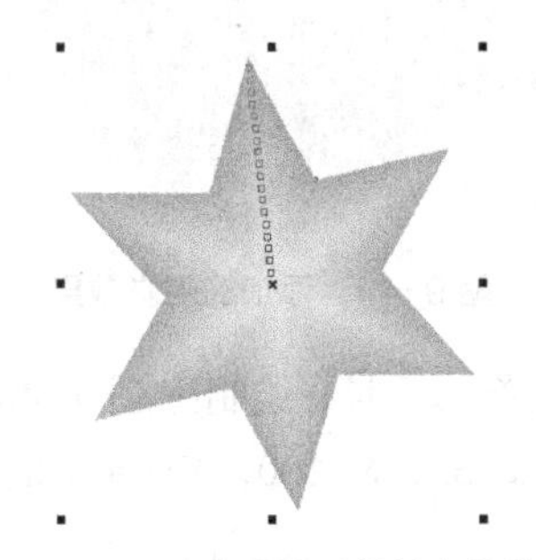
图 9-39　调整属性后的轮廓化效果

30. 将添加轮廓图效果后的星形和前面绘制的添加阴影后的圆形组合在一起，效果如图 9-40 所示。

31. 选择星形，按 Alt+F8 组合键，弹出【变换】对话框，在对话框中设置图 9-41 所示的选项和参数。

32. 单击 应用 按钮，将星形旋转并复制一份。然后连续按 Ctrl+PageDown 组合键将其调整至圆形的后面，效果如图 9-42 所示。

33. 利用给圆形添加阴影的相同方法给上面的星形添加阴影效果，然后设置属性栏中的参数，如图 9-43 所示，阴影的颜色为深红色（C:35，M:90，Y:100，K:5）。

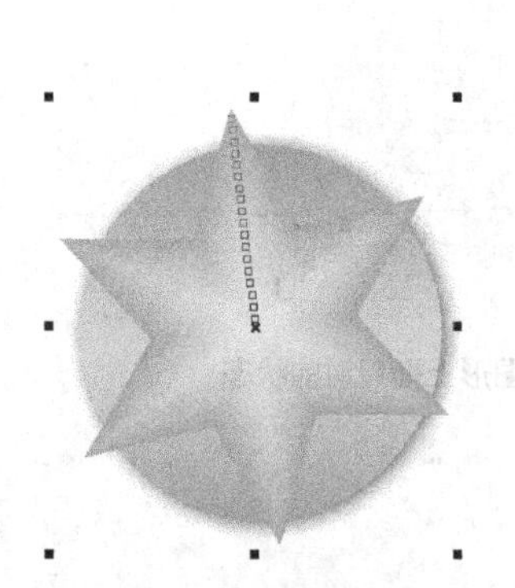
图 9-40　组合后的图形

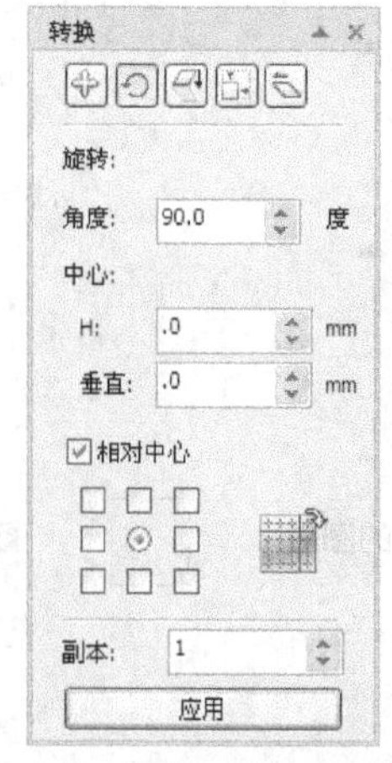

图 9-41　【变换】对话框

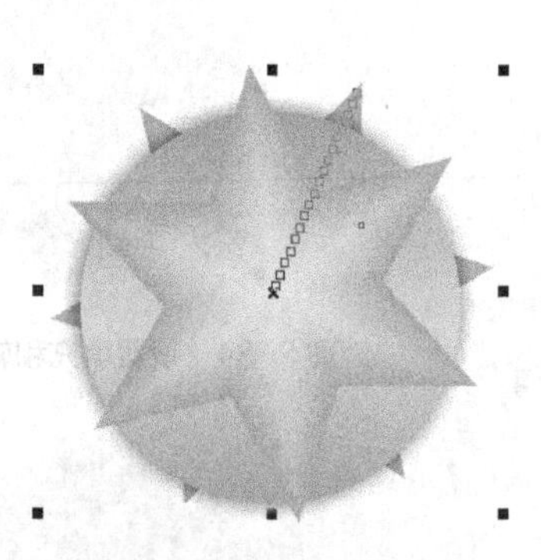
图 9-42　旋转复制的图形

图 9-43　属性栏中的设置

星形添加的阴影效果如图 9-44 所示。

34. 利用工具将绘制的两个星形和一个圆形全选，然后按 Ctrl+G 组合键群组，再将群组后的图形和前面绘制的立体字进行组合，效果如图 9-45 所示，注意堆叠顺序的调整。

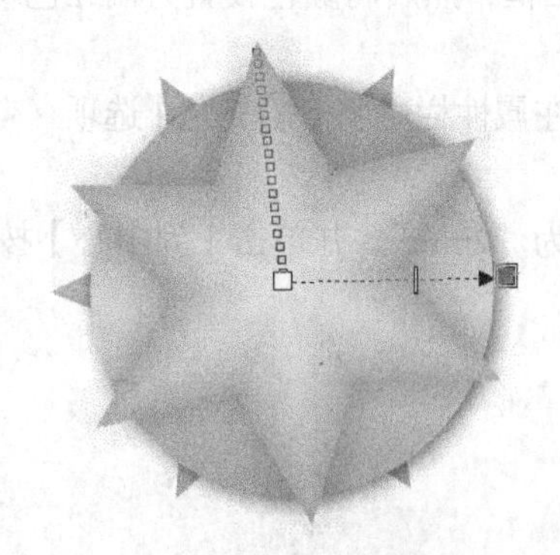
图 9-44　添加的阴影效果

图 9-45　组合后的图形

35. 选择工具，绘制出图 9-46 所示的图形，然后为其填充从红色（C:5，M:90，Y:100）到深红色（C:35，M:100，Y:100）的线性渐变色，再去除外轮廓，如图 9-47 所示。

图 9-46　绘制的图形

图 9-47　填充渐变色后的效果

36. 选择[图标]工具，在属性栏中的【透明度类型】选项窗口中选择“标准”，为图形添加透明度效果，然后将[图标]的参数设置为“10”。

37. 利用[图标]工具和[图标]工具在透明图形的左侧绘制出图 9-48 所示的图形，然后利用[图标]工具为图形填充从红色（C:50，M:90，Y:100，K:30）到深红色（C:40，M:100，Y:100，K:10）的线性渐变色。

38. 按 Ctrl+PageDown 组合键，将小图形移动至透明图形的下方，如图 9-49 所示，然后将图形的外轮廓去除。

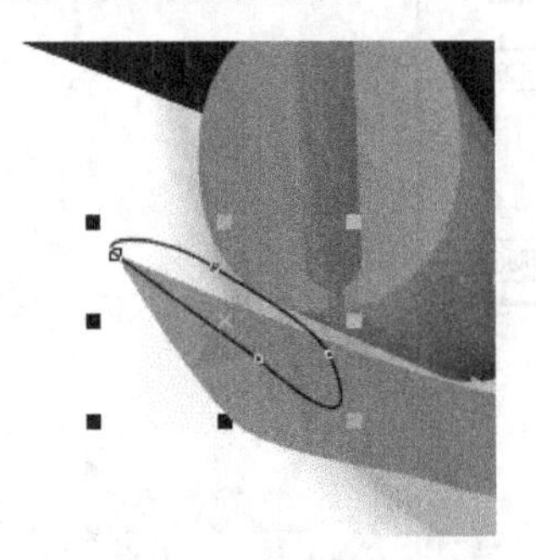

图 9-48　绘制的图形

图 9-49　调整堆叠顺序后的效果

39. 继续利用[图标]工具和[图标]工具在透明图形的右侧绘制出图 9-50 所示的图形，然后利用【编辑】/【复制属性自】命令复制左侧小图形的渐变颜色，再将其调整至透明图形的下方，如图 9-51 所示。

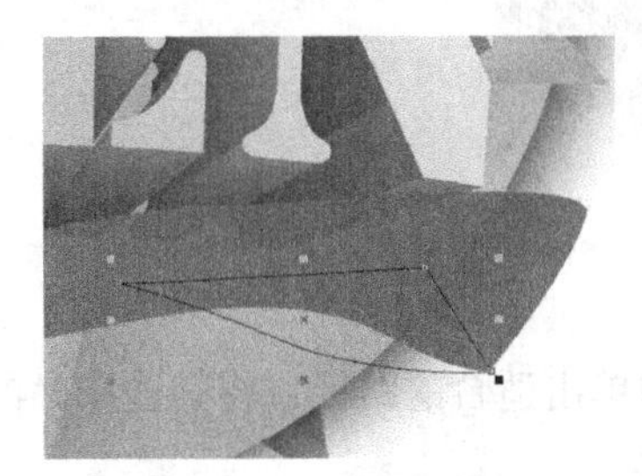

图 9-50　绘制的图形

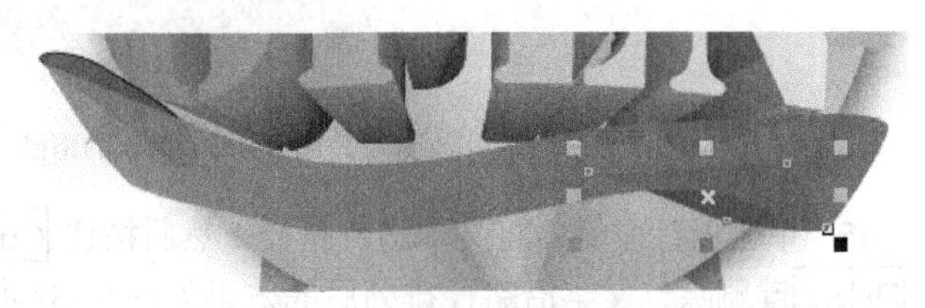

图 9-51　图形填充颜色并调整顺序后的效果

40. 选择[图标]工具，在页面空白处输入图 9-52 中所示的文字，然后将其颜色修改为黄色（Y:100）。

热烈祝贺天朝华然居盛大开盘

图 9-52　输入的文字

41. 按 F12 键调出【轮廓笔】对话框，单击【颜色】选项后面的颜色条[图标]，在弹出的【选择颜色】对话框中将颜色设置为红色（M:100，Y:100），单击 确定 按钮，再设置【轮廓笔】对话框中其他选项及参数，如图 9-53 所示。

42. 单击 确定 按钮，为文字添加外轮廓后的效果如图 9-54 所示。

43. 利用[图标]工具和[图标]工具，绘制出图 9-55 所示的线形作为路径。

44. 重新选择输入的文字，执行【文本】/【使文本适合路径】命令，这时鼠标光标会自动捕捉绘制的线形，将光标移动到线形上，文字变成如图 9-56 所示的形态。

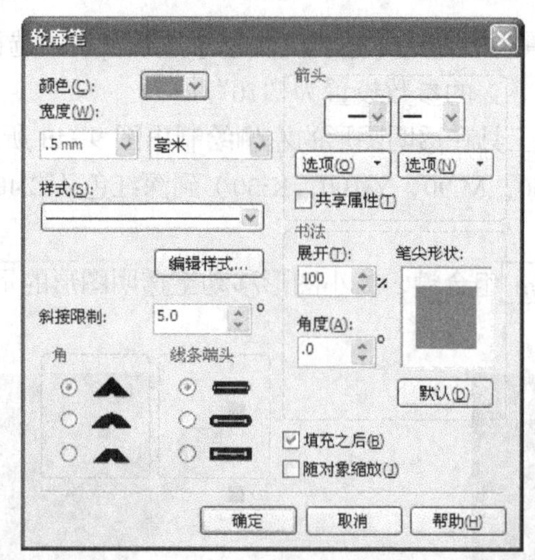

图 9-53 【轮廓笔】对话框

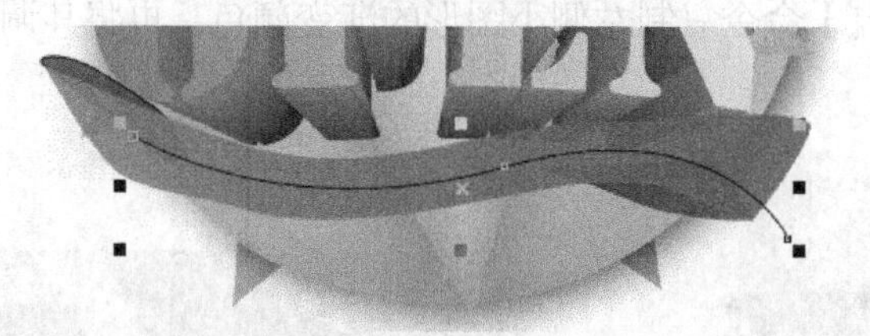

图 9-54 设置轮廓后的图形

图 9-55 绘制的路径

45. 单击鼠标左键，将文本适合路径，然后按住 Ctrl 键单击适合的路径，将其选择，再按 Delete 键删除，文字沿路径排列后的效果如图 9-57 所示。

图 9-56 将光标移动至路径上时的状态

图 9-57 文本适合路径后的形态

46. 选择 工具，按住 Ctrl 键，在透明图形的左侧位置绘制一个星形，然后为其填充黄色（Y:100），并去除外轮廓。

47. 用移动复制图形的方法，将星形依次复制，此时，绘制图形的整体效果如图 9-58 所示。

48. 选择前面制作的立体化文字群组，并选择工具，为其添加封套效果，然后按住 Shift 键，先后单击封套边框两条长边中间的控制点，将其全选，再按住 Ctrl 键将其向上垂直移动，状态如图 9-59 所示。

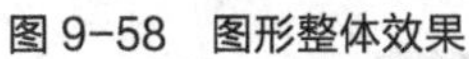
图 9-58　图形整体效果

图 9-59　移动控制点时的状态

49. 移动至合适位置后释放鼠标左键，然后继续调整其他锚点控制柄，调整后的封套效果如图 9-60 所示。

50. 至此，海报中的主要立体文字和图形已经绘制完成，按 Ctrl+A 组合键将目前绘制的图形全选，再按 Ctrl+G 组合键群组。

9.5.2　导入背景图像制作海报效果

下面来制作海报效果，在制作过程中将主要运用【转换为位图】命令及为转换的位图添加位图效果的方法，希望读者通过练习能将其掌握。

制作海报

1. 接上例。
2. 执行【文件】/【导入】命令，将素材文件中“图库\第 09 章”目录下名为“海报底图.jpg”的文件导入。
3. 执行【排列】/【顺序】/【到图层后面】命令，将导入的图片放置到绘制图形的下方，然后利用工具将绘制的图形调整至图 9-61 中所示的形态及位置。

图 9-60　调整后的图形效果

图 9-61　组合后的图形

4. 利用相同的导入方法，将素材文件中“图库\第 09 章”目录下名为“天朝集团标识.cdr”的文件导入，然后调整大小后放置到画面的右下角位置，如图 9-62 所示。

5. 利用字工具在页面空白处输入“10 月 8 日 OPEN”文字，并在属性栏中将【字体】设置为“汉仪菱心体简”，文字效果如图 9-63 所示。

图 9-62　标识放置的位置

图 9-63　输入的文字

6. 按F11键，调出【渐变填充】对话框，设置选项及渐变颜色，如图 9-64 所示。颜色条上的色标颜色值从左到右依次为（M:40，Y:65）、（Y:60）、（M:40，Y:65）、（Y:60）。

7. 单击 确定 按钮，添加渐变色后的文字如图 9-65 所示。

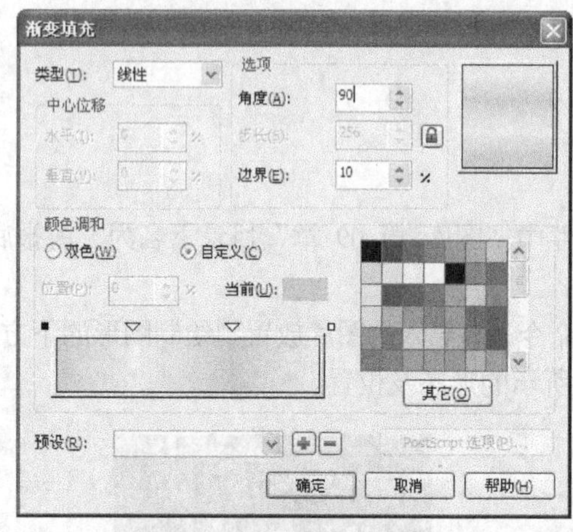

图 9-64　【渐变填充】对话框

图 9-65　添加渐变色后的文字

8. 按键盘数字区的“+”键将文字在原位置复制一份，并连续按两次“右”方向键，将其向右微调一段距离，效果如图 9-66 所示。

9. 选择工具，绘制一个五边形，如图 9-67 所示。

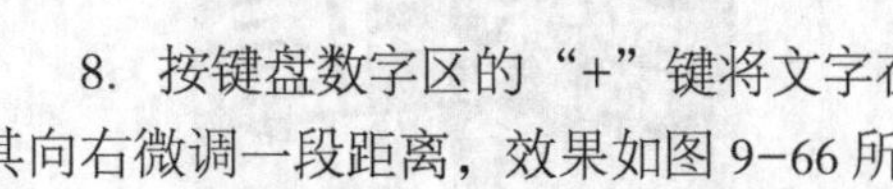

图 9-66　复制出的图形

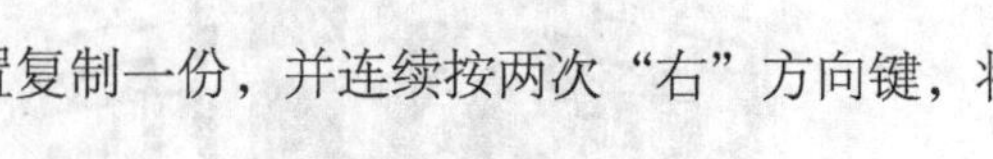

图 9-67　绘制的五边形

10. 将五边形填充色设置为橙色（M:60，Y:100），然后去除外轮廓。

11. 按键盘数字区的“+”键将五边形原位置复制一份，并将复制图形的填充色修改为黄色（Y:100），再连续按两次“右”方向键，将其向右微调一段距离，效果如图 9-68 所示。

图 9-68 复制出的图形

12. 利用工具绘制出图 9-69 所示的星形。

图 9-69 绘制的星形

13. 按F11键调出【渐变填充】对话框，设置如图 9-70 所示的选项和参数。【从】选项颜色为黄色（Y:100），【到】选项的颜色为橘红色（M:60，Y:100）。

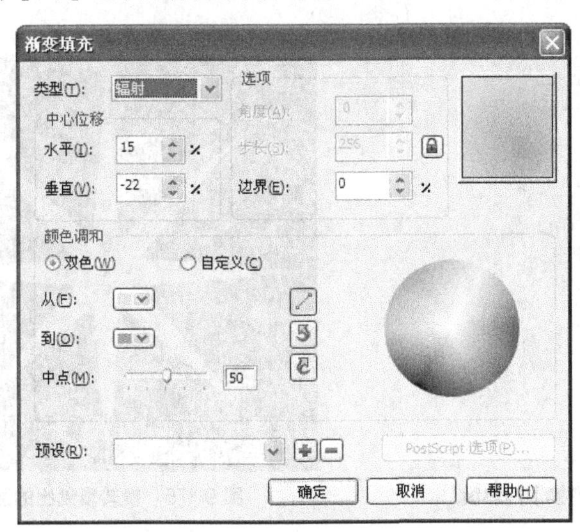

图 9-70 【渐变填充】对话框

14. 单击 确定 按钮，为星形填充渐变色，去除外轮廓后的效果如图 9-71 所示。

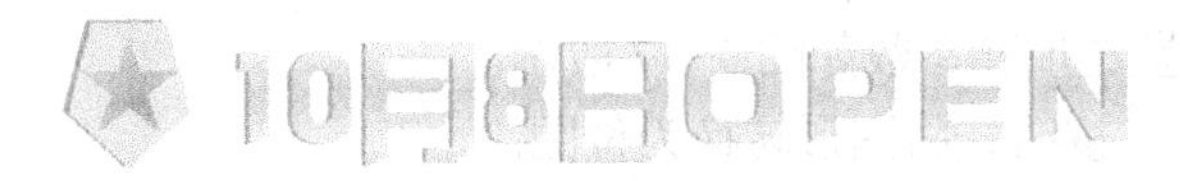

图 9-71 添加渐变色后的图形

15. 将图 9-71 中所示的文字和图形全部选择，按Ctrl+G组合键群组，并将其移动至图 9-72 所示的位置。

图 9-72　放置的位置

至此海报基本完成，下面绘制一些星形和光泽图形，进行点缀。

16. 选择工具，在导入的背景素材图片上绘制一个星形，然后在属性栏中将【点数或边数】参数设置为“4”，【锐度】的参数设置为“85”。

17. 为绘制的图形填充白色并去除外轮廓，效果如图 9-73 所示。

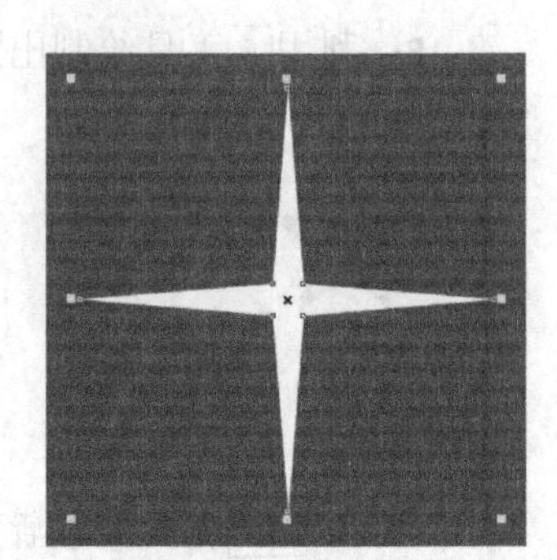

图 9-73　绘制的图形

18. 按 Alt+F8 组合键调出【变换】泊坞窗，选项和参数设置如图 9-74 所示。单击 应用 按钮，效果如图 9-75 所示。

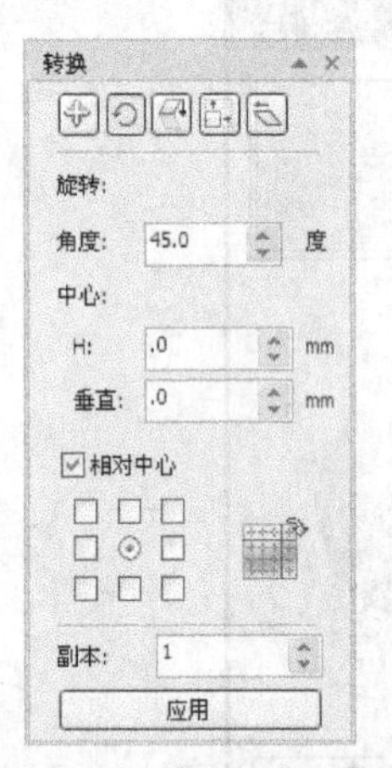

图 9-74　【变换】泊坞窗

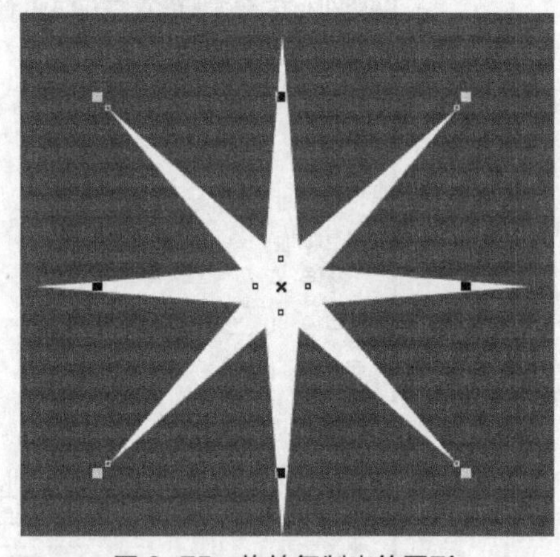

图 9-75　旋转复制出的图形

19. 按住 Shift 键，在图形变换框右下角的控制点上按住鼠标左键不放，并往左上方拖曳，至合适位置后释放鼠标左键，将复制出的星形缩小调整，如图 9-76 所示。

20. 利用工具将两个白色星形选中，执行【位图】/【转换为位图】命令，弹出【转换为位图】对话框，设置选项和参数如图 9-77 所示。

21. 单击 确定 按钮，将图形转换为位图。

22. 执行【位图】/【模糊】/【高斯式模糊】命令，弹出【高斯式模糊】对话框，参数设置如图 9-78 所示。

23. 单击 确定 按钮，然后利用工具，绘制一个圆形，并用将星形转换为位图的相同方法将圆形转换为位图，效果如图 9-79 所示。

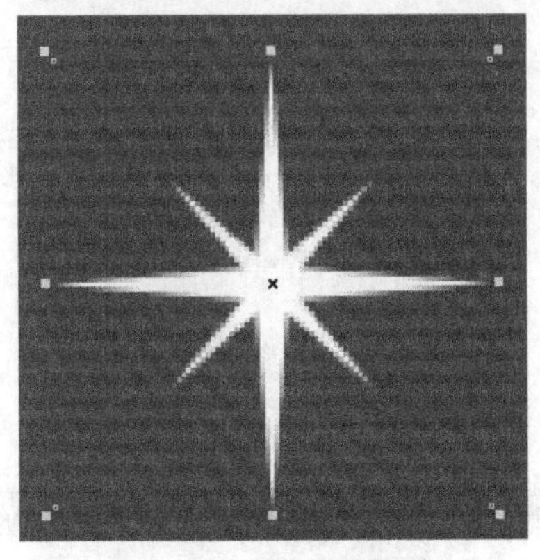
图 9-76　缩小后的图形

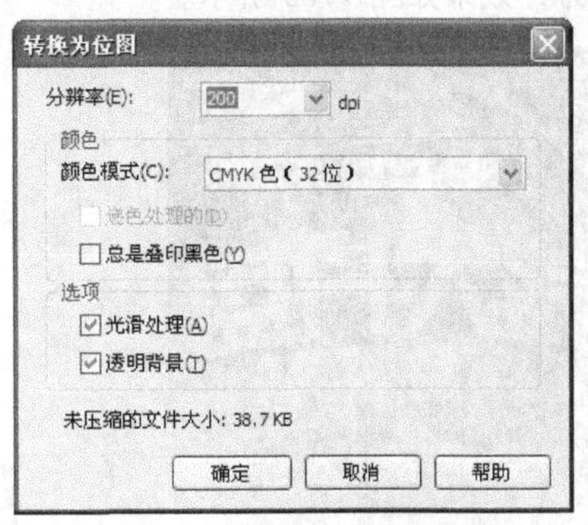

图 9-77　【转换为位图】对话框

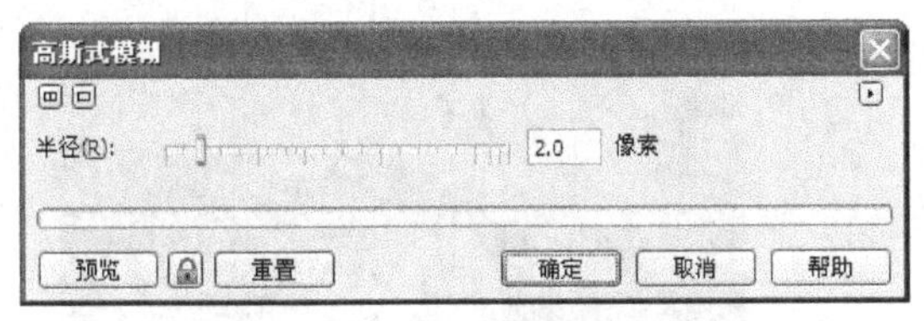

图 9-78　【高斯式模糊】对话框

图 9-79　转换为位图后的圆形

24. 利用模糊星形的相同方法给圆形添加高斯式模糊效果，【高斯式模糊】对话框中的参数设置如图 9-80 所示。

25. 单击 确定 按钮，模糊后的图形效果如图 9-81 所示。

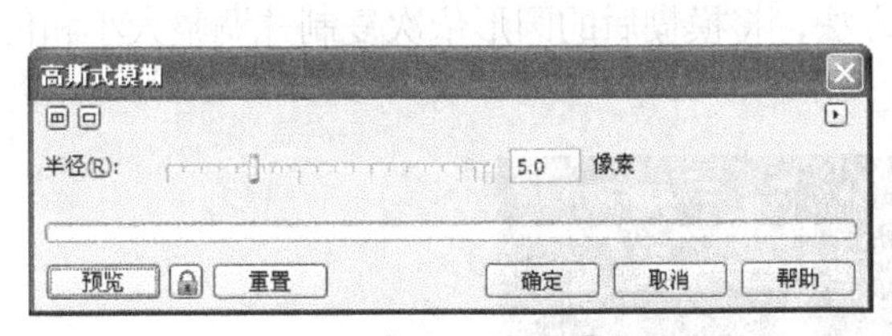

图 9-80　【高斯式模糊】对话框

图 9-81　模糊后的图形

26. 选择 3 个高斯模糊图形，按 Ctrl+G 组合键群组图形。

至此，单个星形已经绘制完成。

27. 利用复制图形和调整图形大小的方法将群组星形复制几份，并调整其大小和位置，效果如图 9-82 所示。

28. 利用工具，绘制一个圆形，然后为其填充黄色（Y:60），并去除外轮廓。

29. 执行【位图】/【模糊】/【高斯式模糊】命令，弹出【高斯式模糊】对话框，参数设置如图 9-83 所示。

30. 单击 确定 按钮，模糊后的图形效果如图 9-84 所示。

31. 将模糊后的圆形调整到标识图形位置，并依次按 Ctrl+[组合键，将其调整至标识图形的下方，效果如图 9-85 所示。

图 9-82 复制生成的图形

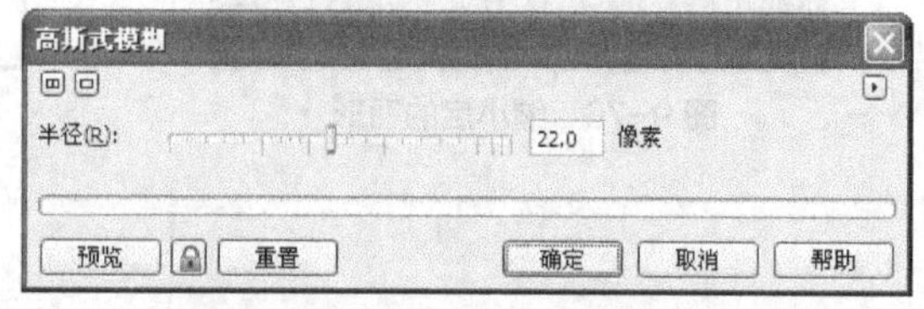

图 9-83 【高斯式模糊】对话框

图 9-84 模糊后的图形

图 9-85 制作的发光效果

32. 用移动复制图形及调整大小的方法，将模糊后的圆形依次复制并调整大小和位置，最终效果如图 9-86 所示。

图 9-86 最终效果

33. 至此，海报绘制完成。按 Ctrl+S 组合键将此文件命名为“开盘海报.cdr”保存。

小结

本章主要学习了 CorelDRAW X5 中的【位图】菜单命令，在讲解过程中，对每一个命令选项都进行了介绍，并给出了使用各命令制作图像的效果对比，使读者清楚地了解每一个命令的功能和对图像产生的作用，这对读者进行图像效果处理来说有很大的帮助和参考价值。希望读者能够对这些命令熟练掌握，在实际工作中也能够做到灵活运用，制作出一些精彩的图像艺术效果来。

操作题

1. 根据读者对本章内容的学习，设计出图 9-87 所示的报纸广告。本作品参见素材文件中“作品\第 09 章”目录下名为“操作题 09-1.cdr”的文件。

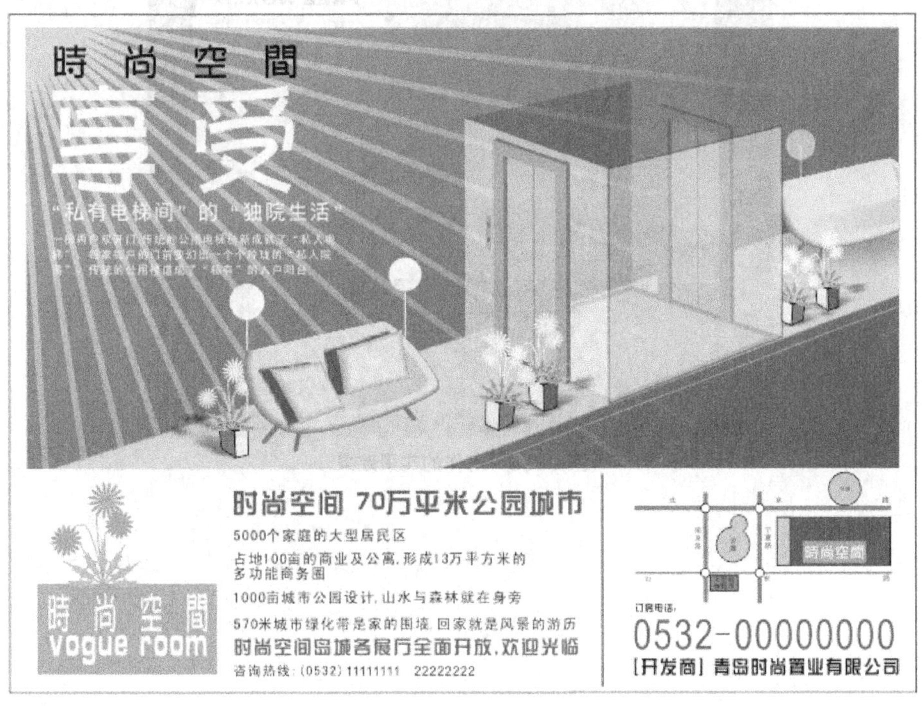

图 9-87 设计的报纸广告

2. 利用基本绘图工具、【文本】工具，并结合【导入】命令及【位图】菜单命令，设计出图 9-88 所示的中华网络户外广告。本作品参见素材文件中“作品\第 09 章”目录下名为“操作题 09-2.cdr”的文件，导入的图像为“图库\第 09 章”目录下名为“夜景.jpg” 和“图标.cdr”的文件。将户外广告输出为 jpg 格式后，在 Photoshop 软件中制作的实景效果如图 9-89 所示。

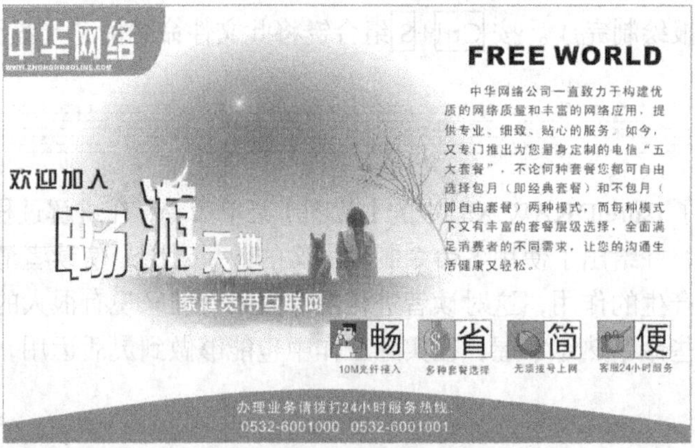
中华网络
FREE WORLD
中华网络公司一直致力于构建优质的网络质量和丰富的网络应用，提供专业、细致、贴心的服务。如今，又专门推出为您量身定制的电信“五大套餐”，不论何种套餐您都可自由选择包月（即经典套餐）和不包月（即自由套餐）两种模式，而每种模式下又有丰富的套餐层级选择，全面满足消费者的不同需求，让您的沟通生活健康又轻松。
欢迎加入
畅游天地
家庭宽带互联网
畅
10M光纤接入
省
多种套餐选择
简
无须拨号上网
便
客服24小时服务
办理业务请拨打24小时服务热线:
0532-6001000 0532-6001001

图 9-88　设计的户外广告

中华网络
FREE WORLD
欢迎加入
畅游天地
家庭宽带互联网
畅
省
简
便
办理业务请拨打24小时服务热线:
0532-6001000 0532-6001001

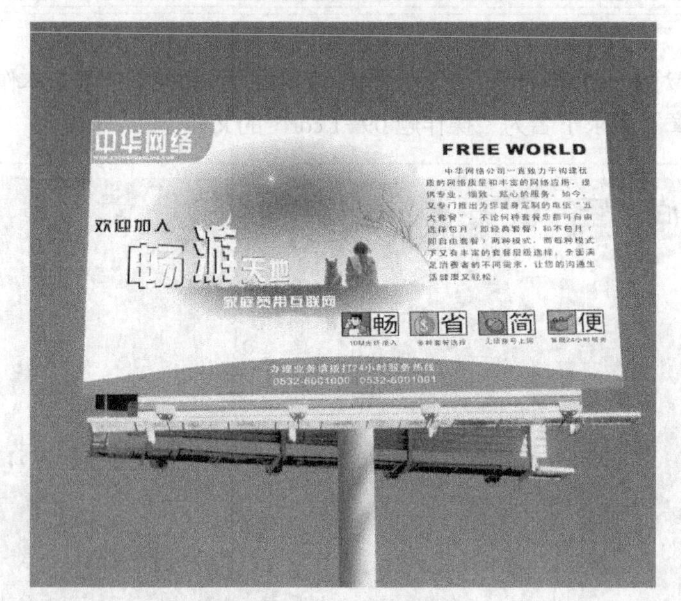

图 9-89　制作的实景效果